张朝阳的物理课

（第二卷）

张朝阳 李松 涂凯勋 著

电子工业出版社·

Publishing House of Electronics Industry

北京·BEIJING

内 容 简 介

《张朝阳的物理课》是一门火遍全网的"烧脑"在线课程，以高密度知识输出赢得了超高人气。

在本书中，张朝阳以大自然的奥秘为引，运用基本的物理概念，"研算"现象背后的根本原因。从地上的涓涓流水到遨游深空的"旅行者号"，从大质量天体的形变到微小电子的振动，从沸水中的鸡蛋到北极绚丽的极光，本书对我们存在的世界进行了深入剖析。本书涵盖了牛顿力学、天体物理、电动力学、流体力学、热传导等多个领域的多个有趣的问题，不仅能够帮助读者用物理思维解密世界，还能提升数学水平。

相比本书第一卷，本书内容涉及更为复杂的高阶物理理论知识，要求读者具备更加扎实的物理和数学基础，以便更深入地理解和掌握书中的内容。

图书在版编目（CIP）数据

张朝阳的物理课. 第二卷 / 张朝阳,李松,涂凯勋著. —北京：电子工业出版社,2023.9
ISBN 978-7-121-46014-2

Ⅰ. ①张… Ⅱ. ①张… ②李… ③涂… Ⅲ. ①物理学－普及读物 Ⅳ. ①O4-49

中国国家版本馆 CIP 数据核字（2023）第 132402 号

责任编辑：董 英 付 睿
印　　刷：中国电影出版社印刷厂
装　　订：中国电影出版社印刷厂
出版发行：电子工业出版社
　　　　　北京市海淀区万寿路 173 信箱　　　邮编：100036
开　　本：720×1000　1/16　　印张：25.5　　字数：506 千字
版　　次：2023 年 9 月第 1 版
印　　次：2024 年 7 月第 3 次印刷
定　　价：108.00 元

凡所购买电子工业出版社图书有缺损问题，请向购买书店调换。若书店售缺，请与本社发行部联系，联系及邮购电话：（010）88254888，88258888。

质量投诉请发邮件至 zlts@phei.com.cn，盗版侵权举报请发邮件至 dbqq@phei.com.cn。

本书咨询联系方式：faq@phei.com.cn。

第二卷序

我于 2021 年 11 月 5 日，在搜狐视频 App"张朝阳"账号直播开讲基础物理，基本上每周五、周日中午 12 点开始，每次时长 1.5 小时，目前已经讲了 150 余期。每期直播课都在"张朝阳"账号下的"物理课"栏目中有全程回放，并由葛伯宣剪辑成 10 分钟左右的短视频，发布在搜狐视频 App"张朝阳的物理课"账号下。后续，又由李松、涂凯勋、王朕铎、陈广尚等整理成文章，发布于搜狐新闻 App"搜狐科技"账号下。本书覆盖了视频课 67～127 期的内容，是相关文章的集合。

对于有物理基础的同学，我建议采用"研究式学习""碎片化学习"的方法。如果把物理学知识与技能比作一个二维平面古城，你当初沿着本科、研究生物理的教科书路径，按部就班地走过了这座古城的主要街道；从《张朝阳的物理课》开始，你将从不同城门进入这座古城，走的是不同的路径，或者直达某个景点游玩，看到的是不同的风景，在随意的走走逛逛中，你将对这座古城非常熟悉，如同自己的家园。

研究式学习，不是被动地、单一地按顺序接收传统教科书中的内容，而是在好奇心的驱使下，想要深入了解某个问题是怎么回事，即自己向自己提出一个问题，大概地翻翻书，或在互联网上搜索一下，粗略地看后，自己拿起笔进行推导、计算。我以这样的方法进行备课、讲课，因此本书中包含了不少传统教科书中没有的问题及对问题的不同处理方法。

例如，在洛伦兹变换部分，时间、空间独立与无限速度的等效性问题；在天体物理部分，对拉格朗日 L_4 点的计算问题，以及对月球退行速率的计算问题；在电动力学部分，对运动点电荷的电磁势的计算问题；在流体力学部分，纳维尔–斯托克斯方程流管速度场分布的含时解问题，等等。

以这样的方法，本书的内容覆盖了牛顿力学、天体物理、屯动力学、流体力学、热传导等多个领域的多个有趣的问题。单从问题的标题看，本书貌似一本科普读物，但因为对每一个问题都进行了从基本原理出发的详细计算、推导，所以实则这是一本有难度、需要一些数学功底的读物。同样地，你也可以碎片化地阅读本书，挑你感兴趣的章节，拿出笔和纸，边读边推导。

《张朝阳的物理课》的直播课及视频回放，如同思维的宇宙飞船，还在继续探索着基础物理的深空，现已成书第一卷与第二卷。感谢课上网友的热情"烧脑"与迎接挑战（"受虐"），这两本书可以方便地让你复习前 127 期课程。第三卷也将在不久的将来面世，学习物理，开启了解天地奥妙的旅程，如"旅行者号"（Voyager）一样继续驶向无尽的远方。

张朝阳

2023 年 6 月 27 日

目录
Contents

牛顿力学与天体物理

张朝阳手稿

"旅行者1号"引力弹弓加速的计算

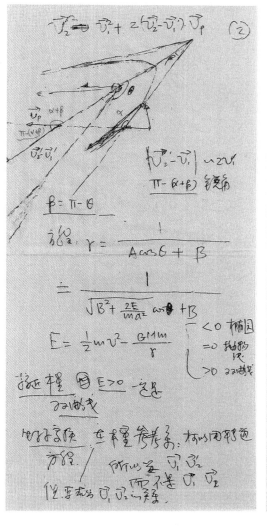

$$\vec{v}_2'^2 = \vec{v}_1'^2 + 2(\vec{v}_2' - \vec{v}_1')\cdot\vec{v}_p$$

②

$$|\vec{v}_2' - \vec{v}_1'| \sim 2v_1'$$

$$\pi - (\alpha + \beta) \quad \text{镜角}$$

$$\beta = \pi - \theta$$

$$r = \frac{1}{A\cos\theta + B}$$

$$= \frac{1}{\sqrt{B^2 + \frac{2E}{mq^2}}\cos\theta + B}$$

$$E = \frac{1}{2}mv^2 - \frac{GMm}{r}
\begin{cases}
< 0 & \text{椭圆} \\
= 0 & \\
> 0 &
\end{cases}$$

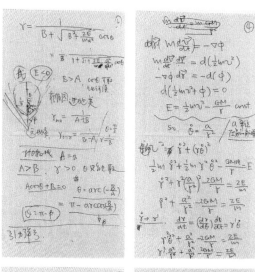

$$r = \frac{1}{B + \sqrt{B^2 - \frac{2E}{mq^2}}\cos\theta}$$ ③

$$= \frac{1}{B}\cdot\frac{1}{1 + \sqrt{1 + \frac{2E}{GM}\frac{q^2}{}}\cos\theta}$$

$E < 0$ $B > A$

$r_{min} = \frac{1}{A + B}$

$r_{max} = \frac{1}{B - A}$

$A = B$ $A > B$, $r > 0$

$A\cos\theta + B = 0$ $\theta = \arccos(-\frac{B}{A})$

$\theta = \pi - \arccos(\frac{B}{A})$

$\boxed{\theta = \pi - \beta}$

引力弹弓

$$\frac{r^2}{r^4} + \frac{r^2}{a^2} - \frac{2GM}{a^2}\frac{1}{r} = \frac{2E}{mq^2}$$ ⑤

$$r = \frac{1}{y}, \quad r' = -\frac{1}{y^2}y'$$

$$\frac{y'^2}{y^4}y^4 + y^2 - \frac{2GM}{a^2}y = \frac{2E}{mq^2}$$

$$y'^2 + y^2 - \frac{2GM}{a^2}y = \frac{2E}{mq^2}$$

猜解 $y' = A\cos\theta + B$

$A^2\sin^2\theta + A^2\cos^2\theta + 2AB\cos\theta + B^2$

$\quad - \frac{2GM}{a^2}(A\cos\theta + B)$

$A^2 + 2A(B - \frac{GM}{a^2})\cos\theta = \frac{2E}{mq^2}$

$\quad + B^2 - \frac{2GM}{a^2}B = \frac{2E}{mq^2}$

any $\cos\theta \implies B = \frac{GM}{a^2}$

$A^2 - B^2 = \frac{2E}{mq^2}$

$A = \sqrt{B^2 + \frac{2E}{mq^2}}$

$r = \frac{1}{A\cos\theta + B}$

$$\frac{d\vec{v}}{dt} = -\nabla\phi \frac{GM}{}$$ ④

$$m\frac{d\vec{v}}{dt} = -\nabla\phi$$

$$m\frac{d\vec{v}}{dt}\cdot d\vec{r} = d(\frac{1}{2}mv^2)$$

$$-\nabla\phi\, d\vec{r} = -d(\phi)$$

$$d(\frac{1}{2}mv^2 + \phi) = 0$$

$$E = \frac{1}{2}mv^2 - \frac{GM}{r} = const$$

so. $\dot\theta = \frac{a}{r^2}$

$$v^2 = \dot{r}^2 + (r\dot\theta)^2$$

$$\frac{1}{2}m\dot{r}^2 + \frac{1}{2}mr^2\dot\theta^2 - \frac{GMm}{r} = E$$

$$\dot{r}^2 + r^2\frac{a^2}{r^4} - \frac{2GM}{r} = \frac{2E}{m}$$

$$\dot{r}^2 + \frac{a^2}{r^2} - \frac{2GM}{r} = \frac{2E}{m}$$

$$\frac{dr}{dt} = \frac{dr}{d\theta}\frac{d\theta}{dt} = r'\dot\theta$$

$$r'^2\dot\theta^2 + \frac{a^2}{r^2} - \frac{2GM}{r} = \frac{2E}{m}$$

$$\frac{r'^2}{r^4}a^2 + \frac{a^2}{r^2} - \frac{2GM}{r} = \frac{2E}{m}$$

入射出射 $|\vec{v}_1'| < $ 速度 ⑦

$$\vec{v}_2' = \vec{v}_2 - \vec{v}_p$$

$$\vec{v}_1' = \vec{v}_1 - \vec{v}_p$$

$$\vec{v}_2 = \vec{v}_2' + \vec{v}_p$$

$$\vec{v}_2^2 = \vec{v}_2'^2 + \vec{v}_p^2 + 2\vec{v}_2'\cdot\vec{v}_p$$

$$= \vec{v}_1'^2 + \vec{v}_p^2 + 2\vec{v}_2'\cdot\vec{v}_p$$

$$= \vec{v}_1'^2 + \vec{v}_p^2 - 2\vec{v}_1'\cdot\vec{v}_p$$

$$\quad + \vec{v}_p^2 + 2\vec{v}_2'\cdot\vec{v}_p$$

$$= \vec{v}_1^2 + \vec{v}_p^2 - 2(\vec{v}_1' + \vec{v}_p)$$

$$= \vec{v}_1^2 + 2\vec{v}_1'\cdot\vec{v}_p$$

$$= \vec{v}_1^2 + 2(\vec{v}_2' - \vec{v}_1')\cdot\vec{v}_p$$

$\pi - (\alpha + \beta)$

$\alpha + \beta < \frac{\pi}{2}$

面积分可以转化成体积分？
——矢量分析及其在引力场中的应用[1]

摘要：在本节中，我们将介绍一个数学定理：散度定理。数学上的散度定理也常被称为高斯定理，不过为了区分，我们把"高斯定理"这个名字用于称呼引力理论与电磁学中关于闭合曲面场通量的一个结论。介绍完散度定理之后，我们给万有引力理论引入势的概念，并将散度定理应用到引力理论中。

在《张朝阳的物理课》第一卷[2]中，我们没有给引力理论引入场的概念。我们处理了好几个与引力有关的问题，不过大都限定在受力分析的框架内。事实上，给引力理论引入场的概念，进而引入势的概念，才是近代物理学中的处理方法。借助这些概念，我们可以推导出引力势与物质分布的关系，从而把引力场的求解问题归结为一个偏微分方程的求解问题。既然我们将要与场打交道了，那么我们必须先从数学领域拿一些知识把自己武装起来，好让我们能更好地处理场这种广延的对象——散度定理就是我们需要的数学知识之一。

一、散度定理：化面积分为体积分

在介绍并证明散度定理之前，我们先来介绍矢量微积分的一些基本概念。首先，我们要明白什么是场。简单来说，给空间某个区域内的每一点赋予同类型的量，就会得到这个区域上的一个场。如果区域内每个空间点上的

---

1 整理自搜狐视频 App"张朝阳"账号/作品/物理课栏目中的第 67 期视频，由涂凯勋、李松执笔。
2 《张朝阳的物理课》第一卷一书包含了"张朝阳的物理课"视频课程前 66 期的内容。

量只用一个数就能描述，并且这个数的值不依赖于坐标系的选取，那么这种场称为标量场；如果区域内每个空间点上的量不是单个数而是一个矢量，则称这种场为矢量场。

在这本书里，我们将会遇到引力势场、温度场，这些都是标量场，比如对温度场来说，就是物体内部每个点上对应一个温度；我们还会遇到流体力学中的速度场、电磁学中的电场、磁场，以及接下来介绍的引力场，这些都是矢量场，都属于空间上的点对应一个矢量的情况。需要注意的是，如果只考虑矢量场的 x 轴分量，那么它属于"空间点上的量只用一个数就能描述"这种情况，它是标量场吗？我们要知道，这一个数的值不依赖于坐标系的选取，才能被称为标量，而矢量的 x 轴分量依赖于坐标轴的方向，因此不是标量，所以矢量场的 x 轴分量不是标量场。

我们来了解一下在数学上怎么描述矢量场。设矢量 $\vec{i}$、$\vec{j}$、$\vec{k}$ 分别是与直角坐标系中 x、y、z 轴对应的单位矢量。在将这组单位矢量作为基矢的情况下，一般的矢量场 $\vec{F}$ 可具体表示为

$$\vec{F}(x,y,z) = F_x(x,y,z)\vec{i} + F_y(x,y,z)\vec{j} + F_z(x,y,z)\vec{k}$$

矢量场除了可以进行一般的矢量运算，还可以进行导数运算，其中最常用的是 $\vec{\nabla}$ 算子（数学符号 $\vec{\nabla}$ 一般读作 nabla['næblə]）。在直角坐标系下，$\vec{\nabla}$ 算子为

$$\vec{\nabla} = \vec{i}\,\frac{\partial}{\partial x} + \vec{j}\,\frac{\partial}{\partial y} + \vec{k}\,\frac{\partial}{\partial z}$$

在矢量微积分的运算中，$\vec{\nabla}$ 算子具有微分和矢量双重属性，这样的算子被称为矢量微分算子。将 $\vec{\nabla}$ 算子作用在一个标量场 $u(x,y,z)$ 上，得到的结果称为标量场 u 的梯度：

$$\vec{\nabla}u(x,y,z) = \frac{\partial u}{\partial x}\vec{i} + \frac{\partial u}{\partial y}\vec{j} + \frac{\partial u}{\partial z}\vec{k}$$

标量场的梯度是一个矢量场，它的方向一般都与原来标量场增长最快的方向相同，而梯度的大小则衡量了原标量场在梯度方向上的增长速度。

将 $\vec{\nabla}$ 算子点乘，作用在矢量场 $\vec{F}(x,y,z)$ 上，所得结果被称为矢量场 $\vec{F}$ 的散度：

$$\vec{\nabla} \cdot \vec{F} = \left(\vec{i} \frac{\partial}{\partial x} + \vec{j} \frac{\partial}{\partial y} + \vec{k} \frac{\partial}{\partial z} \right) \cdot \left(F_x(x,y,z)\vec{i} + F_y(x,y,z)\vec{j} + F_z(x,y,z)\vec{k} \right)$$

$$= \frac{\partial F_x}{\partial x} + \frac{\partial F_y}{\partial y} + \frac{\partial F_z}{\partial z}$$

从数学上可以证明，矢量场的散度是一个不依赖于坐标系选取的量，因此是标量。从标量场的梯度，再到矢量场的散度，我们可以看到，$\vec{\nabla}$ 算子除了会对所作用的场进行偏导数操作，它在其他方面与普通的矢量无异。敏锐的读者此时应该想到了，$\vec{\nabla}$ 算子可以通过叉乘作用在矢量场上，这样会得到另一个矢量场——这其实就是矢量场的旋度。感兴趣的读者可以尝试写出旋度的具体表达式。

$\vec{\nabla}$ 算子也能与自己点乘，从而得到大名鼎鼎的拉普拉斯算子：

$$\vec{\nabla}^2 = \vec{\nabla} \cdot \vec{\nabla} = \left(\vec{i} \frac{\partial}{\partial x} + \vec{j} \frac{\partial}{\partial y} + \vec{k} \frac{\partial}{\partial z} \right) \cdot \left(\vec{i} \frac{\partial}{\partial x} + \vec{j} \frac{\partial}{\partial y} + \vec{k} \frac{\partial}{\partial z} \right) = \frac{\partial^2}{\partial x^2} + \frac{\partial^2}{\partial y^2} + \frac{\partial^2}{\partial z^2}$$

由于矢量点乘会得到标量，因此拉普拉斯算子是一个标量算子。$\vec{\nabla}^2$ 有时也会记作 Δ。

介绍完所需的工具，我们终于可以开始讨论散度定理了。由于散度定理是关于闭合曲面上的矢量积分的，因此我们需要从面积微元开始讲起。对于一个有向曲面 S，选取曲面上的一个微元，设该微元的面积大小为 $\mathrm{d}S$，微元的单位法向量为 $\vec{n}$，我们可以定义一个矢量型的面积微元为 $\mathrm{d}\vec{S} = \vec{n}\mathrm{d}S$。假设该有向曲面所在区域有一个矢量场 $\vec{F}$，我们将曲面上的面积微元 $\mathrm{d}\vec{S}$ 与面积微元所在位置的矢量 $\vec{F}$ 点乘后全部相加起来，就会得到矢量场在有向曲面 S 上的积分：

$$\iint_S \vec{F} \cdot \mathrm{d}\vec{S}$$

其实，根据点乘的意义我们可以知道，上述面积分就是矢量场 $\vec{F}$ 在有向曲面 S 上的通量。

我们在前面提到的散度定理指的是什么定理呢？事实上，散度定理说的是，对于方向向外的有向闭曲面 S 及 S 所包围的区域 V，任意光滑向量场 $\vec{F}$ 在 S 上的通量都等于 $\vec{\nabla} \cdot \vec{F}$ 在 V 上的体积分：

$$\oiint_S \vec{F} \cdot \mathrm{d}\vec{S} = \iiint_V \vec{\nabla} \cdot \vec{F} \mathrm{d}\tau$$

现在我们利用简单的几何知识来证明这个定理。将矢量 $\mathrm{d}\vec{S}$ 按直角坐标系的基矢展开为

$$\mathrm{d}\vec{S} = \mathrm{d}S_x \vec{i} + \mathrm{d}S_y \vec{j} + \mathrm{d}S_z \vec{k}$$

那么通量可以写为

$$\oiint_S \vec{F} \cdot \mathrm{d}\vec{S} = \oiint_S F_x \mathrm{d}S_x + \oiint_S F_y \mathrm{d}S_y + \oiint_S F_z \mathrm{d}S_z$$

参考图 1，选取一个细小的平行于 z 轴的柱体，不失一般性地，我们设它在封闭曲面上截取了两个面积微元，分别为 $\mathrm{d}\vec{S_1}$ 和 $\mathrm{d}\vec{S_2}$。同样，它在 xy 平面上截取了大小为 $\mathrm{d}x\mathrm{d}y$ 的面积微元。根据几何关系可以知道，$\mathrm{d}\vec{S_1}$ 和 $\mathrm{d}\vec{S_2}$ 在 z 轴上的投影大小正好等于 $\mathrm{d}x\mathrm{d}y$。于是，考虑了矢量方向之后可以得知

$$\mathrm{d}S_{1z} = -\mathrm{d}S_{2z} = \mathrm{d}x\mathrm{d}y$$

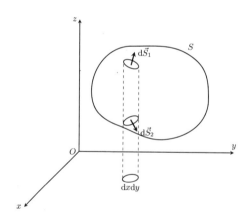

图 1　柱体截取的曲面部分及其投影

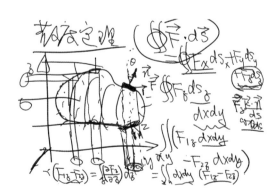

设 $\mathrm{d}\vec{S}_1$ 对应的 z 坐标为 z_1，$\mathrm{d}\vec{S}_2$ 对应的 z 坐标为 z_2，整个闭合曲面 S 在 xy 平面上的投影区域为 A，那么有

$$\oiint_S F_z \mathrm{d}S_z = \iint_A F_z(x, y, z_1)\mathrm{d}x\mathrm{d}y - \iint_A F_z(x, y, z_2)\mathrm{d}x\mathrm{d}y$$

$$= \iint_A \left[F_z(x, y, z_1) - F_z(x, y, z_2) \right] \mathrm{d}x\mathrm{d}y$$

$$= \iint_A \left(\int_{z_2}^{z_1} \frac{\partial F_z(x, y, z)}{\partial z}\mathrm{d}z \right)\mathrm{d}x\mathrm{d}y = \iiint_V \frac{\partial F_z(x, y, z)}{\partial z}\mathrm{d}x\mathrm{d}y\mathrm{d}z$$

同理，对 F_x 与 F_y 的积分也可以用同样的方法来处理并得到类似的结果：

$$\oiint_S F_x \mathrm{d}S_x = \iiint_V \frac{\partial F_x(x, y, z)}{\partial x}\,\mathrm{d}x\mathrm{d}y\mathrm{d}z$$

$$\oiint_S F_y \mathrm{d}S_y = \iiint_V \frac{\partial F_y(x, y, z)}{\partial y}\,\mathrm{d}x\mathrm{d}y\mathrm{d}z$$

最终，将三个分量的等式加起来，可以得到

$$\oiint_S \vec{F} \cdot \mathrm{d}\vec{S} = \iiint_V \left(\frac{\partial F_x}{\partial x} + \frac{\partial F_y}{\partial y} + \frac{\partial F_z}{\partial z} \right)\mathrm{d}x\mathrm{d}y\mathrm{d}z = \iiint_V \vec{\nabla} \cdot \vec{F}\mathrm{d}\tau$$

至此，我们完成了散度定理的证明。

二、势场与力的关系

在《张朝阳的物理课》第一卷中我们讲过，如果质量为 m 的质点处于位置 (x, y, z)，质量为 m_0 的质点处于位置 (x_0, y_0, z_0)，那么两个质点之间的引力势能为

$$u = -\frac{Gmm_0}{r}$$

其中，G 是万有引力常数，r 是两个质点之间的距离，满足

$$r^2 = (x - x_0)^2 + (y - y_0)^2 + (z - z_0)^2 \tag{1}$$

观察 u 的表达式，我们可以发现 u/m 是一个只与 m_0 和时空位置有关的量，由此可以进一步定义在 (x, y, z) 处单位质量所获得的引力势能为引力势：

$$\phi(x, y, z) = \frac{u(x, y, z)}{m} = -\frac{Gm_0}{r}$$

根据我们前面对标量场的描述可知，引力势是一个标量场。

对引力势做梯度运算，可得

$$\vec{\nabla}\phi - \frac{Gm_0}{r^2}\left(\frac{\partial r}{\partial x}\vec{i} + \frac{\partial r}{\partial y}\vec{j} + \frac{\partial r}{\partial z}\vec{k}\right) \qquad (2)$$

为了进一步求出上式等号右边的偏导数，我们同时在式（1）两端对 x 求偏导数可得

$$2r\frac{\partial r}{\partial x} = 2(x - x_0)$$

所以

$$\frac{\partial r}{\partial x} = \frac{x - x_0}{r}$$

同理可以得到 r 关于 y 与 z 的偏导，将这些偏导数的表达式代入式（2），得到

$$\vec{\nabla}\phi = \frac{Gm_0}{r^2}\left(\frac{x - x_0}{r}\vec{i} + \frac{y - y_0}{r}\vec{j} + \frac{z - z_0}{r}\vec{k}\right) = \frac{Gm_0}{r^2}\vec{e}_r$$

其中，$\vec{e}_r$ 表示 $\vec{r} = (x - x_0, y - y_0, z - z_0)$ 对应的单位矢量。

根据牛顿万有引力定律，质点 m 受到 m_0 的引力为

$$\vec{F} = -\frac{Gmm_0}{r^2}\vec{e}_r$$

可以发现，$\vec{F}$ 与引力势的梯度有如下关系：

$$\vec{F} = m(-\vec{\nabla}\phi)$$

我们可以定义单位质量的质点所受的引力为质点所在位置的引力场，记为 $\vec{g}$。从上式可以看到，质点 m_0 所产生的引力场为 $\vec{g} = \vec{F}/m = -\vec{\nabla}\phi$。

对于多个质点所产生的引力场，我们可以使用叠加原理来进行计算。如果使用下标 i 区分各个质点，那么 $\phi_{\text{total}} = \sum_i \phi_i$。根据单质点引力场的结论，我们有 $\vec{g}_i = -\vec{\nabla}\phi_i$。于是，对引力场使用叠加原理可得

$$\vec{g}_{\text{total}} = \sum_i \vec{g}_i = -\sum_i \vec{\nabla}\phi_i = -\vec{\nabla}\sum_i \phi_i = -\vec{\nabla}\phi_{\text{total}}$$

可见，一般的引力场都等于引力势的负梯度。

三、引力场的高斯定理与泊松方程

我们遇到的物体如果不是由离散的质点组成的，而是具有连续的质量分布的，那么只需要将前面相关公式的求和改成积分即可，比如引力场的表达式为

$$\vec{g} = -\int G \frac{\vec{e}_{r_m}}{r_m^2} \mathrm{d}m$$

其中，$\mathrm{d}m$ 是质量微元，它等于质量密度与体积微元的乘积，r_m 是场点到质量微元 $\mathrm{d}m$ 的距离，矢量 $\vec{e}_{r_m}$ 是体积微元指向场点方向的单位矢量。

我们选取一个闭合曲面 S，然后尝试计算 S 上引力场 $\vec{g}$ 的通量：

$$\oiint_S \vec{g} \cdot \mathrm{d}\vec{S} = \oiint_S \left(-\int G \frac{\vec{e}_{r_m}}{r_m^2} \mathrm{d}m \right) \cdot \mathrm{d}\vec{S} = -G \int \left(\oiint_S \frac{\vec{e}_{r_m}}{r_m^2} \cdot \mathrm{d}\vec{S} \right) \mathrm{d}m \qquad (3)$$

上式第二个等号交换了曲面积分与质量积分的顺序。我们先来分析其中的曲面积分。请看图 2：

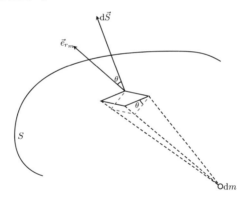

图 2 曲面微元与 $\mathrm{d}m$ 形成的锥体

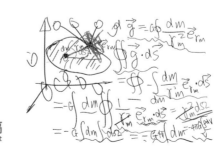

我们将 $\mathrm{d}\vec{S}$ 对应的曲面微元的边界上各点与 $\mathrm{d}m$ 连接起来构成了一个锥体，并在 $\mathrm{d}\vec{S}$ 的位置做出了这个锥体与 $\vec{e}_{r_m}$ 垂直的截面。从其中的几何关系可以知道，$\mathrm{d}\vec{S}$ 与 $\vec{e}_{r_m}$ 的夹角正好等于 $\mathrm{d}\vec{S}$ 对应的曲面微元与前述截面的夹角。又因为 $\vec{e}_{r_m}$ 是单位矢量，所以 $\vec{e}_{r_m} \cdot \mathrm{d}\vec{S}$ 正好等于前述截面的"带符号面积"——当 $\vec{e}_{r_m}$ 与 $\mathrm{d}\vec{S}$ 夹角小于 $\pi/2$ 时，该带符号面积等于截面的面积；当 $\vec{e}_{r_m}$ 与 $\mathrm{d}\vec{S}$ 夹角大于 $\pi/2$ 时，该带符号面积等于 -1 倍的截面面积。

进一步地，由于前述截面垂直于 $\vec{e}_{r_m}$，所以截面面积除以 r_m^2 正好等于 $\mathrm{d}\vec{S}$ 相对于 $\mathrm{d}m$ 所张开的立体角。于是

$$\mathrm{d}\Omega = \frac{\vec{e}_{r_m} \cdot \mathrm{d}\vec{S}}{r_m^2}$$

是 $\mathrm{d}\vec{S}$ 相对于 $\mathrm{d}m$ 所张开的"带符号立体角"。

如果 $\mathrm{d}m$ 处于闭合曲面 S 内部，那么有

$$\oiint_S \frac{\vec{e}_{r_m}}{r_m^2} \cdot \mathrm{d}\vec{S} = \oiint_S \mathrm{d}\Omega = 4\pi$$

如果 $\mathrm{d}m$ 处于闭合曲面 S 外部，那么从 $\mathrm{d}m$ 出发的锥形微元，由于"有进必有出"，一般都会与 S 相交偶数次，这偶数个面积微元所对应的立体角大小都一样，而"进去"所截取的面积微元对应的带符号立体角刚好与"出来"所截取的面积微元对应的带符号立体角的符号互异，所以这偶数个面积微元的带符号立体角之和等于零。于是，我们可以知道，当 $\mathrm{d}m$ 处于闭合曲面 S 外部时，有

$$\oiint_S \frac{\vec{e}_{r_m}}{r_m^2} \cdot \mathrm{d}\vec{S} = \oiint_S \mathrm{d}\Omega = 0$$

将上述两个式子代入式（3）可得

$$\oiint_S \vec{g} \cdot \mathrm{d}\vec{S} = -G\int\left(\oiint_S \mathrm{d}\Omega\right)\mathrm{d}m = -G\int_V 4\pi\,\mathrm{d}m = -4\pi G\iiint_V \rho\,\mathrm{d}\tau$$

其中，V 是曲面 S 所包围的区域。从这个结果可以知道，引力场在闭合曲面上的通量正比于闭合曲面内部的物质质量，与曲面外部的质量分布无关。这就是引力场的高斯定理。

我们对引力场在闭合曲面 S 上的通量使用散度定理，可以得到

$$\oiint_S \vec{g} \cdot d\vec{S} = \iiint_V \vec{\nabla} \cdot \vec{g} \, d\tau$$

将它与高斯定理联合，得到

$$\iiint_V \vec{\nabla} \cdot \vec{g} \, d\tau = -4\pi G \iiint_V \rho \, d\tau$$

由于闭合曲面 S 是任选的，于是上式对任意有界区域 V 都成立，所以必然有

$$\vec{\nabla} \cdot \vec{g} = -4\pi G \rho$$

这就是引力场散度与物质密度的关系。考虑到引力场与引力势的关系：$\vec{g} = -\vec{\nabla}\phi$，将其代入上式，得到

$$\vec{\nabla}^2 \phi = 4\pi G \rho$$

这就是引力场的泊松方程，它描述了引力势与质量密度的关系。

小结
Summary

　　在本节中，我们介绍了数学上的散度定理，这个定理可以将一个矢量场在闭合曲面上的通量转化成矢量场散度在闭合曲面所包围区域内的体积分。然后，我们引入了引力势和引力场的概念，并介绍了怎么从引力势得到引力场。一般来说，不是所有矢量场都存在相应的势，在数学上可以证明，只有旋度为零的矢量场，才可以合理地给它定义相应的势，引力场就是满足要求的一种矢量场。最后，我们还证明了引力理论中的高斯定理，并将它与前面介绍的各个重要结果结合得到了泊松方程。借助泊松方程，将可以从物质密度分布得到引力势，下一节我们会对此做进一步的介绍。

如何求引力场和引力势？
——高斯定理和泊松方程的应用[1]

摘要：在本节中，我们介绍怎么计算均匀球壳（本节内的球壳指的都是均匀球壳，以下简称球壳）的引力场和引力势。我们将使用两个方法，第一个方法使用高斯定理，高斯定理能起到简化作用主要得益于系统具有对称性；第二个方法通过直接求解泊松方程得到引力势。最后，我们使用所得结论计算均匀球体的引力结合能。

在《张朝阳的物理课》第一卷中，我们通过积分的方法求出了球壳的引力场，其中的积分过程比较复杂，而现在我们有了高斯定理和泊松方程等工具，这些工具能帮助我们快速求解出球壳的引力场吗？答案是能。

一、使用高斯定理计算球壳的引力场

我们在《张朝阳的物理课》第一卷中借助球坐标系计算了球壳对质点的引力，发现球壳对其外部质点的引力可以等效为将球壳的所有质量集中在球心时的引力，而处于球壳空腔内的质点感受到球壳的引力为零。这个结论可以用来分析球体的引力。如果球的密度分布 ρ 只依赖球壳到球心的距离，那么这个球体可以看作一系列不同半径球壳的集合。根据叠加原理可以知道，整个球体对球外质点的引力也可以等效为把球体全部质量集中在球心后对同一质点的引力。由于宇宙中大部分的大质量天体是球形的，球体引力的这个特殊性质使得我们在计算宇宙中天体的万有引力时非常方便，例如在中学

---

1 整理自搜狐视频 App "张朝阳" 账号/作品/物理课栏目中的第 68 期视频，由涂凯勋、李松执笔。

物理中直接将地球等效为一个质点来计算它对卫星的引力，现在我们知道这样处理所得到的结果是正确的。

下面我们利用高斯定理，重新证明球壳对外部质点的引力可以等效为球壳所有质量集中在球心时的引力。选取与球壳同心的一个球面 S，设 S 的半径为 r。由球壳的球对称性可知，球壳引力场呈球对称分布，所以 S 上的引力场 $\vec{g}$ 大小相等，方向平行于径向。因为万有引力是吸引力，所以 $\vec{g}$ 是沿着径向指向球壳中心的。我们将 S 的方向取为向外，记 $g = |\vec{g}|$，那么根据这里的分析，我们可以得到引力场在 S 上的通量为

$$\oiint_S \vec{g} \cdot \mathrm{d}S = -g \oiint_S \mathrm{d}S = -4\pi r^2 g \tag{1}$$

其中，第二个等号之所以成立，是因为球面 S 的表面积为 $4\pi r^2$。

设球壳的总质量为 M，假设球面 S 的半径大于球壳的外半径，那么 S 内部包含了球壳的所有质量，根据高斯定理，我们得到

$$\oiint_S \vec{g} \cdot \mathrm{d}S = -4\pi GM$$

此结果与式（1）对比，我们得到 $-4\pi GM = -4\pi r^2 g$，所以

$$g = \frac{GM}{r^2}$$

引力场方向沿径向指向球心。由于一个质量为 M 的质点在距离 r 处产生的引力场大小也是 GM / r^2，方向指向质点所在位置，这说明球壳对球壳外质点的引力可以等效为球壳所有质量集中在球心时的引力。

如果球面 S 的半径小于球壳的内半径，那么 S 内部不含任何物质，所以引力场在 S 上的通量为零，根据式（1）可知 $g = 0$，这说明球壳内质点感受到的引力为零。

经过上述分析我们可以发现，只通过高斯定理进行简单的推导，就得到了以前通过复杂积分计算才能得到的结果，这展现了高斯定理的强大作用。

二、求解泊松方程得到引力势

前面我们使用高斯定理非常方便地求出了球壳的引力场，然而这很可能会误导我们，仿佛高斯定理可以用于求解任意情况的引力分布。事实上，高斯定理只有在对称性良好的系统中才能帮助我们简化计算。对于一般的情况，我们需要通过求解泊松方程得到引力势 ϕ，再通过梯度运算得到引力场。

为了展示怎么从泊松方程求出引力势，我们仍以球壳为例进行求解。设球壳的质量密度分布为 $\rho(r)$，泊松方程为

$$\vec{\nabla}^2 \phi(r) = 4\pi\rho(r)$$

根据球壳所具有的球对称性，我们知道质量密度分布 $\rho(r)$ 也是球对称的。由于势场的梯度才能决定引力场，因此势场的基点可以自由选取。我们选取无穷远处为基点，换言之，$\phi(r)$ 在无穷远处等于零。对泊松方程来说，我们选取的势能零点其实相当于一个边界条件，而这个边界条件也是球对称的，因此我们可以预料 $\phi(r)$ 是球对称的。这提示我们应该在球坐标下求解这个问题。为此，我们以球壳中心为原点建立球坐标 (r, θ, φ)。在《张朝阳的物理课》第一卷中求解氢原子的薛定谔方程时，我们曾经推导了球坐标下的拉普拉斯算子的表达式：

$$\vec{\nabla}^2 = \frac{1}{r^2}\frac{\partial}{\partial r}\left(r^2\frac{\partial}{\partial r}\right) + \frac{1}{r^2}\left[\frac{1}{\sin\theta}\frac{\partial}{\partial\theta}\left(\sin\theta\frac{\partial}{\partial\theta}\right) + \frac{1}{\sin^2\theta}\frac{\partial^2}{\partial\varphi^2}\right]$$

将其代入泊松方程，并考虑到体系的球对称性，引力势与质量密度分布都只与 r 有关，我们得到

$$\frac{1}{r^2}\frac{\mathrm{d}}{\mathrm{d}r}\left(r^2\frac{\mathrm{d}}{\mathrm{d}r}\phi(r)\right) = 4\pi G\rho(r)$$

根据求解氢原子薛定谔方程的经验，我们令 $u(r) = r\phi(r)$，那么有

$$\begin{aligned}
\frac{1}{r^2}\frac{\mathrm{d}}{\mathrm{d}r}\left(r^2\frac{\mathrm{d}}{\mathrm{d}r}\phi(r)\right) &= \frac{1}{r^2}\frac{\mathrm{d}}{\mathrm{d}r}\left(r^2\frac{\mathrm{d}}{\mathrm{d}r}\frac{u(r)}{r}\right) \\
&= \frac{1}{r^2}\frac{\mathrm{d}}{\mathrm{d}r}\left(r\frac{\mathrm{d}}{\mathrm{d}r}u(r) - u(r)\right) \\
&= \frac{1}{r}\frac{\mathrm{d}^2}{\mathrm{d}r^2}u(r)
\end{aligned}$$

所以

$$\frac{\mathrm{d}^2 u}{\mathrm{d}r^2} = 4\pi G r\rho(r)$$

设球壳的内半径为 R_1，外半径为 R_2，那么 $\rho(r)$ 在 $r > R_2$ 或 $0 \leqslant r < R_1$ 的范围内都为零，此时，上式可以简化为

$$\frac{\mathrm{d}^2 u}{\mathrm{d} r^2} = 0$$

这是一个非常简单的微分方程，直接积分即可解得 $u(r) = c_1 + c_2 r$，这里的 c_1 和 c_2 为积分常数。根据 $u(r)$ 与 $\phi(r)$ 的关系，我们得到

$$\phi(r) = \frac{c_1}{r} + c_2$$

在前面我们已经规定无穷远处的势场为零，所以对于 $r > R_2$ 的区域，$c_2 = 0$。另外，当 r 趋于无穷时，r 远远大于 R_2，球壳近似成为一个质量为 M 的质点，$\phi(r)$ 趋近于该质点的引力势 $-GM/r$，这说明 $c_1 = -GM$。于是当 $r > R_2$ 时，引力势的表达式为

$$\phi(r) = -\frac{GM}{r}$$

当 $0 \leqslant r < R_1$ 时，若 c_1 不等于零，那么引力势在 $r = 0$ 处发散，这会导致球壳的泊松方程在 $r = 0$ 处不成立，所以必须有 $c_1 = 0$。于是当 $0 \leqslant r < R_1$ 时，引力势为一个与空间坐标无关的常数：

$$\phi(r) = c_2$$

式中 c_2 的具体数值，需要通过求解 $R_1 \leqslant r \leqslant R_2$ 区域内的引力势，然后利用连续性条件来确定，感兴趣的读者可以尝试一下。通过以上分析，我们可以知道 $\phi(r)$ 随 r 的变化关系，如图 1 所示。

根据引力场与引力势的关系 $\vec{g} = -\vec{\nabla}\phi$，我们可以得到球壳内外的引力场公式：

$$\vec{g} = -\vec{\nabla}\left(-\frac{GM}{r}\right) = -\frac{GM}{r^2}\vec{e}_r, \quad r > R_2$$

$$\vec{g} = -\vec{\nabla} c_2 = 0, \qquad 0 \leqslant r < R_1$$

这个结果与前面使用高斯定理所得到的结果完全一致。

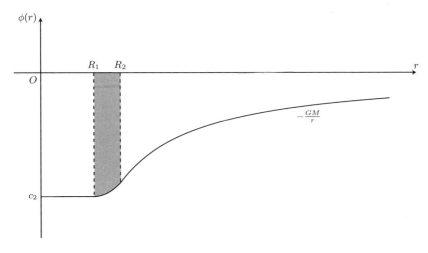

图 1   引力势在径向的分布

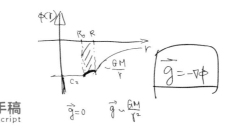

手稿
Manuscript

三、均匀球体的引力结合能

如果把球体看作内半径等于零的球壳，那么借助均匀球壳的结果，我们立即就能得到均匀球体外部的引力势表达式。当质量为 m 的质点到球心的距离为 r 时，它的引力势能等于 m 与所处位置的引力势的乘积。容易知道，该质点的引力势能为负值，这说明将质点从无穷远处移到距离球心为 r 的位置后，球体引力对质点做正功，引力势能会转化成其他形式的能量。从这个角度来看，我们也能将质点引力势能的 -1 倍称为它与球体的引力结合能。

同样，均匀球体的物质从无穷远处聚合在一起后也会释放能量，那么均匀球体的引力结合能等于多少呢？我们可以根据两个质点之间的引力势能公式得到均匀球体的引力结合能。任取球体中两个不同位置的质量微元 $\mathrm{d}m_1$ 和 $\mathrm{d}m_2$，设它们的距离为 r_{12}，那么它们之间的引力势能为 $-G\mathrm{d}m_1\mathrm{d}m_2 / r_{12}^2$，于是整个球体的引力结合能为

$$E = \frac{G}{2} \int \frac{\mathrm{d}m_1 \mathrm{d}m_2}{r_{12}}$$

其中，$1/2$ 因子是因为在积分过程中，每对质量微元 $\mathrm{d}m_1$ 和 $\mathrm{d}m_2$ 都被计算了两遍。

上式的积分直接计算起来会比较复杂。为了简化计算，我们可以考虑这样一个构成球体的过程：首先所有构成球体的质量微元都在无穷远处，然后将它们一个一个从无穷远处移动到它们在球体中所处的位置，移动的顺序由内到外。于是，球体是逐渐"长大"的，直到半径达到原来的球体半径 R。所以，处在半径 r 处的质量微元在从无穷远处移到 r 处的过程中，它只感受到一个半径为 r 的球体的引力，而不是半径为 R 的完整球体的引力。根据前面的分析，半径为 r、质量为 $M(r)$ 的均匀球体，其表面引力势为 $-GM(r)/r$，所以当半径 r 处的质量微元 $\mathrm{d}m$ 从无穷远处移到对应位置时，释放出来的引力势能为

$$\frac{GM(r)\mathrm{d}m}{r}$$

由此可以得到球体的引力结合能表达式：

$$E = \int \frac{GM(r)}{r} \mathrm{d}m$$

假设球体的密度为 ρ，那么 $\mathrm{d}m = \rho \mathrm{d}V$，根据球的体积公式可以知道 $M(r) = 4\pi r^3 \rho / 3$，将其代入上式，并使用球坐标可以得到

$$E = G \int \frac{\frac{4}{3}\pi r^3 \rho}{r} \rho \mathrm{d}V = G \int_0^R \frac{\frac{4}{3}\pi r^3 \rho}{r} \rho r^2 \mathrm{d}r \int \mathrm{d}\Omega$$

$$= \frac{4}{3} G \pi \rho^2 4\pi \int_0^R r^4 \mathrm{d}r = \frac{3}{5} G \frac{\left(\frac{4}{3}\pi R^3 \rho\right)^2}{R} = \frac{3}{5} \frac{GM^2}{R}$$

其中，最后一个等号使用了球体总质量公式 $M = 4\pi R^3 \rho / 3$。上式表明，一个质量为 M、半径为 R 的均匀球体，其引力结合能为 $3GM^2/5R$，换言之，组成这个均匀球体的所有物质从无穷远处聚合成为这个球体后，会释放出的引力势能为 $3GM^2/5R$。这个结论在天体物理学中有重要的应用，例如尘埃气体形成恒星时放出的引力结合能可以用来估算恒星形成所需的时间。

小结
Summary

在本节中，我们应用高斯定理求解了球壳内部与外部的引力场，知道了球壳内部引力场为零，外部引力场等效于一个同等质量并处于球壳中心的质点的引力场。我们曾经通过复杂的积分得到过这个结论，不过使用高斯定理的方法避免了烦琐的积分运算。当然，高斯定理仅在一些特殊情况才能起到简化计算的目的，对于一般的引力场，我们需要求解泊松方程才行。于是，我们以球壳为例介绍了如何求解泊松方程，并得到了与使用高斯定理所得结果一致的引力场表达式。最后，我们利用所得结论求得了均匀球体的引力结合能。在天体物理中，均匀球体的引力结合能可以用来计算恒星在形成初期内部的温度，以及用于估算恒星形成所需的时间。

"旅行者号"如何摆脱太阳的引力束缚？
——物体在引力场中的轨道与引力弹弓效应[1]

摘要：本节中，我们将简短地介绍引力弹弓的应用实例，其中最著名的当属美国的"旅行者号"探测器。然后我们会介绍小质量物体在大质量天体引力作用下的轨道方程，其中包括双曲线轨道方程。借助双曲线轨道方程，我们将详细讨论引力弹弓效应的物理原理。

很多科幻电影都展示过引力弹弓效应。具体地说，引力弹弓是一种借助大质量天体的运动为小质量飞行器加速的技术。但是，引力弹弓并非科幻电影中的奇妙畅想，事实上这是一项早已实现，而且是航天领域中相当重要的技术。

一、引力弹弓的应用实例：旅行者号

早在 20 世纪初期，就有苏联科学家提出，对于行星间的航行，可以利用行星卫星的万有引力来实现对航天器的速度控制，这就是最原始的引力弹弓。1959 年，苏联航天器"月球三号"首次应用了这项技术。而最为知名的，当属 1977 年美国国家航空航天局（NASA）的"旅行者计划"。当时在美国国家航空航天局喷气推进实验室（NASA，JPL）工作的 Gary Flandro 发现了太阳系几颗气体巨行星（木星、土星、天王星和海王星）的罕见排列，这一发现极大地推进了"旅行者号"的任务进程。在该任务中，共有两架航天器

---

1 整理自搜狐视频 App"张朝阳"账号/作品/物理课栏目中的第 118 期视频，由王朕铎、李松执笔。

"旅行者 1 号"和"旅行者 2 号"被送出了地球，沿着精心设计的轨道，它们造访了太阳系中的四颗气体巨行星，并借用引力弹弓加速来摆脱太阳的引力束缚，前往神秘的星际空间。直到今天，在"旅行者号"发射成功的 45 年后，虽然它们已经离开了太阳系，但仍然保留着部分机能。"旅行者 1 号"是人类第一个离开太阳系的飞行器，目前在距离太阳大约 150 天文单位的地方。它是距离地球最遥远的人造物体，目前正向着蛇夫座方向前进。

在每架"旅行者号"上，都携带着一张铜质磁碟唱片，其中包含了 55 种人类语言录制的问候语和音乐，这些唱片试图向可能存在的"外星人"传达来自人类的友好问候。唱片也记载着地球自然界的声音，能够代表人类当时的知识水平、技术信息和人类的形象。当时的人们把自己文明的代表刻印其上，让"旅行者号"带往太阳系以外的地方。也许在未来，人类文明消失在历史的长河中，这些唱片仍默默记录着人类在这个宇宙留下的痕迹。

二、小质量物体在大质量天体引力作用下的轨道

要想详细地厘清引力弹弓效应，我们需要计算出小质量物体在大质量天体引力作用下的轨道方程。其实在《张朝阳的物理课》第一卷中就已经推导过行星的轨道方程，不过当时的主要焦点是椭圆轨道。在这里，我们将使用更便捷的方法得到一般性的轨道方程。

简单起见，我们忽略小质量物体自身的引力，并将大质量天体固定于坐标原点。设大质量天体的质量为 M，小质量物体的质量为 m。在大质量天体的引力场中，小质量物体的动力学方程可以写为

$$m\frac{\mathrm{d}\vec{v}}{\mathrm{d}t} = -G\frac{Mm}{r^2}\vec{e}_r \qquad (1)$$

我们并不打算直接求解这个矢量微分方程，而是先考虑这个体系的守恒定律。首先，我们有角动量守恒，这一点可以从有心力场引起的力矩上看出：

$$\frac{\mathrm{d}\vec{L}}{\mathrm{d}t} = \vec{\tau} = \vec{r} \times \left(-G\frac{Mm}{r^2}\vec{e}_r\right) \propto \vec{r} \times \vec{e}_r = 0$$

这导致角动量 $\vec{L} = m\vec{r} \times \vec{v}$ 是一个不随时间改变的量。根据向量叉乘的性质，$\vec{v}$ 与 $\vec{r}$ 都垂直于 $\vec{L}$，因此 $\vec{v}$ 与 $\vec{r}$ 两者总在同一个平面上，这说明小质量

物体绕天体的运动是一个平面运动。在这个平面上，以大质量天体的中心为原点建立极坐标系 (r, θ)，于是小质量物体的速度可以表示为

$$\vec{v} = \dot{r}\vec{e}_r + r\dot{\theta}\vec{e}_\theta$$

其中，上方标有一点的 r 和 θ 分别表示它们对时间的导数，即 $\dot{r} = \mathrm{d}r / \mathrm{d}t$ 与 $\dot{\theta} = \mathrm{d}\theta / \mathrm{d}t$。

接下来要考察的守恒定律是能量守恒定律，为此，我们在式（1）等号左边点乘小质量物体在时间 $\mathrm{d}t$ 内的位移 $\mathrm{d}\vec{r}$：

$$m\frac{\mathrm{d}\vec{v}}{\mathrm{d}t} \cdot \mathrm{d}\vec{r} = m\frac{\mathrm{d}\vec{v}}{\mathrm{d}t} \cdot \frac{\mathrm{d}\vec{r}}{\mathrm{d}t}\mathrm{d}t = m\frac{\mathrm{d}\vec{v}}{\mathrm{d}t} \cdot \vec{v}\mathrm{d}t = m\vec{v} \cdot \mathrm{d}\vec{v} = \mathrm{d}\left(\frac{1}{2}m\vec{v}^2\right)$$

然后，在式（1）右边点乘 $\mathrm{d}\vec{r}$：

$$-G\frac{Mm}{r^2}\vec{e}_r \cdot \mathrm{d}\vec{r} = -\vec{\nabla}\phi(\vec{r}) \cdot \mathrm{d}\vec{r} = \mathrm{d}\left(-\phi(\vec{r})\right)$$

上式使用了标量场的微分关系 $\mathrm{d}f(\vec{r}) = \vec{\nabla}f \cdot \mathrm{d}\vec{r}$ 以及作为保守力场的引力场所满足的条件：

$$-G\frac{Mm}{r^2}\vec{e}_r = -\vec{\nabla}\left(-\frac{GMm}{r}\right) \equiv -\vec{\nabla}\phi(\vec{r})$$

由这些结果我们能够写出

$$\mathrm{d}\left(\frac{1}{2}m\vec{v}^2\right) = \mathrm{d}\left(-\phi(\vec{r})\right)$$

于是

$$E = \frac{1}{2}m\vec{v}^2 + \phi(\vec{r})$$

在物体运动过程中保持不变。事实上，E 正是小质量物体的能量。

将速度表达式代入前述两个守恒量中，我们得到

$$L = mr^2\dot{\theta}$$

$$E = \frac{1}{2}m\left(\dot{r}^2 + r^2\dot{\theta}^2\right) - \frac{GMm}{r}$$

定义常数 $\alpha = L / m$，于是 $\dot{\theta} = \alpha / r^2$，借此消去 E 中的 $\dot{\theta}$ 可得

$$\dot{r}^2 + \frac{\alpha^2}{r^2} - \frac{2GM}{r} = \frac{2E}{m} \qquad (2)$$

我们只关心轨道方程，即作为 θ 的函数的 $r(\theta)$，因此我们使用链式法则将 $\mathrm{d}r\,/\,\mathrm{d}t$ 进行改写：

$$\dot{r} = \frac{\mathrm{d}r}{\mathrm{d}t} = \frac{\mathrm{d}r}{\mathrm{d}\theta}\frac{\mathrm{d}\theta}{\mathrm{d}t} = r'\dot{\theta} - \frac{\alpha r'}{r^2}$$

其中，撇号表示对 θ 的一阶导数。将上式代入式（2），我们得到

$$\frac{r'^2}{r^4} + \frac{1}{r^2} - \frac{2GM}{\alpha^2}\frac{1}{r} = \frac{2E}{m\alpha^2}$$

接着，引入 $y = 1\,/\,r$，可以将上式改写为

$$y'^2 + y^2 - \frac{2GM}{\alpha^2}y = \frac{2E}{m\alpha^2}$$

这是一个非线性微分方程，在通常情况下是难以求解的。在这里，我们可以通过猜测解的形式来进行求解。方程中同时出现了 y 与 y' 的同次幂项，这启发我们使用三角函数来试探解的形式。我们不妨设解拥有形式

$$y = A\cos\theta + B$$

将此形式代入方程并整理，可得

$$\left(2AB - \frac{2GM}{\alpha^2}A\right)\cos\theta + \left(A^2 + B^2 - \frac{2GM}{\alpha^2}B\right) = \frac{2E}{m\alpha^2}$$

要想这个方程对任意 θ 成立，必须让 $\cos\theta$ 前面的系数为零，由此得到

$$B = \frac{GM}{\alpha^2}$$

将其代入前式可以解出 A 为

$$A = \sqrt{\left(\frac{GM}{\alpha^2}\right)^2 + \frac{2E}{m\alpha^2}}$$

在上式的开方中只保留了正根，这是因为我们总可以选择 θ 的起点使得 $A > 0$。由这些结果可以得到轨道方程为

$$r(\theta) = \frac{1}{A\cos\theta + B} = \frac{\alpha^2}{GM}\left(1 + \sqrt{1 + \frac{2E\alpha^2}{G^2M^2m}}\cos\theta\right)^{-1}$$

此结果表明小质量物体的轨道是圆锥曲线。在 $\theta = 0$ 处，$r(\theta)$ 取得其最

小值，因此在最终的结果中，我们将极轴取在了圆锥曲线的对称轴上，而坐标原点是圆锥曲线的一个焦点。

上述圆锥曲线的类型取决于 A 与 B 的相对大小，有如下三种可能性。

（1）$A < B$，此时 $A\cos\theta + B$ 总是大于零的，这使得无论 θ 取任何值，$r(\theta)$ 都取有限值，这对应椭圆轨道。

（2）$A = B$，此时在 $\theta = \pi$ 处有 $A\cos\theta + B = 0$。定性地说，这意味着当 θ 靠近 π 时。r 将变得任意大，这对应抛物线轨道。

（3）$A > B$，此时在 $\theta < \pi$ 处，$A\cos\theta + B$ 就有机会取到零值，取零值时的 θ 由 A 与 B 决定，其代表了渐近线的方向，这对应双曲线轨道。

对于双曲线轨道，我们能够给出渐近线对应的角方向。如果令其补角为 β，则有

$$\beta = \pi - \arccos\left(-\frac{B}{A}\right) = \arccos\frac{B}{A}$$

注意，2β 是双曲线的两条渐近线在双曲线这一侧的夹角。

三、引力弹弓效应

有了物体在引力场下的双曲线轨迹方程，接下来我们讨论引力弹弓效应。可能有读者会对引力弹弓感到困惑不解：明明前面提到小质量物体的运动满足能量守恒定律，那么入射速度与出射速度应该是相等的，为什么小质量物体能被加速呢？其中的奥妙在于大质量天体自身的速度。以太阳系为例，在木星参考系中，小质量物体，比如"旅行者 1 号"，在木星引力作用下做双曲线运动，其相对速度发生了变化，但是出射速度等于入射速度。而在太阳参考系中，由于木星相对于太阳是非静止的，因此这个小质量物体离开木星的速度与飞向木星的速度完全可以不相等。这个过程并未违反能量守恒定律：行星自身的机械能是加速能量的来源，只不过二者质量差距过于悬殊，提取的能量相对于行星自身能量来说是可以忽略不计的。

在太阳参考系中，设"旅行者 1 号"在该过程的初始速度为 $\vec{v}_1$，木星自身速度为 $\vec{v}_p$，远离木星时"旅行者 1 号"的速度为 $\vec{v}_2$。由于"旅行者 1 号"从靠近木星到远离木星这个过程的时间相对于木星的公转周期来说是很小的，并且木星的质量远远大于"旅行者 1 号"的质量，我们可以近似认为木星在整个过程里做匀速直线运动。于是，在木星的平动参考系中，"旅行者 1 号"靠近木星及远离木星时的速度分别为

$$\vec{v}_1' = \vec{v}_1 - \vec{v}_p$$
$$\vec{v}_2' = \vec{v}_2 - \vec{v}_p$$

根据木星参考系中"旅行者 1 号"的能量守恒可得

$$\left|\vec{v}_1'\right|^2 = \left|\vec{v}_2'\right|^2$$

借助此关系可以得到

$$\vec{v}_2^2 = (\vec{v}_2' + \vec{v}_p)^2 = \vec{v}_2'^2 + \vec{v}_p^2 + 2\vec{v}_2' \cdot \vec{v}_p = \vec{v}_1'^2 + \vec{v}_p^2 + 2\vec{v}_2' \cdot \vec{v}_p$$
$$= (\vec{v}_1 - \vec{v}_p)^2 + \vec{v}_p^2 + 2\vec{v}_2' \cdot \vec{v}_p = \vec{v}_1^2 + 2\vec{v}_p^2 - 2\vec{v}_1 \cdot \vec{v}_p + 2\vec{v}_2' \cdot \vec{v}_p$$

我们可以将关于 $\vec{v}_p$ 的一次项系数都整理为带撇的矢量,这样就有

$$\vec{v}_2^2 = \vec{v}_1^2 + 2\vec{v}_p^2 - 2(\vec{v}_1' + \vec{v}_p) \cdot \vec{v}_p + 2\vec{v}_2' \cdot \vec{v}_p = \vec{v}_1^2 + 2(\vec{v}_2' - \vec{v}_1') \cdot \vec{v}_p$$

我们知道,$\vec{v}_1'$ 与 $\vec{v}_2'$ 是一对大小相等、方向平行于双曲线轨道渐近线的矢量,于是 $(\vec{v}_2' - \vec{v}_1')$ 平行于双曲线的对称轴,其方向为从双曲线顶点指向双曲线焦点的方向。这意味着当"旅行者 1 号"的双曲线轨道开口方向与木星自身速度矢量 $\vec{v}_p$ 的夹角 δ 为锐角时,根据

$$(\vec{v}_2' - \vec{v}_1') \cdot \vec{v}_p = \left|\vec{v}_2' - \vec{v}_1'\right|\left|\vec{v}_p\right|\cos\delta > 0$$

可以知道 $\vec{v}_2^2 > \vec{v}_1^2$,于是"旅行者 1 号"被加速了。同理,如果 δ 为钝角,那么 $\vec{v}_2^2 < \vec{v}_1^2$,此时引力弹弓的作用是使"旅行者 1 号"减速。

参考图 1,按照几何关系,我们有

$$\left|\vec{v}_2' - \vec{v}_1'\right| = 2\left|\vec{v}_1'\right|\cos\beta$$

这样可以得到

$$\left|\vec{v}_2\right| = \sqrt{\vec{v}_1^2 + 4\left|\vec{v}_1'\right|\left|v_p\right|\cos\beta\cos\delta}$$

令 $\vec{v}_1'$ 与 $\vec{v}_p$ 的夹角为 η,利用前面定义的双曲线轨道的参数 $\beta = \arccos(B/A)$,可将 δ 表示为

$$\delta = \pi - \eta - \beta$$

在实际的宇航计划中,人们一般会适当调整飞行器的运行状态,使得 β 的值比较小,这样 $\left|\vec{v}_2' - \vec{v}_1'\right|$ 就能取到一个相对较大的值,于是飞行器能够被更

高效地加速。对于"旅行者 1 号"的实际飞行情况，从 NASA 公布的数据[1]可以得到 $\eta=113.66°$、$\beta=40.89°$，木星速度大小为 $|\vec{v}_p|\approx13\,\text{km/s}$，"旅行者 1 号"的入射速度大小为 $|\vec{v}_1|\approx13.2\,\text{km/s}$，其相对于木星的速度大小近似为 $|\vec{v}_1'|\approx11\,\text{km/s}$。感兴趣的读者可以使用本节的知识来推算"旅行者 1 号"离开木星时的速度。我们在这里给出 NASA 提供的官方数据，其值为 $|\vec{v}_2|\approx23.6\,\text{km/s}$。使用本节知识计算得到的结果可能略高于这个数值，原因在于，上述分析忽略了"旅行者 1 号"克服太阳引力所导致的能量损失以及速度数据，并未取在无穷远而导致的能量值偏差。

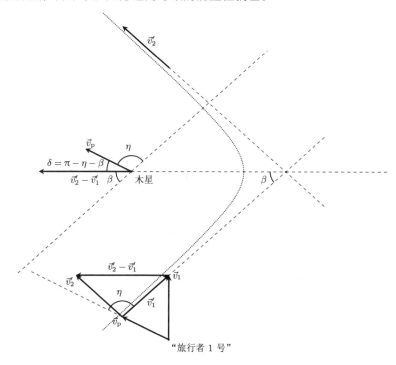

图 1　"旅行者 1 号"被木星加速示意图

"旅行者 1 号"在飞离太阳系的过程中经过了两次引力弹弓加速，参见图 2。在图 2 中，横轴表示到太阳的距离（以天文单位为单位），纵轴表示相对太阳的速度（以 km/s 为单位），黑线为"旅行者 1 号"相对太阳的速

1 数据来自 NASA 的数据库，采用太阳系质心的参考系（坐标系统 500@0）。

度与其到太阳的距离之间的关系，红线为对应距离下对太阳的逃逸速度。从中可以看到，"旅行者 1 号"在 5 个天文单位和 10 个天文单位附近分别借助了木星与土星的引力弹弓效应来加速。

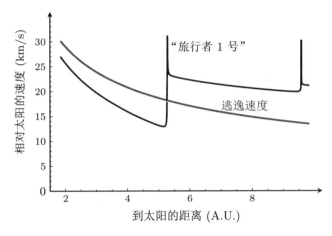

图 2　"旅行者 1 号"在到太阳的不同距离下的速度

小结
Summary

在本节中，我们以科幻电影中常见的引力弹弓效应为引子，介绍了引力弹弓效应在"旅行者号"上面的应用，并通过分析小质量物体在大质量天体的引力场下的运动轨迹，详细介绍了引力弹弓效应所带来的加速、减速效果。

韦伯望远镜为什么在那么远？

——日地系统的拉格朗日点[1]

摘要：在本节中，我们将介绍三体运动中的一类特殊解——与拉格朗日点对应的解。在进行详细计算之前，我们将定性地介绍什么是拉格朗日点，日地系统的拉格朗日点在什么位置，以及为什么韦伯望远镜会被放置在日地系统的 L_2 点上。然后，我们会在牛顿力学的框架下分别计算出日地系统的 L_2 点、L_4 点位置，我们会发现，L_4 点、太阳、地球三者刚好是一个正三角形的三个顶点。

2022 年 7 月 12 日（美国时间 11 日），詹姆斯·韦伯空间望远镜（JWST，James Webb Space Telescope）（简称韦伯望远镜）首批宇宙深空红外照片由 NASA 公布，随即点燃了网友们的讨论热情。韦伯望远镜早在 2021 年 12 月 25 日就发射了，为什么直到下一年 7 月才公布照片呢？这是因为韦伯望远镜没有采用它的前辈哈勃望远镜那样的绕地轨道，而是选择放置在了日地系统的 L_2 拉格朗日点，这一点到地球的距离远大于一般绕地卫星轨道的半径，因此韦伯望远镜的飞行过程注定孤独且漫长。什么是拉格朗日点呢？怎么计算它们的位置呢？这将是我们接下来要介绍的主题。

一、可作为宇宙停车场的拉格朗日点

我们知道，万有引力下的三体运动一般是没有解析解的，不过当三个质点中一个质点的质量远小于其他两个时，我们可以找到一些特殊的解析解，

---

1 整理自搜狐视频 App "张朝阳"账号/作品/物理课栏目中的第 73、74 期视频，由李松执笔。

拉格朗日点就是其中一类解。为了简单起见，我们在这里假设地球公转轨道为圆形轨道。日地系统的拉格朗日点一共有五个，当小质量物体（以下简称物体）处于这五个点之一时，地球与太阳对这个物体的引力合力刚好可以让这个物体绕着口地系统的质心公转，并且公转周期与地球公转周期一样。换言之，这个物体相对于太阳、地球都是静止不动的。

　　这五个拉格朗日点相对于地球、太阳的位置可以参见图 1。L_1 处在日地之间的连线上，L_2 处在太阳到地球的延长线上，L_3 则处于地球到太阳的延长线上。L_4 与 L_5 不在日地直线上，但是近似处在地球的公转轨道上，而且 L_4（以及 L_5）到太阳的连线正好与日地连线成 $60°$。

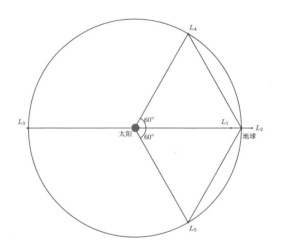

图 1　日地系统的五个拉格朗日点

　　详细的分析表明，L_1、L_2 与 L_3 这三个点不是稳定平衡点，换言之，即使物体精确地处在这三个点之一上，只要有一点点扰动，这个物体就会逐渐偏离平衡点，并且偏离有可能会越来越大。对此论断，我们将不进行详细的定量分析，不过我们可以以 L_2 点为例进行一下定性的分析。当物体处于 L_2 位置时，太阳、地球对物体的引力之和刚好等于物体（与地球同步的）绕日公转时的向心力。如果物体稍微偏向太阳或地球，由于引力与距离的平方成反比，物体所受引力会增大，而角速度固定的转动所需向心力与距离成正比，于是所需向心力减少，从而引力大于所需向心力，物体必然会越来越偏离 L_2 点；对于反方向的偏离，我们也可以进行类似的分析，结论也是类似的。

另外，在日地系统上，L_4 与 L_5 是稳定的平衡点，处在这两处的物体即使受到了微扰，也不会过大地偏离平衡位置。

韦伯望远镜被安置在了 L_2 点，但是 L_2 不是一个稳定平衡点，这样不会出现问题吗？实际上，韦伯望远镜并没有静止在 L_2 点上，而是近似地绕着 L_2 点在做圆周运动，轨道平面垂直于日地连线，参见图 2。这么做的原因主要有两个，第一个原因是，这样能大大降低轨道的不稳定性，从而降低韦伯望远镜的轨道调整频次。第二个原因是，L_2 点处在地球背面，无法有效接收太阳能，而目前韦伯望远镜绕 L_2 点的轨道半径足够大，能够避开地球的遮挡，从而能接收到充足的太阳能。

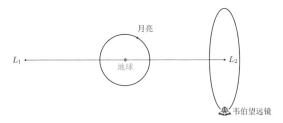

图 2　韦伯望远镜近似绕 L_2 点做圆周运动

那为什么不把韦伯望远镜放在 L_4 点或者 L_5 点呢？这也涉及两方面原因，第一个原因是，L_4 点与 L_5 点距离地球太远，不便于发射与通信；第二个原因是，L_4 与 L_5 是稳定平衡点，那么那里很可能存在一些小的陨石、星尘之类的东西，它们会对空间望远镜造成危害。比如，由于木星质量很大，木星-太阳系统的 L_4、L_5 点上就汇聚了很多小的天体，参见图 3。正因为 L_4 点与 L_5 点的稳定性，它们又被称为"宇宙停车场"。

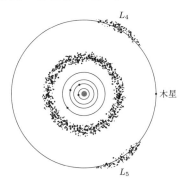

图 3　木星-太阳系统的 L_4、L_5 点上汇聚了很多小的天体

二、考虑公转惯性力，运用平衡条件求 L_2 位置

下面，我们介绍怎么计算 L_2 点的位置。记太阳的位置矢量为 $\vec{r}_s$，地球的位置矢量为 $\vec{r}_e$，r 为日地距离，m_s 与 m_e 分别是太阳与地球的质量。根据万有引力定律与牛顿第二定律，可以得到太阳与地球的运动方程为

$$
\begin{aligned}
m_s \frac{\mathrm{d}^2 \vec{r}_s}{\mathrm{d}t^2} &= -\frac{Gm_s m_e}{r^2}\vec{e}_{se} \\
m_e \frac{\mathrm{d}^2 \vec{r}_e}{\mathrm{d}t^2} &= -\frac{Gm_s m_e}{r^2}\vec{e}_{es}
\end{aligned}
\tag{1}
$$

其中，$\vec{e}_{se}$ 与 $\vec{e}_{es}$ 分别是地球到太阳以及太阳到地球的单位矢量。将这两式相加，我们可以得到

$$
\frac{\mathrm{d}^2(m_s \vec{r}_s + m_e \vec{r}_e)}{\mathrm{d}t^2} = 0
$$

根据质心的定义，日地系统的质心的位置矢量为

$$
\vec{r}_{cm} = \frac{m_s \vec{r}_s + m_e \vec{r}_e}{m_s + m_e}
$$

由前一个结果我们得到

$$
\frac{\mathrm{d}^2 \vec{r}_{cm}}{\mathrm{d}t^2} = 0
$$

这个结果本质上就是日地系统的质心运动定律。日地系统的质心可以看成是不动的，地球与太阳都绕着日地质心运动。由于太阳质量远远大于地球质量，日地质心非常靠近太阳的位置，因此很多计算中可以直接将日地质心近似为太阳中心。不过在后面我们会介绍到，在计算 L_4 的位置时，日地质心与太阳中心不完全重合是非常关键的。

记 $\vec{r} = \vec{r}_e - \vec{r}_s$ 为太阳到地球的位置矢量，那么日地质心到地球的位置矢量为

$$
\vec{r}_e - \vec{r}_{cm} = \vec{r}_e - \frac{m_s \vec{r}_s + m_e \vec{r}_e}{m_s + m_e} = \frac{m_s}{m_s + m_e}\left(\vec{r}_e - \vec{r}_s\right) = \frac{m_s}{m_s + m_e}\vec{r}
$$

由于质心位置矢量的加速度为零，所以

$$m_{\mathrm{e}}\frac{\mathrm{d}^2\vec{r}_{\mathrm{e}}}{\mathrm{d}t^2} = m_{\mathrm{e}}\frac{\mathrm{d}^2}{\mathrm{d}t^2}\left(\vec{r}_{\mathrm{e}} - \vec{r}_{\mathrm{cm}}\right) = m_{\mathrm{e}}\frac{\mathrm{d}^2}{\mathrm{d}t^2}\left(\frac{m_{\mathrm{s}}}{m_{\mathrm{s}} + m_{\mathrm{e}}}\vec{r}\right) = \frac{m_{\mathrm{e}}m_{\mathrm{s}}}{m_{\mathrm{e}} + m_{\mathrm{s}}}\frac{\mathrm{d}^2\vec{r}}{\mathrm{d}t^2}$$

如果我们定义约化质量 μ 为

$$\mu = \frac{m_{\mathrm{e}}m_{\mathrm{s}}}{m_{\mathrm{e}} + m_{\mathrm{s}}}$$

并且考虑到式（1）的第二个式子，我们有

$$\mu\frac{\mathrm{d}^2\vec{r}}{\mathrm{d}t^2} = -\frac{Gm_{\mathrm{s}}m_{\mathrm{e}}}{r^2}\vec{e}_{\mathrm{es}} = -\frac{G}{r^2}\frac{m_{\mathrm{e}}m_{\mathrm{s}}}{m_{\mathrm{e}} + m_{\mathrm{s}}}(m_{\mathrm{e}} + m_{\mathrm{s}})\vec{e}_{\mathrm{es}} = -\frac{G\mu M}{r^2}\vec{e}_{\mathrm{es}}$$

其中，$M = m_{\mathrm{s}} + m_{\mathrm{e}}$ 是日地系统的总质量。上述结果意味着地球围绕日地质心的运动可以看成是一个质量为 μ 的物体在质量为 M 的星球引力场下绕着这个星球的运动，而这个质量为 M 的等效星球正好处在太阳位置上。设这个质量为 μ 的物体的公转角速度为 ω，它也是地球绕着日地质心的公转角速度。我们将地球绕日轨道近似为圆形，根据圆周运动的性质，向心加速度为 $\mu\omega^2 r$，它应该等于万有引力 $G\mu M / r^2$，于是我们得到地球绕着日地质心的公转角速度满足

$$\omega^2 = \frac{GM}{r^3} \tag{2}$$

接下来我们将坐标原点取在日地质心上，于是 $r_{\mathrm{e}} = |\vec{r}_{\mathrm{e}}|$ 将是地球到日地质心的距离。我们在太阳到地球的延长线上取一点，这一点到地球的距离为 r_2。由于这一点一直处在太阳到地球的延长线上，所以它是随着地球一起绕太阳以角速度 ω 公转的。在与地球一起绕日公转的非惯性参考系上，这一点上具有的离心加速度为 $\omega^2(r_{\mathrm{e}} + r_2)$。

另外，在这一点上同时存在太阳与地球的引力，这两个力是同方向的，都指向日地质心，也就是坐标原点，并且都随着 r_2 的增大而减小。

根据这些结果我们可以知道，当 r_2 很大时，离心加速度也很大，但是太阳与地球的引力之和却很小，不足以把这一点上的物体束缚住。另外，当 r_2 比较小时，离心加速度也很小，但是太阳与地球的引力之和却会很大，从而引力能够抵抗住离心加速度使得此位置上的物体向原点运动。因此，在太阳

到地球的延长线上存在一个点，在这个点上，离心加速度刚好与太阳-地球的总引力相平衡。这样的一个点就是 L_2 点。由这里的讨论我们得到，L_2 点到地球的距离 r_2 满足的条件为

$$\omega^2(r_e + r_2) = \frac{Gm_s}{(r + r_2)^2} + \frac{Gm_e}{r_2^2}$$

由于太阳质量远大于地球质量，我们可以将日地质心近似为太阳中心，这样就可以将 r_e 近似为 r，于是有

$$\omega^2(r + r_2) \approx \frac{Gm_s}{(r + r_2)^2} + \frac{Gm_e}{r_2^2} = \frac{Gm_s}{r^2}\frac{1}{(1 + r_2/r)^2} + \frac{Gm_e}{r_2^2}$$

$$\approx \frac{Gm_s}{r^2}\left(1 - \frac{2r_2}{r}\right) + \frac{Gm_e}{r_2^2}$$

其中，已经做了一次仅保留前两阶的泰勒展开。将式（2）代入上式，并考虑到 $M \approx m_s$，我们有

$$\frac{Gm_s}{r^3}(r + r_2) \approx \frac{Gm_s}{r^2}\left(1 - \frac{2r_2}{r}\right) + \frac{Gm_e}{r_2^2}$$

此式可以被大大化简，只需消掉两边的相同项并适当移项、变形即可得到

$$3m_s\left(\frac{r_2}{r}\right)^3 \approx m_e$$

于是我们得到

$$\frac{r_2}{r} \approx \sqrt[3]{\frac{m_e}{3m_s}} \approx \sqrt[3]{\frac{6\times10^{24}\text{ kg}}{3\times2\times10^{30}\text{ kg}}} = 10^{-2}$$

考虑到日地距离约为 1.5 亿千米，由此即可知道 r_2 约等于 150 万千米，此距离差不多是月球到地球距离的 4 倍。

三、根据平衡条件求 L_4 的位置

前面计算了 L_2 点到地球的距离，接下来我们开始计算 L_4 点的位置。计算 L_4 点时不能简单地认为日地质心与太阳中心重合，必须考虑到这两点之间的

偏差。为了避免直接计算的烦琐，我们不对整个日地系统所在平面搜寻 L_4，而是在以太阳为圆心、日地距离 r 为半径的圆上寻找一个点，在这一点上太阳的引力与地球的引力正好可以让物体绕日地质心做圆周运动，周期与地球公转周期一致。

为此，我们使用图 4 所示的示意图，其中点 O 表示日地质心，点 S 与点 E 分别表示太阳所在的位置与地球所在的位置。L 是以 S 为圆心，以 $r = |SE|$ 为半径的圆上的一点，因此 $l_s = r$。容易知道，L 的具体位置由角度 θ_1 决定。

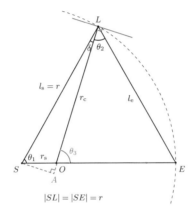

图 4　计算 L_4 点所用示意图

接下来，我们需要进行实际的计算，看看存不存在一个 θ_1 使得 L 点能满足我们前面提到的力学要求。我们先考虑太阳质量远远大于地球质量的情况，将太阳、地球在 L 处的引力加速度按径向和切向进行展开，所谓径向就是平行于 OL 的方向，切向就是垂直于 OL 的方向。由于我们需要 L 点处的物体绕着点 O 以角速度 ω 公转，因此 L 处的加速度沿着径向指向点 O。所以，太阳、地球在 L 处的引力加速度的切向分量应该互相抵消，而径向分量之和应该等于 L 处的公转加速度 $\omega^2 r_c$。由于太阳在 L 处的引力加速度沿着 LS 指向点 S，地球在 L 处的引力加速度沿着 LE 指向点 E，借助角度 δ 与 θ_2 可将前述加速度的要求用式子表示为

$$\frac{Gm_s}{r^2}\sin\delta = \frac{Gm_e}{l_e^2}\sin\theta_2$$

$$\omega^2 r_c = \frac{Gm_s}{r^2}\cos\delta + \frac{Gm_e}{l_e^2}\cos\theta_2$$

（3）

我们先来分析式（3）中的第一个式子。对三角形 $\triangle LSO$ 使用正弦定理可得

$$\sin \delta = \frac{r_s \sin \theta_1}{r_c}$$

将其代入式（3）中的第一个式子可得

$$\frac{Gm_s}{l_s^2} \cdot \frac{r_s \sin \theta_1}{r_c} = \frac{Gm_e}{l_e^2} \sin \theta_2$$

由于日地距离为 r，点 O 是日地质心，所以有

$$r_s = \frac{m_e}{m_s + m_e} r \approx \frac{m_e}{m_s} r \tag{4}$$

将其代入前一式，并使用条件 $l_s = r$，化简可得

$$\frac{\sin \theta_1}{l_s r_c} \approx \frac{\sin \theta_2}{l_e^2} \tag{5}$$

在什么情况下这个式子才成立呢？由于 $|SL| = |SE| = r$，所以当 $\theta_1 = 60°$ 时，三角形 $\triangle LSE$ 是正三角形。再考虑到太阳质量远大于地球质量，于是 $\delta \approx 0$，所以当 $\theta_1 = 60°$ 时，有

$$l_s = l_e \approx r_c, \quad \theta_1 \approx \theta_2$$

这样式（5）是成立的。

接下来，我们在 $\theta_1 = 60°$ 的条件下，验证式（3）的第二个式子是否成立——如果这个式子被验证成立，那么点 L 确实是我们要求的拉格朗日点。需要注意的是，验证第二个式子时不可以简单地将太阳位置近似为日地质心位置，必须考虑两者之间的差异。由于前面关于式（3）第一个式子的分析都是在靠近太阳的这一侧进行的，因此可以将式（3）的第二个式子变形为

$$\omega^2 r_c - \frac{Gm_s}{r^2} \cos \delta \overset{?}{=} \frac{Gm_e}{l_e^2} \cos \theta_2$$

等号上面的问号表示这个式子还需要检验。换言之，我们需要验证 L 点随日地系统一起公转的向心加速度减去太阳在 L 点的引力加速度径向分量是否

等于地球在 L 点的引力加速度径向分量。

根据前面的结果有

$$\omega^2 = \frac{G(m_s + m_e)}{r^3}$$

所以

$$\omega^2 r_c - \frac{Gm_s}{r^2}\cos\delta = \frac{G(m_s + m_e)}{r^3} r_c - \frac{Gm_s}{r^2}\cos\delta$$

$$= \frac{Gm_s}{r^3}(r_c - r\cos\delta) + \frac{Gm_e}{r^3} r_c$$

在图 4 中做点 S 关于 LO 的垂线段 SA，垂足为 A，位于 LO 的延长线上。根据图 4 中的几何关系可以知道

$$r\cos\delta - r_c = |AO| = r_s\cos\theta_3 \approx r_s\cos\theta_1$$

将其代入前一式可得

$$\omega^2 r_c - \frac{Gm_s}{r^2}\cos\delta \approx -\frac{Gm_s}{r^3} r_s\cos\theta_1 + \frac{Gm_e}{r^3} r_c$$

$$= \frac{Gm_s}{r^3}\left(\frac{m_e}{m_s} r_c - r_s\cos\theta_1\right)$$

又因为 $r_c \approx r$，并且根据式（4），$r_s \approx rm_e / m_s$，所以

$$\omega^2 r_c - \frac{Gm_s}{r^2}\cos\delta \approx \frac{Gm_s}{r^3}\left(\frac{m_e}{m_s} r - \frac{m_e}{m_s} r\cos\theta_1\right)$$

$$= \frac{Gm_e}{r^2}\left(1 - \cos\theta_1\right)$$

注意此时 $\theta_1 = 60°$，所以 $\cos\theta_1 = 1/2$。又因为 $\theta_2 \approx \theta_1$，所以

$$1 - \cos\theta_1 = \frac{1}{2} \approx \cos\theta_2$$

于是

$$\omega^2 r_c - \frac{Gm_s}{r^2}\cos\delta \approx \frac{Gm_e}{r^2}\cos\theta_2 = \frac{Gm_e}{l_e^2}\cos\theta_2$$

其中，式子右边的等号是因为当 $\theta_1 = 60°$ 时有 $r = l_e$。由这个结果可以知道，

式（3）的第二个式子也是近似成立的，所以 L 点确实是我们寻找的第四个拉格朗日点 L_4，它与太阳、地球构成一个正三角形。前面的分析虽然使用太阳质量远大于地球质量的近似条件，但是关于 L_4 的结论却是普遍成立的，不依赖于此处的近似条件。感兴趣的读者可以尝试修改前面的分析方法，使其不再依赖于近似条件。

如果使用矢量进行分析，求解 L_4 的过程能被大大简化。为此我们考虑图 5 中的各个矢量，其中 S、E 分别表示太阳、地球的位置，O 是日地质心，L_4 是拉格朗日点，我们还不知道它是否处于以 S 为圆心、$r = |\vec{r}|$ 为半径的圆上。

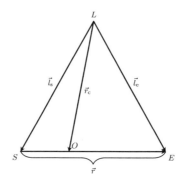

图 5　计算 L_4 位置所用各个矢量的定义

由于点 O 是日地质心，因此有

$$\overrightarrow{SO} = \frac{m_e}{m_s + m_e}\vec{r} = \frac{m_e}{m_s + m_e}(\vec{l}_e - \vec{l}_s)$$

所以

$$
\begin{aligned}
\vec{r}_c &= \vec{l}_s + \overrightarrow{SO} = \vec{l}_s + \frac{m_e}{m_s + m_e}(\vec{l}_e - \vec{l}_s) \\
&= \frac{m_s}{m_s + m_e}\vec{l}_s + \frac{m_e}{m_s + m_e}\vec{l}_e
\end{aligned}
\tag{6}
$$

由于 L_4 是拉格朗日点，因此 L_4 上的太阳引力加速度与地球引力加速度之和等于 L_4 点绕日地质心 O 的公转加速度，用式子表述就是

$$\frac{Gm_s}{l_s^3}\vec{l}_s + \frac{Gm_e}{l_e^3}\vec{l}_e = \omega^2\vec{r}_c = \frac{G(m_s + m_e)}{r^3}\vec{r}_c$$

其中，$l_s = \left| \vec{l}_s \right|$，$l_e = \left| \vec{l}_e \right|$，第二个等号是因为我们代入了 ω^2 的表达式。消掉引力常数 G，并从中解出矢量 $\vec{r}_c$，我们得到

$$\vec{r}_c = \frac{r^3 m_s}{l_s^3 (m_s + m_e)} \vec{l}_s + \frac{r^3 m_e}{l_e^3 (m_s + m_e)} \vec{l}_e \qquad (7)$$

对比式（6）与式（7），我们发现 $\vec{r}_c$ 以两种方式通过 $\vec{l}_s$ 与 $\vec{l}_e$ 表达出来了。又因为 $\vec{l}_s$ 与 $\vec{l}_e$ 不平行，因此可以作为一组非单位长度的基矢量，所以式（6）与式（7）中的基矢量展开系数分别相等：

$$\frac{r^3 m_s}{l_s^3 (m_s + m_e)} = \frac{m_s}{m_s + m_e}, \quad \frac{r^3 m_e}{l_e^3 (m_s + m_e)} = \frac{m_e}{m_s + m_e}$$

这样立即得到 $l_s = r = l_e$，所以 $\triangle L_4 SE$ 构成正三角形。需要注意的是，这里介绍的矢量方法不需要太阳质量远大于地球质量这个条件，它是一个一般性的方法。

小结
Summary

在本节中，我们简单介绍了五个拉格朗日点的位置，并对 L_2 点的不稳定性做了定性分析。基于此，我们介绍了韦伯望远镜为什么不是静止在 L_2 点上而是绕着 L_2 点做圆周运动的。接着，我们近似求解了 L_2 点到地球的距离大约为 150 万千米。最后，我们使用两种方法推导了 L_4 点的位置，结果表明 L_4 点、太阳、地球刚好是一个正三角形的三个顶点。

地月公转会导致怎样的惯性势？
——引力势的勒让德展开及平动参考系[1]

摘要：本节是我们接下来几节计算潮汐效应的基础。我们将介绍二体运动的简化，以及中心不在原点处的质点引力势的勒让德展开式，同时我们还会介绍转动惯性势的具体表达式。这些知识将会是我们接下来几节的基础。

在《张朝阳的物理课》第一卷中，我们介绍了潮汐高度的计算，以及地球自转会导致地球形状的改变。不过，在当时，我们对所用的模型做了很多简化，比如忽略了固体潮对海洋潮汐的影响。而且，我们也没有对潮汐效应所带来的物理结果做进一步的计算。因此，我们在接下来的几节里将会以一种新的方式来分析潮汐，同时会详细计算潮汐所带来的一些效应，比如月球退行等。本节内容将是后面几节的基础。

一、将二体运动简化为单体运动

如果忽略太阳的影响，那么地月系统的运动是一个二体运动。将二体运动简化为单体运动，我们在《张朝阳的物理课》第一卷以及前面计算拉格朗日点位置时都已经介绍过了，不过为了方便读者，也为了潮汐部分的完整性，下面再简单介绍一下。

---

1 整理自搜狐视频 App "张朝阳"账号/作品/物理课栏目中的第 100、101 期视频，由涂凯勋、李松执笔。

　　设地球质量为 m_1，位矢为 $\vec{r}_1$；月球质量为 m_2，位矢为 $\vec{r}_2$，并记 $\vec{r} = \vec{r}_1 - \vec{r}_2$，参考图 1。

　　那么由牛顿第二定律以及万有引力公式可以得到地球与月球的运动方程：

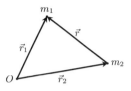

图 1　地月系统的各个位矢

$$m_1 \frac{\mathrm{d}^2 \vec{r}_1}{\mathrm{d}t^2} = -G\frac{m_1 m_2}{r^2}\vec{e}_r$$

$$m_2 \frac{\mathrm{d}^2 \vec{r}_2}{\mathrm{d}t^2} = G\frac{m_1 m_2}{r^2}\vec{e}_r$$

其中，$\vec{e}_r$ 是从月球中心指向地球中心的单位矢量，它与 $\vec{r}$ 同向，$r = |\vec{r}|$ 是地球中心与月球中心的相对距离。

　　将地球运动方程与月球运动方程相加可得

$$\frac{\mathrm{d}^2(m_1\vec{r}_1 + m_2\vec{r}_2)}{\mathrm{d}t^2} = 0$$

地月系统的质心位矢 $\vec{r}_{\mathrm{cm}}$ 为

$$\vec{r}_{\mathrm{cm}} = \frac{m_1\vec{r}_1 + m_2\vec{r}_2}{m_1 + m_2}$$

由前一个结果即可知道

$$\frac{\mathrm{d}^2\vec{r}_{\mathrm{cm}}}{\mathrm{d}t^2} = 0$$

　　这说明地月系统的质心静止不动或做匀速直线运动。实际上，考虑到太阳的引力作用，地月系统的质心其实在做加速运动，不过我们可以选择一个特殊的非惯性参考系，使得太阳的引力与非惯性力互相抵消，只剩余太阳的潮汐力部分。我们不会对这一点进行严格的推导，不过读者可以从本节以及下一节关于地月系统的讨论中看到类似的分析。因此，为了简单起见，我们忽略太阳引力的影响。

　　地月系统质心只能体现整个系统的位置，却不能体现系统内部的状态，因此我们还需要一个描述地月系统内部状态的方程。地球相对于地月系统质心的位矢是

$$\vec{r}_1 - \vec{r}_{\mathrm{cm}} = \frac{m_2}{m_1 + m_2}(\vec{r}_1 - \vec{r}_2) = \frac{m_2}{m_1 + m_2}\vec{r} \qquad (1)$$

　　给上式最左边与最右边同时乘以 m_1，然后对时间求二阶导数，结合地球的运动方程及质心的运动方程可得

$$\frac{m_1 m_2}{m_1 + m_2} \frac{\mathrm{d}^2}{\mathrm{d}t^2} \vec{r} = m_1 \frac{\mathrm{d}^2}{\mathrm{d}t^2}(\vec{r}_1 - \vec{r}_{\mathrm{cm}})$$

$$= m_1 \frac{\mathrm{d}^2 \vec{r}_1}{\mathrm{d}t^2} - m_1 \frac{\mathrm{d}^2 \vec{r}_{\mathrm{cm}}}{\mathrm{d}t^2} = -G \frac{m_1 m_2}{r^2} \vec{e}_r$$

进一步定义约化质量为

$$\mu = \frac{m_1 m_2}{m_1 + m_2}$$

那么上述关于 $\vec{r}$ 的方程可以化简为

$$\mu \frac{\mathrm{d}^2 \vec{r}}{\mathrm{d}t^2} = -\frac{G\mu M}{r^2} \vec{e}_r$$

其中，$M = m_1 + m_2$ 是地月系统的总质量。

如果将质量为 M 的质点固定在原点，那么质量为 μ 的质点在 M 的引力作用下的运动方程将与上式一致，这说明我们成功地将原本的地月二体运动简化成了单体运动。

上述方程的一般解已经在《张朝阳的物理课》第一卷中介绍过了，不过在这里不需用到一般解。可以将月球围绕地球的运动近似理解为圆周运动，因此我们只需要考虑圆周运动。在后面求解月球引力势时我们将会使用 $\vec{r}$ 表示场点相对于地球中心的位矢，为了避免符号混淆，我们设质量为 μ 的等效质点的圆周运动的半径为 a，相应的角速度为 ω，那么质量为 μ 的等效质点的加速度大小为 $\omega^2 a$，加速度方向指向圆心，即 $-\vec{e}_r$ 方向。于是，由上述相对运动方程可得角速度 ω^2 满足关系

$$-\mu\omega^2 a \vec{e}_r = -\frac{G\mu M}{a^2} \vec{e}_r$$

于是可以得到

$$\omega^2 = \frac{GM}{a^3} \qquad (2)$$

得到了地月相对运动的角速度之后，我们回过头来看看地球相对于地月系统质心的位矢。为了方便讨论，我们一般会选取地月系统质心作为原点，此时有 $\vec{r}_{\mathrm{cm}} = 0$，那么根据式（1）可以得到

$$\vec{r}_1 = \frac{m_2}{m_1 + m_2} \vec{r}$$

可见地球的位矢 $\vec{r}_1$ 与地月相对位矢 $\vec{r}$ 只相差一个比例系数。由于我们已经知道地月相对位矢做的是半径为 a、角速度为 ω 的圆周运动，于是地球的运动是围绕地月系统质心的圆周运动，角速度也为 ω，运动半径为

$$r_1 = \frac{m_2}{m_1 + m_2} a = \frac{m_2 a}{M} \tag{3}$$

地球中心的加速度为 $\omega^2 r_1$，且加速度的方向指向地月系统质心。

二、用勒让德多项式表示月球引力势

接下来，我们分析月球引力势 ϕ_m 在地球附近的展开式。

参考图 2，将地球中心选为原点，取地球中心到月球中心的方向为 z 轴正方向，场点的位矢记为 $\vec{r}$，其大小记为 r，$\vec{r}$ 与 z 轴正方向的夹角记为 θ，它可以看成以 z 轴为极轴的球坐标系的一个角坐标。由于引力势场关于 z 轴旋转对称，因此我们只需要考虑 r 与 θ 即可，不必再考虑球坐标系的另一个角坐标。$\vec{a}$ 是从地球中心到月球中心的位矢，$l = |\vec{l}|$ 是场点到月球中心的距离。

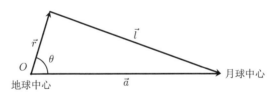

图 2　计算月球引力势展开公式所用示意图

手稿
Manuscript

根据引力势的公式，可知场点上的月球引力势为

$$\phi_m = -\frac{Gm_2}{l}$$

根据矢量关系有

$$l^2 = (\vec{a} - \vec{r})^2 = a^2 + r^2 - 2\vec{a} \cdot \vec{r} = a^2 + r^2 - 2ar\cos\theta$$

所以

$$\frac{1}{l} = (a^2 + r^2 - 2ar\cos\theta)^{-1/2} = \frac{1}{a}\left[1 - 2\left(\frac{r}{a}\right)\cos\theta + \left(\frac{r}{a}\right)^2\right]^{-1/2}$$

由于之后我们只考虑地球表面上的势能，所以 r 约等于地球半径，远远小于地月距离 a，于是对上式做自变量为 r/a 的近似展开。这时我们需要利用如下函数 $f(x)$ 的泰勒展开式

$$f(x) = (1 + bx + x^2)^{-1/2} \approx 1 - \frac{b}{2}x + \frac{1}{2}\left(\frac{3}{4}b^2 - 1\right)x^2$$

令 $x = r/a$、$b = -2\cos\theta$，然后可得到 $1/l$ 关于 r/a 的泰勒展开式，结果为

$$\frac{1}{l} \approx \frac{1}{a}\left[1 + \frac{r}{a}\cos\theta + \frac{1}{2}\left(\frac{r}{a}\right)^2(3\cos^2\theta - 1)\right]$$

注意到前三阶勒让德多项式（以 $\cos\theta$ 为自变量）为

$$P_0(\cos\theta) = 1, \quad P_1(\cos\theta) = \cos\theta$$
$$P_2(\cos\theta) = \frac{1}{2}(3\cos^2\theta - 1)$$

于是前一结果可以改写为

$$\frac{1}{l} \approx \frac{1}{a}\left[P_0(\cos\theta) + \frac{r}{a}P_1(\cos\theta) + \left(\frac{r}{a}\right)^2 P_2(\cos\theta)\right]$$

从这个表达式已经能明显发现用勒让德多项式表达 $1/l$ 时所出现的规律。事实上，可以严格证明，若展开到无穷阶，那么 $1/l$ 可写为

$$\frac{1}{l} = \frac{1}{a} \sum_{n=0}^{\infty} \left(\frac{r}{a}\right)^n P_n(\cos\theta)$$

从另一个角度来看，上式也可以理解为 $1/l$ 以勒让德多项式进行展开，这与氢原子波函数可以按照能量本征态展开类似，在这里 $(1/a)(r/a)^n$ 相当于以勒让德多项式进行展开时的系数。由于 r/a 很小，我们不需要用到完整的展开式，因此在后面几节的计算中，我们只保留展开式中的前三项即可，这样的话，月球在地球附近的引力势可以写为

$$\phi_{\mathrm{m}} \approx -\frac{Gm_2}{a}\left[1 + \frac{r}{a}\cos\theta + \frac{1}{2}\left(\frac{r}{a}\right)^2 (3\cos^2\theta - 1)\right]$$

不过，上式第一项是一个与场点位置无关的常数项，因此它可以被直接忽略。这样，我们可以将月球在地球附近的引力势改写为

$$\phi_{\mathrm{m}} \approx -\frac{Gm_2}{a}\left[\frac{r}{a}\cos\theta + \frac{1}{2}\left(\frac{r}{a}\right)^2 (3\cos^2\theta - 1)\right] \tag{4}$$

三、选取平动参考系求惯性势以及它与月球引力势之和

接下来，我们选取一个特殊的平动参考系，在这个参考系中，地月系统所在平面保持不变，地球中心在该平动参考系中保持静止。所谓平动参考系，就是相对于惯性参考系来说没有相对转动的参考系。我们可以这样想象这个平动参考系：假如地球不自转，它只围绕地月系统质心做平动公转，那么整个地球在我们选取的平动参考系中是静止的。平动参考系一般都是非惯性参考系。与包含相对转动的参考系相比，平动参考系的优点是，其中的惯性力场在相同时刻处处相等，这是因为在平动参考系中同一时刻每个空间点相对于同一惯性参考系的速度、加速度都是相同的，所以同一时刻平动参考系中每个点的惯性力场的方向与大小都相同。

接下来，我们沿用前面的坐标系。根据我们在前面对地月系统运动的讨论，当我们选取的是惯性参考系时，地月系统质心做的是纯惯性运动，而地球相对于地月系统质心做半径为 r_1、角速度为 ω 的圆周运动，所以在我们新选取的平动参考系中，地球中心存在一个沿着 z 轴反方向作用的惯性力，惯性力大小为 $\omega^2 r_1$。又因为平动参考系中每个点的惯性力场的方向与大小在同

一时刻下处处相等，所以整个参考系中的惯性力场为

$$\vec{F}_{c} = -\omega^2 r_1 \vec{e}_z$$

其中，$\vec{e}_z$ 为沿 z 轴正方向的单位矢量。

根据力场与势之间的关系 $\vec{F} = -\vec{\nabla}\phi$ 可知，该匀强惯性力场 $\vec{F}_c$ 对应的惯性势为

$$\phi_{c} = \omega^2 r_1 z$$

通过求 ϕ_c 的负梯度可以直接验证 ϕ_c 确实是 $\vec{F}_c$ 所对应的势场。当然，势场的定义可以相差一个常数，不过这个常数不会影响我们后面对潮汐的讨论。

根据式（2）与式（3），我们可以将 ϕ_c 改写为

$$\phi_{c} = \frac{Gm_2}{a^2} z = \frac{Gm_2}{a^2} r \cos\theta$$

其中，最后一个等号用到了坐标之间的转换关系 $z = r \cos\theta$。

这个惯性势与我们在《张朝阳的物理课》第一卷中研究潮汐所用的离心势有所不同，当时我们使用的参考系是跟随地球一起绕地月系统质心公转的转动参考系，转动参考系会带来一个与潮汐无关的自转惯性势。在下一节中，我们将会看到，我们现在选取的平动参考系能更直接地体现潮汐效应。

参考系的转换不会改变引力势的表达式，因此在新的平动参考系中月球引力势依然与式（4）相同。于是，在地球附近，惯性势与月球引力势之和为

$$\phi_{m} + \phi_{c} \approx -\frac{Gm_2}{a}\left[\frac{r}{a}P_1(\cos\theta) + \left(\frac{r}{a}\right)^2 P_2(\cos\theta)\right] + \frac{Gm_2}{a^2} r \cos\theta$$

$$= -\frac{Gm_2}{a}\left(\frac{r}{a}\right)^2 P_2(\cos\theta)$$

注意，在上式的化简过程中，月球在地球附近的引力势的线性项与惯性势相抵消了。这是因为地球的质心在非惯性参考系中保持静止，这就要求惯性力场与地球中心（即地球的质心）处的引力场相抵消，而月球在地球附近的引力势展开式中的线性项对应的力正是地球中心的月球引力。

小结
Summary

在本节中，我们分析了地月系统的运动，得知二体运动可以简化成单体运动。不过这个讨论过程我们已经在计算拉格朗日点位置时进行过一次了。接着，我们分析了月球引力势在地球附近的展开式，我们发现其展开系数正比于以 $\cos\theta$ 为自变量的勒让德多项式。最后，我们选取了一个保持地球中心静止的平动参考系，并推导了其中的惯性势场。我们发现，这个惯性势场刚好与月球在地球附近的引力势展开式中的线性项相抵消。

黑洞的意大利面效应指的是什么？
——详细计算潮汐力导致的海平面高度[1]

摘要：在本节中，我们将先以黑洞附近的意大利面效应说明潮汐力来源于引力场的非均匀性，因此潮汐力只对具有大小的物体有作用，而对质点不存在相应的作用。然后我们转去计算潮汐力导致的海平面改变。我们将采用与《张朝阳的物理课》第一卷类似的模型进行计算，不过与其不同的是，我们在这里将会使用到更多的关于近似于球面的旋转椭球面的数学描述。计算完理想模型下的海洋潮汐力之和，我们转去考虑地球固体部分的潮汐形变。

根据《张朝阳的物理课》第一卷中对潮汐力的分析，我们知道潮汐力来源于引力场的非均匀性。但是，直接通过潮汐来看待潮汐力的来源还是过于复杂了，我们其实可以从大质量天体附近的意大利面效应来理解潮汐力的来源。

一、黑洞附近的意大利面效应

大质量天体附近的意大利面效应本质上是潮汐效应，其物理含义是，当物体出现在大质量天体附近时，大质量天体的引力场会将物体拉成一根面条。我们接下来以黑洞为例介绍一下意大利面效应的成因。不过，对于像黑洞这样的极端天体，精确的分析需要使用广义相对论，为了避免陷入繁杂的

---

1 整理自搜狐视频 App "张朝阳" 账号/作品/物理课栏目中的第 101、102 期视频，由涂凯勋、李松执笔。

数学推导中，我们使用牛顿引力理论来近似处理。假设一个具有有限大小的物体朝着黑洞做自由下落运动，在进入黑洞视界之前，物体的加速度大小由牛顿引力定律及牛顿第二定律决定：

$$g = \frac{Gm_2}{a^2}$$

其中，m_2 是黑洞质量，a 是物体与黑洞的距离。忽略物体可能出现的转动，选择随着物体一起下落的平动参考系，并以物体中心为原点建立坐标系，z 轴正方向指向黑洞。同时，以 z 正半轴为极轴建立球坐标系 (r, θ, φ)。因为黑洞引力势是绕 z 轴旋转对称的，因此可以忽略 φ 坐标，参考图 1，其中 $\vec{e}_r$ 与 $\vec{e}_\theta$ 是球坐标下的两个基矢。

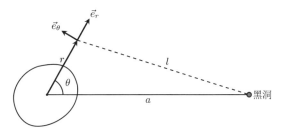

图 1　计算物体受到的潮汐力的示意图

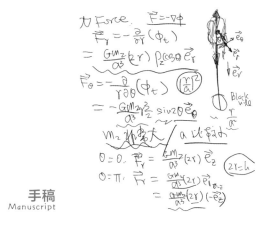

手稿
Manuscript

由于物体朝黑洞做加速运动，因此在前述参考系上存在一个均匀惯性力场，力场方向与物体加速度反向：

$$\vec{F}_g = -g\vec{e}_z$$

其中，$\vec{e}_z$ 是 z 方向的基矢。由此我们可以得到这个力场对应的惯性势为

$$\phi_g = gz = \frac{Gm_2}{a^2}z = \frac{Gm_2}{a^2}r\cos\theta = \frac{Gm_2}{a^2}r\mathrm{P}_1(\cos\theta)$$

其中，P_1 表示第一阶勒让德多项式，前三个勒让德多项式为

$$\mathrm{P}_0(x) = 1, \quad \mathrm{P}_1(x) = x, \quad \mathrm{P}_2(x) = \frac{1}{2}(3x^2 - 1)$$

设黑洞中心到物体附近某个位置 (r, θ) 的距离为 l，借助上一节介绍的引力势展开式可以知道，黑洞在 (r, θ) 处的引力势为

$$\phi_b(r, \theta) = -\frac{Gm_2}{l} = -\frac{Gm_2}{a}\sum_{n=0}^{\infty}\left(\frac{r}{a}\right)^n \mathrm{P}_n(\cos\theta)$$

$$= -\frac{Gm_2}{a}\left[1 + \frac{r}{a}\mathrm{P}_1(\cos\theta) + \left(\frac{r}{a}\right)^2 \mathrm{P}_2(\cos\theta) + o\left(\left(\frac{r}{a}\right)^2\right)\right]$$

忽略 ϕ_b 中的高阶项以及与空间坐标无关的常数项，我们可以得到物体附近的势场总和为

$$\phi_t = \phi_g + \phi_b = \frac{Gm_2}{a^2}r\mathrm{P}_1(\cos\theta) - \frac{Gm_2}{a}\left[\frac{r}{a}\mathrm{P}_1(\cos\theta) + \left(\frac{r}{a}\right)^2 \mathrm{P}_2(\cos\theta)\right]$$

$$= -\frac{Gm_2}{a}\left(\frac{r}{a}\right)^2 \mathrm{P}_2(\cos\theta)$$

有了势场的表达式，我们只需要求其负梯度就能得到单位质量物质的受力公式。为此，我们先计算沿 $\vec{e}_r$ 方向单位质量物质受到的力：

$$\vec{F}_r = -\frac{\partial}{\partial r}(\phi_t)\vec{e}_r = \frac{Gm_2}{a^3}2r\mathrm{P}_2(\cos\theta)\vec{e}_r$$

然后计算沿 $\vec{e}_\theta$ 方向单位质量物质受到的力：

$$\vec{F}_\theta = -\frac{1}{r}\frac{\partial}{\partial\theta}(\phi_t)\vec{e}_\theta = -\frac{Gm_2}{a^3}r\cdot\frac{3}{2}\sin(2\theta)\vec{e}_\theta$$

从上式可知，当 θ 不等于 0、$\pi/2$ 或者 π 时，$\vec{F}_\theta$ 不等于零。当 $0 < \theta < \pi/2$ 时，$\sin(2\theta) > 0$，此时 $\vec{F}_\theta$ 与 $\vec{e}_\theta$ 反向；当 $\pi/2 < \theta < \pi$ 时，$\sin(2\theta) < 0$，此时 $\vec{F}_\theta$ 与 $\vec{e}_\theta$ 同向。参考图 2 可知，$\vec{F}_\theta$ 的方向总是偏向 z 轴的，因此物体受到一个往

z 轴挤压的力。另外，当 θ 接近 0 或者 π 时，$\mathrm{P}_2(\cos\theta) > 0$，于是 $\vec{F}_r$ 与 $\vec{e}_r$ 同向，它会朝两端拉伸物体；当 θ 接近 $\pi/2$ 时，$\mathrm{P}_2(\cos\theta) < 0$，于是 $\vec{F}_r$ 与 $\vec{e}_r$ 反向，此时 $\vec{F}_r$ 会像 $\vec{F}_\theta$ 那样朝 z 轴挤压物体，参考图 3。

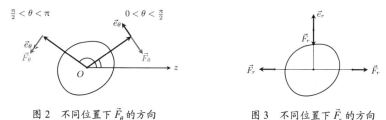

图 2　不同位置下 $\vec{F}_\theta$ 的方向　　　图 3　不同位置下 $\vec{F}_r$ 的方向

综合上述分析可知，当 m_2 很大时，物体会受到很大的朝两端拉伸的潮汐力以及朝向轴心的挤压力，这些力会使得物体被拉扯成意大利面形状。这就是黑洞附近的意大利面效应。

我们简单计算一下 z 轴上的潮汐力。在 z 轴上，θ 等于 0 或者 π。当 $\theta = 0$ 时，有

$$\vec{F}_r = \frac{Gm_2}{a^3}(2r)\vec{e}_r = \frac{Gm_2}{a^3}(2r)\vec{e}_z$$

当 $\theta = \pi$ 时，有

$$\vec{F}_r = \frac{Gm_2}{a^3}(2r)\vec{e}_r = -\frac{Gm_2}{a^3}(2r)\vec{e}_z$$

从式中的符号可知这部分潮汐力确实是把物体往两头拉伸的。

事实上，潮汐力来源于力场的非均匀性。为了说明这一点，我们假设物体沿 z 轴的长度为 $2r$，物体的质心近似处在物体的中间位置，于是物体的两端到质心的距离为 r。借助牛顿万有引力定律可以求出物体两端以及质心处的引力场大小，它们之间的差值就是潮汐力场大小：

$$\frac{Gm_2}{(a-r)^2} - \frac{Gm_2}{a^2} = \frac{Gm_2}{a^2} \cdot \frac{1}{(1-r/a)^2} - \frac{Gm_2}{a^2} \approx \frac{Gm_2}{a^2}\left(1 + \frac{2r}{a}\right) - \frac{Gm_2}{a^2} = \frac{Gm_2}{a^3}(2r)$$

这个结果与前面使用势场所得结果是一样的，由此可见潮汐力确实来源于力场的非均匀性。

二、近似于球面的旋转椭球面的数学描述

为了接下来讨论的方便，我们简单介绍一下近似为球面的旋转椭球面的数学描述。旋转椭球面由椭圆绕其一轴旋转形成，旋转轴可被称为极轴。设旋转椭球面的极轴半径为 R_p，垂直于极轴方向的半径为 R_e，由于我们假设此旋转椭球面非常接近于球面，因此 $R_p - R_e$ 相对于 R_e 与 R_p 来说都是小量。以旋转椭球面的中心为坐标原点、旋转轴为 z 轴建立直角坐标系，同时以 z 正半轴为极轴建立球坐标系 (r, θ, φ)。根据椭圆的标准方程可知椭球面的方程为

$$\frac{x^2 + y^2}{R_e^2} + \frac{z^2}{R_p^2} = 1$$

借助直角坐标与球坐标的关系 $x^2 + y^2 = r^2 \sin^2 \theta$、$z^2 = r^2 \cos^2 \theta$，我们得到

$$1 = \frac{r^2 \sin^2 \theta}{R_e^2} + \frac{r^2 \cos^2 \theta}{R_p^2} = r^2 \left[\frac{1 - \cos^2 \theta}{R_e^2} + \frac{\cos^2 \theta}{R_p^2} \right]$$

$$= r^2 \left[\frac{1}{R_e^2} + \cos^2 \theta \left(\frac{1}{R_p^2} - \frac{1}{R_e^2} \right) \right]$$

所以

$$r(\theta) = \frac{1}{\sqrt{\dfrac{1}{R_e^2} + \dfrac{R_e^2 - R_p^2}{R_e^2 R_p^2} \cos^2 \theta}} = \frac{R_e}{\sqrt{1 + \dfrac{R_e^2 - R_p^2}{R_p^2} \cos^2 \theta}}$$

$$\approx R_e \left(1 - \frac{R_e^2 - R_p^2}{2 R_p^2} \cos^2 \theta \right) = R_e (1 - \epsilon \cos^2 \theta)$$

其中，最后一行的约等号是因为当 $|x| \ll 1$ 时有 $1/\sqrt{1+x} \approx 1 - x/2$；最后的等号是因为我们将 $(R_e^2 - R_p^2)/(2R_p^2)$ 记为 ϵ。根据近似球面的条件，可知 ϵ 是一个远小于 1 的无量纲常数，并且有

$$\epsilon = \frac{R_e^2 - R_p^2}{2 R_p^2} = \frac{(R_e + R_p)(R_e - R_p)}{2 R_p^2} \approx \frac{R_e - R_p}{R_p}$$

所以，ϵ 表示旋转椭球面两个半径之差相较于椭球半径的比率，被称为偏心

率。偏心率衡量了旋转椭球面偏离球面的程度。在我们接下来所要处理的问题中，偏心率 ϵ 的绝对值都是远小于 1 的，因此我们只需要计算到关于 ϵ 的一阶近似程度即可。

注意到

$$P_2(\cos\theta) = \frac{1}{2}(3\cos^2\theta - 1)$$

所以

$$\cos^2\theta = \frac{1}{3}\left[2P_2(\cos\theta) + 1\right] = \frac{2}{3}P_2(\cos\theta) + \frac{1}{3}$$

由此可得

$$r(\theta) \approx R_e\left[1 - \epsilon\left(\frac{2}{3}P_2(\cos\theta) + \frac{1}{3}\right)\right] = R_e\left[1 - \frac{\epsilon}{3} - \frac{2}{3}\epsilon P_2(\cos\theta)\right]$$

$$= R_e\left(1 - \frac{\epsilon}{3}\right)\left[1 - \frac{\frac{2}{3}\epsilon}{1 - \frac{\epsilon}{3}}P_2(\cos\theta)\right] \approx R_e\left(1 - \frac{\epsilon}{3}\right)\left[1 - \frac{2}{3}\epsilon P_2(\cos\theta)\right]$$

上式最后一行对方括号内的量取了关于 ϵ 的一阶近似。如果记 $R = R_e(1 - \epsilon/3)$，那么可以得到

$$r(\theta) \approx R\left[1 - \frac{2}{3}\epsilon P_2(\cos\theta)\right] \tag{1}$$

式（1）就是旋转椭球面在近似球面情况下所满足的方程，后面我们将会多次使用此方程。感兴趣的读者可以计算一下，$r(\theta)$ 在整个空间立体角下的平均值，会发现它正好等于式（1）中的 R，因此 R 是旋转椭球面的平均半径。

在旋转椭球面上存在一个位置，其半径 $r(\theta)$ 等于平均半径 R，从式（1）可以知道此时的角度 θ 满足 $P_2(\cos\theta) = 0$。我们取 θ_0 满足 $\cos\theta_0 = 1/\sqrt{3}$，那么

$$P_2(\cos\theta_0) = \frac{1}{2}(3\cos^2\theta_0 - 1) = 0$$

于是 $r(\theta_0) = R$。

三、潮汐力导致海平面偏离，近似计算得出椭球面

接下来我们计算潮汐力导致的海平面偏离。如果忽略地球自转，在没有潮汐力的时候，海平面将会是球面。当潮汐力存在的时候，海平面会发生偏离，近似形成椭球面。我们先假设地球除了海洋以外的部分是一个完美的球体，而海洋中的水其质量可忽略不计，因此我们忽略海平面偏离所带来的地球引力势修正。

由于地月系统是绕着地月连线旋转对称的，因此我们可以预料海平面也满足同样的旋转对称性。我们选取上一节定义的平动参考系，并以地球中心为原点、地球指向月球的方向为极轴建立球坐标系。由于旋转对称性，海平面到地球中心的距离可以记为 $R(\theta)$。我们定义 $R = R(\theta_0)$，这里的 θ_0 是我们在前面定义的满足 $\cos\theta_0 = 1/\sqrt{3}$ 的角度参数。然后，我们记 $h(\theta) = R(\theta) - R$，容易知道 $h(\theta)$ 相对于 R 来说是小量，并且满足 $h(\theta_0) = 0$。

与前一节一样，我们令地球质量为 m_1，月球质量为 m_2。那么地球引力在海面处的势场为

$$\phi_e = -\frac{Gm_1}{R + h(\theta)} \approx -\frac{Gm_1}{R} + \frac{Gm_1}{R^2} h(\theta)$$

因为静止流体的表面是一个等势面（如果流体表面不是等势面，那么力场将会迫使流体流动，从而流体不静止，严格的分析需要用到流体力学知识），所以在海面处地球引力势、惯性势、月球引力势三者之和为常数。借助上一节推导出来的惯性势与月球引力势之和，我们可以得到

$$-\frac{Gm_2}{a}\left(\frac{R}{a}\right)^2 P_2(\cos\theta) - \frac{Gm_1}{R} + \frac{Gm_1}{R^2} h(\theta) = \text{const.}$$

其中，a 是地月距离。在上式中取 $\theta = \theta_0$，利用 $h(\theta_0) = 0$ 与 $P_2(\theta_0) = 0$，我们可以得到上式的 const. 为

$$\text{const.} = -\frac{Gm_1}{R}$$

因此我们有

$$-\frac{Gm_2}{a}\left(\frac{R}{a}\right)^2 P_2(\cos\theta) - \frac{Gm_1}{R} + \frac{Gm_1}{R^2}h(\theta) = -\frac{Gm_1}{R}$$

从这个式子立即得到

$$h(\theta) = \frac{\dfrac{Gm_2}{a}\left(\dfrac{R}{a}\right)^2 P_2(\cos\theta)}{\dfrac{Gm_1}{R^2}} = \frac{m_2}{m_1}\left(\frac{R}{a}\right)^3 R P_2(\cos\theta) = -\xi R P_2(\cos\theta)$$

其中，ξ 被定义为

$$\xi = -\frac{m_2}{m_1}\left(\frac{R}{a}\right)^3$$

于是海面到地球中心的距离为

$$R(\theta) = R + h(\theta) = R(1 - \xi P_2(\cos\theta))$$

与式（1）对比可知海面确实近似为旋转对称的椭球面，同时我们可以得到海平面的偏心率为

$$\epsilon = \frac{3}{2}\xi = -\frac{3m_2}{2m_1}\left(\frac{R}{a}\right)^3$$

由 $\epsilon < 0$ 可知 $R_e < R_p$，所以正对月亮与背对月亮的位置其上的海平面都因为潮汐力而隆起来。代入数据可以得到 R_e 比 R_p 要小大约 0.54 米，这与我们在《张朝阳的物理课》第一卷中的结果是一致的。

四、固体潮导致引力势修正，引力势修正影响固体潮

在前面的计算中，我们假设了地球固体部分不形变。实际上，在潮汐力的作用下，地球固体部分也是会发生形变的，此形变被称为固体潮。

由于固体密度比水的密度大得多，固体形变导致的地球引力势改变将变得不可忽略。值得注意的是，固体形变导致的引力势修正是与月球的潮汐势处在同一量级的，因此必须考虑进来。

固体与流体具有许多不同之处，不过我们先假设固体会像流体那样形变使得表面与等势面重合。进一步地，我们假设固体潮仍然是旋转椭球形的形变，然后通过联合惯性势、月球引力势看能否得到旋转椭球面的等势面。如

果能，就表明我们假设固体潮仍然是旋转椭球形的形变是合理的。在此假设下，地球表面到地球中心的距离可以表示为

$$R(\theta) = R\left[1 - \frac{2}{3}\epsilon P_2(\cos\theta)\right]$$

接下来，我们将介绍怎么求解椭球形地球的引力势，对这些数学细节不感兴趣的读者可以直接跳到式（4）。地球引力势应该怎么求呢？我们知道，地球外部可以看成是真空的，因此地球引力势 ϕ_e 在地球外部满足泊松方程

$$\Delta\phi_e = \vec{\nabla}^2\phi_e = 0$$

通过球坐标下的分离变量法，并借助无穷远处 $\phi_e(r=\infty)=0$ 的条件，可以得到 ϕ_e 满足边界条件的通解为

$$\phi_e(r,\theta,\varphi) = \sum_{l=0}^{\infty}\sum_{m=-l}^{l}\frac{a_{l,m}}{r^{l+1}}Y_l^m(\theta,\varphi)$$

其中，$Y_l^m(\theta,\varphi)$ 为球谐函数。由于我们假设了地球形变为旋转椭球形的形变，因此地球引力势绕极轴旋转对称，所以当 $m\neq 0$ 时，有 $a_{l,m}=0$。考虑到 $Y_l^0(\theta,\varphi)\propto P_l(\cos\theta)$，于是 ϕ_e 可以被写为

$$\phi_e(r,\theta) = \frac{Gm_1}{r}\sum_{k=0}^{\infty}A_k\left(\frac{R}{r}\right)^k P_k(\cos\theta) \tag{2}$$

为了求出系数 A_k，我们考虑极轴上的引力势，此时 $\theta=0$。注意到 $P_k(1)=1$，我们有

$$\phi_e(r,0) = \frac{Gm_1}{r}\sum_{k=0}^{\infty}A_k\left(\frac{R}{r}\right)^k \tag{3}$$

考虑图 4，我们可以通过积分直接求极轴上的地球引力势：

$$\phi_e(r,0) = -G\int\frac{dm}{l} = -G\int\frac{dm}{\sqrt{r^2+r'^2-2rr'\cos\theta'}} = -\frac{G}{r}\sum_{n=0}^{\infty}\int\left(\frac{r'}{r}\right)^n P_n(\cos\theta')dm$$

$$= -\frac{2\pi G\rho}{r}\sum_{n=0}^{\infty}\int_0^{\pi}P_n(\cos\theta')\sin\theta'd\theta'\int_0^{R(\theta')}\left(\frac{r'}{r}\right)^n r'^2 dr'$$

其中，ρ 是地球的密度，在上式的推导中我们使用了上一节介绍的关于 l^{-1} 的勒让德展开式：

$$\frac{1}{l} = \frac{1}{\sqrt{r^2 + r'^2 - 2rr'\cos\theta'}} = \frac{1}{r}\sum_{n=0}^{\infty}\left(\frac{r'}{r}\right)^n P_n(\cos\theta')$$

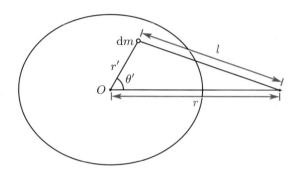

图 4　通过积分直接求极轴上的地球引力势

我们先来求解前一式中关于 r' 的积分：

$$\int_0^{R(\theta')}\left(\frac{r'}{r}\right)^n r'^2 \mathrm{d}r' = \frac{1}{n+3}\frac{1}{r^n}(r')^{n+3}\bigg|_{r'=0}^{r'=R(\theta')} = \frac{1}{n+3}\frac{R^{n+3}(\theta')}{r^n}$$

$$\approx \frac{1}{n+3}\frac{R^{n+3}}{r^n}\left[1 - \frac{2(n+3)}{3}\epsilon P_2(\cos\theta')\right]$$

其中，已经代入了 $R(\theta')$ 的表达式并且使用了近似公式 $(1+x)^{n+3} \approx 1 + (n+3)x$。上式最后一行我们舍弃了关于 ϵ 的高阶项。将上式的结果代回前一式中，我们有

$$\phi_e(r,0) \approx -\frac{2\pi G\rho}{r}\sum_{n=0}^{\infty}\int_0^{\pi}\frac{1}{n+3}\frac{R^{n+3}}{r^n}\left[1 - \frac{2(n+3)}{3}\epsilon P_2(\cos\theta')\right]P_n(\cos\theta')\sin\theta'\mathrm{d}\theta'$$

利用勒让德多项式的正交关系

$$\int_0^{\pi}P_n(\cos\theta)P_m(\cos\theta)\sin\theta\mathrm{d}\theta = \frac{2}{2n+1}\delta_{nm}$$

可知前一式的无穷级数中只有 $n=0$ 与 $n=2$ 的项能给出非零的积分值，于是我们可以得到

$$\phi_e(r,0) \approx -\frac{2\pi G\rho}{r}\left(\frac{2}{0+1}\times\frac{1}{0+3}\frac{R^{0+3}}{r^0} - \frac{2}{2\times2+1}\times\frac{1}{2+3}\frac{R^{2+3}}{r^2}\frac{2(2+3)}{3}\epsilon\right)$$

$$= -\frac{Gm_1}{r} + \frac{2}{5}\epsilon\frac{Gm_1}{r}\left(\frac{R}{r}\right)^2$$

与式（3）对比可知在 ϵ 的一阶近似下有

$$A_0 = -1, \quad A_2 = \frac{2}{5}\epsilon$$

其他 A_{2k} 都近似等于零。于是，回到式（2），我们有

$$\phi_e(r,\theta) = -\frac{Gm_1}{r} + \frac{2}{5}\epsilon\frac{Gm_1}{r}\left(\frac{R}{r}\right)^2 P_2(\cos\theta) + o(\epsilon) \qquad （4）$$

与前面的推导类似，考虑地球表面的势场之和，它应该等于一个常数：

$$-\frac{Gm_1}{R(\theta)} + \frac{2}{5}\epsilon\frac{Gm_1}{R(\theta)}\left(\frac{R}{R(\theta)}\right)^2 P_2(\cos\theta) - \frac{Gm_2}{a}\left(\frac{R(\theta)}{a}\right)^2 P_2(\cos\theta) = \text{const.}$$

上式等号左边的三项中，第二、第三项的量级远小于第一项的，作为近似，第二、第三项中的 $R(\theta)$ 可以近似地取为 R。考虑到上式第一项的展开式为

$$-\frac{Gm_1}{R(\theta)} = -\frac{Gm_1}{R\left(1 - \frac{2}{3}\epsilon P_2(\cos\theta)\right)} \approx -\frac{Gm_1}{R} - \frac{Gm_1}{R}\frac{2}{3}\epsilon P_2(\cos\theta)$$

这样我们得到

$$-\frac{Gm_1}{R} - \frac{Gm_1}{R}\frac{2}{3}\epsilon P_2(\cos\theta) + \frac{2}{5}\epsilon\frac{Gm_1}{R} P_2(\cos\theta) - \frac{Gm_2}{a}\left(\frac{R}{a}\right)^2 P_2(\cos\theta) = \text{const.}$$

合并上式中包含 $P_2(\cos\theta)$ 的项可得

$$-\frac{Gm_1}{R} - \frac{Gm_1}{R}\left[\frac{4}{15}\epsilon + \frac{m_2}{m_1}\left(\frac{R}{a}\right)^3\right] P_2(\cos\theta) = \text{const.}$$

在上式中取 $\theta = \theta_0$，利用 $P_2(\theta_0) = 0$ 可知式中的常数等于 $-Gm_1/R$，于是我们得到

$$\epsilon = -\frac{15}{4}\frac{m_2}{m_1}\left(\frac{R}{a}\right)^3 = \frac{15}{4}\xi$$

这就是把固体当作流体处理时所得的地球潮汐形变偏心率。此结果告诉我们两点信息，第一点信息是，我们假设椭球形变确实可以得到自洽的结果，因此地球的固体潮确实是椭球形的形变；第二点信息是，在考虑了形变导致的地球引力势修正之后，偏心率公式中的系数由 $3/2$ 变成了 $15/4$，变大了，是之前的 2.5 倍。

实际上，由于地球自转很快，加上地球固体近似是一种弹性体，固体形变维持与恢复的时间尺度远大于流体的，因此固体表面会偏离等势面。更严格的分析表明，固体潮导致的偏心率为[1]

$$\epsilon = \frac{15}{4}\frac{1}{1+\tilde{\mu}}\xi$$

其中，$\tilde{\mu}$ 约等于 3.35，主要由地球内部的物质性质所决定，代入数值可以知道固体潮差约等于 $0.31\mathrm{m}$。

小结
Summary

在本节中，我们先分析了大质量天体附近的意大利面效应，通过实际计算表明潮汐力会有把物体往两端拉伸的倾向。然后，我们借助近似为球面的旋转椭球面的数学表述，成功证明了海洋在潮汐力作用下形成旋转椭球面。最后，我们假设固体潮依然是椭球形的形变，通过计算椭球形的地球引力势，我们成功得到了自洽的等势面结果，同时也求出了固体潮导致的地球偏心率。我们发现，考虑了地球引力势修正的潮差是没考虑引力势修正的潮差的 2.5 倍。

1 Fitzpatrick R. An introduction to celestial mechanics[M]. Cambridge University Press, 2012.

为什么月球正不断远离我们？
——潮汐锁定效应及月球退行速率[1]

摘要：在本节中，我们先定性地讨论一下潮汐力所带来的物理效应，其中包括潮汐锁定效应、潮汐加热原理。然后，我们将借助上一节得到的结果分析地球形变对月球的拖行，我们将会发现这个拖行效应会让月球离地球越来越远。最后，我们反过来考虑，前述拖行的反作用力会使地球自转得越来越慢，我们将会定量地计算地球变慢的程度。

我们知道，无论月球公转到哪里，它面向地球的都是同一个面，这是因为月球自转角速度正好等于公转角速度。这是一种巧合吗？还是说，这背后蕴含着某些物理原理？下面就让我们来揭晓其中的原因吧。

一、定性分析潮汐锁定效应及潮汐加热原理

从上一节的分析可以知道，在月球的潮汐作用下，地球会出现微小的形变。由于地球自转及地球形变的恢复需要时间，因此地球形变的方向不严格指向月球方向，而是偏了一个小角度。正是因为这个小角度的存在，导致地球对月球除了具有向心引力作用，还会叠加一个切向力，这会让月球的公转变快，从而远离地球；同时，这个切向力的反作用力会拖慢地球的自转，最终使得地球的自转速度与月球的公转速度一致，这就是潮汐锁定。

不过，月球对地球的锁定作用很小，哪怕地月系统已经形成了这么长时

---

1 整理自搜狐视频 App "张朝阳" 账号/作品/物理课栏目中的第 103、104 期视频，由涂凯勋、李松执笔。

间，地球仍然具有很高的自转速度。而地球对月球的锁定作用相对来说更大，这导致月球目前已经被地球潮汐锁定，使得我们从地球只能观测到月球的一个面。

由于潮汐作用会使星球发生形变，当自转与公转不同步时，星球形变位置会不断地发生改变，这就相当于周期性地在不同方向挤压星球，会导致这个星球被不断地加热，这就是潮汐作用的加热效应。对于一些大质量行星的卫星，潮汐加热会是其主要的热量来源。

二、分析地球对月球的力矩

在上一节中，我们分析了月球对地球的潮汐作用导致地球形变，地球形变后的形状近似旋转椭球形，其表面方程可以近似地写为

$$R(\theta) = R\left[1 - \frac{2}{3}\epsilon P_2(\cos\theta)\right]$$

其中，R 是地球平均半径，ϵ 是地球的偏心率，具体定义可参见上一节。地球形变之后，它的引力势也不再等于均匀球体的引力势，考虑到 ϵ 的最低阶修正之后，可以得到地球的引力势为

$$\phi_e(r,\theta) \approx -\frac{Gm_1}{r} + \frac{2}{5}\epsilon\frac{Gm_1}{r}\left(\frac{R}{r}\right)^2 P_2(\cos\theta)$$

其中，G 是万有引力常数，m_1 是地球质量，(r,θ) 是球坐标中的坐标分量，这个球坐标的原点处于地球中心，极轴指向地球潮汐形变最大的位置，并处于月球方向附近，参见图 1。根据上一节的结果，地球偏心率为

$$\epsilon = \frac{15}{4}\frac{1}{1+\tilde{\mu}}\xi = -\frac{15}{4}\frac{1}{1+\tilde{\mu}}\frac{m_2}{m_1}\left(\frac{R}{a}\right)^3$$

其中，$\tilde{\mu}$ 约等于 3.35，m_2 为月球质量，a 是地月距离。将偏心率的这个结果代入地球的引力势公式可得

$$\phi_e(r,\theta) \approx -\frac{Gm_1}{r} - \frac{3}{2}\frac{1}{1+\tilde{\mu}}\frac{m_2}{m_1}\left(\frac{R}{a}\right)^3\frac{Gm_1}{r}\left(\frac{R}{r}\right)^2 P_2(\cos\theta) \tag{1}$$

如果不考虑地球自转，地球形变后的突起方向必定指向月球。但是，地球在不停地自转，自转速度大约是一天一圈。虽然月球也围绕地球公转，但是公转速度约是一个月一圈，可见地球自转角速度远大于月球公转角速度。

正是这个转速差异，导致原本应该指向月球的地球形变突起方向被地球自转"拖"走了，而月球对地球的潮汐力又会将地球形变突起方向朝着地月连线方向"拖"，这两种"拖"的力量最终会达到平衡，从而使得地球形变突起方向与地月连线之间存在一个夹角 δ ，参见图1，其中 $\delta \approx 3°$ 。

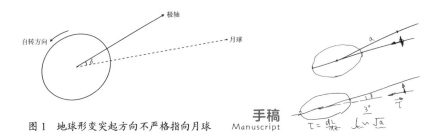

图 1   地球形变突起方向不严格指向月球

正因为 $\delta > 0$ ，所以地球对月球的引力不再严格指向地球中心，也存在一定的偏离，这种偏离就体现在切向力上，这个切向力会影响月球的运动，使得月球可以不断地获得角动量，从而不断地远离地球。

为了定量地计算出月球的退行速度，我们需要分析月球所受的力矩：

$$\vec{\tau} = \vec{a} \times \vec{F} = \vec{a} \times (\vec{F}_r + \vec{F}_\theta) = af_\theta \vec{e}_r \times \vec{e}_\theta \qquad (2)$$

其中，$\vec{a}$ 是从地球到月球的位矢，它平行于球坐标基矢 $\vec{e}_r$ ，$\vec{F}$ 是地球对月球的引力，$\vec{F}_r$ 与 $\vec{F}_\theta$ 分别是 $\vec{F}$ 在球坐标基矢下的投影矢量，f_θ 是力 $\vec{F}_\theta$ 的大小。我们进一步定义 $\tau = af_\theta$ 。

因为

$$\vec{F} = -\vec{\nabla}(m_2\phi_e(r,\theta))$$

借助球坐标下的梯度算符：

$$\vec{\nabla} = \vec{e}_r \frac{\partial}{\partial r} + \vec{e}_\theta \frac{1}{r}\frac{\partial}{\partial \theta} + \vec{e}_\varphi \frac{1}{r\sin\theta}\frac{\partial}{\partial \varphi}$$

并注意到，在球坐标下，月球的位置为 $r = a$ 、$\theta = \delta$ ，所以有

$$f_\theta = -\frac{m_2}{r}\frac{\partial}{\partial \theta}\phi_e \bigg|_{\substack{r=a \\ \theta=\delta}} = -\frac{m_2}{a}\frac{\partial}{\partial \theta}\phi_e(a,\theta)\bigg|_{\theta=\delta}$$

根据 τ 的定义及地球引力势的公式（1），可以得到

$$\tau = -m_2 \frac{\partial}{\partial \theta}\phi_e(a,\theta)\bigg|_{\theta=\delta} = m_2 \cdot \frac{3}{2}\frac{1}{1+\tilde{\mu}}\frac{m_2}{m_1}\left(\frac{R}{a}\right)^3 \frac{Gm_1}{a}\left(\frac{R}{a}\right)^2 \frac{\mathrm{d}}{\mathrm{d}\theta}\mathrm{P}_2(\cos\theta)\bigg|_{\theta=\delta}$$

$$= \frac{3}{2}\frac{Gm_2^2}{R}\left(\frac{R}{a}\right)^6 \frac{1}{1+\tilde{\mu}}\frac{\mathrm{d}}{\mathrm{d}\theta}\left(\frac{1}{2}(3\cos^2\theta-1)\right)\bigg|_{\theta=\delta} = -\frac{9}{2}\frac{Gm_2^2}{R}\left(\frac{R}{a}\right)^6 \frac{1}{1+\tilde{\mu}}\frac{1}{2}\sin(2\delta)$$

由于 δ 很小，于是 $\sin(2\delta)\approx 2\delta$，所以

$$\tau \approx -\frac{9}{2}\frac{Gm_2^2}{R}\left(\frac{R}{a}\right)^6 \frac{\delta}{1+\tilde{\mu}} \tag{3}$$

需要注意的是，在这一步近似计算中，我们使用了 $\sin(2\delta)\approx 2\delta$，因此在后面的计算中，我们需要使用 δ 的弧度值而非角度值，δ 的弧度值为

$$\delta \approx 3° = 3° \times \frac{2\pi\,\mathrm{rad}}{360°} \approx 0.05\,\mathrm{rad}$$

由于 $\tau = af_\theta$，将式（3）代入式（2）可以得到

$$\vec{\tau} \approx \frac{9}{2}\frac{Gm_2^2}{R}\left(\frac{R}{a}\right)^6 \frac{\delta}{1+\tilde{\mu}}(-\vec{e}_r \times \vec{e}_\theta)$$

从极坐标基矢关系可以知道，$-\vec{e}_r \times \vec{e}_\theta$ 垂直于地月轨道平面，并且与月球公转方向满足右手螺旋关系，因此力矩 $\vec{\tau}$ 是倾向于增大月球轨道角动量的。

三、近似圆周运动，计算退行速度

前面推导了地球对月球的力矩，并确定了此力矩是增大而非减小月球轨道角动量的，因此接下来可以忽略变化量的符号而使用绝对量。力矩大小为

$$|\tau| \approx \frac{9}{2}\frac{Gm_2^2}{R}\left(\frac{R}{a}\right)^6 \frac{\delta}{1+\tilde{\mu}} \tag{4}$$

我们将月球轨道近似为圆轨道，设月球公转速度大小为 v，那么它的角动量大小为

$$L = a \times m_2 v = m_2 a^2 \omega$$

根据地月系统的公转角速度公式，有 $\omega^2 = GM/a^3$，这里的 M 为地月系统总质量。将角速度公式代入上式可得

$$L = m_2 a^2 \frac{\sqrt{GM}}{a^{3/2}} = m_2\sqrt{GM}\sqrt{a}$$

根据此结果做微分，可知月球轨道角动量改变量与月球轨道半径改变量的关系为

$$\Delta L = m_2 \sqrt{GM} \frac{1}{2\sqrt{a}} \Delta a$$

从中解出 Δa 可得

$$\Delta a = \frac{2\sqrt{a}}{m_2 \sqrt{GM}} \Delta L$$

根据角动量定理，在时间 ΔT 内，月球轨道角动量的变化量为 $\Delta L = |\tau| \Delta T$，代入上式可得

$$\Delta a = \frac{2\sqrt{a}}{m_2 \sqrt{GM}} \Delta T |\tau| = \Delta T \frac{2\sqrt{a}}{m_2 \sqrt{GM}} \frac{9}{2} \frac{Gm_2^2}{R} \left(\frac{R}{a}\right)^6 \frac{\delta}{1+\tilde{\mu}}$$

$$= \Delta T \times 9 \frac{1}{aR} \frac{1}{\sqrt{GM/a^3}} Gm_2 \left(\frac{R}{a}\right)^6 \frac{\delta}{1+\tilde{\mu}} = \Delta T \times \frac{9}{aR} \frac{Gm_2}{\omega} \left(\frac{R}{a}\right)^6 \frac{\delta}{1+\tilde{\mu}}$$

代入数值，可以得到月球每年大约远离地球 0.05m，实际观测表明，月球每年远离地球大约 0.038m，也就是 3.8cm，与计算结果接近。

四、力矩反作用于地球，拖慢地球转速

在前面，我们看到了地球潮汐形变及其突起方向的偏离角度 δ 会导致地球对月球的引力不严格指向地球中心，于是月球受到了一个拖曳其加速公转的力矩，月球的角动量变得越来越大，从而不断地远离地球。根据角动量守恒定律，月球的轨道角动量变大了，那么月球的轨道角动量增量必定来自地月系统内的其他地方。这部分角动量来自哪里呢？事实上，月球的轨道角动量增量主要由地球自转角动量提供。这是因为月球轨道角动量的增加源于地球形变突起部分对月球的拖曳，而根据牛顿第三定律，力的作用是相互的，因此月球对地球形变突起部分存在反作用力，这些力会使得地球自转减速，从而让地月系统总的角动量维持恒定。

地球的自转可以近似为定轴转动，设地球自转角速度为 Ω，转动惯量为 I_e，那么地球自转角动量为 $L_e = \Omega I_e$。根据转动惯量的定义，有

$$I_e = \sum_i \mathrm{d}m_i r_i^2 = \int \mathrm{d}m\, r_z^2$$

其中，r_i 与 r_z 表示对应点到地球自转轴的垂直距离，而不是到地球中心的距

离。虽然地球存在潮汐形变（以及自转导致的形变），不过此形变带来的关于转动惯量的修正可以忽略。近似地，我们假设地球是一个密度为 ρ 的均匀球体，那么有

$$I_e = \int (r\sin\theta)^2 \rho \mathrm{d}V = \rho \int r^2 \sin^2\theta \cdot r^2 \mathrm{d}r \sin\theta \mathrm{d}\theta \mathrm{d}\phi$$

$$= \rho \int_0^R r^4 \mathrm{d}r \int_0^\pi 2\pi \sin^3\theta \mathrm{d}\theta = \frac{m_1}{\frac{4}{3}\pi R^3} \times \frac{1}{5} R^5 \times 2\pi \times \frac{4}{3} = \frac{2}{5} m_1 R^2$$

与前文的约定相同，其中的 m_1 表示地球质量。

在力矩 τ 的作用下，地球的自转角动量不断地减少，通过角动量定理来表述就是

$$\frac{\Delta L_e}{\Delta T} = -|\tau|$$

由关系 $L_e = \Omega I_e$ 可以得到

$$\Delta L_e = I_e \Delta\Omega = -|\tau|\Delta T$$

所以

$$\Delta\Omega = -\frac{|\tau|}{I_e}\Delta T$$

上式表示在时间 ΔT 内角速度的改变量，但是对我们而言，更直观的量应该是地球一天的时长，也就是地球自转一圈的时长。地球自转一圈所用时间为 $t = 2\pi/\Omega$，所以

$$\Delta t = 2\pi\Delta\left(\frac{1}{\Omega}\right) = -2\pi\frac{\Delta\Omega}{\Omega^2}$$

将 $\Delta\Omega$ 的表达式带入上式可得

$$\Delta t = -\frac{2\pi}{\Omega^2}\cdot\left(-\frac{|\tau|}{I_e}\Delta T\right) = \frac{2\pi}{\Omega^2}\cdot\frac{|\tau|}{I_e}\Delta T$$

接着，我们将地球转动惯量以及 $|\tau|$ 的表达式（参见式（4））代入上式，有

$$\Delta t = \frac{2\pi}{\Omega^2}\frac{1}{\frac{2}{5}m_1 R^2}\frac{9}{2}\frac{Gm_2^2}{R}\left(\frac{R}{a}\right)^6\frac{\delta}{1+\tilde{\mu}}\Delta T = \frac{45\pi}{2\Omega^2}\left(\frac{m_2}{m_1}\right)^2\frac{Gm_1}{a^3}\left(\frac{R}{a}\right)^3\frac{\delta}{1+\tilde{\mu}}\Delta T$$

根据地月系统的动力学结果，可以知道月球公转角速度 ω 满足

$$\omega^2 = \frac{GM}{a^3} \approx \frac{Gm_1}{a^3}$$

用其将 Δt 表达式中的 Gm_1/a^3 替换掉，可以得到

$$\Delta t \approx \frac{45\pi}{2}\left(\frac{m_2}{m_1}\right)^2\left(\frac{\omega}{\Omega}\right)^2\left(\frac{R}{a}\right)^3\frac{\delta}{1+\tilde{\mu}}\Delta T \approx \frac{45\pi}{2}\left(\frac{1}{81}\right)^2\left(\frac{1}{28}\right)^2\left(\frac{0.64}{38.4}\right)^3\frac{0.05}{1+3.35}\Delta T$$

$$\approx 7.7\times10^{-13}\Delta T$$

上式中，代入了地月系统的相关数值。当 ΔT 等于 1 年时，Δt 约等于 $2.4\times10^{-5}\,\text{s}$，也就是说，每过 100 年，地球的 1 天就会变长 2.4ms。不过需要强调的是，这只是理论估算值，实际测量值约为每百年 2ms。

既然地球自转越来越慢，那么需要多长时间地球 1 天的时长才会变成现在的 2 倍呢？借助前面的结果，也可以估算得到

$$\frac{3600\times24}{2.4\times10^{-5}}\,\text{yr} \approx 3.6\times10^9\,\text{yr}$$

可见，要经过大约 36 亿年，地球 1 天的时长才会变成现在的 2 倍。不过，当地球自转越来越慢时，角度 δ 也会变小，于是地球自转速度不是线性降低的，所以上述估算值可能存在比较大的偏差。如果地月系统存在的时间足够长，那么地球最终也会被月球的潮汐力锁定，最终地球面向月球的永远是地球的同一面，就像现在月球面向地球的是月球的同一面那样。

小结
Summary

在本节中，我们先定性地分析了部分潮汐力所带来的物理结果，然后定量地计算地球的潮汐形变会带来什么，其中包括月球退行、地球自转减速等。实际观测表明，月球正以每年大约 3.8cm 的速度远离地球，而地球 1 天的时长每百年增加 2ms。不过，月球不会持续远离地球，地球的自转也不会持续减速。如果时间足够长，那么在地月互相潮汐锁定后，月球将不再继续远离，地球自转也不再减速。根据角动量守恒定律，可以估算出最终的地月距离以及最终的地球自转角速度，感兴趣的读者可以自行尝试一下。

如果月球离地球很近会被地球撕碎?
——计算洛希极限[1]

摘要: 在本节中，我们继续探讨潮汐力所带来的物理效应，我们将从两个层面计算地球对月球的洛希极限。在一个层面，我们假设月球保持球形不变，这样得到的洛希极限很小，略大于地球半径与月球半径之和，月球需要非常靠近地球才会解体;在第二个层面我们考虑更实际的模型，也就是月球会出现潮汐形变的情形，这样我们会得到一个更大的洛希极限。

通过前面几节的计算，我们知道星球之间存在潮汐力的作用，两个星球距离越近，潮汐力越大。这个潮汐力会使得星球发生形变。根据这两点信息，我们必然会好奇，如果两个星球靠得很近，潮汐力会不会大到把其中一个星球撕碎呢? 接下来我们以地月系统为例，计算地球对月球的洛希极限。

一、潮汐力与自身引力相互竞争，平衡时的距离为洛希极限

在前面几节中，我们选取了一个随地球运动的平动参考系以及其上以地球为原点的坐标系，月球引力势与惯性势之和可以近似为

$$\phi_t(r,\theta) = \phi_m + \phi_c = -\frac{Gm_2}{a}\left(\frac{r}{a}\right)^2 P_2(\cos\theta)$$

式中沿用了前几节的符号约定，m_2 表示月球质量，a 是地月距离。

在这一节，我们要在月球表面考虑地球的潮汐力，因此地球、月球的角

---

1 整理自搜狐视频 App "张朝阳" 账号/作品/物理课栏目中的第 117 期视频，由涂凯勋、李松执笔。

色要互换过来，我们要选取一个随着月球一起运动的平动参考系，并以月球中心为原点建立极坐标系，极轴指向地球。我们不必再重复一遍推导过程，只需要将上式中的月球质量换成地球质量 m_1 即可得到地球引力势与惯性势之和在月球附近的表达式了：

$$\phi_t = \phi_e + \phi_c = -\frac{Gm_1}{a}\left(\frac{r}{a}\right)^2 P_2(\cos\theta)$$

根据力场与势场的关系，我们可以得到 ϕ_t 对应的力场为

$$\vec{F}_e = -\vec{\nabla}\phi_t = -\left(\vec{e}_r\frac{\partial\phi_t}{\partial r} + \vec{e}_\theta\frac{1}{r}\frac{\partial\phi_t}{\partial\theta}\right)$$

在上式中我们使用了 $\vec{\nabla}$ 的球坐标表达式以及旋转对称的条件 $\partial\phi_t/\partial\varphi = 0$。上式表达的就是地球在月球附近产生的潮汐力。

根据前几节关于黑洞的意大利面效应的分析可以知道，潮汐力在径向方向是往两端拉伸的，而在垂直于径向的方向是往内挤压的，因此要想知道潮汐力什么时候撕碎月球，我们只需要考虑月球上离地球最近的点上的潮汐力即可。

由于球坐标的极轴指向地球，因此月球上离地球最近的点位于 $\theta = 0$ 的极轴上。注意到以 $\cos\theta$ 为自变量的二阶勒让德多项式为

$$P_2(\cos\theta) = \frac{1}{2}(3\cos^2\theta - 1)$$

因此有

$$\left.\frac{\partial\phi_t}{\partial\theta}\right|_{\theta=0} \propto \left.\frac{\partial P_2(\cos\theta)}{\partial\theta}\right|_{\theta=0} = -3\cos\theta\sin\theta\big|_{\theta=0} = 0$$

根据地球在月球附近的潮汐力公式可知在极轴上潮汐力没有 $\vec{e}_\theta$ 方向的分量，只有 $\vec{e}_r$ 方向的分量。设 r_m 为 $\theta = 0$ 时月球表面到月球中心的距离，那么月球上最靠近地球的微元感受到的力场为

$$\vec{f}_e = -\vec{e}_r\left.\frac{\partial\phi_t}{\partial r}\right|_{\substack{\theta=0\\r=r_m}} = \frac{2Gm_1 r_m}{a^3}\vec{e}_r \tag{1}$$

其中，我们利用了勒让德多项式的性质 $P_2(1) = 1$。$\vec{f}_e$ 的方向沿着径向指向地球。

我们先假设月球是个完美的球形，不存在潮汐形变。那么根据牛顿万有

引力公式，可知月球上最靠近地球的微元感受到的月球自身的引力场为

$$\vec{f}_{\mathrm{m}} = -\frac{Gm_2}{r_{\mathrm{m}}^2}\vec{e}_r$$

其方向指向月球中心，与潮汐力 $\vec{f}_{\mathrm{e}}$ 方向相反。

注意到月球自身的引力与地月距离 a 无关，而潮汐力的大小与 a^3 成反比，也就是说，月球越靠近地球，潮汐力越大。假设月球是流体，当地月距离较大时，微元感受到的地球潮汐力比月球自身的引力小，微元被约束在月球表面，月球不会解体。而当地月距离较小时，微元受到的潮汐力比月球自身的引力还要大，这时候月球自身的引力将无法束缚住月球上的流体微元，于是月球上的微元将会离开月球，月球发生解体。所以，地球的潮汐力等于月球自身引力是月球发生解体的临界条件，这时候的地月距离 a_0 被称为洛希极限。临界条件用式子表达出来就是

$$\left|\vec{f}_{\mathrm{e}}\right| = \left|\vec{f}_{\mathrm{m}}\right|$$

代入 $\vec{f}_{\mathrm{e}}$ 与 $\vec{f}_{\mathrm{m}}$ 的表达式可以得到

$$\frac{2Gm_1 r_{\mathrm{m}}}{a_0^3} = \frac{Gm_2}{r_{\mathrm{m}}^2}$$

于是我们得到洛希极限为

$$a_0 = \left(\frac{2m_1}{m_2}\right)^{1/3} r_{\mathrm{m}}$$

不过此洛希极限表达式是以月球半径为基准的，我们更希望得到的是以地球半径为基准的表达式。为此，我们将地球与月球看成密度均匀的球体，那么二者的质量可被写为

$$m_1 = \frac{4}{3}\pi R_{\mathrm{e}}^3 \rho_{\mathrm{e}}$$

$$m_2 = \frac{4}{3}\pi r_{\mathrm{m}}^3 \rho_{\mathrm{m}}$$

其中，ρ_{e} 是地球的平均密度，R_{e} 是地球半径，ρ_{m} 是月球的平均密度。将这两式代入洛希极限的表达式中可以得到

$$a_0 = \left(\frac{2\rho_{\mathrm{e}}}{\rho_{\mathrm{m}}}\right)^{1/3} R_{\mathrm{e}} \approx 1.26\left(\frac{\rho_{\mathrm{e}}}{\rho_{\mathrm{m}}}\right)^{1/3} R_{\mathrm{e}}$$

将月球密度、地球密度与地球半径的具体数值代入上式，可得洛希极限的数值为

$$A_0 \approx 1.26 \times \left(\frac{5507}{3344}\right)^{1/3} \times 6400\ \text{km} \approx 9500\ \text{km}$$

所以，根据以上模型，如果月球逐渐靠近地球，当二者之间的距离到达 9500 km 时，月球将会解体。地球半径约为 6400 km，月球半径约为 1700 km，两者之和略小于前述洛希极限，所以月球要在非常靠近地球时才会解体。真实情况确实如此吗？请看我们下面的分析。

二、计算椭球形月球的自身引力，流体形变会让洛希极限变大

实际上，前面关于流体洛希极限的计算是有误的，原因是我们假设了月球是流体后，月球在潮汐力的作用下不可能形成完美的球形，只有理想刚体才能一直保持球形。在潮汐力的作用下，流体模型的星球会发生变形，当潮汐力不是非常大时，流体星球近似为旋转椭球。根据前几节关于固体潮的计算过程可以知道，形变后星球自身的引力势相比于球体时的引力势已经发生了不可忽略的改变。而当潮汐力变得更大的时候，形变后的星球自身引力相比球体时偏离更大，我们更不能简单地用球体的引力来推导洛希极限。

由于潮汐力导致星球形变、星球形变改变引力势、引力势的改变进一步加剧潮汐形变这整个逻辑链条在星球形变很大时无法再使用我们前几节的近似方法，精确计算会变得非常复杂。为简单起见，我们假设月球的形状为偏心率很小的椭球，以此来近似计算洛希极限。

设月球的平均半径为 R_m，极轴方向的月球半径为 r_p，垂直于极轴的方向的月球半径为 r_e，那么月球的偏心率为

$$\epsilon = \frac{r_\text{e} - r_\text{p}}{R_\text{m}}$$

月球表面到月球中心的距离可以表示为

$$r_\text{m}(\theta) = R_\text{m}\left[1 - \frac{2}{3}\epsilon \text{P}_2(\cos\theta)\right] \tag{2}$$

在前两节我们推导了偏心率为 ϵ 的旋转椭球的引力势公式，借助相应的

结果，我们可以得到在 ϵ 的一阶近似下，月球自身的引力势为

$$\phi_{\mathrm{m}} = -\frac{Gm_2}{r} + \frac{2}{5}\epsilon\frac{Gm_2}{r}\left(\frac{R_{\mathrm{m}}}{r}\right)^2 \mathrm{P}_2(\cos\theta)$$

月球上最靠近地球的微元的球坐标为 $\theta = 0$、$r = r_{\mathrm{p}}$，此处的月球自身引力场为

$$\vec{f}_{\mathrm{m}} = -\left(\vec{e}_r\frac{\partial\phi_{\mathrm{m}}}{\partial r} + \vec{e}_\theta\frac{1}{r}\frac{\partial\phi_{\mathrm{m}}}{\partial\theta}\right)\bigg|_{\substack{\theta=0\\r=r_{\mathrm{p}}}} = \left[-\frac{Gm_2}{r_{\mathrm{p}}^2} + \frac{6}{5}\epsilon\frac{Gm_2}{r_{\mathrm{p}}^2}\left(\frac{R_{\mathrm{m}}}{r_{\mathrm{p}}}\right)^2\right]\vec{e}_r$$

由于勒让德多项式满足 $\mathrm{P}_2(1) = 1$，而 r_{p} 对应着 $\theta = 0$，因此在式（2）中取 $\theta = 0$ 我们可以得到

$$r_{\mathrm{p}} = r_{\mathrm{m}}(0) = R_{\mathrm{m}}\left(1 - \frac{2}{3}\epsilon\right)$$

将此式代入 $\vec{f}_{\mathrm{m}}$ 的式子中，我们有

$$\begin{aligned}
\vec{f}_{\mathrm{m}} &= \left[-\frac{Gm_2}{R_{\mathrm{m}}^2\left(1 - \frac{2}{3}\epsilon\right)^2} + \frac{6}{5}\epsilon\frac{Gm_2}{R_{\mathrm{m}}^2\left(1 - \frac{2}{3}\epsilon\right)^2}\left(\frac{R_{\mathrm{m}}}{R_{\mathrm{m}}\left(1 - \frac{2}{3}\epsilon\right)}\right)^2\right]\vec{e}_r \\
&\approx \left[-\frac{Gm_2}{R_{\mathrm{m}}^2}\left(1 + 2\cdot\frac{2}{3}\epsilon\right) + \frac{6}{5}\epsilon\frac{Gm_2}{R_{\mathrm{m}}^2}\right]\vec{e}_r \\
&= -\frac{Gm_2}{R_{\mathrm{m}}^2}\left(1 + \frac{2}{15}\epsilon\right)\vec{e}_r
\end{aligned}$$

其中，上式第二行是由第一行等号右边的式子做关于 ϵ 的泰勒展开并保留到一阶项而得到的。

另一方面，将 r_{p} 取代前面式（1）中的 r_{m}，我们有

$$\vec{f}_{\mathrm{e}} = \frac{2Gm_1 r_{\mathrm{p}}}{a^3}\vec{e}_r$$

它是地球在月球上最接近地球的位置所产生的引力场。将 r_{p} 的表达式代入其中可得

$$\vec{f}_{\mathrm{e}} = \frac{2Gm_1 R_{\mathrm{m}}}{a^3}\left(1 - \frac{2}{3}\epsilon\right)\vec{e}_r$$

由于 $|\epsilon|$ 很小，于是在所考虑的微元处月球引力与潮汐力方向相反，当它们大小相等时对应的地月距离 a_0 就是洛希极限。根据该临界条件有 $|\vec{f}_e| = |\vec{f}_m|$，代入式中，两个力的表达式可以得到

$$\frac{2Gm_1R_m}{a_0^3}\left(1 - \frac{2}{3}\epsilon\right) = \frac{Gm_2}{R_m^2}\left(1 + \frac{2}{15}\epsilon\right)$$

化简可以得到 a_0 为

$$a_0 = \left[\frac{2\left(1 - \frac{2}{3}\epsilon\right)}{1 + \frac{2}{15}\epsilon}\right]^{1/3} \left(\frac{m_1}{m_2}\right)^{1/3} R_m$$

与前面类似，利用地球、月球质量与其各自密度的关系式，我们可得洛希极限的表达式为

$$a_0 = \left[\frac{2\left(1 - \frac{2}{3}\epsilon\right)}{1 + \frac{2}{15}\epsilon}\right]^{1/3} \left(\frac{\rho_e}{\rho_m}\right)^{1/3} R_e$$

注意到在潮汐作用下的月球极轴半径 r_p 大于月球垂直于极轴方向的半径 r_e，根据偏心率的定义可知 $\epsilon < 0$，那么有

$$1 - \frac{2}{3}\epsilon > 1, \quad 1 + \frac{2}{15}\epsilon < 1$$

于是，根据上述椭球形月球的洛希极限表达式，我们可以知道椭球体洛希极限大于球体洛希极限：

$$a_0 > \left(\frac{2\rho_e}{\rho_m}\right)^{1/3} R_e$$

当潮汐力逐渐增大使得 $|\epsilon|$ 过大时，上述近似将会失效，不过，上式足以说明地球潮汐力导致月球的形变会使得地球对月球的洛希极限变大。对此趋势我们可以做如下理解：在距离地球最近的月球微元处，月球自身的引力 $\vec{f}_m$ 由于月球沿极轴方向的拉长而减弱，而潮汐力 $\vec{f}_e$ 则会由于月球沿极轴方向的

拉长而增大，所以形变更有利于潮汐力解体月球。

实际上，严格的分析表明流体洛希极限的表达式为

$$a_0 = 2.44 \left(\frac{\rho_e}{\rho_m} \right)^{1/3} R_e$$

其中，系数 2.44 差不多是我们前面得到的系数 1.26 的两倍，这意味着在开立方根之前，实际情况的系数是理想球体情况的七八倍，这说明在实际情况中形变会非常大，星球被严重拉长，导致系数变化很大。

将地球密度、月球密度以及地球半径的具体数值代入上式，可以得到真实的洛希极限为

$$a_0 \approx 2.44 \times \left(\frac{5507}{3344} \right)^{1/3} \times 6400 \text{ km} \approx 18000 \text{ km}$$

这比用完美球形月球计算得到的洛希极限大得多，月球在靠近地球到约 1.8 万千米时就已经开始解体了（不过在现实中月球被推进洛希极限的概率几乎为零）。

小结
Summary

在本节中，我们介绍了洛希极限的计算。通过本节的介绍我们可以发现，洛希极限本质上是潮汐力与星球自身引力互相博弈下的平衡距离，当两个星球的距离大于洛希极限时，潮汐力小于星球自身引力，星球不会解体；而当星球的距离小于洛希极限时，质量小的那一颗星球受到的潮汐力将大于其自身引力，从而发生解体。在文中，我们先在月球是完美球形的情况下计算了地球对月球的洛希极限，发现此洛希极限略大于地球与月球的半径之和。接着，我们考虑了月球的潮汐形变，发现形变会导致洛希极限增大。地球对月球真实的洛希极限大约为 1.8 万千米，大于地球与月球的半径之和。

地球为什么是个扁球体？
——计算地球自转导致的地球变形[1]

摘要：在本节中，我们将利用前几节得到的知识来分析地球自转导致的地球形状的改变。通过适当的近似，我们将会定量地得到地球赤道半径比地球极半径要长大约 27km，这与实际的情况存在比较大的误差。最后我们将针对此问题半定量地分析误差来源。

根据地球的测量数据，地球赤道半径比地球极半径长了大约 21km（这是实际测量值，与之相比，上面的 27km 误差较大），所以地球其实不是一个完美的球体，而是一个扁球体。这是为什么呢？这其实是因为地球自转产生了一个离心力场，导致物质有往外甩的倾向。读者们可能会好奇，我们在生活中也没有感受到这个离心力啊，为什么它能够让地球赤道半径增大那么多？事实上，地球形状在势场影响下的改变是一个积分效应，尽管自转导致的惯性力很小，但是由于地球很大，这个惯性力的积分也会相应变得很大。相对于潮汐力，地球自转导致的惯性力要大得多，此时我们完全可以将地球当作一个流体来分析，地球的表面将是引力势与离心势之和的等势面。

一、假设自转形变的类型，计算形变后的引力势

为了求地球表面的方程，我们需要知道等势面的方程，换言之我们需要知道地球引力势与自转惯性势之和。而地球引力势的求解需要事先知道地球的整体形状，因此我们目前面临的是一个两难的问题。不过，我们可以另辟蹊径来解决此问题，这个"蹊径"在我们前面求解固体潮时已经使用过一次

---

1 整理自搜狐视频 App "张朝阳"账号/作品/物理课栏目中的第 104 期视频，由李松执笔。

了。我们先假设地球在自转下的形变是旋转椭球形的形变，然后求出势场之和，验证等势面确实是旋转椭球面，从而得到自洽的结果，由此可以证明一开始的假设是对的。

于是，我们假设地球自转导致的形变是旋转椭球形的形变，旋转对称轴为地球的自转轴。以地球中心为原点、地球自转轴为极轴建立球坐标系。我们的坐标系是固定在地球上的，它跟随地球一起旋转，因此是一个非惯性系。

将地球赤道半径记为 R_e，地球极半径记为 R_p，地球平均半径记为 R，那么地球的偏心率为

$$\epsilon = \frac{R_e - R_p}{R}$$

在偏心率 ϵ 的一阶近似下，地球表面到地球中心的距离（地球表面方程）可以表示为

$$R_s(\theta) = R\left[1 - \frac{2}{3}\epsilon P_2(\cos\theta)\right]$$

其中，P_2 是第二阶勒让德多项式，其显式表示为

$$P_2(\cos\theta) = \frac{1}{2}(3\cos^2\theta - 1)$$

假设地球密度均匀，根据前几节得到的关于旋转椭球体的引力势公式，我们可以知道考虑了地球形变之后的地球外部引力势为

$$\phi_g(r, \theta) = -\frac{Gm_1}{r} + \frac{2}{5}\epsilon\frac{Gm_1}{r}\left(\frac{R}{r}\right)^2 P_2(\cos\theta) + o(\epsilon)$$

代入地球表面方程 $R_s(\theta)$，可以得到地球表面的引力势为

$$\phi_g(R_s(\theta), \theta) \approx -\frac{Gm_1}{R\left(1 - \frac{2}{3}\epsilon P_2(\cos\theta)\right)} + \frac{2}{5}\epsilon\frac{Gm_1}{R}P_2(\cos\theta)$$

$$\approx -\frac{Gm_1}{R} - \frac{2}{3}\epsilon\frac{Gm_1}{R}P_2(\cos\theta) + \frac{2}{5}\epsilon\frac{Gm_1}{R}P_2(\cos\theta)$$

$$= -\frac{Gm_1}{R} - \frac{4}{15}\epsilon\frac{Gm_1}{R}P_2(\cos\theta)$$

在上式的推导中我们已经做了关于 ϵ 的一阶近似。上式最后一行的

$-Gm_1/R$ 是一个与角度 θ 无关的常数项，我们可以通过选取势能零点把它消除掉，因此它不会影响到我们接下来的讨论，于是我们可以将地球表面的引力势简写为

$$\phi_g(R_s(\theta),\theta)=-\frac{4}{15}\epsilon\frac{Gm_1}{R}P_2(\cos\theta)$$

它其实是旋转椭球体在表面的引力势修正项。

注意，引力势的修正项正比于 $P_2(\cos\theta)$ 是一个关键的性质，如果在自转导致的惯性势中依赖于角度 θ 的项也正比于 $P_2(\cos\theta)$，那么在椭球形变的假设下将能得到自洽的结果，从而证明椭球形变的假设是正确的。

二、计算自转导致的惯性势

接下来我们推导地球自转导致的惯性势。设球坐标系上某点 (r,θ,φ) 到地球自转轴的距离为 r_z。容易知道 $r_z=r\sin\theta$。再设这一点随地球自转的速度大小为 v，那么这一点上的加速度大小为 v^2/r_z。记 Ω 为地球自转角速度，那么 $v=\Omega r_z$，于是

$$\frac{v^2}{r_z}=\frac{(\Omega r_z)^2}{r_z}=\Omega^2 r_z=\Omega^2 r\sin\theta$$

加速度的方向为水平指向自转轴的方向。对于所选参考系上的惯性力，其方向与自转导致的加速度方向相反，由此我们可以得到自转导致的惯性势为

$$\phi_c=-\frac{1}{2}\Omega^2 r_z^2=-\frac{1}{2}\Omega^2 r^2\sin^2\theta$$

如果使用以自转轴为 z 轴的直角坐标系或者柱坐标系，很容易就能验证上式就是满足要求的惯性势，感兴趣的读者可以尝试一下。

将地球表面方程代入，可以得到地球表面的自转惯性势为

$$\phi_c(R_s(\theta),\theta)=-\frac{1}{2}\Omega^2 R_s^2(\theta)\sin^2\theta$$

虽然我们必须考虑地球形变导致的引力势修正，但是在地球表面上，自转惯性力远小于地球表面引力，而地球的形变由自转惯性势引起，所以我们只需要考虑地球表面自转惯性势的主要部分即可，不需要再次考虑表面变形导致的自转惯性势的改变量。因此，我们可以将上式中的 $R_s(\theta)$ 近似为 R，

这样我们得到

$$\phi_c = -\frac{1}{2}\Omega^2 R^2 \sin^2\theta$$

因为

$$\sin^2\theta = 1 - \cos^2\theta = -\frac{2}{3}(P_2(\cos\theta) - 1)$$

所以

$$\phi_c = -\frac{1}{2}\Omega^2 R^2 \left[-\frac{2}{3}(P_2(\cos\theta) - 1)\right] = \frac{1}{3}\Omega^2 R^2 P_2(\cos\theta) - \frac{1}{3}\Omega^2 R^2$$

与前面关于引力势的讨论类似，上式最右边的 $-\Omega^2 R^2/3$ 是一个常数，它可以通过对势场重定义而被消掉，因此不会影响我们后面的讨论，这样我们可以把地球表面的惯性势场简写为

$$\phi_c = \frac{1}{3}\Omega^2 R^2 P_2(\cos\theta)$$

由此可见地球表面的自转惯性势确实正比于 $P_2(\cos\theta)$，这已经能够说明前面对地球形变是旋转椭球形变的假设是正确的。

三、考虑等势面求偏心率，分析误差来源

在地球稳定下来后，地球表面是一个等势面，因此有

$$\phi_g + \phi_c = -\frac{4}{15}\epsilon\frac{Gm_1}{R}P_2(\cos\theta) + \frac{1}{3}\Omega^2 R^2 P_2(\cos\theta) = \text{const.}$$

如果定义 θ_0 满足 $\cos\theta_0 = 1/\sqrt{3}$，那么有 $P(\cos\theta_0) = 0$。将 $\theta = \theta_0$ 代入上式可得上式的常数为零，于是

$$-\frac{4}{15}\epsilon\frac{Gm_1}{R}P_2(\cos\theta) + \frac{1}{3}\Omega^2 R^2 P_2(\cos\theta) = 0$$

由此立即得到

$$\epsilon = \frac{5}{4}\frac{\Omega^2 R^3}{Gm_1} = \frac{5}{4}\frac{\Omega^2 R}{g} \approx 4.25 \times 10^{-3}$$

其中，$g = Gm_1/R^2$ 是地球表面的重力加速度。根据偏心率的定义可知地球赤道半径比极半径要长：

$$R_e - R_p = \epsilon R \approx 27 \text{ km}$$

然而，实际的测量数据表明赤道半径比极半径长大约 21km，由此可见上述结果的误差还是很大的。误差偏大的主要原因是什么呢？主要原因是我们在前面计算的时候假设了地球密度是均匀的。实际上地球的密度分布不是均匀的，地球内部物质的密度大于地球表面物质的密度。如果让更多的地球物质往地球中心集中，那么地球外部引力势的修正项中的 m_1 将不再等于地球质量，而等于 αm_1，这里的 α 是一个小于 1 的常数。此时地球表面的引力势为

$$\phi_g(r,\theta) = -\frac{Gm_1}{r} + \frac{2}{5}\epsilon\frac{G \cdot (\alpha m_1)}{r}\left(\frac{R}{r}\right)^2 P_2(\cos\theta) + o(\epsilon)$$

这样的话，地球表面的引力势可以被写为

$$\phi_g(R_s(\theta),\theta) = -\left(\frac{2}{3} - \frac{2}{5}\alpha\right)\epsilon\frac{Gm_1}{R}P_2(\cos\theta)$$

其中，已经忽略了常数项以及 ϵ 的高阶项。加上自转惯性势，并借助等势面的要求，可以得到偏心率满足的关系为

$$-\left(\frac{2}{3} - \frac{2}{5}\alpha\right)\epsilon\frac{Gm_1}{R}P_2(\cos\theta) + \frac{1}{3}\Omega^2 R^2 P_2(\cos\theta) = 0$$

由于 $\alpha < 1$，上式最左边括号内的值将大于 4/15，从而导致此时的偏心率比均匀密度情况时的偏心率小，这就是为什么实际的赤道半径与极半径之差要小于 27km 的原因。

小结
Summary

在本节中，我们考虑了地球自转导致的地球形状的改变，通过假设地球的形变是旋转椭球形的形变来计算引力势以及自转惯性势，最终得到满足假设要求的旋转椭球形的等势面，此自洽结果表明我们一开始的假设是对的。不过，我们最终得到的赤道半径与极半径的差要比实际情况大 6km，我们通过具体的表达式指出误差的主要来源是我们使用了地球均匀密度的假设。实际上，如果使用密度从里到外线性下降的地球模型，那么可以得到非常接近实际结果的半径差。

第二部分

洛伦兹变换

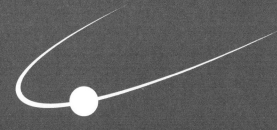

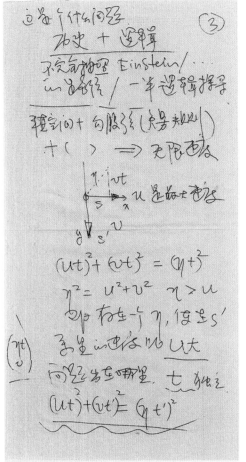

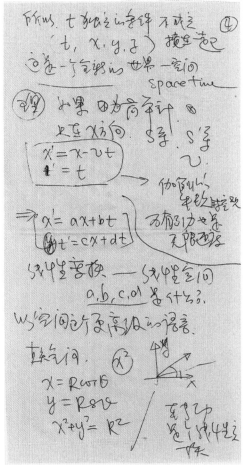

数学上怎么表示旋转变换?
——转动的矩阵表示及度规的概念[1]

摘要: 在本节以及接下来的两节中, 我们将主要从数学的角度研究时空坐标变换的表示, 其中后两节主要处理狭义相对论中的时空变换, 而本节我们主要处理一般的空间旋转变换。无论是牛顿时空还是闵氏时空, 三维空间的旋转变换都是一样的。而由于旋转变换在我们日常生活中随处可见, 因此它适合作为我们学习坐标变换的敲门砖。从旋转变换出发, 我们会引入不变量的概念, 进而引入度规的概念, 并将直角坐标系下的度规推广到非直角坐标系, 以此来加深我们对这个新概念的理解。

回忆我们以前处理的很多问题, 比如氢原子问题、球壳引力场问题, 这些问题都具有旋转对称性。这是很容易理解的, 因为这些问题里的系统都是旋转不变的。但是, 我们以前对所谓旋转对称性的理解都基于我们对旋转的直观理解, 而应该怎么通过数学工具表示旋转变换, 我们并没有接触过。正因如此, 我们有必要借助数学工具来严格描述旋转变换, 这有助于加深我们对旋转对称性的理解。

一、旋转变换及其矩阵表示

要想弄清楚旋转变换怎么表示, 我们就要先知道旋转变换一般作用在什么对象上。如果固定坐标系不动, 那么经过旋转变换之后, 除个别的点外,

---

1 整理自搜狐视频 App "张朝阳" 账号/作品/物理课栏目中的第 69 期视频, 由涂凯勋、李松执笔。

系统中的所有物体都在旋转变换的作用下改变位置了。换言之，物体的位矢发生了改变。同样，我们也可以固定系统不动，而让坐标系沿反方向转动，这与保持坐标系不动而整个物理系统转动是等价的。在第二种描述方式下，位矢依然相对于坐标系发生了转动。因此，我们可以想到，旋转变换会作用在位矢上，使位矢发生改变。

既然旋转变换作用在位矢上，那么要想从数学上描述旋转变换，就必须先从数学上描述位矢——幸运的是，位矢的数学描述，我们已经使用过很多次了。我们知道，固定好直角坐标系之后，可以通过坐标基矢来表示位矢，例如二维空间中的位矢可以表示为

$$\vec{r} = x\vec{i} + y\vec{j}$$

其中，$\vec{i}$ 是沿着 x 轴的单位矢量，$\vec{j}$ 是沿着 y 轴的单位矢量。不过这种描述方式还不够便捷。事实上，既然已经固定好坐标系了，那么坐标基矢就没必要再写出来，于是我们可以将矢量 $\vec{r}$ 的分量组合成如下形式：

$$\boldsymbol{X} = \begin{pmatrix} x \\ y \end{pmatrix}$$

这是一个 2×1 的矩阵，我们一般称之为列向量。列向量的转置是一个 1×2 的矩阵，我们也可以称之为行向量：

$$\boldsymbol{X}^{\mathrm{T}} = \begin{pmatrix} x \\ y \end{pmatrix}^{\mathrm{T}} = \begin{pmatrix} x & y \end{pmatrix}$$

一个位矢，既可以表示成列向量的形式，也可以表示成行向量的形式。

为矢量引入行向量、列向量的矩阵形式，就是为了能借助矩阵运算来描述矢量运算及其旋转变换。这确实是可以办到的，比如，矢量的点乘可以写成矩阵乘法的形式。我们以位矢的平方为例，借助矩阵乘法，有

$$\vec{r}^2 = x^2 + y^2 = \begin{pmatrix} x & y \end{pmatrix} \begin{bmatrix} 1 & 0 \\ 0 & 1 \end{bmatrix} \begin{pmatrix} x \\ y \end{pmatrix} = \boldsymbol{X}^{\mathrm{T}} \boldsymbol{\eta} \boldsymbol{X}$$

其中，矩阵 $\boldsymbol{\eta}$ 定义为

$$\boldsymbol{\eta} = \begin{bmatrix} 1 & 0 \\ 0 & 1 \end{bmatrix}$$

$\vec{r}$ 的平方就是位矢长度（模）的平方，于是我们可以知道，任何在此坐标系下的矢量，都可以借助 $\boldsymbol{\eta}$ 将它的模的平方表示成上式的形式，所以矩阵 $\boldsymbol{\eta}$ 相当于给出了度量矢量长度的规则，因此 $\boldsymbol{\eta}$ 被称为（此坐标系下的）度规。

接下来我们考虑转动对位矢的作用。容易知道，如果 $\vec{r}_1$ 和 $\vec{r}_2$ 经过转动之后变成 $\vec{r}_1{}'$ 和 $\vec{r}_2{}'$，那么对于任意常数 α_1 和 α_2，矢量 $\alpha_1\vec{r}_1 + \alpha_2\vec{r}_2$ 经过同样的转动之后会变成 $\alpha_1\vec{r}_1{}' + \alpha_2\vec{r}_2{}'$。所以，旋转变换对位矢的作用是线性的，于是存在矩阵 $\boldsymbol{R}$，使得列向量形式的位矢 $\boldsymbol{X}$ 经过坐标系转动之后变成

$$X' = RX$$

可见旋转变换可以由一个矩阵来描述。不过，不是所有矩阵都对应着一个转动。为了弄清楚这一点，我们可以借助"旋转不变量"来研究。所谓旋转不变量，指的是在旋转变换下保持不变的量。很明显，矢量的长度是一个转动不变量。根据这一点，我们假设坐标系旋转之后的度规为 $\boldsymbol{\eta}'$，那么有

$$r^2 = X'^{\mathrm{T}}\eta'X' = (RX)^{\mathrm{T}}\eta'(RX) = X^{\mathrm{T}}\left(R^{\mathrm{T}}\eta'R\right)X$$

其中，最后一个等号用到了转置的性质：矩阵乘积的转置，等于矩阵分别先转置后再逆序相乘。对比原坐标系下度规 $\boldsymbol{\eta}$ 与矢量长度的关系式 $r^2 = X^{\mathrm{T}}\eta X$，并考虑到 $\boldsymbol{X}$ 的任意性，我们可以得到

$$R^{\mathrm{T}}\eta'R = \eta$$

这个结果其实是度规在一般的坐标变换下的变换关系，它不局限于旋转变换。不过，根据我们的生活经验，直角坐标系在旋转之后依然是直角坐标系，而直角坐标系上的长度表达式都是类似的：矢量长度的平方等于各个分量的平方和。所以不同直角坐标系下的度规在作为矩阵时是一样的：$\boldsymbol{\eta}' = \boldsymbol{\eta}$，于是上式变成了 $R^{\mathrm{T}}\eta R = \eta$。所以，能够对应为旋转变换的矩阵必须满足此关系。

接下来，我们以直角坐标系绕原点转动角度 ϕ 的情况为例，验证直角坐标系下恒有 $R^{\mathrm{T}}\eta R = \eta$ 成立。

如图 1 所示，设 $\vec{r}$ 与原坐标系 x 轴之间的角度为 θ，矢量长度为 r，那么 $\vec{r}$ 在原坐标系下的坐标可以用 r 与 θ 表示为

$$\begin{cases} x = r\cos\theta \\ y = r\sin\theta \end{cases}$$

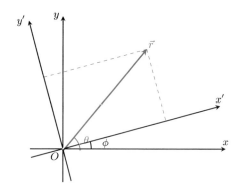

图 1 直角坐标系统绕原点的旋转

由于 $\vec{r}$ 与新坐标系的 x' 轴的夹角为 $\theta - \phi$ ，而矢量的长度与坐标系无关，故 $\vec{r}$ 在新坐标系下的分量为

$$
\begin{cases}
x' = r\cos(\theta - \phi) = r(\cos\theta\cos\phi + \sin\theta\sin\phi) \\
y' = r\sin(\theta - \phi) = r(\sin\theta\cos\phi - \cos\theta\sin\phi)
\end{cases}
$$

结合 $\vec{r}$ 在原坐标系的分量表达式，可以得到

$$
\begin{cases}
x' = x\cos\phi + y\sin\phi \\
y' = -x\sin\phi + y\cos\phi
\end{cases}
$$

这两个等式可以写成矩阵形式：

$$
\begin{pmatrix} x' \\ y' \end{pmatrix} = \begin{bmatrix} \cos\phi & \sin\phi \\ -\sin\phi & \cos\phi \end{bmatrix} \begin{pmatrix} x \\ y \end{pmatrix}
$$

所以此转动的变换矩阵 $\boldsymbol{R}$ 为

$$
\boldsymbol{R} = \begin{bmatrix} \cos\phi & \sin\phi \\ -\sin\phi & \cos\phi \end{bmatrix}
$$

上述求解变换矩阵的方法可以应用到更一般的情况下。

接下来我们就能验证等式 $R^T\eta R = \eta$ 了，这可以通过简单的矩阵运算得到

$$R^T\eta R = \begin{bmatrix} \cos\phi & \sin\phi \\ -\sin\phi & \cos\phi \end{bmatrix}^T \begin{bmatrix} 1 & 0 \\ 0 & 1 \end{bmatrix} \begin{bmatrix} \cos\phi & \sin\phi \\ -\sin\phi & \cos\phi \end{bmatrix}$$

$$= \begin{bmatrix} \cos\phi & -\sin\phi \\ \sin\phi & \cos\phi \end{bmatrix} \begin{bmatrix} 1 & 0 \\ 0 & 1 \end{bmatrix} \begin{bmatrix} \cos\phi & \sin\phi \\ -\sin\phi & \cos\phi \end{bmatrix}$$

$$= \begin{bmatrix} \cos\phi & -\sin\phi \\ \sin\phi & \cos\phi \end{bmatrix} \begin{bmatrix} \cos\phi & \sin\phi \\ -\sin\phi & \cos\phi \end{bmatrix} = \begin{bmatrix} 1 & 0 \\ 0 & 1 \end{bmatrix} = \eta$$

不过，对于一般的坐标系及其坐标变换，$R^T\eta R = \eta$ 不再普遍成立了。这是因为即使 $R^T\eta'R = \eta$ 普遍成立，但是不同坐标系下的度规形式一般不同，也就是 $\eta' = \eta$ 一般不再成立，所以无法导出等式 $R^T\eta R = \eta$。下面我们举一个非直角坐标系的例子来说明。

二、非直角坐标系下的度规

在分析非直角坐标系下的度规形式之前，我们先讨论一下坐标变换的逆变换。所谓逆变换，我们可以理解为从新坐标系变回原坐标系的变换。设变换矩阵 R 的逆矩阵为 R^{-1}，即 $RR^{-1} = R^{-1}R = I$，这里的 I 表示单位矩阵。那么根据坐标变换公式 $X' = RX$，我们容易得到

$$X = IX = R^{-1}RX = R^{-1}X'$$

可见，逆变换的变换矩阵就是 R 的逆矩阵。根据新老度规的关系式 $R^T\eta'R = \eta$，我们可以得到

$$\begin{aligned} \eta' &= I^T\eta'I = (RR^{-1})^T\eta'(RR^{-1}) \\ &= (R^{-1})^T(R^T\eta'R)R^{-1} = (R^{-1})^T\eta R^{-1} \end{aligned} \tag{1}$$

接下来讨论非直角坐标系。我们考虑一个简单的例子，如图 2 所示，原坐标系为直角坐标系，新坐标系原点与原坐标系原点重合，新坐标系的 x' 轴与原坐标系的 x 轴重合，而新坐标系的 y' 轴与 x' 轴的夹角为 ϕ。当 $\phi = 90°$、坐标轴单位与原来一样时，新坐标系与原坐标系重合，为直角坐标系；当 ϕ 不为直角时，新坐标系不再是直角坐标系。

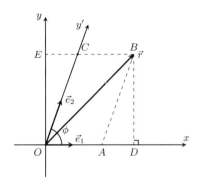

图 2　非直角坐标系与直角坐标系的联系

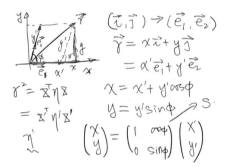

手稿
Manuscript

一般坐标系的基矢不一定需要是单位矢量，不过为了接下来运算的简便，我们依然采用单位基矢。设沿 x' 轴与沿 y' 轴的单位矢量分别为 $\vec{e}_1$ 与 $\vec{e}_2$，那么任意矢量 $\vec{r}$ 可以表示为

$$\vec{r} = x'\vec{e}_1 + y'\vec{e}_2$$

其中，x' 与 y' 为 $\vec{r}$ 在新坐标系中的坐标分量。我们做出如图 2 所示的由虚线表示的三条辅助线段，其中 AB 与 y' 轴平行，BE 与 x 轴平行，也就是与 y 轴垂直。于是四边形 $OABC$ 为平行四边形。根据矢量加法的平行四边形法则可以知道，$|OA| = x'$，$|AB| = |OC| = y'$。假设 $\vec{r}$ 在原坐标下的分量为 x 和 y，则有

$$x = |OD| = |OA| + |AD| = x' + |AB|\cos\phi = x' + y'\cos\phi$$
$$y = |OE| = |OC|\cos\left(\frac{\pi}{2} - \phi\right) = y'\sin\phi$$

最后的结果可以写成矩阵形式：

$$\begin{pmatrix} x \\ y \end{pmatrix} = \begin{bmatrix} 1 & \cos\phi \\ 0 & \sin\phi \end{bmatrix} \begin{pmatrix} x' \\ y' \end{pmatrix}$$

由于 $\boldsymbol{X} = \boldsymbol{R}^{-1}\boldsymbol{X}'$，可知矩阵 $\boldsymbol{R}^{-1}$ 为

$$\boldsymbol{R}^{-1} = \begin{bmatrix} 1 & \cos\phi \\ 0 & \sin\phi \end{bmatrix}$$

根据式（1），我们可以得到新坐标系的度规 $\boldsymbol{\eta}'$ 为

$$\begin{aligned} \boldsymbol{\eta}' &= (\boldsymbol{R}^{-1})^{\mathrm{T}} \boldsymbol{\eta} \boldsymbol{R}^{-1} \\ &= \begin{bmatrix} 1 & \cos\phi \\ 0 & \sin\phi \end{bmatrix}^{\mathrm{T}} \begin{bmatrix} 1 & 0 \\ 0 & 1 \end{bmatrix} \begin{bmatrix} 1 & \cos\phi \\ 0 & \sin\phi \end{bmatrix} \\ &= \begin{bmatrix} 1 & 0 \\ \cos\phi & \sin\phi \end{bmatrix} \begin{bmatrix} 1 & \cos\phi \\ 0 & \sin\phi \end{bmatrix} \\ &= \begin{bmatrix} 1 & \cos\phi \\ \cos\phi & 1 \end{bmatrix} \end{aligned}$$

可见 $\boldsymbol{\eta}'$ 不等于 $\boldsymbol{\eta}$。虽然非直角坐标系的度规 $\boldsymbol{\eta}'$ 不再是简单的单位矩阵的形式，但是它确实可以在非直角坐标系下给出矢量的长度。这个论断可以通过具体计算 $\vec{r}$ 的长度平方来验证：

$$\begin{aligned} \begin{pmatrix} x' & y' \end{pmatrix} \begin{bmatrix} 1 & \cos\phi \\ \cos\phi & 1 \end{bmatrix} \begin{pmatrix} x' \\ y' \end{pmatrix} &= \begin{pmatrix} x' & y' \end{pmatrix} \begin{pmatrix} x' + y'\cos\phi \\ x'\cos\phi + y' \end{pmatrix} \\ &= x'^2 + y'^2 + 2x'y'\cos\phi \\ &= x'^2 + y'^2 + 2x'y'\vec{e}_1 \cdot \vec{e}_2 \\ &= (x'\vec{e}_1 + y'\vec{e}_2)^2 = \vec{r}^2 \end{aligned}$$

其中，最后一个等式代入了前面提到的关于 $\vec{r}$ 的基矢表示。这个推导过程提示我们，除了可以借助变换矩阵得到新坐标系下的度规形式，也可以通过求矢量长度在新的坐标分量下的表达式得到度规的形式，只需要将长度表达式组合成 $\boldsymbol{X}'^{\mathrm{T}}\boldsymbol{\eta}'\boldsymbol{X}'$ 即可，其中对称矩阵 $\boldsymbol{\eta}'$ 就是新坐标系上的度规。

小结
Summary

　　在本节中，我们介绍了矢量的列向量、行向量的表示形式，以及旋转变换下的坐标变换形式，并且引入了度规的概念。简单地说，度规包含了某个坐标系下长度计算的所有信息，知道了度规，我们就可以根据矢量的各个分量求出这个矢量的长度。最后我们还简单介绍了非直角坐标系的度规，验证了它确实可以用来计算矢量的长度。初看这些数学知识，我们可能误以为它们与物理无关，但是在接下来的两节，我们将会以这里的概念为基础介绍狭义相对论下的时空变换，并导出洛伦兹变换的表达式。

狭义相对论的时空变换是怎样的？
——闵氏度规及时空变换矩阵[1]

摘要：在本节中，我们将回顾一下狭义相对论的时空观。首先论证为什么当时间独立于空间时，速度不存在一个上限。由于越来越多的实验表明光速是所有物体的速度上限，这就说明了时间与空间不可能互相独立。然后，借助光速不变原理，我们将会得到参考系变换下的不变量，这个不变量与上一节的"矢量长度"很类似。从这个不变量出发，我们能够得到闵氏度规。进一步地，我们需要寻找保持闵氏度规不变的变换矩阵，这样的矩阵就是描述参考系变换的矩阵。

在上一节我们介绍了转动变换的矩阵表示，并且知道了转动变换矩阵保持直角坐标系的度规不变，而度规包含了关于"长度应该怎么求"的所有信息，因此转动变换不会改变直角坐标系上的矢量长度表达式——矢量长度是转动变换的不变量。"长度不变量"、"保持度规不变的变换"与"变换的矩阵"这三者之间的关系不仅可以应用在旋转变换下，还可以应用于时空变换。在本节中，我们就从时空变换的角度来重新学习狭义相对论。

一、狭义相对论时空观

假设 S' 系相对于 S 系以速率 u 朝 x 轴正方向运动，并且在 S' 系中有一个质点正以速率 v' 朝 x' 轴正方向运动，质点的初始位置为 S' 系的原点。在 S' 系

---

1 整理自搜狐视频 App"张朝阳"账号/作品/物理课栏目中的第 69、70、71 期视频，由涂凯勋、李松执笔。

上经过时间 t' 后，质点运动了距离 $v't'$ 。从 S 系来看， S' 系的原点朝 x 轴正方向运动了距离 ut 。但是，从 S 系来看，质点究竟运动了多远呢？如果我们在牛顿时空观下考虑问题，那么长度不依赖于参考系，于是即便在 S 系上观测，质点相对于 S' 系的原点仍然多运动了距离 $v't'$ ，因此质点总共运动了距离 $ut+v't'$ 。又因为牛顿时空观的时间是绝对的，是独立于空间的，因此 $t=t'$ ，所以质点在 S 系下的速度大小为 $v=(ut+v't')/t=u+v'$ 。这就是伽利略变换下的速度叠加原理，只需把质点的原速度叠加上参考系之间的相对速度，即可求得质点在其他参考系的速度。从伽利略速度叠加原理可以看出，牛顿时空观中质点的速度大小是没有上限的。

　　事实上，如果仅仅假设与相对速度垂直的方向上的长度在两个参考系保持一致，那么时间与空间的独立性将会导致速度不存在一个上限。为了说明这一点，我们参考图 1。

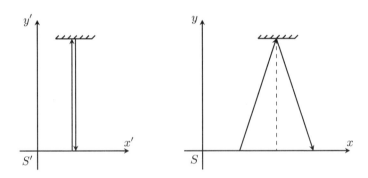

图 1　不同参考系下观测同一粒子的运动

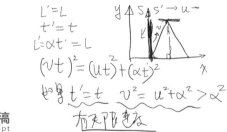

和前面的假设类似， S' 系相对于 S 系以速率 u 朝 x 轴正方向运动，只不过为了图示清晰，我们将 S 系与 S' 的情况分开画出来了。在 S' 系中，有一

个物体以速度 α 向 y' 方向运动，然后返回。对 S 系中的观测者来说，这个物体的运动轨迹是先斜向上，然后斜向下的。如果时间的流逝速度独立于参考系，那么整个过程经历的时间在两个参考系上是相同的，也就是说 $t = t'$，其中撇号表示在 S' 系上观测到的量。

假如 S' 系上的人测量到物体运动的总距离为 L，那么有 $L = \alpha t'$。由于垂直于参考系相对运动方向的距离不受参考系变换的影响，所以物体在 S 系上平行于 y 轴的运动距离与在 S' 系上的运动距离是一样的，而物体在 S 系上平行于 x 轴的运动距离等于时间 t 内参考系 S' 的运动距离，也就是 ut。假设物体在 S 系上的速度大小为 v，根据勾股定理，有

$$(vt)^2 = (ut)^2 + (\alpha t')^2$$

由于 $t = t'$，所以

$$v^2 = u^2 + \alpha^2 > \alpha^2$$

可见在 S 系看到的物体速度 v 大于在 S' 系看到的物体速度 α。通过这个步骤，我们可以不断得到更大的速度，所以不存在一个速度上限。

根据目前物理学的研究，宇宙中存在一个速度上限。例如，电荷之间的库仑作用不是即时的，以及引力的传递也需要时间。以前物理学实验精度不够高时，人们曾误以为这些相互作用都是瞬时的。实际上，如果移动一个物体或者带电体，远处的物体不会立即感受到引力或者库仑力的改变。总而言之，世间的物质运动速度、相互作用传递速度都存在上限。从这个事实出发，结合前面得到的结论：如果时间独立于参考系，那么不存在一个速度上限。可以知道，时间不能独立于参考系而存在，时间的流逝必定与参考系紧密地联系在一起。

至此，我们已经非常接近于狭义相对论的时空观了。但是我们还面临一个问题，那就是：在一个参考系中以最大速度运动的粒子，在其他参考系中，它的速度是多少呢？事实上，以最大速度 α 运动的粒子，在所有参考系下都以最大速度 α 运动。类似前面推导伽利略叠加原理时的情况，假设在 S' 系中粒子朝 x' 正方向以最大速度 α 运动，而 S' 系相对于 S 系朝 x 轴正方向运动，由于 x' 正方向与 x 正方向一致，所以质点在 S 系的运动速度不会比它在 S' 系

的运动速度小；又因为 α 是最大速度，质点在 S 系的运动速度不能大于 α，所以粒子在 S 系中的速度只能等于 α。

但是，如果 S' 系相对于 S 系沿 x 轴负方向运动，前述论证就不成立了。在这种情况下，我们可以转换一下思路，既然 S' 系相对于 S 系沿 x 轴负方向运动，那么 S 系相对于 S' 系沿 x' 轴正方向运动，根据前述分析，S 系上以速度 α 朝 x 轴正方向运动的粒子，在 S' 系上也是以速度 α 朝 x' 轴正方向运动的。由于参考系变换是一一对应的，所以即使 S' 系相对于 S 系沿 x 轴负方向运动，在 S' 系以速度 α 沿 x' 轴正方向运动的粒子，在 S 系的速度依然是 α。

介绍到这里，我们其实已经得到狭义相对论的时空观了，只不过我们没有使用"光速"这个概念，而是代之以最大速度 α。我们知道，真空中的光速就是宇宙中物质的最大速度，但是在我们的讨论框架下，"光子为什么以最大速度运动"则成了一个切切实实的物理问题。不过，我们不会对这个问题深究下去，并且在接下来的讨论中将直接使用光速 c 代替前述的最大速度 α。

二、时空变换的不变量与闵氏度规

在狭义相对论的时空观下，空间中的长度会随着参考系的变换而改变，因此长度不是时空变换的不变量，所以我们需要重新寻找一个不随参考系变换的不变量来代替空间长度。

在 S 系下，一个从坐标系原点发射的光束，经过时间 t 后到达空间坐标 (x, y, z)，我们将此事件用 S 系下的四个时空坐标表示为 (t, x, y, z)。借助光速 c，前述事件的时空坐标之间满足

$$(ct)^2 = x^2 + y^2 + z^2$$

由于时间坐标的量纲是时间量纲，而空间坐标的量纲是长度量纲，为了运算方便，我们一般需要将时间坐标乘以一个带量纲的常数，使其具有长度量纲。从上式可以看到，取这个常数为光速 c 是一个很自然的选择，因此，我们把前述事件的四维坐标写为 (ct, x, y, z)。

我们再考虑另一个参考系，记为 S' 系，它与 S 系具有相同的时空原点，也就是说，S 系的事件 $(0, 0, 0, 0)$ 对应 S' 系的事件 $(0, 0, 0, 0)$。设 S 系的事件 (ct, x, y, z) 在 S' 系下的坐标为 (ct', x', y', z')，那么在 S' 系下看上述光束前进过

程，我们会发现这束光在 t' 时间内从原点出发到达了空间坐标 (x', y', z') ，于是 (ct', x', y', z') 同样满足

$$(ct')^2 = x'^2 + y'^2 + z'^2$$

可见在这种情况下， $-(ct)^2 + x^2 + y^2 + z^2$ 在 S 系下与 S' 系下都等于零，因此是一个不变量。对于 $-(ct)^2 + x^2 + y^2 + z^2$ 不等于零的情况，我们也可以只根据狭义相对论的两个基本原理证明，它是相同时空原点惯性系变换下的不变量[1]。因此，可以定义四维时空的不变"长度"的平方为

$$\Delta S^2 = -(ct)^2 + x^2 + y^2 + z^2$$

如果我们仅考虑时空原点相同的参考系变换，那么 (ct, x, y, z) 将可以看作一个四维矢量。关于四维矢量的具体含义，我们将在下一节进行进一步的说明。与上一节介绍的二维空间位矢类似，四维矢量也可以表示成列向量的形式：

$$\boldsymbol{X} = \begin{pmatrix} ct \\ x \\ y \\ z \end{pmatrix}$$

当然，四维矢量也有与列向量对偶的行向量形式：

$$\boldsymbol{X}^{\mathrm{T}} = \begin{pmatrix} ct & x & y & z \end{pmatrix}$$

在使用行向量与列向量的形式下，四维矢量 $\boldsymbol{X}$ 的不变"长度"可以表示为

$$\Delta S^2 = -(ct)^2 + x^2 + y^2 + z^2 = \boldsymbol{X}^{\mathrm{T}} \boldsymbol{\eta} \boldsymbol{X}$$

其中，度规 $\boldsymbol{\eta}$ 不再是简单的单位矩阵，而是

$$\boldsymbol{\eta} = \begin{bmatrix} -1 & 0 & 0 & 0 \\ 0 & 1 & 0 & 0 \\ 0 & 0 & 1 & 0 \\ 0 & 0 & 0 & 1 \end{bmatrix}$$

这个度规被称为闵氏度规。一部分物理工作者会选择闵氏度规的另一种约定，在那种约定下， $-\boldsymbol{\eta}$ 才是他们所用闵氏度规的形式，与我们这里的闵

---

1 刘辽, 费保俊, 张允中. 狭义相对论[M]. 北京：科学出版社, 2008.

氏度规相差一个负号。不过这两种定义方式是等价的。

我们可以将 X 的不变"长度"称为 X 的"模"。对于目前这种 X 表示时空坐标的情况，我们还可以将 $X^{\mathrm{T}}\eta X$ 称为时空间隔。

三、保持闵氏度规不变的变换

在前面我们求出了不变量的表达式，这个不变量对应相同时空原点下的参考系变换，因此这样的参考系变换矩阵必须保证不变量的值不变。与前一节的结论类似，此要求实际上等价于变换矩阵 R 保持闵氏度规不变：

$$R^{\mathrm{T}}\eta R = \eta$$

不过我们不直接从上式入手，而是充分借助在上一节得到的转动变换矩阵来得到这里的时空变换矩阵 R 的形式。简单起见，我们只考虑二维时空。我们先假设 $\Delta S^2 < 0$，于是存在一个正实数 a 满足

$$\Delta S^2 = -(ct)^2 + x^2 = -a^2$$

上式中的 ΔS^2 与上一节使用的矢量长度的平方类似，只不过相差一个负号而已。利用虚数单位 i 可以将其中的负号收缩进去，这样会得到

$$(\mathrm{i}a)^2 = (\mathrm{i}ct)^2 + x^2$$

上式就与空间矢量长度的表达式非常类似了，于是我们可以像空间极坐标那样引入一个参数 θ'，使得

$$\begin{aligned} \mathrm{i}ct &= \mathrm{i}a\cos\theta' \\ x &= \mathrm{i}a\sin\theta' \end{aligned} \tag{1}$$

仔细观察上式第二个等式，我们会发现，如果 θ' 是实数，那么 $\mathrm{i}a\sin\theta'$ 是一个虚数，这与 x 是实数相矛盾，所以 θ' 必须是复数。不过，根据三角函数与双曲函数之间的关系：

$$\begin{aligned} \sin(\mathrm{i}\alpha) &= \mathrm{i}\sinh\alpha \\ \cos(\mathrm{i}\alpha) &= \cosh\alpha \end{aligned}$$

可以知道，如果将 θ' 取为纯虚数，则不会与 t、x 和 a 三者的实数性相矛盾。于是我们可以引入实参数 θ 满足 $\theta' = \mathrm{i}\theta$，这样借助三角函数与双曲函数的关系，式（1）就变成了

$$ct = a\cosh\theta$$
$$x = -a\sinh\theta$$

根据前面的分析，只要满足上述参数化表示，那么 ct 与 x 必然满足 $\Delta S^2 = -a^2$。当然此论断也可以通过直接计算得到，只需要使用双曲正弦与双曲余弦的如下关系式即可：

$$\cosh^2\alpha - \sinh^2\alpha = 1$$

由于不变量的表达式只与参数 a 有关，而与 θ 无关，所以将"角度" θ 转动变成另一个"角度" $\theta+\phi$ 不会影响关系 $\Delta S^2 = -a^2$，因此这样的"转动"变换正是我们寻找的保持 ΔS^2 不变的变换。在这样的变换下，新坐标 (ct', x') 与原坐标 (ct, x) 之间的关系为

$$ct' = a\cosh(\theta+\phi) = a\cosh\theta\cosh\phi + a\sinh\theta\sinh\phi$$
$$= (ct)\cosh\phi - x\sinh\phi$$
$$x' = -a\sinh(\theta+\phi) = -a\sinh\theta\cosh\phi - a\cosh\theta\sinh\phi$$
$$= -(ct)\sinh\phi + x\cosh\phi$$

这两个等式可以被写成矩阵形式：

$$\begin{pmatrix} ct' \\ x' \end{pmatrix} = \begin{bmatrix} \cosh\phi & -\sinh\phi \\ -\sinh\phi & \cosh\phi \end{bmatrix} \begin{pmatrix} ct \\ x \end{pmatrix}$$

根据上一节介绍的坐标变换形式 $X' = RX$ 可以知道，上式中的 2×2 矩阵正是我们要求的保持时空原点不变的参考系变换矩阵 R：

$$R = \begin{bmatrix} \cosh\phi & -\sinh\phi \\ -\sinh\phi & \cosh\phi \end{bmatrix}$$

从前面的分析可以知道，矩阵 R 所对应的变换其实是在虚时间下的转动，因此我们也会将其称为"伪转动"。前面的分析是在 $\Delta S^2 = -(ct)^2 + x^2 < 0$ 的情况下进行的，而对于 $\Delta S^2 = -(ct)^2 + x^2 > 0$ 的情况，我们可以通过直接计算验证上述矩阵 R 来保持 ΔS^2 不变。

由于我们现在只考虑二维时空，此时的度规为

$$\eta = \begin{bmatrix} -1 & 0 \\ 0 & 1 \end{bmatrix}$$

前面的分析已经表明，R 会保持 $\Delta S^2 = -(ct)^2 + x^2$ 不变，于是可以预料

矩阵 R 会满足 $R^T \eta R = \eta$。当然，我们也可以通过直接计算来验证此关系，感兴趣的读者不妨尝试一下。

小结
Summary

　　在本节中，我们介绍了狭义相对论的时空观，特别是当我们假设与相对速度垂直的方向上的长度在两个参考系中保持一致时，那么时间的独立性将会导致速度不存在一个上限，这与物理实验的结果不符，因此时间不可能是独立的——它必定与空间紧密联系在一起。我们还根据光速不变原理得到了惯性系变换下的不变量表达式，进而通过此不变量求出了惯性系变换下的矩阵形式。在下一节中，我们会将此矩阵形式与我们熟悉的洛伦兹变换联系起来。

怎么从时空变换矩阵得到洛伦兹变换?
——洛伦兹变换及四维矢量[1]

摘要:在本节中,我们将从上一节得到的时空变换矩阵 R 出发推导出洛伦兹变换的表达式,主要的思路是将矩阵 R 中的参数 θ 与参考系之间的相对速度 v 联系起来。然后,我们会介绍四维矢量的概念,并引入四维速度与四维动量这两个四维矢量。根据四维动量的不变量,我们将从另一个角度"推导"出质能关系。

在上一节中,我们求出了保持时空原点不变的参考系变换矩阵,当时是在二维时空的情况下得到的,变换矩阵 R 为

$$R = \begin{bmatrix} \cosh\phi & -\sinh\phi \\ -\sinh\phi & \cosh\phi \end{bmatrix}$$

在实际应用中,这个矩阵形式使用起来不是很方便,比如,参数 ϕ 具体等于多少呢? 接下来我们将解决这个问题。

一、从时空变换矩阵到洛伦兹变换

我们在上一节分析得到 R 的过程其实是偏向数学而非物理的,为了将 R 与物理中的参考系变换联系起来,我们还需要将变换角度 ϕ 与惯性系之间的相对运动速度 u 的关系求出来。

---

1 整理自搜狐视频 App "张朝阳" 账号/作品/物理课栏目中的第 70、71 期视频,由涂凯勋、李松执笔。

我们继续在二维时空下进行讨论。设 S' 系相对于 S 系以速度 u 朝 x 轴正方向运动，并且在这两个参考系的时间为零时，它们的空间原点重合。在 S 系上经过时间 t 后，S' 系的原点运动到了 S 系中的 $x = ut$ 点。这说明在这两系的参考系变换下，S 系的时空点 (ct, x) 对应 S' 系的时空点 $(ct', 0)$，其中时刻 t' 的具体值不影响后面的讨论。根据变换矩阵 $\boldsymbol{R}$ 的形式，我们有

$$0 = x' = -ct \sinh \phi + x \cosh \phi$$

将 $x = ut$ 代入上式，消掉时间 t 后，我们可以得到 u 与 ϕ 满足的关系：

$$\tanh \phi = \frac{\sinh \phi}{\cosh \phi} = \frac{u}{c}$$

根据双曲余弦函数与双曲正弦函数的关系 $\cosh^2 \phi - \sinh^2 \phi = 1$，我们可以得到

$$1 - \tanh^2 \phi = \frac{1}{\cosh^2 \phi}$$

注意，当 ϕ 取实数值时，$\cosh \phi$ 恒大于零。于是我们可以通过取倒数然后开方，从上式解出 $\cosh \phi$：

$$\cosh \phi = \frac{1}{\sqrt{1 - \tanh^2 \phi}} = \frac{1}{\sqrt{1 - (u/c)^2}}$$

我们一般将 $1/\sqrt{1 - (u/c)^2}$ 记为 γ，它只依赖于参考系之间的相对速度 u。于是，上式表明 $\cosh \phi = \gamma$。

知道了 $\tanh \phi$、$\cosh \phi$ 与参考系相对速度 u 的关系后，我们将矩阵 $\boldsymbol{R}$ 中的 $\sinh \phi$ 写成 $\sinh \phi = \tanh \phi \times \cosh \phi$ 的形式，并将这些关于 ϕ 的双曲函数与速度 u 的关系代入矩阵 $\boldsymbol{R}$ 可得

$$\boldsymbol{R} = \begin{bmatrix} \gamma & -\gamma \dfrac{u}{c} \\ -\gamma \dfrac{u}{c} & \gamma \end{bmatrix}$$

这就是更具实用性的变换矩阵形式。将其代入时空坐标变换式中可得

$$\begin{pmatrix} ct' \\ x' \end{pmatrix} = \begin{bmatrix} \gamma & -\gamma\dfrac{u}{c} \\ -\gamma\dfrac{u}{c} & \gamma \end{bmatrix} \begin{pmatrix} ct \\ x \end{pmatrix} = \begin{pmatrix} \gamma\left(ct - \dfrac{u}{c}x\right) \\ \gamma\left(-ut + x\right) \end{pmatrix}$$

稍作整理，我们可以得到

$$t' = \gamma\left(t - \frac{u}{c^2}x\right)$$
$$x' = \gamma(x - ut)$$

这正是我们在《张朝阳的物理课》第一卷中介绍的洛伦兹变换。

如果我们令光速 c 趋于无穷大，这相当于不存在一个速度上限，此时 $\gamma = 1$，对应的时空变换简化为

$$t' = t$$
$$x' = x - ut$$

这就是伽利略变换，相当于传统时空观的情况，我们可以明显看到时间是独立的，并没有与空间混杂在一起；而且时间是绝对的，不随参考系的变换而改变。进一步地，如果我们考察两坐标系内粒子的速度 $v' = x'/t'$ 与 $v = x/t$ 之间的关系，会得到 $v' = v - u$。从这个速度变换关系我们可以知道，在伽利略时空观下，确实不存在速度上限。

正因为当光速趋向于无穷时，洛伦兹变换会回到伽利略变换，而光速相比于生活中大多情况下的物体运动速度而言非常之大，近似于无穷了，所以还处在"马拉车"的十七、十八世纪的牛顿本人，也许想不到他所提出的万有引力传递是需要时间的，而库仑也不必在意电荷之间的库仑力是否是瞬时的。独立的时间与不存在速度上限相互匹配，使得经典力学成为一个自洽的理论。直到爱因斯坦说速度有上限，物体运动不能超过光速，我们才得到了时间依赖于参考系的结论。

二、四维速度与四维动量

我们知道，三维空间的矢量会按照与旋转矩阵相乘的方式实现旋转变换，而标量则在旋转变换下保持不变。在四维时空中，我们也可以引入类似的概念。比如，我们将遵循洛伦兹变换 $\boldsymbol{X}' = \boldsymbol{R}\boldsymbol{X}$ 的一组量 $\boldsymbol{X}$ 称为四维矢量，而将在洛伦兹变换下保持不变的量称为洛伦兹标量。在上一节中，我们将三

维空间的旋转不变量，也就是长度，推广到四维时空，得到了时空间隔这个洛伦兹标量。那么三维空间中的速度矢量与动量，也应该能被推广到四维时空成为四维矢量，这些四维矢量的具体形式是怎样的呢？简单起见，我们依然只考虑一维时间与一维空间的情况，由于时空坐标

$$X = \begin{pmatrix} ct \\ x \end{pmatrix}$$

遵循洛伦兹变换，所以它是一个四维矢量（这里以及接下来的四维矢量都忽略空间部分的第二与第三分量）。不过严格来说，单纯的时空位置 X 并不是四维矢量，时空位置之间的差才是四维矢量。只是因为我们这里考虑的惯性系变换都是保持时空坐标原点不变的，因此 X 实际上是它与原点的差，从而是四维矢量。

假设一个粒子在 S' 系中静止，那么它的 S' 系时空坐标 X' 对时间 t' 的导数为

$$\frac{\mathrm{d}}{\mathrm{d}t'} X' = \begin{pmatrix} c \\ \dfrac{\mathrm{d}x'}{\mathrm{d}t'} \end{pmatrix} = \begin{pmatrix} c \\ 0 \end{pmatrix}$$

由于 $X' = RX$，所以 $X = R^{-1}X'$。这里涉及前两节介绍过的逆矩阵的概念。对于二维矩阵，我们很容易就能写出它的逆矩阵，比如对于

$$M = \begin{pmatrix} a & b \\ c & d \end{pmatrix}$$

如果它的行列式 $\det M = ad - bc$ 不为零，那么它是可逆的，并且它的逆矩阵为

$$M^{-1} = \frac{1}{\det M} \begin{pmatrix} d & -b \\ -c & a \end{pmatrix}$$

通过直接运算，我们容易证明 M^{-1} 确实满足 $MM^{-1} = M^{-1}M = I$。

由于 $\cosh^2 \phi - \sinh^2 \phi = 1$，我们于是得到 R 的行列式等于 1，所以 R 可逆，且其逆矩阵为

$$R^{-1} = \begin{pmatrix} \cosh\phi & \sinh\phi \\ \sinh\phi & \cosh\phi \end{pmatrix} = \begin{pmatrix} \gamma & \gamma\dfrac{u}{c} \\ \gamma\dfrac{u}{c} & \gamma \end{pmatrix}$$

借助 $\boldsymbol{R}$ 的逆矩阵表达式，我们可以得到

$$\boldsymbol{R}^{-1}\frac{\mathrm{d}}{\mathrm{d}t'}\boldsymbol{X}' = \begin{pmatrix} \gamma & \gamma\dfrac{u}{c} \\ \gamma\dfrac{u}{c} & \gamma \end{pmatrix}\begin{pmatrix} c \\ 0 \end{pmatrix} = \begin{pmatrix} \gamma c \\ \gamma u \end{pmatrix}$$

另一方面，静止在 S' 系中的粒子相对于 S 系来说是以速度 u 向 x 轴正方向运动的，所以

$$\frac{\mathrm{d}}{\mathrm{d}t}\boldsymbol{X} = \begin{pmatrix} c \\ \dfrac{\mathrm{d}x}{\mathrm{d}t} \end{pmatrix} = \begin{pmatrix} c \\ u \end{pmatrix} \ne \begin{pmatrix} \gamma c \\ \gamma u \end{pmatrix}$$

可见 $\mathrm{d}\boldsymbol{X}/\mathrm{d}t$ 不满足 $\mathrm{d}\boldsymbol{X}'/\mathrm{d}t' = \boldsymbol{R}\mathrm{d}\boldsymbol{X}/\mathrm{d}t$，所以它不是四维矢量。

如果我们将对坐标时的求导改为对固有时的求导呢？根据狭义相对论中的时间膨胀公式，粒子的固有时 τ 满足 $\mathrm{d}t' = \mathrm{d}\tau$ 和 $\mathrm{d}t = \gamma\mathrm{d}\tau = \gamma\mathrm{d}t'$，于是

$$\frac{\mathrm{d}}{\mathrm{d}\tau}\boldsymbol{X} = \frac{\mathrm{d}}{\mathrm{d}t/\gamma}\boldsymbol{X} = \begin{pmatrix} \gamma c \\ \gamma u \end{pmatrix} = \boldsymbol{R}^{-1}\frac{\mathrm{d}}{\mathrm{d}t'}\boldsymbol{X}' = \boldsymbol{R}^{-1}\frac{\mathrm{d}}{\mathrm{d}\tau}\boldsymbol{X}'$$

可见 $\boldsymbol{V} = \mathrm{d}\boldsymbol{X}/\mathrm{d}\tau$ 遵循洛伦兹变换，所以是一个四维矢量。这个四维矢量就是三维速度在狭义相对论中的推广，它被称为四维速度。

由于洛伦兹变换矩阵保持度规不变，所以四维矢量的模应该在参考系变换下保持不变，也就是说，$\boldsymbol{V}$ 的模在 S 系的值与它在 S' 系的值是一样的。我们可以通过直接计算来验证这一点，不过需要注意的是，$\boldsymbol{V}$ 的模平方不是 $\boldsymbol{V}^{\mathrm{T}}\boldsymbol{V}$ 而是 $\boldsymbol{V}^{\mathrm{T}}\boldsymbol{\eta}\boldsymbol{V}$。在本书的约定下，度规为

$$\boldsymbol{\eta} = \begin{bmatrix} -1 & 0 \\ 0 & 1 \end{bmatrix}$$

在 S' 系上，$\boldsymbol{V}' = \begin{pmatrix} c & 0 \end{pmatrix}^{\mathrm{T}}$，所以 $\boldsymbol{V}'$ 的模平方为

$$\boldsymbol{V}'^{\mathrm{T}}\boldsymbol{\eta}\boldsymbol{V}' = -c^2 + 0 = -c^2$$

在 S 系上，$\boldsymbol{V} = \begin{pmatrix} \gamma c & \gamma u \end{pmatrix}^{\mathrm{T}}$，所以 $\boldsymbol{V}$ 的模平方为

$$\boldsymbol{V}^{\mathrm{T}}\boldsymbol{\eta}\boldsymbol{V} = -(\gamma c)^2 + (\gamma u)^2 = -\gamma^2 c^2\left[1 - \left(\frac{u}{c}\right)^2\right] = -\gamma^2 c^2\frac{1}{\gamma^2} = -c^2$$

　　从而两个参考系上的粒子四维速度的模平方是相等的。

　　参考三维动量与三维速度的关系，我们将粒子的静止质量 m_0 乘以四维速度得到的量定义为四维动量，即 $\boldsymbol{P} = m_0\boldsymbol{V}$ 是四维动量。由于粒子的静止质量是粒子的固有属性，虽然粒子的质量会随着它的速度而改变，但是粒子的静止质量是粒子静止时的质量大小，是恒定的，因此不依赖于参考系的变换，从而是洛伦兹标量。于是，$\boldsymbol{P} = m_0\boldsymbol{V}$ 遵循洛伦兹变换，从而是四维矢量。

　　根据四维动量的定义，前面分析的粒子的四维动量在 S 系与 S' 系的列向量形式分别为

$$S':\quad \boldsymbol{P}' = m_0\boldsymbol{V}' = \begin{pmatrix} m_0c \\ 0 \end{pmatrix}$$

$$S:\quad \boldsymbol{P} = m_0\boldsymbol{V} = \begin{pmatrix} \gamma m_0c \\ \gamma m_0u \end{pmatrix}$$

　　记 $m = \gamma m_0$，定义它为粒子的"动质量"。类比牛顿力学中的形式，三维动量 p 应该等于 mu，粒子在 S 系的四维动量 $\boldsymbol{P}$ 可以写为

$$\boldsymbol{P} = \begin{pmatrix} mc \\ p \end{pmatrix}$$

　　由于 $\boldsymbol{P}$ 是一个四维矢量，所以它的模在洛伦兹变换下应该保持不变，于是有 $\boldsymbol{P}^{\mathrm{T}}\boldsymbol{\eta}\boldsymbol{P} = \boldsymbol{P}'^{\mathrm{T}}\boldsymbol{\eta}\boldsymbol{P}'$，将 $\boldsymbol{P}$ 与 $\boldsymbol{P}'$ 的分量代入可得

$$-(mc)^2 + p^2 = -(m_0c)^2$$

在上式等号两边同时乘以 c^2，移项之后可以得到

$$(pc)^2 = (mc^2)^2 - (m_0c^2)^2$$

我们记 $E = mc^2$，那么有

$$(pc)^2 = E^2 - (m_0c^2)^2$$

　　这里 E 的物理意义是什么呢？学习过狭义相对论的读者可能已经知道，它就是粒子的能量。但是从逻辑上来讲，根据前面的分析，我们还不能说它是能量——总不能因为用的符号是 E，就断定它代表能量。为了解释它的物理意义，我们考虑粒子在力 F 的作用下不断运动的情况。将上式两边同时对时间 t 求导，由于 m_0 与 c 都是常数，我们得到

$$E \frac{\mathrm{d}E}{\mathrm{d}t} = c^2 p \frac{\mathrm{d}p}{\mathrm{d}t}$$

我们假设牛顿第二定律依然成立，于是 $\mathrm{d}p / \mathrm{d}t = F$。然后我们将 $E = mc^2$ 与 $p = mu$ 代入上式中未参与求导的部分，化简得到

$$\frac{\mathrm{d}E}{\mathrm{d}t} = uF$$

其中，uF 正是力 F 作用在粒子上的功率，从这个角度来看，$E = mc^2$ 确实可以看作粒子的能量——这正是《张朝阳的物理课》第一卷中介绍过的质能关系。

根据前面的分析，能量与动量的关系为

$$E^2 = (pc)^2 + (m_0 c^2)^2$$

这个等式的形式与勾股定理非常相似，因此我们可以借助如图 1 所示的直角三角形来形象记忆上式。

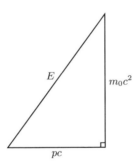

图 1　用直角三角形表示粒子能量、动量之间的关系

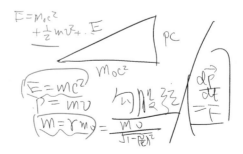

其中，直角三角形的斜边代表 E，两个直角边分别代表 pc 与 $m_0 c^2$。

小结
Summary

　　在本节中，我们借助一个特殊时空点的变换求出了上一节的变换矩阵中的参数与参考系的相对速度之间的关系，从而得到了洛伦兹变换的表达式。我们还简单讨论了当光速趋向于无穷大时，洛伦兹变换会回到伽利略变换，从而再次说明了时间独立性与速度无上限之间的联系。然后，我们介绍了四维速度与四维动量，并简单说明了 mc^2 为粒子的能量。不过，这里的说明是不充分的，要想严格证明 mc^2 可以作为粒子的能量，我们还需要更多的狭义相对论动力学的知识才行。

第三部分

电动力学

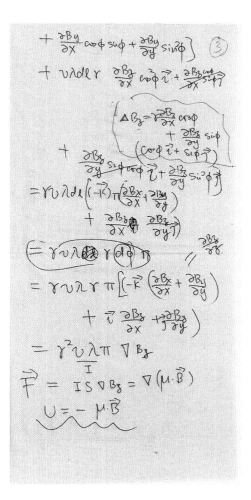

$\oint \lambda d\vec{\mu}$ 查体合力 ②

$d\vec{F} = (\vec{v} \times \vec{B}) \lambda dl$

$\vec{v} \frac{}{} = \lambda dl$

$= [\sin\phi \sin\theta \vec{K} + \sin\phi \cos\theta \vec{J}$

$\qquad + \cos\phi \cos\theta \vec{i}] \lambda dl B_0$

$\oint d\vec{F} = 0 \qquad \sin\phi \int_0^{2\pi} \sin\phi d\phi \int_0^{2\pi} \sin\phi d\phi = 0$

$\vec{B}(\phi) = \vec{B_0} + \vec{\Delta B}$

$\Delta B_x = \frac{\partial B_x}{\partial x} \Delta x + \frac{\partial B_x}{\partial y} \Delta y$

$\qquad = \frac{\partial B_x}{\partial x} \gamma \cos\phi + \frac{\partial B_x}{\partial y} \gamma \sin\phi$

$\Delta B_y = \frac{\partial B_y}{\partial x} \gamma \cos\phi + \frac{\partial B_x}{\partial y} \gamma \sin\phi$

$d\vec{F_a} = (\vec{v} \times \vec{\Delta B}) \lambda dl$

$\qquad = v(-\sin\phi \vec{i} + \cos\phi \vec{j}) \times \vec{i} \Delta B_x$

$\qquad + v(\qquad) \times \vec{j} \Delta B_y$

$\qquad + v(\qquad) \times \vec{K} \Delta B_z$

$\qquad = + v[\cos\phi \vec{K} \Delta B_x - \sin\phi \vec{K} \Delta B_y]$

$\qquad + v(\vec{k}) \Delta B_z (\cos\phi \vec{i} + \sin\phi \vec{j})$

$= + v\lambda dl (\vec{K}) [\cos\phi \Delta B_x + \sin\phi \Delta B_y]$

$= v \lambda dl (\vec{K}) \gamma [\frac{\partial B_x}{\partial x} \cos^2\phi + \frac{\partial B_x}{\partial y} \cos\phi\sin\phi$

③

$\qquad + \frac{\partial B_y}{\partial x} \cos\phi \sin\phi + \frac{\partial B_y}{\partial y} \sin^2\phi]$

$\qquad + v\lambda dl \gamma [\frac{\partial B_z}{\partial x} \cos^2\phi \vec{i}^2 + \frac{\partial B_z}{\partial x} \cos^2\phi \vec{i}]$

$\Delta B_z = \gamma \frac{\partial B_z}{\partial x} \cos\phi$

$\qquad + \frac{\partial B_z}{\partial y} \sin\phi$

$\qquad (\cos\phi \vec{i} + \sin\phi \vec{j})$

$\qquad + \frac{\partial B_z}{\partial y} \sin\phi \cos\phi \vec{i} + \frac{\partial B_z}{\partial y} \sin^2\phi \vec{j}$

$= \gamma v \lambda dl [(-\vec{K}) \pi (\frac{\partial B_x}{\partial x} + \frac{\partial B_y}{\partial y})$

$\qquad + \frac{\partial B_z}{\partial x} \vec{i} + \frac{\partial B_z}{\partial y} \vec{j}]$

$= \gamma v \lambda \oint \gamma d\phi \pi$

$= \gamma v \lambda \gamma \pi [(-\vec{K})(\frac{\partial B_x}{\partial x} + \frac{\partial B_y}{\partial y})$

$\qquad + \vec{i} \frac{\partial B_z}{\partial x} + \vec{j} \frac{\partial B_z}{\partial y}]$

$= \underbrace{\gamma^2 v \lambda \pi}_{I} \nabla B_z$

$\vec{F} = IS \nabla B_z = \nabla(\vec{\mu} \cdot \vec{B})$

$U = -\vec{\mu} \cdot \vec{B}$

张朝阳手稿

由电磁势积分公式推导运动点电荷的电磁势

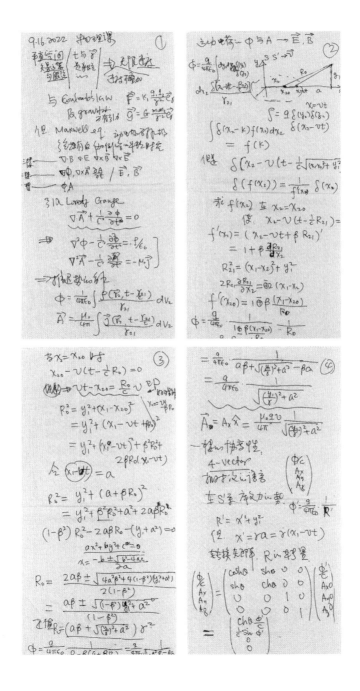

电磁学的公理是什么？
——麦克斯韦方程组及其物理意义[1]

摘要：在本节中，我们将介绍麦克斯韦方程组的各个方程和它们的物理意义。我们将会看到，麦克斯韦方程组既可以通过积分形式来表示，也可以通过微分形式来表示。从麦克斯韦方程组的微分形式来看，其本质上是一个偏微分方程组。进一步地，我们将会学习怎么从麦克斯韦方程组出发得到电荷守恒定律。

在《张朝阳的物理课》第一卷中，我们尚未涉足电磁学和电动力学领域，只使用了一些很简单的电磁学知识，比如，电子会受到电场力的作用。然而，电磁学作为经典物理的重要支柱之一，其宏大的物理图景值得我们细细讲解。下面，我们将踏入电磁学这个迷人的领域。与大家在学校里学习的物理课程不同的是，我们将"径直地走到广场中心"，从麦克斯韦方程组出发，逐步向外进行探索。

一、麦克斯韦方程组：电场强度的散度和旋度

我们要介绍的第一个方程是电磁学中的高斯定理，它描述的是电场强度的散度正比于电荷密度，比例常数为真空介电常数 ε_0 的倒数。在物理领域，人们常用 $\vec{E}$ 表示电场强度，ρ 表示单位体积内的某种量，比如质量密度，不过在电磁学里 ρ 一般表示电荷密度，也就是单位体积内的电荷。于是，借助矢量分析中的散度表示，高斯定理可以写为

---

1 整理自搜狐视频 App "张朝阳"账号/作品/物理课栏目中的第 75 期视频，由李松执笔。

$$\vec{\nabla} \cdot \vec{E} = \frac{\rho}{\varepsilon_0}$$

怎么理解这个式子呢？其实关于矢量分析中的散度，我们在前面讲解引力场时介绍过。回忆牛顿万有引力定律，空间中的物体所产生的引力场为

$$\vec{g}(\vec{r}) = -\int G\rho_{\mathrm{m}}(\vec{r}')\frac{\vec{r} - \vec{r}'}{|\vec{r} - \vec{r}'|^3}\,\mathrm{d}\tau'$$

其中，G 是万有引力常数，$\rho_{\mathrm{m}}(\vec{r}')$ 是物体的质量密度分布，$\mathrm{d}\tau'$ 是位于 $\vec{r}'$ 的体积微元。假设空间区域 V 的边界曲面是 S，根据前面章节的介绍，引力场 $\vec{g}$ 满足

$$\oiint_S \vec{g}(\vec{r}) \cdot \mathrm{d}\vec{S} = -4\pi G\int_V \rho_{\mathrm{m}}(\vec{r})\mathrm{d}\tau \qquad (1)$$

另一方面，在前面讲解引力场的时候，我们也介绍过一个被称为散度定理的数学结论[1]：对于任意一个光滑矢量场 $\vec{F}(\vec{r})$，它在闭曲面 S 上与面积微元点乘后的积分等于它的散度在曲面包裹区域 V 内的体积分：

$$\oiint_S \vec{F}(\vec{r}) \cdot \mathrm{d}\vec{S} = \int_V \vec{\nabla} \cdot \vec{F}(\vec{r})\mathrm{d}\tau$$

将散度定理应用到引力场后可以得到

$$\oiint_S \vec{g}(\vec{r}) \cdot \mathrm{d}\vec{S} = \int_V \vec{\nabla} \cdot \vec{g}(\vec{r})\mathrm{d}\tau$$

将上式与式（1）结合，可以得到

$$\int_V \vec{\nabla} \cdot \vec{g}(\vec{r})\mathrm{d}\tau = -4\pi G\int_V \rho_{\mathrm{m}}(\vec{r})\mathrm{d}\tau$$

这是否意味着 $\vec{\nabla} \cdot \vec{g} = -4\pi G\rho_{\mathrm{m}}$ 呢？看过前面关于引力场分析的读者肯定知道，从上式可以得到 $\vec{\nabla} \cdot \vec{g} = -4\pi G\rho_{\mathrm{m}}$ 这个结论。简略地说，主要是因为区域 V 是任意选取的，假设空间某处 $\vec{\nabla} \cdot \vec{g}$ 不等于 $-4\pi G\rho_{\mathrm{m}}$，那么在此空间位置上取一个足够小的区域 V，对于这个微小区域，必然无法保证上式成立。可见这个假设与我们上面的结论相悖，因此 $\vec{\nabla} \cdot \vec{g} = -4\pi G\rho_{\mathrm{m}}$ 在空间各处都成立。

让我们回到电磁学领域，我们知道点电荷之间的库仑力与距离的平方成反比，这一点与万有引力类似。同样，电场与引力场一样满足矢量叠加原理，

---

1 部分文献也会将其称为高斯定理。

因此，借助与引力场公式的类比，通过库仑定律可以写出电场强度关于电荷密度的积分表达式：

$$\vec{E}(\vec{r}) = \int k\rho(\vec{r}') \frac{\vec{r} - \vec{r}'}{|\vec{r} - \vec{r}'|^3} \mathrm{d}\tau'$$

其中，k 是库仑定律中的比例常数，也就是人们常说的静电常数。从这个式子可以看出，电场与引力场具有相似的性质，它们之间的对应关系可以由下式概括

$$\vec{E} \leftrightarrow \vec{g}$$
$$k \leftrightarrow -G$$
$$\rho \leftrightarrow \rho_{\mathrm{m}}$$

借助上式做相应替换，可以很容易地从引力场相关的等式得到电场相关的等式。根据前面的分析，引力场满足 $\vec{\nabla} \cdot \vec{g} = -4\pi G\rho_{\mathrm{m}}$，使用同样的分析过程可以得到与电场相对应的结论，经过直接替换相关量，即可得到

$$\vec{\nabla} \cdot \vec{E} = 4\pi k\rho$$

这个等式是不是很像本节一开始介绍的高斯定理？事实上，静电常数与真空介电常数的关系为 $k = 1/(4\pi\varepsilon_0)$，将其代入上式可以得到高斯定理表达式。继续考虑电场与引力场的类比，从式（1）可以得到

$$\oiint_S \vec{E}(\vec{r}) \cdot \mathrm{d}\vec{S} = \frac{1}{\varepsilon_0} \int_V \rho(\vec{r}) \mathrm{d}\tau$$

这就是高斯定理的积分形式，相比于微分形式，它的物理意义更加明显：电场强度在任一闭曲面上的通量，等于闭曲面内的总电荷除以真空介电常数。特别地，闭曲面外的电荷所产生的电场，在闭曲面上的电场强度通量恒等于零。直观地看，闭曲面外的电荷所产生的电场线，进入曲面内部后肯定会再出来，这一进一出就会导致电场强度通量存在抵消的情况。但是，这种直观理解并没有告诉我们电场强度通量被抵消了多少，而高斯定理则定量地告诉了我们，闭曲面外的电荷所产生的电场在闭曲面上的电场强度通量会完全抵消，精确地等于零。

麦克斯韦方程组的第一个方程限制了电场强度的散度，第二个方程则提

供了对电场强度的旋度的约束。我们先不直接考虑电场强度的旋度，而是介绍一下法拉第电磁感应定律。法拉第电磁感应定律描述了变化的磁场会产生怎样的感应电动势，定量地说，空间中任一环路 L 的感应电动势等于-1 倍的环路磁通量对时间的变化率。任选一个以环路 L 为边界的曲面 S，S 的方向与环路 L 的方向满足右手螺旋关系（参考图 1）。

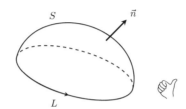

图 1　曲面的方向与曲面边界的方向满足右手螺旋关系

那么环路 L 上的感应电动势为

$$U = -\frac{\mathrm{d}}{\mathrm{d}t}\int_S \vec{B}\cdot\mathrm{d}\vec{S}$$

其中，$\vec{B}$ 是磁感应强度。感应电动势可以看成感应电场强度的环路积分，但是如果将空间中的电场拆分成静电部分和感应部分，那对于求解电磁场相关量将会带来不少麻烦。后面我们会看到，静止点电荷产生的电场强度的环路积分是恒等于零的，因此整个电场强度的环路积分等于感应电场强度的环路积分。进一步地，假如曲面 S 保持不动，那么可以将对磁通量的时间导数移进积分号内成为对磁感应强度的时间偏导数。综合这些分析，可以得到法拉第电磁感应定律的另一种形式：

$$\oint_L \vec{E}\cdot\mathrm{d}\vec{l} = -\int_S \frac{\partial \vec{B}}{\partial t}\cdot\mathrm{d}\vec{S}$$

需要注意的是，前面进行分析时将电场拆分成静电部分和感应部分，在一般的情况下，这样的拆分是不合适的，前面的分析只是一种过渡性的分析。电场作为一个整体受法拉第电磁感应定律所约束，而不需要再分别考虑所谓的"静电部分"和"感应部分"。

怎么将法拉第电磁感应定律与电场强度的旋度建立联系呢？这就需要用到数学上的斯托克斯定理。根据斯托克斯定理，对于环路 L 及它所围的有向曲面 S，光滑矢量场满足

$$\oint_L \vec{F} \cdot \mathrm{d}\vec{l} = \int_S (\vec{\nabla} \times \vec{F}) \cdot \mathrm{d}\vec{S}$$

从这个结果可以知道，为什么静电场强度的环路积分恒为零。首先，直接计算可以证明静止点电荷的电场强度的旋度等于零，而一般的静电场可以看成静止点电荷电场的叠加，从而也保持了旋度为零的特点，于是借助斯托克斯定理可以知道，静电场强度的环路积分等于零。将上式的矢量场公式应用到法拉第电磁感应定律的左边，可以得到

$$\int_S (\vec{\nabla} \times \vec{E}) \cdot \mathrm{d}\vec{S} = -\int_S \frac{\partial \vec{B}}{\partial t} \cdot \mathrm{d}\vec{S}$$

由于环路 L 及它所围的曲面 S 可以任意选取，因此等式两边的被积函数必然相等，所以

$$\vec{\nabla} \times \vec{E} = -\frac{\partial \vec{B}}{\partial t}$$

这可以看作法拉第电磁感应定律的微分形式，同时也是麦克斯韦方程组第二个方程的微分形式，它描述了电场强度的旋度所需要满足的要求。

二、麦克斯韦方程组：磁感应强度的散度和旋度

接下来，我们考虑磁感应强度的散度和旋度。磁感应强度的散度很简单，直接等于零：

$$\vec{\nabla} \cdot \vec{B} = 0$$

这就是麦克斯韦方程组的第三个方程。借助散度定理，我们还可以得到它的积分形式：

$$\oiint_S \vec{B}(\vec{r}) \cdot \mathrm{d}\vec{S} = 0$$

换言之，任一闭曲面的磁通量等于零。如果我们像静电学那样给磁场引入荷的概念，也就是所谓的"磁荷"，并且规定点磁荷产生的磁感应强度与点电荷产生的电场强度类似，那么我们可以立即发现磁感应强度的散度应该正比于磁荷密度，或者闭曲面的磁通量应该正比于闭曲面内部的总磁荷，因此，上述两式都相当于要求磁荷密度恒等于零，也就是人们常说的磁荷不存在。当然，"磁荷不存在"只是麦克斯韦电磁理论里的结论，目前很多大统一模型都预言了磁荷的存在，只是到目前为止科学家们还没有真正找到磁荷存在的证据。如果磁荷被找到，那么作为经典理论的电磁学，只需要在麦克斯韦方程组中加上与磁荷有关的项即可。

物理学家为何确信磁感应强度的散度等于零呢？除了通过实验验证，还可以从理论方面进行分析。在微分形式的法拉第电磁感应定律两边同时求散度，可以得到

$$\vec{\nabla} \cdot (\vec{\nabla} \times \vec{E}) = \vec{\nabla} \cdot \left(-\frac{\partial \vec{B}}{\partial t} \right) = -\frac{\partial}{\partial t} (\vec{\nabla} \cdot \vec{B})$$

上式中的散度算子与时间导数可交换是因为时间坐标与空间坐标是互相独立的，所以它们的偏导数可以交换。根据矢量分析的知识，矢量场取旋度之后再取散度会得到零的结果，将这个结果应用到电场可以得到

$$\vec{\nabla} \cdot (\vec{\nabla} \times \vec{E}) = 0$$

于是我们有

$$\frac{\partial}{\partial t} (\vec{\nabla} \cdot \vec{B}) = 0$$

在下一节中，我们将会介绍稳恒电流所产生的磁感应强度的表达式，并且证明稳恒电流产生的磁感应强度的散度确实等于零，现在先接受这个结论，然后假设现在的磁场在某个时刻以前是由稳恒电流产生的，那么当时的磁感应强度的散度确实恒等于零。在稳恒电流的条件改变之后，磁场经过复杂的演化终于成为此刻的样子，但是根据上式，磁感应强度的散度的时间变化率恒为零，因此此刻的磁感应强度的散度仍保持为零。

上述分析似乎表明可以先验地证明磁感应强度的散度恒为零，从而证明

磁荷不存在。实际上，我们在使用法拉第电磁感应定律时隐含了"磁荷不存在"这一条件，因此后面再得到"磁荷不存在"则相当于循环论证了。为什么说法拉第电磁感应定律隐含了"磁荷不存在"的条件呢？这就需要从麦克斯韦方程组的第四个方程讲起了。

麦克斯韦方程组的第四个方程对磁感应强度的旋度进行了限制：

$$\vec{\nabla} \times \vec{B} = \mu_0 \vec{j} + \mu_0 \varepsilon_0 \frac{\partial \vec{E}}{\partial t} \tag{2}$$

其中，$\vec{j}$ 是电流密度，μ_0 是一个常数，被称为真空磁导率。我们也可以借助斯托克斯定理写出上式的积分形式：

$$\oint_L \vec{B} \cdot \mathrm{d}\vec{l} = \mu_0 \int_S \vec{j} \cdot \mathrm{d}\vec{S} + \mu_0 \varepsilon_0 \frac{\mathrm{d}}{\mathrm{d}t} \int_S \vec{E} \cdot \mathrm{d}\vec{S}$$

式（2）等号右边第一项其实来自安培定律，第二项来自安培–麦克斯韦定律，这两个定律都会在后面的章节中详细讲解。式（2）实际上还隐含了电荷守恒定律，为看出这一点，我们对式（2）等号两边同时求散度，并注意磁感应强度的旋度的散度等于零，于是得到

$$0 = \vec{\nabla} \cdot (\vec{\nabla} \times \vec{B}) = \vec{\nabla} \cdot \left(\mu_0 \vec{j} + \mu_0 \varepsilon_0 \frac{\partial \vec{E}}{\partial t} \right)$$

$$= \mu_0 \vec{\nabla} \cdot \vec{j} + \mu_0 \varepsilon_0 \frac{\partial}{\partial t} (\vec{\nabla} \cdot \vec{E}) = \mu_0 \left(\vec{\nabla} \cdot \vec{j} + \frac{\partial \rho}{\partial t} \right)$$

其中，最后一步推导使用了高斯定理，将电场强度的散度替换成了电荷密度，消掉常数 μ_0 可以得到

$$\vec{\nabla} \cdot \vec{j} = -\frac{\partial \rho}{\partial t}$$

怎么理解这个结果呢？首先，电流及电流密度描述的是电荷的流动，根据数学上的散度定理，电流密度的散度就是在单位时间内流出相应微元的电荷。上式表明单位时间流出的电荷等于微元内电荷的时间变化率的 –1 倍，这正说明电荷的改变只能通过电荷流动来实现，电荷既不能凭空消失，也不能凭空被创造出来，否则上式就不成立了。所以，这个式子描述的正是电荷守恒定律。

我们知道，法拉第电磁感应定律的微分形式为

$$\vec{\nabla} \times \vec{E} = -\frac{\partial \vec{B}}{\partial t}$$

如果引入磁荷，为了保证磁荷守恒，类似于麦克斯韦方程组的第四个方程，上式应该补充与磁荷流密度相关的项。所以说，法拉第电磁感应定律是隐含了"磁荷不存在"这一条件的。

小结
Summary

本节介绍了麦克斯韦方程组的全部四个方程，它们既可以通过积分形式来表示，也可以通过微分形式来表示。麦克斯韦方程组在电磁学中的地位与牛顿定律在力学中的地位一样，被视为公理。微分形式的麦克斯韦方程组总结如下：

$$\vec{\nabla} \cdot \vec{E} = \frac{\rho}{\varepsilon_0}$$

$$\vec{\nabla} \times \vec{E} = -\frac{\partial \vec{B}}{\partial t}$$

$$\vec{\nabla} \cdot \vec{B} = 0$$

$$\vec{\nabla} \times \vec{B} = \mu_0 \vec{j} + \mu_0 \varepsilon_0 \frac{\partial \vec{E}}{\partial t}$$

可以发现，麦克斯韦方程组分别对电场强度和磁感应强度的散度、旋度进行了限制。有读者可能会感到疑惑，电场、磁场是客观存在的，为什么可以说麦克斯韦方程组对电场强度、磁感应强度做出了限制？事实上，麦克斯韦电磁理论是一个公理化的物理理论，其中引入了电场、磁场等矢量场，但是这些矢量场不能任意取值，必须受到特定的限制，麦克斯韦方程组就是对它们的限制。至于现实世界中的电磁场是否真实存在？是否满足麦克斯韦方程组？这些都是实验物理学中的问题。另一方面，为什么只限制电场强度和磁感应强度的散度和旋度就可以了？事实上，数学上有一个被称为亥姆霍兹定理的命题，这个定理说的是，只要给出了一个矢量场的旋度和散度以及矢量场的边界条件，就可以完全把整个矢量场给确定下来，麦克斯韦方程组体现的正是这个数学定理的思想。

稳恒电流产生的磁场怎么求?
——安培环路定理和毕奥–萨伐尔定律[1]

摘要:在本节中,我们将介绍稳恒电流的安培环路定理和毕奥–萨伐尔定律,它们都用于描述稳恒电流产生的磁场所满足的性质,特别地,毕奥–萨伐尔定律允许我们直接从电流分布求出磁感应强度的分布,借助它我们可以证明稳恒电流所产生的磁场满足散度等于零的要求。而安培环路定理允许我们快速求出对称性良好的磁感应强度分布,避免使用毕奥–萨伐尔定律进行繁杂的积分运算。

在前面,我们介绍了作为电动力学公理的麦克斯韦方程组,但是没有详细介绍怎么使用麦克斯韦方程组解决电磁学中的问题。接下来,我们将介绍怎么从麦克斯韦方程组出发,求解稳恒情况下的磁场。

一、安培环路定理和毕奥–萨伐尔定律

我们先来介绍安培环路定理。安培环路定理本质上就是积分形式的麦克斯韦方程组第四个方程在稳恒情况下的形式。根据麦克斯韦方程组的第四个方程,有

$$\oint_L \vec{B} \cdot \mathrm{d}\vec{l} = \mu_0 \int_S \vec{j} \cdot \mathrm{d}\vec{S} + \mu_0 \varepsilon_0 \frac{\mathrm{d}}{\mathrm{d}t} \int_S \vec{E} \cdot \mathrm{d}\vec{S}$$

所谓稳恒情况,就是所有场都不随时间变化,于是对时间的导数等于零,这样上式等号右边第二项就等于零,最后得到

---

1 整理自搜狐视频 App "张朝阳" 账号/作品/物理课栏目中的第 76 期视频,由李松执笔。

$$\oint_L \vec{B} \cdot \mathrm{d}\vec{l} = \mu_0 \int_S \vec{j} \cdot \mathrm{d}\vec{S}$$

上式的物理意义是，磁感应强度在环路上的线积分等于环路所围曲面上的电流密度通量。根据电流密度的定义可以知道，电流密度通量本质上就是流过曲面的电流。正因如此，对于通电导线构成的稳恒电流分布，安培环路定理一般会将其表示为

$$\oint_L \vec{B} \cdot \mathrm{d}\vec{l} = \mu_0 \sum I_{\mathrm{in}}$$

其中，I_{in} 表示穿过环路的线电流，当电流方向与环路方向满足右手螺旋关系时电流取正值，否则电流取负值。在后面可以看到，在特殊情况下，我们可以借助安培环路定理快速求出磁感应强度分布。

对于一般的电流分布，应该怎样求出由它产生的磁感应强度分布呢？这就需要使用毕奥-萨伐尔定律了。假如我们用 $\vec{e}_r$ 表示位矢 $\vec{r}$ 的单位矢量，然后考虑一个位于原点的电流元 $I\mathrm{d}\vec{l}$，那么这个电流元在位置 $\vec{r}$ 处产生的磁感应强度为

$$\mathrm{d}\vec{B} = \frac{\mu_0}{4\pi} \frac{I\mathrm{d}\vec{l} \times \vec{e}_r}{r^2}$$

通过对整个电流环路积分可以得到总的磁感应强度：

$$\vec{B}(\vec{r}) = \frac{\mu_0}{4\pi} \int_L \frac{I\mathrm{d}\vec{l}' \times \vec{e}_{r-r'}}{|\vec{r} - \vec{r}'|^2}$$

其中，$\vec{e}_{r-r'}$ 表示 $(\vec{r} - \vec{r}')$ 的单位矢量。上述两个式子描述的都是稳恒线电流所产生的磁场，都可以被称为毕奥-萨伐尔定律。值得注意的是，$\mathrm{d}\vec{B}$ 的表达式不是唯一的，其各表达式可以相差环路积分恒等于零的项，这样的项不会影响最终的积分结果。

对于一般的电流分布，我们使用的是电流密度而非电流，在这样的情况下，如果在任意位置截取垂直于电流密度 $\vec{j}$ 的面积微元 $\mathrm{d}S$，那么 $I = |\vec{j}|\,\mathrm{d}S$ 正是流过面积微元的电流。接着，在面积微元的位置沿着电流密度方向取一段长度微元 $\mathrm{d}l$，于是此处的电流元为

$$I\mathrm{d}\vec{l} = \vec{j}\mathrm{d}S\mathrm{d}l = \vec{j}\mathrm{d}\tau$$

所以，在使用电流密度的情况下，$\vec{j}\mathrm{d}\tau$ 可作为新的电流元，因此可以用它替换掉毕奥-萨伐尔定律中的 $I\mathrm{d}\vec{l}$。同时，由于电流是分布于整个空间的，总的磁感应强度必然由所有电流元的磁感应强度叠加得到，所以还要将线电

流情况下的线积分改为目前情况下的体积分，最终得到使用电流密度表示的毕奥–萨伐尔定律：

$$\vec{B}(\vec{r}) = \frac{\mu_0}{4\pi} \int_V \mathrm{d}\tau' \frac{\vec{j}(\vec{r}') \times \vec{e}_{r-r'}}{|\vec{r} - \vec{r}'|^2} \tag{1}$$

回忆麦克斯韦方程组的第三、第四个方程，在稳恒情况下为

$$\vec{\nabla} \cdot \vec{B} = 0; \quad \vec{\nabla} \times \vec{B} = \mu_0 \vec{j}$$

上式的第二部分正是安培环路定理的微分形式。这两个等式限制了磁感应强度的散度与旋度，根据上一节我们在小结部分的讨论，使用散度与旋度可以通过亥姆霍兹定理解出磁感应强度，最终的结果正是毕奥–萨伐尔定律，感兴趣的读者可以自行尝试一下。

二、证明稳恒电流的磁场满足磁感应强度的散度为零的要求

在上一节中，我们不加证明地使用了"稳恒电流产生的磁感应强度的散度为零"这样一个结论，现在我们已经学习了毕奥–萨伐尔定律，知道了稳恒电流的磁感应强度表达式，因此我们可以通过直接计算来证明磁感应强度的散度确实等于零。

我们将在最一般的情况下进行证明，因此我们使用电流密度对应的毕奥–萨伐尔定律，也就是式（1）。在式（1）等号两边同时求散度可得

$$\vec{\nabla} \cdot \vec{B} = \frac{\mu_0}{4\pi} \vec{\nabla} \cdot \int_V \mathrm{d}\tau' \frac{\vec{j}(\vec{r}') \times \vec{e}_{r-r'}}{|\vec{r} - \vec{r}'|^2}$$

注意，上式中的散度本质上是对 $\vec{r}$ 各个分量求偏导数，而上式中的积分是对 $\mathrm{d}\tau' = \mathrm{d}x'\mathrm{d}y'\mathrm{d}z'$ 做的，因此散度算子可以移进积分号内，这样就得到

$$\vec{\nabla} \cdot \vec{B} = \frac{\mu_0}{4\pi} \int_V \mathrm{d}\tau' \vec{\nabla} \cdot \left(\frac{\vec{j}(\vec{r}') \times \vec{e}_{r-r'}}{|\vec{r} - \vec{r}'|^2} \right)$$

积分号内被求散度的矢量场由两部分矢量场经过叉乘得到，一部分是电流密度 $\vec{j}(\vec{r}')$，另一部分是 $\vec{e}_{r-r'}/|\vec{r} - \vec{r}'|^2$，因此我们所求的散度形式为 $\vec{\nabla} \cdot (\vec{\alpha} \times \vec{\beta})$。幸运的是，我们知道矢量场叉乘后的散度怎么展开成 $\vec{\nabla}$ 算子并单独作用在各个矢量场的项上：

$$\vec{\nabla} \cdot (\vec{\alpha} \times \vec{\beta}) = \vec{\beta} \cdot (\vec{\nabla} \times \vec{\alpha}) - \vec{\alpha} \cdot (\vec{\nabla} \times \vec{\beta})$$

利用这个结果，可以立即得到

$$\vec{\nabla} \cdot \vec{B} = \frac{\mu_0}{4\pi} \int_V \mathrm{d}\tau' \left[\frac{\vec{e}_{r-r'}}{|\vec{r} - \vec{r}'|^2} \cdot \left(\vec{\nabla} \times \vec{j}(\vec{r}') \right) - \vec{j}(\vec{r}') \cdot \left(\vec{\nabla} \times \frac{\vec{e}_{r-r'}}{|\vec{r} - \vec{r}'|^2} \right) \right]$$

$$= -\frac{\mu_0}{4\pi} \int_V \mathrm{d}\tau' \left[\vec{j}(\vec{r}') \cdot \left(\vec{\nabla} \times \frac{\vec{e}_{r-r'}}{|\vec{r} - \vec{r}'|^2} \right) \right]$$

其中，第二个等号之所以成立是因为电流密度 $\vec{j}(\vec{r}')$ 只是 $\vec{r}'$ 的函数，而旋度算子是对依赖于 $\vec{r}$ 的量进行作用的。

接下来，我们需要求出上式最后一行中大圆括号内的旋度结果。我们单独将其从积分式中拎出来，得到

$$\vec{\nabla} \times \frac{\vec{e}_{r-r'}}{|\vec{r} - \vec{r}'|^2}$$

为了便捷地求出这个矢量场的旋度结果，我们通过平移使得 $\vec{r}'$ 位于坐标原点，这样可以将表达式简化为

$$\vec{\nabla} \times \frac{\vec{e}_r}{r^2}$$

在这里，通过平移来简化表达式之所以可行，主要是因为 $\vec{\nabla}$ 算子本质上是对空间坐标的导数算子。以 $\partial / \partial x$ 为例，对于矢量场

$$\frac{\vec{e}_{r-r'}}{|\vec{r} - \vec{r}'|^2} = \frac{\vec{r} - \vec{r}'}{|\vec{r} - \vec{r}'|^3}$$

无论使用 $\dfrac{\partial}{\partial x}$ 作用还是使用 $\dfrac{\partial}{\partial (x - x')}$ 作用，得到的结果都是一样的。因此，前述通过平移来简化表达式的方法本质上是做了变量变换：$(\vec{r} - \vec{r}') \rightarrow \vec{r}$。

经过平移之后，我们借助直角坐标系来计算旋度：

$$\vec{\nabla} \times \frac{\vec{e}_r}{r^2} = \vec{\nabla} \times \frac{\vec{r}}{r^3} = \begin{vmatrix} \vec{i} & \vec{j} & \vec{k} \\ \dfrac{\partial}{\partial x} & \dfrac{\partial}{\partial y} & \dfrac{\partial}{\partial z} \\ \dfrac{x}{r^3} & \dfrac{y}{r^3} & \dfrac{z}{r^3} \end{vmatrix}$$

我们先计算其中的 x 方向分量：

$$\frac{\partial}{\partial y}\left(\frac{z}{r^3}\right)-\frac{\partial}{\partial z}\left(\frac{y}{r^3}\right)=z\frac{\mathrm{d}}{\mathrm{d}r}\left(\frac{1}{r^3}\right)\frac{\partial r}{\partial y}-y\frac{\mathrm{d}}{\mathrm{d}r}\left(\frac{1}{r^3}\right)\frac{\partial r}{\partial z}$$

$$=\frac{zy}{r}\frac{\mathrm{d}}{\mathrm{d}r}\left(\frac{1}{r^3}\right)\ \frac{yz}{r}\frac{\mathrm{d}}{\mathrm{d}r}\left(\frac{1}{r^3}\right)=0$$

上式的推导过程中使用了求导的链式法则，以及 $\partial r/\partial y=y/r$、$\partial r/\partial z=z/r$。上述结果表明 $\vec{e}_r/r^2$ 的旋度的 x 方向分量等于零。我们也可以经过同样的运算得到该旋度的 y、z 方向分量，它们也等于零。于是可以得到

$$\vec{\nabla}\times\frac{\vec{e}_r}{r^2}=0$$

因此，我们有

$$\vec{\nabla}\times\frac{\vec{e}_{r-r'}}{|\vec{r}-\vec{r}'|^2}=0$$

将其代回前面 $\vec{\nabla}\cdot\vec{B}$ 的积分式子中立即得到

$$\vec{\nabla}\cdot\vec{B}(\vec{r})=0$$

这正是我们前面打算证明的结论。

借助类似的计算方式以及进一步的矢量分析结论，我们甚至可以证明毕奥–萨伐尔定律所表达的磁场确实满足安培环路定理 $\vec{\nabla}\times\vec{B}=\mu_0\vec{j}$，感兴趣的读者可以做一番尝试。综合前面的讨论，可以得到如下的等价关系：

$$\vec{B}(\vec{r})=\frac{\mu_0}{4\pi}\int_V\mathrm{d}r'\frac{\vec{j}(\vec{r}')\times\vec{e}_{r-r'}}{|\vec{r}-\vec{r}'|^2}\quad\Leftrightarrow\quad\begin{cases}\vec{\nabla}\cdot\vec{B}=0;\\\vec{\nabla}\times\vec{B}=\mu_0\vec{j}\end{cases}$$

因此，在 $\vec{\nabla}\cdot\vec{B}=0$ 的条件下，安培环路定理与毕奥–萨伐尔定律只是同一物理性质的不同表现形式。

三、无穷长通电直导线产生的磁感应强度分布

作为安培环路定理与毕奥–萨伐尔定律的应用，接下来我们将使用两种方法求解无穷长通电直导线所产生的磁感应强度分布。

假设整个无穷长直导线被放置在 z 轴上，并通有大小为 I 的电流，电流方向为 z 轴正方向，这就是我们下面要讨论的模型。考虑距离导线为 R 的位

置，该位置上的磁感应强度沿着什么方向？大小是多少？为了回答这两个问题，我们将所考虑的位置设置在 xz 平面上。之所以可以这么做，是因为整个系统具有沿 z 轴的平移不变性。然后，按照图 1 定义好所需的中间变量。

在这个模型中，我们可以使用线电流对应的毕奥–萨伐尔定律，不过，为了展示电流密度的普适性，我们将使用一般情况下的毕奥–萨伐尔定律。由于此模型使用的是线电流，我们需要借助狄拉克函数来表示电流密度：

$$\vec{j}(x,y,z) = I\delta(x)\delta(y)\vec{k}$$

借助狄拉克函数的性质，可以证明上式确实表示 z 轴上的线电流对应的电流密度。将电流密度代入式（1）可以得到

$$\vec{B} = \frac{\mu_0}{4\pi}\int d\tau \frac{\vec{j}\times\vec{e}_r}{r^2} = \frac{\mu_0 I}{4\pi}\int_{-\infty}^{\infty} dz \int_{-\infty}^{\infty} dx \int_{-\infty}^{\infty} dy \frac{\delta(x)\delta(y)\vec{k}\times\vec{e}_r}{r^2} = \frac{\mu_0 I}{4\pi}\int_{-\infty}^{\infty} dz \frac{\vec{k}\times\vec{e}_r}{r^2}$$

从图 1 可以看到，$\vec{k}$ 与 $\vec{e}_r$ 都是平行于纸面的，根据向量叉乘的性质，可以知道 $\vec{k}\times\vec{e}_r$ 的方向是垂直于纸面向内的，因此经过积分得到的磁感应强度必然是垂直纸面向内的。于是，我们求出了磁感应强度的方向。

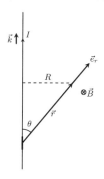

图 1　定义各个中间变量，用于计算无穷长通电直导线的磁感应强度分布

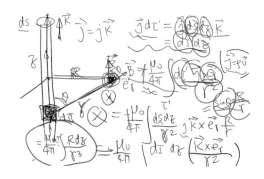

手稿
Manuscript

接下来，我们需要求出磁感应强度的大小。由于无论 z 取什么值，$\vec{k} \times \vec{e}_r$ 都垂直纸面向内，于是可以只考虑被积矢量的大小：

$$B = \frac{\mu_0 I}{4\pi} \int_{\infty}^{\infty} \mathrm{d}z \frac{|\vec{k} \times \vec{e}_r|}{r^2}$$

又因为 $\vec{k}$ 与 $\vec{e}_r$ 都是单位矢量，根据叉乘运算的性质可以知道 $|\vec{k} \times \vec{e}_r| = \sin\theta$。进一步地，通过图 1 所展示的几何关系容易知道，$\sin\theta = R/r$。于是，我们有

$$B = \frac{\mu_0 I}{4\pi} \int_{-\infty}^{\infty} \mathrm{d}z \frac{R}{r^3} = 2 \times \frac{\mu_0 IR}{4\pi} \int_0^{\infty} \mathrm{d}z \frac{1}{(z^2 + R^2)^{3/2}}$$

$$= 2 \times \frac{\mu_0 IR}{4\pi} \times \frac{1}{R^2} \frac{z}{\sqrt{z^2 + R^2}} \Bigg|_0^{+\infty} = \frac{\mu_0 I}{2\pi R}$$

由前面的推导过程可以发现，直接使用毕奥-萨伐尔定律求磁感应强度是比较烦琐的，我们不仅需要处理矢量运算，还不可避免地要面对繁杂的积分运算。由于这个模型具有旋转对称性，因此其实可以断定磁感应强度的分布也具有旋转对称性，使用右手螺旋定则可以知道图 1 所展示的位置的磁感应强度是垂直纸面向内的。在垂直于电流的平面上以电流所在位置为圆心做一个半径为 R 的圆形环路，环路方向与电流方向满足右手螺旋关系。根据这里的分析，可以知道磁感应强度在圆形环路上处处与环路相切，并且环路上的磁感应强度大小处处相等，因此我们有

$$\oint \vec{B} \cdot \mathrm{d}\vec{l} = 2\pi R B$$

另一方面，根据安培环路定理可以得到

$$\oint \vec{B} \cdot \mathrm{d}\vec{l} = \int \mu_0 \vec{j} \cdot \mathrm{d}\vec{S} = \mu_0 I$$

综合这两个结果，可以立即得到

$$B = \frac{\mu_0 I}{2\pi R}$$

这个结果与直接使用毕奥-萨伐尔定律所求结果是一致的，而且使用安培环路定理的方法更加便捷，可以避免烦琐的积分运算，这得益于整个系统具有良好的对称性。

小结
Summary

　　在本节中，我们介绍了安培环路定理的积分形式与微分形式，以及毕奥–萨伐尔定律的多种形式。同时，我们通过直接计算证明了毕奥–萨伐尔定律下的磁感应强度确实满足 $\vec{\nabla} \cdot \vec{B} = 0$ 的条件。经过这一系列分析，我们最终得知在 $\vec{\nabla} \cdot \vec{B} = 0$ 的条件下，安培环路定理与毕奥–萨伐尔定律只是同一物理性质的不同表现形式。最后，我们分别使用毕奥–萨伐尔定律与安培环路定理求解了无穷长通电直导线的磁感应强度分布，这两种方法得到的结果一致，只不过使用安培环路定理的方法避免了繁杂的积分运算。可惜的是，能使用安培环路定理来进行简便求解的情况并不多，而毕奥–萨伐尔定律则适用于求解磁感应强度分布的一般性问题。

无穷大电流板产生的磁场是怎样的？
——继续求解电流的磁场[1]

摘要：在本节中，我们将介绍毕奥-萨伐尔定律和安培环路定理的应用。我们先计算两个稳恒线电流模型的磁感应强度分布，对于这两个模型，既可以使用毕奥-萨伐尔定律来求解，也可以使用安培环路定理来求解，不过我们将使用最快捷的方式来计算。计算完几个线电流模型的磁感应强度分布之后，我们会计算一个面电流模型的磁感应强度分布，对于这个模型，我们将分别使用以上两种方法来求解。

在上一节中，我们介绍了毕奥-萨伐尔定律和安培环路定理，并证明了稳恒电流的磁感应强度的散度为零，最后我们使用毕奥-萨伐尔定律计算了无穷长通电直导线的磁感应强度分布。由于无穷长直线电流的磁场相关计算是非常基础的例子，因此在本节中，我们将对更多的例子展开计算，以此加深大家对毕奥-萨伐尔定律和安培环路定理的理解。

一、各种线电流模型的磁感应强度分布

我们先借助上一节的结果来计算一个简单模型的磁感应强度分布：假如我们有两根平行的无穷长直导线，导线上通有大小相等、方向相反的电流。由于单根导线的磁感应强度分布我们在上一节已经求出，因此借助叠加原理就能得到整个空间上的磁感应强度分布。不过，为了简单起见，我们只考虑那些到两根导线距离都相等的空间点上的磁感应强度。

---

1 整理自搜狐视频 App "张朝阳"账号/作品/物理课栏目中的第 77、78 期视频，由李松执笔。

参考图 1,其中虚线 OO' 表示一个平面,两根直导线分别位于平面 OO' 的上下方,其中平面 OO' 上方的电流方向垂直纸面向外,平面 OO' 下方的电流方向垂直纸面向内,平面 OO' 垂直平分两根直导线的垂直连线,我们需要求出平面 OO' 上的磁感应强度。

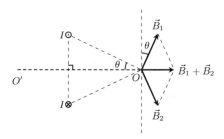

图 1 计算两根无穷长通电直导线其中一个对称面上的磁感应强度分布

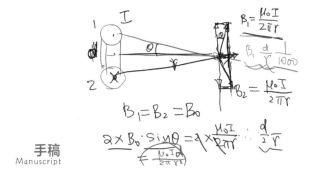

手稿
Manuscript

假设两根无穷长通电直导线的距离为 d ,电流大小为 I ,点 O 到两根导线的距离都为 r ,那么根据上一节的结果,两根导线中的电流在点 O 位置产生的磁感应强度大小相等,为

$$B_0 = \left|\vec{B}_1\right| = \left|\vec{B}_2\right| = \frac{\mu_0 I}{2\pi r}$$

其中, $\vec{B}_1$ 与 $\vec{B}_2$ 的方向可由右手螺旋定则判断,可参见图 1。根据矢量相加的法则可知, $\vec{B}_1$ 与 $\vec{B}_2$ 垂直于平面 OO' 的分量会互相抵消,只留下平行于该平面的分量,总磁感应强度的大小为

$$B = 2 \times B_0 \times \sin\theta = 2 \times \frac{\mu_0 I}{2\pi r} \times \frac{d}{2r} = \frac{\mu_0 I d}{2\pi r^2}$$

该磁感应强度与距离 r 的平方成反比，与单根导线时的与距离 r 成反比的磁感应强度相比，前者具有更快的衰减速度，因此双导线组能够很好地避免电磁辐射，从而有效降低能量的损耗及对其他电子设备的电磁干扰。

接下来，我们介绍无穷长通电螺线管的磁感应强度分布。无穷长通电螺线管可以看成通有环绕电流的导体管。根据右手定则及电流分布绕螺线管轴心的旋转对称性可以知道，磁场的方向只能平行于螺线管的方向，并且磁感应强度大小只与到螺线管轴心的距离有关。由于螺线管的旋转对称性，我们决定使用柱坐标 (r, ϕ, z) 来进行计算，其中将螺线管的中心轴作为 z 轴。根据这里的分析，磁感应强度可以写为

$$\vec{B}(\vec{r}) = B(r)\vec{k}$$

其中，$r = |\vec{r}|$ 表示场点到螺线管轴心的距离，$\vec{k}$ 是 z 轴方向的基矢。由于此时为稳恒情况，因此麦克斯韦方程组中所有对时间的偏导数项都等于零。假如我们用 $\vec{j}$ 表示这里的电流密度分布，那么第四个麦克斯韦方程为

$$\vec{\nabla} \times \vec{B} = \mu_0 \vec{j}$$

在柱坐标下，$\vec{\nabla} \times \vec{B}$ 可以表示为

$$\vec{\nabla} \times \vec{B} = \left(\vec{e}_r \frac{\partial}{\partial r} + \frac{\vec{e}_\phi}{r} \frac{\partial}{\partial \phi} + \vec{k} \frac{\partial}{\partial z} \right) \times \left(B(r)\vec{k} \right)$$

其中，$\vec{\nabla}$ 算子在柱坐标下的表达式可以通过《张朝阳的物理课》第一卷介绍的方法得到。由于柱坐标下的 $\vec{k}$ 是一个常矢量，坐标偏导数对它没有作用，所以可以将 $\vec{k}$ 移到偏导数符号前面。又因为 $B(r)$ 只依赖于 r 坐标，因此只剩下对 r 求偏导数的项。考虑到 $\vec{e}_r \times \vec{k} = -\vec{e}_\phi$，我们得到

$$\vec{\nabla} \times \vec{B} = -\vec{e}_\phi \frac{\partial}{\partial r} B(r) = \mu_0 \vec{j}$$

由于在螺线管外部及螺线管的空腔内部，电流密度都为零，于是由上式可以得到

$$\frac{\partial}{\partial r} B(r) = 0$$

于是，无论在螺线管外部还是在螺线管的空腔内部，磁感应强度都是均匀分布的。

进一步地，由于无穷远处的磁感应强度应该为零，所以可以知道整个外部都是没有磁场分布的。

求出了螺线管外部的磁感应强度分布，那螺线管空腔内部的磁感应强度分布应该怎么求呢？我们可以用安培环路定理来求。为此，我们取如图 2 所示的环路。

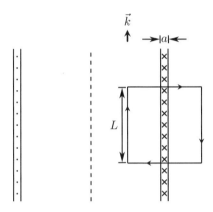

图 2　求螺线管空腔内部的磁感应强度分布所使用的环路

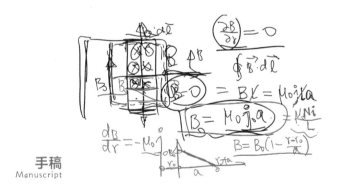

手稿
Manuscript

该环路由四条线段组成，其中两条线段与螺线管垂直，也就是与磁感应强度方向垂直，从而对环路积分不做贡献；一条线段经过螺线管外部，而外部没有磁场；最后一条线段经过螺线管空腔内部，并与磁场方向平行，只有这条线段能够为环路积分提供非零值。设最后这条线段长度为 L，螺线管空腔内部的磁感应强度为 $B\vec{k}$。于是，磁感应强度沿整个环路的积分为 BL。另一方面，设螺线管厚度为 a ，通过的电流密度大小为常数 j_0 ，电流方向如图 2 所示，那么根据安培环路定理，我们有 $BL = \mu_0 j_0 aL$ ，所以

$$B = \mu_0 j_0 a$$

其中， $j_0 a$ 正是螺线管单位长度通过的电流。

至于螺线管通电位置的磁感应强度，根据前面的结果可以知道

$$\frac{\mathrm{d}B(r)}{\mathrm{d}r} = -\mu_0 j_0$$

直接进行积分运算，就可以得到上述方程的解。结合螺线管空腔内部或者螺线管外部的磁感应强度大小，可以把积分常数固定下来，从而得到通电位置上的磁感应强度大小为

$$B = \mu_0 j_0 a \left(1 - \frac{r - r_0}{a} \right)$$

其中， r_0 是螺线管内壁半径。

二、无穷大均匀电流平面的磁感应强度分布

接下来，我们求解一个面电流模型——无穷大均匀电流平面的磁感应强度分布。所谓的无穷大均匀电流平面，其上会流过均匀的电流，电流指向固定的方向。根据整个系统的对称性，容易知道磁感应强度分布最多只与场点到电流平面的距离 R 有关，于是我们接下来要求解的是到电流平面距离为 R 的位置上的磁感应强度。假设电流平面垂直纸面放置，电流方向从纸面内垂直指向纸面外。

接着，如图 3 所示建立平面直角坐标系，其中 y 轴位于电流平面上，与电流方向垂直。 z 轴未在图中画出，它的方向与电流方向相同。对于流过 $y \sim y + \mathrm{d}y$ 的电流，我们可以将其看作无穷长线电流元，假设穿过 y 轴单位长度的电流为 i ，那么前述无穷长线电流元 $\mathrm{d}I = i\mathrm{d}y$ 。根据前面的计算结果，无穷长线电流元 $\mathrm{d}I$ 在距离为 l 的位置上产生的磁感应强度大小为

$$\mathrm{d}B = \frac{\mu_0 \mathrm{d}I}{2\pi l} = \frac{\mu_0}{2\pi} \frac{i}{l} \mathrm{d}y$$

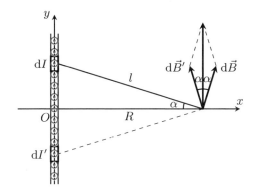

图 3　建立平面直角坐标系求无穷大均匀电流平面的磁感应强度分布

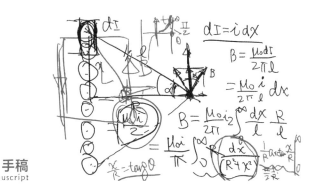

手稿
Manuscript

　　磁感应强度是矢量，若要计算全部电流所产生的总磁感应强度，必须考虑矢量叠加。为了简化运算，我们考虑另一部分线电流元 $\mathrm{d}I'$，它与 $\mathrm{d}I$ 关于 xz 平面对称。容易知道，$\mathrm{d}I'$ 与 $\mathrm{d}I$ 在目标点产生的磁感应强度的水平分量会互相抵消，因此我们只需要考虑竖直分量的叠加即可，换言之，我们只需要考虑平行于电流平面的分量即可。根据几何关系，平行于电流平面的磁感应强度的分量大小等于磁感应强度大小的 R/l 倍，于是总磁感应强度大小为

$$
\begin{aligned}
B &= \frac{\mu_0 i}{2\pi} \times 2 \int_0^\infty \frac{\mathrm{d}y}{l} \frac{R}{l} \\
&= \frac{\mu_0 iR}{\pi} \int_0^\infty \frac{\mathrm{d}y}{R^2 + y^2} \\
&= \frac{\mu_0 iR}{\pi} \frac{1}{R} \arctan \frac{y}{R} \Big|_{y=0}^{y=\infty}
\end{aligned}
$$

　　注意，在 $\theta = 0$ 时，正切函数 $\tan\theta = 0$；在 θ 从零趋向于 $\pi/2$ 时，$\tan\theta$ 趋向于正无穷。因此，反正切函数在自变量等于零时取零，在自变量趋向于正

无穷大时趋向于 $\pi/2$，于是得到

$$B = \frac{\mu_0 i}{2}$$

可见磁感应强度的大小是常数，不依赖于距离 R。对此结果，存在一个定性的理解。无穷长线电流产生的磁感应强度大小与距离成反比，当靠近电流平面时，距离最近的电流产生的磁感应强度相对较强，距离较远的电流产生的磁感应强度经过投影之后相对较小；而当远离电流平面时，距离最近的电流产生的磁感应强度相对较弱，但是由于垂直距离变大，远处的电流对所求位置的投影角度变小了，因此距离较远的电流产生的磁感应强度经过投影之后相对较大，最终磁场叠加之后得到总的磁感应强度大小不随距离 R 而改变。

使用电流元来计算磁感应强度一般都需要处理较为复杂的积分运算，就像上面所展示的那样。不过我们知道，对于这种对称性良好的情况，使用安培环路定理会更方便，所得结果还可以与通过积分运算得到的结果互相印证。

比如，对于目前这个无穷大均匀电流平面模型，根据对称性与右手螺旋定则可以知道，磁感应强度必然平行于电流平面且与电流方向垂直，并且与电流平面对称的两点上的磁感应强度大小相同、方向相反。这样的话，我们可以做一个矩形环路（参考图 4），矩形的一组对边对称地处于电流平面两边且平行于磁场方向，另外两个对边垂直于电流平面。磁感应强度在垂直于电流平面的那组对边上积分为零，在平行于电流平面的那组

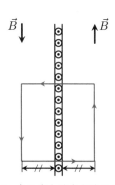

图 4 求无穷大均匀电流平面的磁感应强度分布时所使用的矩形环路

对边上积分为 $2BL$，这里的 L 为这组对边的边长，B 为对边上的磁感应强度大小。然后，容易知道穿过环路的总电流为 iL。根据安培环路定理，有 $2BL = \mu_0 iL$，所以 $B = \mu_0 i/2$，这与前面的积分结果一致。

前面介绍了不少电流模型的磁感应强度分布计算过程，在这里我们鼓励读者尝试使用毕奥－萨伐尔定律求有限粗的导线在通以均匀电流密度为 j_0 的

电流时外部的磁感应强度分布。之所以介绍这样的模型，原因有二：一是，这个模型与前面的模型都不同，是体电流模型，这样可以加强读者对毕奥-萨伐尔定律的熟练掌握程度；二是，这个模型可以使用安培环路定理进行求解，从而能够很方便地知道我们使用毕奥-萨伐尔定律计算得到的结果对不对。为了方便读者验算，下面给出中间步骤中会出现的积分式及最终结果：

$$B = \frac{\mu_0 j_0}{2\pi} \int_0^a r \mathrm{d}r \int_0^{2\pi} \mathrm{d}\theta \frac{R - r\cos\theta}{R^2 + r^2 - 2rR\cos\theta} = \frac{\mu_0 I}{2\pi R}$$

其中，a 是导线半径，R 是所求磁场位置到导线中心的距离，I 是导线总电流。

小结
Summary

在本节中，我们计算了几种稳恒电流情况的磁感应强度分布，我们发现，即使使用毕奥-萨伐尔定律来求解，考虑系统对称性也能大大简化运算。当然，这些情况都是易于计算的，在实际的工程问题中，能笔算的情况简直少之又少，绝大多数情况都需要借助计算机来求解。

电阻的微观起源是怎样的？
——认识平板电容器和电阻[1]

摘要：在本节中，我们将求解无穷大均匀带电平面所产生的电场强度分布，对于这个模型，我们将使用两个方法来求解。第一个方法使用电场的叠加原理，通过对整个平面的电荷进行积分得到最终结果；第二个方法使用高斯定理来求解。在此模型的基础上，我们将会介绍平板电容器的性质。最后，我们将从微观角度解释电阻的起源，分析电阻与哪些量有关。

在前面几节中，我们介绍了不少求解磁感应强度的例子，其中使用了毕奥–萨伐尔定律或者安培环路定理。在本节中，我们将从静磁学回到静电学，计算一下无穷大均匀带电平面的电场强度分布。无穷大均匀带电平面模型虽然很简单，但是对于我们理解电子技术中的电容器非常有帮助。

一、无穷大均匀带电平面上有均匀电场，平板电容器可存储电荷

无穷大均匀带电平面的电场强度分布应该怎么求解呢？静电学里有没有与静磁学对应的"毕奥–萨伐尔定律"或者"安培环路定理"呢？答案是有的。静磁学中的毕奥–萨伐尔定律本质上就是通过对电流元产生的磁感应强度进行积分得到总的磁感应强度，对应到静电学就是对电荷微元的电场强度进行积分得到总的电场强度。以电荷体密度 $\rho(\vec{r})$ 为例，根据库仑定律，电荷微元 $\rho(\vec{r}')\mathrm{d}\tau'$ 在 $\vec{r}$ 处产生的电场强度为

---

1 整理自搜狐视频 App "张朝阳"账号/作品/物理课栏目中的第 78 期视频，由李松执笔。

$$\mathrm{d}\vec{E} = \frac{1}{4\pi\varepsilon_0} \frac{\rho(\vec{r}')\vec{e}_{r-r'}}{|\vec{r}-\vec{r}'|^2} \mathrm{d}\tau'$$

其中，$\vec{e}_{r-r'}$ 表示从 $\vec{r}'$ 指向 $\vec{r}$ 的单位矢量。对上式积分即可得到总的电场强度：

$$\vec{E}(\vec{r}) = \frac{1}{4\pi\varepsilon_0} \int_V \mathrm{d}\tau' \frac{\rho(\vec{r}')\vec{e}_{r-r'}}{|\vec{r}-\vec{r}'|^2}$$

除了可以通过积分得到电场强度，我们也可以像使用安培环路定理求磁感应强度那样使用高斯定理来求电场强度。高斯定理的积分形式为

$$\oiint_S \vec{E} \cdot \mathrm{d}\vec{S} = \frac{Q}{\varepsilon_0}$$

其中，S 为有界闭曲面，Q 是曲面 S 所包围的总电荷。在一些对称性良好的情况下，使用高斯定理可以避免烦琐的积分运算过程，从而大大降低计算难度。高斯定理的威力我们已经在求均匀球壳引力场时体验过了，这种威力同样能迁移到电磁学上。

让我们回到无穷大均匀带电平面。假设这个平面的电荷面密度为 σ，我们来计算距离带电平面为 R 的场点上的电场强度。容易知道，带电平面上与这个场点距离相等的所有电荷微元在这个场点上的电场强度的平行分量会互相抵消，只剩下垂直于带电平面的分量。计算无穷大均匀带电平面的电场强度时定义的各个量如图 1 所示。

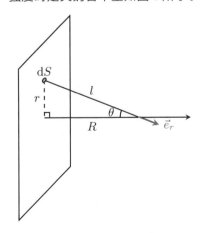

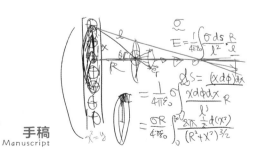

图 1　计算无穷大均匀带电平面的电场
　　强度时定义的各个量

参考图 1，距离场点为 l 的电荷微元 $\sigma \mathrm{d}S$ 所产生的电场强度与带电平面垂直的分量为

$$\mathrm{d}E = \frac{1}{4\pi\varepsilon_0} \cdot \frac{\sigma\mathrm{d}S}{l^2} \cdot \cos\theta = \frac{1}{4\pi\varepsilon_0} \cdot \frac{\sigma\mathrm{d}S}{l^2} \cdot \frac{R}{l} = \frac{1}{4\pi\varepsilon_0} \cdot \frac{R\sigma\mathrm{d}S}{l^3}$$

由于此模型具有旋转对称性，我们以场点到带电平面的垂足为中心在该平面上建立极坐标系，坐标分量为 (r,ϕ)，那么面积微元 $\mathrm{d}S$ 可以写为

$$\mathrm{d}S = r\mathrm{d}r\mathrm{d}\phi$$

借助极坐标下的积分，我们可以得到场点处的总电场强度大小为

$$\begin{aligned}
E &= \frac{1}{4\pi\varepsilon_0} \cdot \sigma \int_0^{2\pi} \mathrm{d}\phi \int_0^\infty \frac{Rr\mathrm{d}r}{l^3} \\
&= \frac{\sigma}{4\pi\varepsilon_0} \cdot 2\pi R \int_0^\infty \frac{r\mathrm{d}r}{(R^2+r^2)^{3/2}} \\
&= \frac{\sigma}{4\pi\varepsilon_0} \cdot 2\pi R \cdot \left(-\frac{1}{\sqrt{R^2+r^2}} \right)\Bigg|_{r=0}^{r=\infty} \\
&= \frac{\sigma}{2\varepsilon_0}
\end{aligned}$$

电场的方向由电荷密度 σ 的符号决定，当 $\sigma > 0$ 时，电场强度是垂直于带电平面指向无穷远的。上式表明无穷大均匀带电平面的电场强度分布与无穷大均匀电流平面的磁感应强度分布类似，都是均匀分布。

下面我们来看看怎么使用高斯定理来求无穷大均匀带电平面的电场强度。首先，根据对称性可以知道电场只能垂直于带电平面——这一点我们在前面已经介绍过了。进一步分析容易知道，带电平面两边的电场方向是相反的，电场强度大小只与场点到带电平面的距离 R 相关。我们取垂直于带电平面指向无穷远的方向为正方向，电场强度为 $E(R)$。由于这里的电场强度只沿一个方向，因此我们不需要使用矢量符号。$E(R) > 0$ 表示电场强度是指向无穷远的，$E(R) < 0$ 表示电场强度是指向带电平面的。

我们取一个柱形闭曲面，其中两个底面分别处在带电平面的两侧，并且都平行于带电平面，到带电平面的距离都为 R，面积都为 A，可参见图 2。我们选取柱形曲面由内到外的方向为曲面方向。由于电场方向垂直于带电平

面，因此电场强度在这个柱形侧面上的积分为零。再根据前面对电场强度大小与方向的分析可以知道，电场强度在两个底面上的积分为 $2AE(R)$。进一步地，柱形曲面所包围的总电荷为 σA，根据高斯定理可得

$$\frac{\sigma A}{\varepsilon_0} = 2AE(R)$$

消掉 A 即可得到

$$E(R) = \frac{\sigma}{2\varepsilon_0}$$

这表明电场强度与场点到带电平面的距离不相关，带电平面两侧的电场强度分布为均匀分布，这与前面通过积分得到的结果一致。

图 2　柱形闭曲面

手稿
Manuscript

我们把问题扩展一下，假如空间中存在不止一个均匀带电平面呢？这时候可以通过叠加原理得到电场强度的分布。比如，对于带等量异号电荷的两个无穷大平行平面，考虑了电场方向之后，可以知道两个平面之间的电场强度大小为

$$E_{\text{in}} = E_+ + E_- = \frac{\sigma}{2\varepsilon_0} + \frac{\sigma}{2\varepsilon_0} = \frac{\sigma}{\varepsilon_0}$$

电场的方向为从正电平面指向负电平面。

另外，两个带电平面之外的电场强度大小为

$$E_{\text{out}} = E_+ + E_- = \frac{\sigma}{2\varepsilon_0} - \frac{\sigma}{2\varepsilon_0} = 0$$

由此可见电场只分布在两个平面之间。

带等量异号电荷的两个无穷大平面可以作为平板电容器的理想模型。平板电容器由靠得很近的两块导体板组成，接上恒定电压之后，由于电荷守恒，两块导体板将会带上等量异号电荷，这两块导体板就是电容器的两个极板。由于电容器两个极板靠得很近，对于两个极板之间的电场强度，我们可以近似地采用前面算出来的结果，于是两个极板之间的电场近似为均匀电场。根据电势与电场强度的关系

$$\vec{E} = -\vec{\nabla}\phi$$

容易知道在平板电容器内有

$$E = -\frac{\mathrm{d}\phi}{\mathrm{d}x}$$

上式选取了从正极板指向负极板的方向为正方向，其中 x 表示到正极板的距离。由于 E 为常数，于是我们得到 $\phi(x) = -Ex + \mathrm{const.}$，这里的 $\mathrm{const.}$ 表示积分常数。

设两个极板的距离为 d，那么两个极板之间的电势差为

$$U = \left|\phi(d) - \phi(0)\right| = Ed$$

再设极板面积为 A，单个极板带电量的绝对值为 Q，那么有

$$U = Ed = \frac{\sigma}{\varepsilon_0}d = \frac{Q}{A} \cdot \frac{d}{\varepsilon_0}$$

所以

$$Q = \frac{A\varepsilon_0}{d}U$$

可见单个极板所带的电荷绝对值正比于电容器的电势差，比例常数只与平板电容器自身参数有关，因此我们定义 $C = A\varepsilon_0 / d$ 为平板电容器的电容，它表示在单位电压下电容器单个极板所存储的电荷。电容的概念并未局限于平板电容器，在工业应用中存在各种各样的电容器，但是不管哪种电容器，电容的物理意义都是类似的。

二、电子运动受阻产生电阻，温度改变影响电子运动

前面介绍了电容器，它是电子技术中的基本元件。相比于电容器，读者更熟悉的应该是电阻器。下面研究一下电阻的微观起源。

电阻是如何形成的呢？导体中的自由电子在一般的情况下就像一团理想气体那样在导体内部自由运动。由于电子的运动方向是随机的，整体表现为没有电流出现。当导体内出现电场（电场强度大小为 E）时，电子"气体"会在电场的作用下整体移动，对外表现为电流的出现。我们忽略电子的热运动速度，那么根据电荷的受力可以知道电子在电场中的加速度 a 满足 $m_e a = eE$，这里的 m_e 是电子质量，e 是电子的电荷，严格来说它应该是一个负值，不过即使取正值也不影响接下来的讨论。我们假设电场是均匀的，因此这里所提到的速度、加速度等矢量都指向同一方向，于是可以按照一维情况来考虑问题，并且略写矢量符号。这样我们得到电子加速度为

$$a = \frac{eE}{m_e}$$

如果电子没有受到阻碍的话，它将会一直加速运动，速度会变得非常大。然而，这是不可能的，电子必然会受到金属原子的散射影响。为简单起见，我们假设电子在碰撞到原子之后速度会降为零。设电子被碰撞的平均时间间隔为 t_0，那么电子平均能达到的最大速度为

$$v_m = a t_0 = \frac{eE}{m_e} t_0$$

所以电子的平均速度为

$$u = \frac{v_m}{2} = \frac{eE t_0}{2 m_e}$$

这个速度也是电子"气体"在电场作用下的整体移动速度。

设金属内的自由电子数密度为 n，那么自由电荷密度为 $\rho = ne$，考虑到电子"气体"的整体速度，可知电流密度为

$$j = \rho u = \frac{n e^2 t_0}{2 m_e} E$$

可见电流密度正比于电场强度，这其实就是欧姆定律的微观形式。

为了得到大家更熟悉的欧姆定律公式，我们取一段金属导线，导线的横截面积为 A，长度为 d，导线两端的电压为 U，电压产生的电场均匀分布在导线内部，电场方向与导线方向平行，电场强度大小为 $E - U / d$，于是可以得到导线的电流大小为

$$I = jA = \frac{nAe^2t_0}{2m_e}E = \frac{nAe^2t_0}{2m_e}\frac{U}{d} = \frac{nAe^2t_0}{2m_ed}U$$

从中解出电压 U 即可得到我们熟悉的欧姆定律公式：

$$U = \left(\frac{d}{A} \cdot \frac{2m_e}{ne^2t_0}\right)I = RI$$

其中，括号中的值被我们记为 R，它就是这根导线的电阻：

$$R = \frac{d}{A} \cdot \frac{2m_e}{ne^2t_0}$$

虽然我们在推导电阻表达式时做了一些假设，忽略了很多因素，但是所得结果能很好地反映电阻的一些特点。比如，导线电阻是正比于导线长度 d、反比于导线横截面积 A 的。

当 n 个电阻串联在一起的时候，则相当于导线长度 d 的值变大了，其他量不变，由于总长度等于各部分长度之和，所以串联等效电阻 R 满足

$$R = R_1 + \cdots + R_n$$

当多个电阻并联在一起的时候，则相当于导线横截面积 A 的值变大了，其他量不变，总面积等于各部分面积之和，所以并联等效电阻 R 满足

$$\frac{1}{R} = \frac{1}{R_1} + \cdots + \frac{1}{R_n}$$

当然，我们在中学的时候学过，对于串联、并联等效电阻，更一般的分析应该通过电路基本定律入手。当 n 个电阻串联在一起时，如果通以恒定电流 I，总电压等于各个电阻的电压之和：

$$U = U_1 + \cdots + U_n$$

串联时流过每个电阻的电流都是相等的，对第 i 个电阻应用欧姆定律可以得到 $U_i = IR_i$，所以

$$U = I \cdot (R_1 + \cdots + R_n)$$

如果我们把这一串电阻等效为一个总电阻 R，它满足欧姆定律 $U = IR$，于是可以得到

$$R = R_1 + \cdots + R_n$$

当 n 个电阻并联在一起时，各个电阻两端的电压都为 U，流过电路的总电流 I 等于流过各个电阻的电流之和：

$$I = I_1 + \cdots + I_n = \frac{U}{R_1} + \cdots + \frac{U}{R_n}$$

假如把这些并联电阻等效为一个总电阻 R，它满足欧姆定律 $I = U/R$，将其代入上式即可得到

$$\frac{1}{R} = \frac{1}{R_1} + \cdots + \frac{1}{R_n}$$

在电阻的微观表达式中，d 与 A 是宏观参数，而电子质量与电子电荷都是物理常数，因此在微观参数中只有 n 与 t_0 这两个能够影响电阻值的参数。设电子受原子碰撞的平均自由程为 l_0，电子平均热运动速率为 v_0，那么 t_0 可以由 l_0/v_0 来近似得到。根据能量均分定理，有

$$\left\langle \frac{1}{2} m_e v^2 \right\rangle = \frac{3}{2} k_B T$$

其中，T 表示导体温度，k_B 是玻尔兹曼常数。于是，我们可以将电子平均热运动速率 v_0 近似为

$$v_0 \approx \sqrt{\frac{3k_B T}{m_e}}$$

将这些量的估计值代入电阻表达式可以得到

$$R \approx \frac{d}{A} \cdot \frac{2m_e}{ne^2} \cdot \frac{v_0}{l_0} = \frac{d}{A} \cdot \frac{2\sqrt{3m_e k_B T}}{ne^2 l_0}$$

如果忽略温度对 n 与 l_0 的影响，可以看到电阻 R 是随温度升高而增大的，这个结果符合大部分电阻的特性。当然，以上只是定性和半定量讨论，实际中 n 与 l_0 会随温度变化，且材料不同，变化规律也不同，最终电阻随温度表现出更为复杂的函数关系。

最后我们简单分析一下电阻在通电时的功率特性。由于电流表示单位时间流过导线的电荷，因此单位时间内下降电势 U 的电荷对外功率为 UI，所以通以电流 I 时电阻的功率为

$$P = UI = RI^2$$

电阻会把这部分电能转化为热能。上式所表达的电阻功率关系常被称为焦耳定律。

小结
Summary

在本节中，我们介绍了无穷大均匀带电平面的电场，并以带等量异号电荷的无穷大平面为模型介绍了平板电容器。一般来说，电容器单个极板存储的电荷正比于电容器的电压，比例常数就是人们常说的电容。然后，我们介绍了电阻的微观起源。总的来说，电阻来源于电子运动时受到的碰撞。我们发现，导线电阻正比于导线长度，反比于导线横截面积，比如长距离输电线具有很大的横截面积，就是因为加大横截面积能够降低电阻。通过对电阻微观表达式的分析，我们还知道了电阻一般会随着温度升高而增大。

极光为什么会出现在地球两极?
——洛伦兹力及其应用[1]

摘要: 在本节中, 我们将介绍带电粒子在磁场中受到的力——洛伦兹力, 以及它的宏观表现, 也就是安培力。借助安培力, 我们将能够理解电动机为什么可以在通电后转起来。同样, 学习了洛伦兹力之后, 我们将能对极光现象做出初步解释, 并且能够明白回旋加速器、质谱仪的物理原理。

我们已经学习了麦克斯韦方程组, 以及在稳恒情况下求解电磁场的方法。不管是一般情况下的麦克斯韦方程组, 还是稳恒情况下的电场强度公式、毕奥-萨伐尔定律, 告诉我们的都是电荷、电流这些电磁学中的源怎么产生场。我们都知道, 场也会对源进行作用, 比如, 点电荷在电场中会受到电场力的作用。因此, 要完整分析一个电磁系统, 我们必须将电场、磁场对电荷、电流的作用考虑进来。电流是由电荷流动所形成的, 因此只需要知道场对电荷的作用即可推出场对电流的作用。我们已经知道电场对电荷的作用, 那么磁场对电荷的作用究竟是怎样的呢? 接下来将会回答这个问题。

一、点电荷受到的洛伦兹力, 电流受到的安培力

其实我们在中学就已经学过点电荷在磁场中受到的力了, 这种力被称为洛伦兹力。假设一个电荷为 q 的带电粒子在磁场中以速度 $\vec{v}$ 运动, 带电粒子所在位置的磁感应强度为 $\vec{B}$, 那么这个带电粒子受到的洛伦兹力为

1　整理自搜狐视频 App "张朝阳" 账号/作品/物理课栏目中的第 77、79 期视频, 由李松、涂凯勋执笔。

$$\vec{F} = q\vec{v} \times \vec{B}$$

如果粒子所在位置同时有电场和磁场，那么它受到的力还需要在上式的基础上加上电场力 $q\vec{E}$，可以得到

$$\vec{F} = q\vec{E} + q\vec{v} \times \vec{B}$$

若要考虑的对象不是一个点电荷，而是具有电荷密度 ρ 的电荷分布，相应的总受力则是各处电荷微元受力之和。比如，对于以速度 $\vec{v}$ 运动的电荷微元 $\mathrm{d}q = \rho \mathrm{d}\tau$，它受到的电磁力为

$$\mathrm{d}\vec{F} = (\mathrm{d}q)\vec{E} + (\mathrm{d}q)\vec{v} \times \vec{B} = (\rho \mathrm{d}\tau)\vec{E} + (\rho \mathrm{d}\tau)\vec{v} \times \vec{B}$$

如果 $\rho \mathrm{d}\tau$ 所在位置没有其他组分的电荷了，那么 $\rho\vec{v}$ 就是该处的电流密度 $\vec{j}$，这样的话，上式可以改写为

$$\frac{\mathrm{d}\vec{F}}{\mathrm{d}\tau} = \rho\vec{E} + \vec{j} \times \vec{B}$$

等号左边的 $\mathrm{d}\vec{F}/\mathrm{d}\tau$ 表示的是单位体积的受力，也就是力密度，可以用 $\vec{f}$ 来表示。如果同一空间位置存在多个电荷组分的话，那么力密度将等于各个电荷组分的力密度之和：

$$\vec{f} = \sum_i \left(\rho_i \vec{E} + \vec{j}_i \times \vec{B} \right) = \rho\vec{E} + \vec{j} \times \vec{B}$$

其中，ρ 和 $\vec{j}$ 分别表示总电荷密度与总电流密度。可见，无论是单电荷组分的情况还是多电荷组分的情况，电磁力密度表达式都是一样的，都由总电荷密度与总电流密度来表示，只不过在多电荷组分时 $\vec{j}$ 不再等于 $\rho\vec{v}$ ——虽然各个电荷组分满足关系 $\vec{j}_i = \rho_i \vec{v}_i$。

现在我们知道了电磁力密度，原则上能够求出任何宏观物体所受的电磁力，那么我们来思考一个简单的问题，一根通电导线受到的电磁力是怎样的呢？设导线的横截面积为 A，我们分析导线的一段微元 $\mathrm{d}\vec{l}$，其长度记为 $\mathrm{d}l$。由于一般的金属中同时存在正电荷与负电荷，因此一般的通电导线都是电中性的，总电荷密度 $\rho = 0$，不受电场力的作用。假设导线内通过的是与导线平行的、均匀的电流密度分布 $\vec{j}$，总电流为 I，那么容易得到

$$I\mathrm{d}\vec{l} = A\vec{j}\mathrm{d}l$$

所以，线电流元 $I\mathrm{d}\vec{l}$ 受到的电磁力为

$$d\vec{F} = (Adl)\vec{j} \times \vec{B} = Id\vec{l} \times \vec{B}$$

线电流受到的电磁力，我们一般称之为安培力。

下面考虑一个简单的情况，假设我们面对的是处于均匀磁场（设磁感应强度为 $\vec{B}$ ）中且长为 L 的直线段电流，它与磁场垂直，那么根据上式容易知道该段电流受到的安培力大小为

$$F = IBL$$

这正是我们在中学时学过的安培力公式。至于安培力的方向，可以由向量叉乘的关系给出，如图 1 所示。

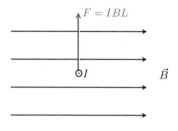

图 1 安培力方向

介绍完洛伦兹力与安培力，我们当然要问，它们有什么应用呢？能解释什么现象吗？对于洛伦兹力的应用与分析，我们后续会讨论，下面介绍一下安培力的应用——电动机。

如图 2 所示，存在恒定且均匀的磁场，方向为从左向右，磁感应强度为 $\vec{B}$ ，一个矩形线圈被放置在均匀磁场内，线圈内通有电流，其中一边的电流垂直纸面向里，对边电流垂直纸面向外，设这两边的导线长度为 L ，距离为 d ，两导线中心的连线与磁场方向的夹角为 θ 。利用安培力公式，可知这两边导线的受力大小都为 $F = BLI$ 。由右手螺旋定则可以判定，电流垂直纸面向里的导线受力向下，而电流垂直纸面向外的导线受力向上。同时，也可以知道，另外两条边受到的洛伦兹力正好经过矩形中心。这四个力的合力为零，但是总力矩不为零，总力矩的方向垂直纸面向外，大小为

$$M = \frac{d}{2}F\cos\theta + \frac{d}{2}F\cos\theta = dBIL\cos\theta = IBA\cos\theta$$

其中， $A = Ld$ 是线圈的面积。正是这个力矩 M 让电动机转动了起来。

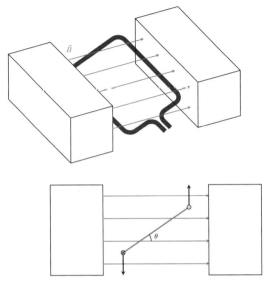

图 2   电动机的简化模型

手稿
Manuscript

当 $\theta = 0$ 的时候，力矩最大，而当线圈旋转到 $\theta = 90°$ 时，力矩为零，此时的位置为线圈的平衡位置，不过由于惯性，线圈会继续旋转下去。在线圈转过该平衡位置后，力矩从零增大，但力矩的方向却与之前的相反，这会阻碍线圈的转动。为了能让力矩始终保持一个方向，工程师们会通过特殊的装置（一般来说是电刷）使得线圈越过平衡位置后电流反向，于是安培力也会反向，这会使得力矩重新变回之前的方向。通过这样的方法，线圈就可以不停地沿着同一方向持续转动，这就是电动机的工作原理，电动机利用安培力将电能转化成机械能。

二、洛伦兹力的应用及对极光为何出现在地球两极的解释

前面介绍到，运动速度为 $\vec{v}$、电荷为 q 的带电粒子在磁场中受到的洛伦兹力为

$$\vec{F} = q\vec{v} \times \vec{B}$$

其中，$\vec{B}$ 为粒子所在位置的磁感应强度。从上式可以看到，洛伦兹力与速度 $\vec{v}$ 垂直，因此洛伦兹力对粒子所做的功恒等于零，所以洛伦兹力不改变粒子的动能，只改变其运动方向。

假如带电粒子在均匀磁场中运动，粒子初始速度与磁场垂直，那么可以证明带电粒子将在洛伦兹力的作用下做圆周运动。承认圆周运动这一点后，设圆周半径为 R，粒子速度大小为 v，那么粒子做圆周运动的加速度大小为 v^2 / R。再设粒子质量为 m，根据牛顿第二定律可以得到

$$\frac{mv^2}{R} = qvB$$

所以带电粒子的圆周轨迹半径满足

$$R = \frac{mv}{qB}$$

根据这个式子，我们能够理解质谱仪的原理。可以看到，半径大小反比于粒子的固有参数 q/m，这个参数被称为粒子的荷质比。不同粒子之间的荷质比一般是不一样的，于是通过测量粒子的荷质比即可有效地识别或者区分粒子。

假设现在有一束由不同带电粒子组成的粒子流，我们借助互相垂直的电场与磁场可以设计出一种只允许特定速度的带电粒子通过的装置，让前述粒子流经过这样的速度筛选器之后，我们就会得到一束由速度几乎一样的带电粒子组成的粒子流。然后我们将这束带电粒子流垂直射入均匀磁场中，根据上式可以知道，不同荷质比的粒子将会做不同半径的圆周运动，于是它们会打在屏幕的不同位置上，通过测量屏幕位置就可以知道粒子的荷质比。这就是质谱仪的原理，质谱仪的结构如图 3 所示，其中的点表示从纸面向外的磁场。

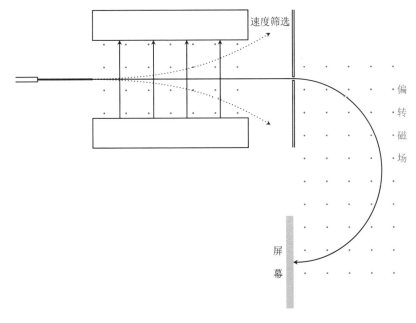

图 3　质谱仪简图

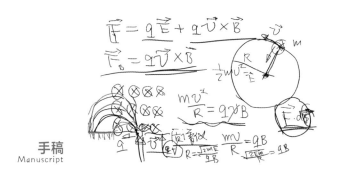

手稿
Manuscript

让我们把思绪放回带电粒子在磁场中的圆周运动上，圆周运动的角频率等于多少呢？这也可以通过前面的式子推导得出，结果为

$$\omega = \frac{v}{R} = \frac{qB}{m} \tag{1}$$

可见，圆周运动的角频率与粒子入射速度的大小无关，而这一点正是回旋加速器的关键，下面我们将介绍洛伦兹力的另一个应用——回旋加速器。

参考图 4，回旋加速器由两个半圆金属盒组成，这两个金属盒之间间隔一小段距离，在金属盒上接上交流电，于是两个金属盒之间会形成交变的电场，而盒子内部则由于金属的屏蔽效应不受电场影响。金属盒被放置在均匀磁场中，盒面与磁场方向垂直。

　　带电粒子以一个很小的初始速度进入其中一个金属盒，然后在磁场的作用下做圆周运动。由于空间限制，带电粒子在运动一个半圆轨迹后就会进入两个金属盒之间的缝隙。如果此时缝隙中的电场刚好能够加速带电粒子，那么带电粒子将会以比之前高的速度入射另一个金属盒。经过一段时间后，带电粒子也会从这个金属盒射出并进入缝隙内，此时粒子在缝隙中的速度方向与它上一次在缝隙中的速度方向相反。如果这时缝隙中的电场方向也改变了，那么带电粒子会继续被加速。如此往复，带电粒子会获得一个很高的速度。

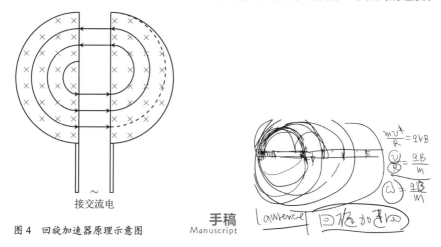

图 4　回旋加速器原理示意图

　　通过上述讨论可以发现，带电粒子被持续加速的关键在于缝隙中的电场能够及时改变方向。如果我们忽略带电粒子在缝隙中花费的时间，根据式（1）可以知道，带电粒子在磁场中做圆周运动的角频率不会随粒子速度而改变，换言之，粒子进入缝隙的频率是固定的！因此，只要给两个半圆金属盒接上的交流电频率等于粒子进入缝隙的频率的一半，再适当调节初始相位，就可以确保缝隙中的电场能够及时改变方向。

　　不过，我们在这里的分析忽略了相对论效应。如果考虑相对论效应，粒子的质量会随着速度变大而变大，于是角频率 ω 也会随之变小，而这会使得固定频率的交流电不再适用。对于这种情况，科学家们会使用同步回旋加速方案。

最后，我们借助洛伦兹力解释一下为什么极光出现在地球的两极。极光之所以出现，是因为来自太阳风的带电粒子接近大气层后激发了空气中的氧原子与氮原子，从而使它们发出极光。那为什么极光只出现在地球两极呢？这主要是地磁场的洛伦兹力在起作用。我们在前面介绍的是带电粒子垂直入射磁场的情况，而对于斜入射的情况，我们可以将粒子的速度分解成两部分，一部分垂直于磁场，另一部分与磁场平行。垂直于磁场的那部分速度会使得带电粒子"绕圈"，而平行于磁场的那部分速度不会带来额外的洛伦兹力，从而使得带电粒子朝磁感线方向运动——将这两个效应叠加在一起，那么带电粒子必然绕着磁感线螺旋前进。

前面的分析是针对均匀磁场的，也就是笔直磁感线的情况。如果磁感线的弯曲程度不是很大，那么磁场对带电粒子的洛伦兹力会使其跟着磁感线一起偏转，最终依然表现为带电粒子绕着磁感线前进。因此，来自太阳风的带电粒子将会绕着地磁场的磁感线运动，最终到达两极，并在两极引发极光现象。

小结
Summary

在本节中，我们学习了洛伦兹力和安培力，其中安培力是洛伦兹力的宏观表现。洛伦兹力可用于区分带电粒子、测量其荷质比，也可用于回旋加速器，极光出现在两极也是洛伦兹力的杰作。另外，安培力则可用于解释电动机的原理。

发电机的物理原理是什么？
——法拉第电磁感应定律与安培–麦克斯韦定律[1]

摘要：在本节中，我们将从发电机开始介绍，并逐步过渡到法拉第电磁感应定律。对于理解发电机，洛伦兹力与法拉第电磁感应定律都是必不可少的。介绍完电磁感应定律之后，我们会通过一个例子简单说明原始的安培环路定理的失效之处，从而引出它在时变情况下的推广——安培–麦克斯韦定律，这将是我们下一节推导电磁波动方程的基础。

在上一节中，我们分析了电动机的原理，可以知道，电动机主要利用了磁场中通电导线受到安培力作用能够转动起来这一原理，而安培力本质上是洛伦兹力的宏观表现。如果我们把整个过程逆向运行，比如，手动让电动机的转子转动起来，那么它能否产生电流呢？下面让我们回答这个问题吧。

一、发电机与法拉第电磁感应定律

在前面提到过，电动机转动的力矩来自运动电荷在磁场中所受到的力。如果我们手动让电动机的线圈转动起来，那此时导线中的自由电子相对于磁场来说是具有速度的，因此必然会受到洛伦兹力的作用。这些洛伦兹力所造成的净效果是怎样的呢？

如图 1 所示，我们使用上一节的电动机模型，但断掉输入的电流，然后手动让线圈转起来。设矩形线圈垂直于纸面的两边的运动速度大小为 v，这

---

1 整理自搜狐视频 App "张朝阳" 账号/作品/物理课栏目中的第 79、80 期视频，由涂凯勋、李松执笔。

两边导线中的电荷将以相同大小的速度相对于磁场运动，设线圈平面与磁场方向的夹角为 θ，那么根据洛伦兹力表达式，这两边导线中的电荷 q 受到的洛伦兹力大小为

$$F = qvB\cos\theta$$

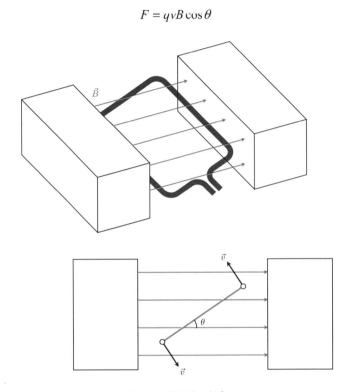

图 1　让线圈转动起来

对于导线中的自由电子，$q < 0$，借助右手定则可以知道，左下方的导线中的电子受到的洛伦兹力沿导线垂直纸面向内，而右上方的导线中的电子受到的洛伦兹力沿导线垂直纸面向外。矩形线圈另外两边导线中的电子的受力与导线垂直，不影响电子沿导线运动。于是，如果线圈是闭合的，线圈中将在上述洛伦兹力作用下产生电流，其中左下方导线中的电流方向为垂直纸面向外，右上方导线中的电流方向为垂直纸面向内。

如果线圈不是闭合的，那么将不会产生持续的单向电流，但是此时导线中的电子会在洛伦兹力的作用下出现一个要运动起来的"趋势"，这个趋势用更专业的术语来表达就是电动势。电动势的精确定义是很复杂的，而且还

依赖于我们选取的路径，不过在大多数情况下，我们可以将电动势理解为单位电荷受到的非静电力场沿路径的积分，它表示的物理意义是，在保持非静电力场固定的情况下，将单位电荷沿着所选路径前进之后，非静电力场对这部分单位电荷所做的功。以我们这里的旋转线圈为例，假设垂直纸面的两边导线长为 L，保持目前的洛伦兹力不变，然后取电荷 q 绕线圈一周，那么前述洛伦兹力"所做的功"的大小为

$$W = 2LqvB\cos\theta$$

为什么保持目前的洛伦兹力不变？这是因为严格意义上的洛伦兹力是不做功的，即使我们取电荷 q 绕线圈一周，该电荷也会因平行于导线方向的速度分量的介入而使洛伦兹力发生变化，最终洛伦兹力肯定垂直于电荷的速度，功率为零，这就是我们要保持目前的洛伦兹力不变的原因。

不过，不管实际情况的电动势定义存在什么疑难问题，我们都可以简单地将发电机理解为电池，而电动势就是这个电池的电压。将上式中的 q 取为单位电荷，我们就得到了电动势大小的表达式：

$$V = 2vBL\cos\theta$$

如上一节，我们将矩形线圈的另一组边的长度记为 d，那么导线的运动速度大小 v 与线圈转动角速度 $\omega = \mathrm{d}\theta/\mathrm{d}t$ 之间的关系为

$$v = \frac{d}{2}\frac{\mathrm{d}\theta}{\mathrm{d}t}$$

于是，我们可以将电动势的公式表达为

$$
\begin{aligned}
V &= 2\cdot\frac{d}{2}\frac{\mathrm{d}\theta}{\mathrm{d}t}\cdot BL\cos\theta \\
&= \frac{\mathrm{d}}{\mathrm{d}t}\big((Ld)B\sin\theta\big) \\
&= \frac{\mathrm{d}}{\mathrm{d}t}\big(AB\sin\theta\big)
\end{aligned}
$$

其中，$A = dL$ 为线圈面积。注意，$\Phi = AB\sin\theta$ 正是线圈的磁通量大小，因此 $V = \mathrm{d}\Phi/\mathrm{d}t$。不过，我们分析了这么久，都只是在分析电动势、磁通量的大小，实际上这些量都可以带有符号。磁通量来源于磁感应强度在曲面上的

积分，它的符号依赖于曲面的方向。根据前面对电动势的定义，电动势依赖
于路径的选择，那必然也依赖于路径的方向——当路径反向时，相应的线积
分也会变成原值的相反数，于是电动势会变号。因此，如果我们要认真考虑
带符号的电动势与带符号的磁通量之间的关系的话，就需要先给对应的曲面
与路径选择具体的方向。比如，在目前的情况下，Φ 是通过线圈的磁通量，
V 是环绕线圈的电动势，我们一般可以任意选定线圈的方向，然后将线圈所
围曲面的方向取为与线圈方向满足右手螺旋关系的方向，如图 2 所示。

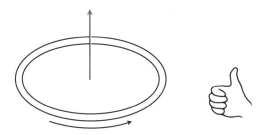

图 2　线圈方向与线圈所围曲面的方向满足右手螺旋定则

考虑了线圈方向与线圈所围曲面的方向之后，电动势与磁通量之间更严
格的表达式可以写为

$$V = -\frac{\mathrm{d}}{\mathrm{d}t}\Phi$$

我们鼓励读者检验一下上式负号出现的原因。

前面讨论的电动势是由于线圈转动（切割磁感线）而产生的，我们称之
为动生电动势。实际上，如果线圈不动，但改变磁场的强度，也可以产生电
动势，这样的电动势我们称之为感生电动势。更重要的是，感生电动势与磁
通量的关系也满足上述公式。电动势与磁通量的关系就是法拉第电磁感应定律。

在感生电动势的情况下，线圈不动，所以电荷速度为零，不会受到磁场
的作用力。然而，电荷仍会因感生电动势的出现而受到力的作用，根据电荷
q 在电磁场中的受力表达式：

$$\vec{F} = q\vec{E} + q\vec{v} \times \vec{B}$$

可以知道电荷受到的力只会来源于电场，在这种情况下，磁通量的变化导致
了电场的出现，我们称之为感生电场，其电场强度也可以用 $\vec{E}$ 来表示，它的

物理意义是单位电荷所受到的电场力。由于电动势等于单位电荷受到的非静电力对环路的积分，因此在感生电动势的情况下我们有

$$V = \oint_l \vec{E} \cdot \mathrm{d}\vec{l}$$

其中，l 是定义电动势 V 时所用的环路。从原始的电动势定义来看，上式中的 $\vec{E}$ 不能包含静电场部分，但是由于我们这里考虑的是环路，而静电场的电场强度的任意环路积分都为零，因此即使 $\vec{E}$ 包含了静电场部分也不影响上式成立。基于这个原因，我们将 $\vec{E}$ 取为总电场强度。假如 S 是 l 所围的一个曲面，将上式与法拉第电磁感应定律结合可以得到

$$\int_l \vec{E} \cdot \mathrm{d}\vec{l} = -\frac{\mathrm{d}\Phi_S}{\mathrm{d}t} = -\frac{\mathrm{d}}{\mathrm{d}t} \iint_S \vec{B} \cdot \mathrm{d}\vec{S} = -\iint_S \frac{\partial \vec{B}}{\partial t} \cdot \mathrm{d}\vec{S}$$

其中，最后一个等号用到了环路 l 与曲面 S 不随时间变化的条件。对上式最左边的环路积分使用斯托克斯定理，可以得到

$$\iint_S (\vec{\nabla} \times \vec{E}) \cdot \mathrm{d}\vec{S} = -\iint_S \frac{\partial \vec{B}}{\partial t} \cdot \mathrm{d}\vec{S}$$

由于曲面 S 是任意的，因此我们有

$$\vec{\nabla} \times \vec{E} = -\frac{\partial \vec{B}}{\partial t}$$

这正是麦克斯韦方程组中关于电场强度的旋度的方程。我们也可以从另一个角度来看，通过这个方程，能推导出感生电动势与磁通量变化的关系，而通过洛伦兹力则能推导出动生电动势与磁通量变化的关系，令人惊讶的是，这两种电动势与磁通量都满足同一关系式，也就是大名鼎鼎的法拉第电磁感应定律。

二、安培-麦克斯韦定律

前面介绍了变化的磁场能够产生电场，那变化的电场呢？

我们考虑图 3 中的模型，电池正在给电容器充电，电容器由两个距离很近、面积非常大的极板构成，极板面积为 A。我们可以不断上调电源的电压以保证导线中的电流恒定。由于电流不随时间变化，所以可以使用安培环路

定理。设恒定的充电电流为 I ，并如图 3 所示选择靠近导线的一个曲面 S_1 ，电流 I 从正向穿过 S_1 ， S_1 的边界是闭合曲线 l 。由安培环路定理可以得到

$$\oint_l \vec{B} \cdot d\vec{l} = \mu_0 I = \mu_0 \iint_{S_1} \vec{j} \cdot d\vec{S}$$

所以，磁感应强度关于环路 l 的积分不等于零。另一方面，如果我们保持环路 l 不变，选取如图 3 所示的曲面 S_2 。 S_2 与导线不相交，如果我们依然使用安培环路定理将会得到零的结果，这与磁感应强度关于环路 l 的积分不等于零这个结论相矛盾。

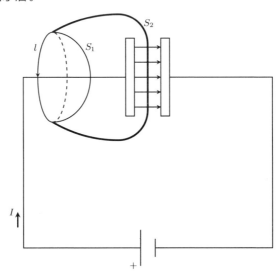

图 3　在给电容器充电的模型中考虑安培环路定理

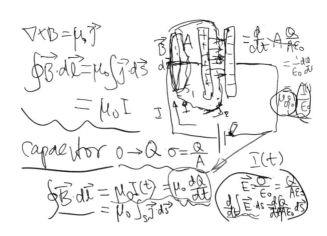

这暗示我们需要修改曲面为 S_2 这种情况下的安培环路定理。这里分析的电路与先前电路最大的不同之处是，该电路在电容内部是断开的，在电容极板间不存在电流，但是其中会由于电荷在两极板上的不断积累而出现不断增大的电场，所以我们可以从电场入手进行分析。设电容器左边极板上的电荷为 Q，那么右边极板上的电荷为 $-Q$，由于极板很大并且距离很近，电容器外部电场强度几乎为零，因此我们可以采用无穷大均匀带电平面的电场强度公式来近似计算电容器内部的电场强度，相应地，两个无穷大均匀带电平面的电荷面密度分别为 Q/A 和 $-Q/A$，最终得到电容器内部电场强度的大小为

$$E = \frac{Q}{\varepsilon_0 A}$$

电场方向为从左向右。

根据电荷守恒定律可知，电荷 Q 与电流 I 的关系为

$$I = \frac{\mathrm{d}Q}{\mathrm{d}t}$$

于是，电场强度关于曲面 S_2 的通量满足如下关系：

$$\frac{\mathrm{d}}{\mathrm{d}t}\iint_{S_2} \vec{E}_2 \cdot \mathrm{d}\vec{S} = \frac{\mathrm{d}}{\mathrm{d}t}\left(\frac{Q}{\varepsilon_0 A} \cdot A\right) = \frac{1}{\varepsilon_0}\frac{\mathrm{d}Q}{\mathrm{d}t} = \frac{I}{\varepsilon_0}$$

由于磁感应强度沿环路 l 的积分等于 $\mu_0 I$，于是可以得到

$$\oint_l \vec{B} \cdot \mathrm{d}\vec{l} = \mu_0 \varepsilon_0 \frac{\mathrm{d}}{\mathrm{d}t}\iint_{S_2} \vec{E} \cdot \mathrm{d}\vec{S} = \mu_0 \varepsilon_0 \iint_{S_2} \frac{\partial \vec{E}}{\partial t} \cdot \mathrm{d}\vec{S}$$

其中，最后一个等号成立是由于曲面 S_2 不随时间改变。上式说明，虽然曲面 S_2 上没有电流，但是可以将 $\varepsilon_0 \partial \vec{E}/\partial t$ 看成某种电流密度，从而得到原来安培环路定理的形式。对于一般的情况，如果曲面 S 上既有电流密度 $\vec{j}$，又有随时间变化的电场，那么磁感应强度在曲面 S 边界 l 上的环路积分满足

$$\oint_l \vec{B} \cdot \mathrm{d}\vec{l} = \mu_0 \iint_S \vec{j} \cdot \mathrm{d}\vec{S} + \mu_0 \varepsilon_0 \iint_S \frac{\partial \vec{E}}{\partial t} \cdot \mathrm{d}\vec{S}$$

这就是安培环路定理在非稳恒情况下的形式，常称为安培－麦克斯韦定律，它的微分形式就是麦克斯韦方程组中的第四个方程。

小结
Summary

在本节中，我们介绍了法拉第电磁感应定律和安培-麦克斯韦定律。在上一节中，我们学习了安培力，它使人们制造出了电动机，把电能转化成机械能，而本节的法拉第电磁感应定律则与之相反，它使人们制造出了发电机，把机械能转化成电能，这对人类文明的发展有着重大意义。将法拉第电磁感应定律和安培-麦克斯韦定律综合在一起来看的话，我们会发现，变化的磁场可以产生电场，而变化的电场也可以产生磁场，这将是我们下一节讨论的电磁波的基础。

电磁波为什么是横波？
——电磁波动方程及其平面波解[1]

摘要：在本节中，我们将借助麦克斯韦方程组（主要是上一节介绍的法拉第电磁感应定律和安培–麦克斯韦定律）来推导电磁波的波动方程，并用电磁学常数来表示光速。有了波动方程之后，我们将能够分析电磁波的解，并处理最简单的一种电磁波——平面电磁波。我们将会发现电磁波的磁场方向与电场方向互相垂直，并且都与传播方向垂直，因此电磁波是一种横波。

在上一节中，我们介绍了法拉第电磁感应定律，知道了变化的磁场可以产生电场，同时也介绍了安培–麦克斯韦定律，知道了变化的电场可以产生磁场。如果我们把这两个定律结合在一起考虑，那么会得到什么有趣的物理现象呢？

一、电磁波的产生与传播速度

假如真空中产生了一簇电场，电场从无到有，那么随时间变化的电场的周围会产生感生磁场，这些磁场的方向一般会垂直于电场方向。由于磁场也是从无到有出现的，这些随时间变化的磁场的周围又会产生新的电场，而新的电场的周围又会产生新的磁场，如此反复不断，那么距离第一簇磁场很远的地方也将能够探测到变化的电磁场，于是原来的一簇电场就以波动的形式传播出去了，这就是电磁波的产生原理。

---

1 整理自搜狐视频 App "张朝阳" 账号/作品/物理课栏目中的第 80、82 期视频，由涂凯勋、李松执笔。

不过，这里的讨论是定性的、表面的，主要的理论问题是，法拉第电磁感应定律与安培-麦克斯韦定律刚提出的时候，感生电场与感生磁场更像一种等效于电场或磁场的东西，它们随时间的变化能不能进一步像电荷电场、电流磁场那样产生新的电磁场呢？以现代电磁学来看，我们不必区分感生电磁场与静电磁场，但是从物理学发展的角度来看，这种看法其实是一种猜想，只能通过实验来验证。幸运的是，麦克斯韦电磁理论经受住了实验的验证。

还有一个问题是，变化的磁场能产生电场，变化的电场也能产生磁场，那么电磁场这种不间断的互相产生会不会只在空间上"原地踏步"，而不会传播出去呢？为了严谨地回答这个问题，我们可以从麦克斯韦方程组出发来推导电磁场是否满足某种波动方程。

既然我们前面的定性分析来源于法拉第电磁感应定律与安培-麦克斯韦定律，那我们就先从这两个定律对应的麦克斯韦方程出发。这两个定律对应的其中两个麦克斯韦方程为

$$\vec{\nabla} \times \vec{E} = -\frac{\partial \vec{B}}{\partial t}$$

$$\vec{\nabla} \times \vec{B} = \mu_0 \vec{j} + \mu_0 \varepsilon_0 \frac{\partial \vec{E}}{\partial t}$$

这两个式子描述的分别是电场强度、磁感应强度的旋度。由于我们讨论的是电磁波在真空中的传播问题，因此可以直接忽略麦克斯韦方程组中的电荷密度与电流密度。通过在上面第一式等号两边做旋度运算可得

$$\vec{\nabla} \times (\vec{\nabla} \times \vec{E}) = -\frac{\partial}{\partial t}(\vec{\nabla} \times \vec{B}) \tag{1}$$

由于 $\vec{\nabla}$ 算子本质上是对空间坐标求偏导数，因此可以与 $\partial / \partial t$ 对易，上式中就交换了 $\vec{\nabla}$ 与 $\partial / \partial t$ 的位置。

在真空中，$\vec{\nabla} \cdot \vec{E} = 0$，根据矢量分析的知识，可以得到

$$\vec{\nabla} \times (\vec{\nabla} \times \vec{E}) = \vec{\nabla}(\vec{\nabla} \cdot \vec{E}) - \vec{\nabla}^2 \vec{E} = -\vec{\nabla}^2 \vec{E}$$

所以式（1）可以改写为

$$\vec{\nabla}^2 \vec{E} = \frac{\partial}{\partial t}(\vec{\nabla} \times \vec{B})$$

这时我们将安培-麦克斯韦定律代入，即可消掉磁感应强度的旋度，剩

下一个只含电场强度的方程（注意，我们考虑的是真空情况，电流密度为零）。为此，我们把磁感应强度的旋度表达式代入上式，可以得到

$$\vec{\nabla}^2 \vec{E} = \mu_0 \varepsilon_0 \frac{\partial^2 \vec{E}}{\partial t^2} \qquad (2)$$

这是一个什么方程呢？回忆一下我们在《张朝阳的物理课》第一卷介绍过的声波波动方程：

$$\frac{\partial^2 f}{\partial t^2} = v^2 \frac{\partial^2 f}{\partial x^2}$$

其中，v 是声速。可以发现，式（2）正是上述波动方程在三维空间下的形式。因此，我们成功利用电生磁、磁生电的思想，以及相应的麦克斯韦方程推导出了电磁波动方程。在真空中，电场强度的每个分量都满足波动方程。同理，我们也可以通过类似的步骤推导出磁感应强度满足的波动方程：

$$\vec{\nabla}^2 \vec{B} = \mu_0 \varepsilon_0 \frac{\partial^2 \vec{B}}{\partial t^2}$$

这些波动方程充分说明了电磁场的"传播"特性，从而说明了电磁波的理论存在性。另一方面，与一维波动方程相比，能够立即得到电磁波的波速为

$$c = \frac{1}{\sqrt{\mu_0 \varepsilon_0}}$$

由于光也是一种电磁波，因此这其实是真空中的光速与电磁学常数之间的关系。真空介电常数 $\varepsilon_0 \approx 8.854 \times 10^{-12} \ \mathrm{A}^2 \cdot \mathrm{s}^2 \cdot \mathrm{N}^{-1} \cdot \mathrm{m}^{-2}$，真空磁导率 $\mu_0 = 4\pi \times 10^{-7} \ \mathrm{N} \cdot \mathrm{A}^{-2}$，将它们代入上式可得

$$\frac{1}{\sqrt{\mu_0 \varepsilon_0}} \approx 2.998 \times 10^8 \ \mathrm{m/s}$$

这与真空中的光速非常接近。

麦克斯韦在前人提出的各种电磁定律的基础上，将电磁理论统一了起来，写出了麦克斯韦方程组并由此推导出电磁波动方程，并指出光就是电磁波。从这个角度来看，麦克斯韦统一的不仅是电磁学，还将光学纳入了电磁学范畴。从电磁波动方程的推导过程可以看到，真空中的光速是固定值，不同参考系下的光速大小相等，这与伽利略速度变换矛盾。为了解决这个问题，

物理学家们主要沿着两条路径前进，第一条路径是提出"以太"理论，认为麦克斯韦方程组只在与"以太"相对静止的时空下才成立；另一条路径是修改牛顿时空观。现在我们知道，第二条路径取得了最终的胜利，牛顿时空观从此让位给了相对论时空观。

二、电磁波动方程的解：平面电磁波

介绍完电磁波动方程的推导，以及光速与电磁学常数的关系之后，我们来求解一下平面电磁波的解，它是波动方程最简单的非平庸解。现实中很多电磁波都可以近似认为是平面电磁波，并且一般的电磁波都可以由平面电磁波叠加获得，因此平面电磁波是波动方程非常重要的解。

设平面电磁波的磁感应强度方向平行于 z 轴正方向。在与 yz 平面平行的任一平面上，磁感应强度的大小都相等，即磁感应强度大小只与坐标 x 有关。于是，磁感应强度可以表示为

$$\vec{B} = B(x,t)\vec{k}$$

我们使用 $\vec{i}$、$\vec{j}$ 与 $\vec{k}$ 来分别表示 x 轴、y 轴与 z 轴的基矢。

由于我们考虑的是真空情况，因此电荷密度与电流密度都是零，麦克斯韦方程组中关于磁感应强度 $\vec{B}$ 的旋度的公式为

$$\vec{\nabla} \times \vec{B} = \mu_0 \varepsilon_0 \frac{\partial \vec{E}}{\partial t}$$

由于磁感应强度 $\vec{B}$ 只有 z 分量不为零，利用旋度的展开式，可以将上式简写成如下形式：

$$\frac{\partial \vec{E}}{\partial t} = \frac{1}{\mu_0 \varepsilon_0} \begin{vmatrix} \vec{i} & \vec{j} & \vec{k} \\ \dfrac{\partial}{\partial x} & \dfrac{\partial}{\partial y} & \dfrac{\partial}{\partial z} \\ 0 & 0 & B(x,t) \end{vmatrix} = -\frac{1}{\mu_0 \varepsilon_0} \frac{\partial B(x,t)}{\partial x} \vec{j}$$

将上式写成分量形式，可以得到

$$\frac{\partial E_y}{\partial t} = -\frac{1}{\mu_0 \varepsilon_0} \frac{\partial B(x,t)}{\partial x}$$

$$\frac{\partial E_x}{\partial t} = \frac{\partial E_z}{\partial t} = 0$$

由于电场强度的 x 分量与 z 分量的时间变化率都为零，这说明电场强度的 x 分量与 z 分量都不参与电磁波的传播，属于静电场。如果我们只考虑电磁波的话，可以直接忽略电场强度的 x 分量与 z 分量，或者等效地，我们设电场强度的 x 分量与 z 分量都为零，于是电场强度只有 y 分量具有非零值。

从 E_y 与 $B(x,t)$ 的关系可以知道，只要求出了 $B(x,t)$，那么我们就能通过对时间积分得到 E_y 对时间、空间的依赖关系。为了求出 $B(x,t)$，我们必须求解磁感应强度的波动方程才行。根据前面介绍的磁感应强度满足的波动方程，我们有

$$\frac{\partial^2 B}{\partial x^2} = \mu_0 \varepsilon_0 \frac{\partial^2 B}{\partial t^2}$$

这个形式的方程我们已经遇到过很多次了，在这里不再重新求解。我们知道，只要适当选取相位起点，其具有特定角频率 ω 的解为

$$B(x,t) = B_0 \cos(\omega t - kx)$$

其中，k 是电磁波的波数，满足

$$\frac{\omega}{k} = \frac{1}{\sqrt{\mu_0 \varepsilon_0}} = c$$

更一般的解可以看成一系列频率的电磁波的叠加，不过，我们这里研究的平面电磁波一般只考虑单一频率成分的情况。

有了磁感应强度 $\vec{B}$ 的表达式，我们就可以导出 E_y 对时间的偏导数了：

$$\frac{\partial E_y}{\partial t} = -\frac{1}{\mu_0 \varepsilon_0} \frac{\partial B(x,t)}{\partial x} = -c\omega B_0 \sin(\omega t - kx)$$

通过对时间积分即可得到 E_y 关于时空坐标的表达式（同样，忽略与时间无关的部分，也就是忽略其中的积分常数）：

$$E_y = cB_0 \cos(\omega t - kx) = cB(x,t)$$

至此，我们完整求解出了在假设条件下的平面电磁波表达式，可以发现电场强度的大小正比于磁感应强度大小，比例常数正好是光速 c。

另一方面，电场部分的相位与磁场部分的相位是相同的，这可能有点出

乎我们基于定性分析的结论。因为根据定性分析，变化的电场产生磁场，变化的磁场产生电场，那么在磁场变化最快的时候电场强度最大，在磁场达到最大的时候电场强度为零，也就是说，电场与磁场之间应该相差 $\pi / 2$ 的相位。为什么这样的分析是不对的呢？这是因为"变化的电场产生磁场，变化的磁场产生电场"这个表述省略了很多信息，实际上应该是"变化的电场改变磁感应强度的旋度，变化的磁场改变电场强度的旋度"，而旋度公式中含有对空间坐标的偏导数，这样的话，一边是对时间的偏导数，一边是对空间的偏导数，那电场与磁场具有相同的相位也就不足为奇了。

从我们得到的结果来看，电磁波沿着 x 轴正方向传播，这个方向正是 $\vec{E} \times \vec{B}$ 的方向，于是电场、磁场都与传播方向垂直，因此平面电磁波是横波，如图 1 所示。不过，我们在这里只研究了一种简单的电磁波，而实际上电磁波是横波这个结论是普遍成立的。

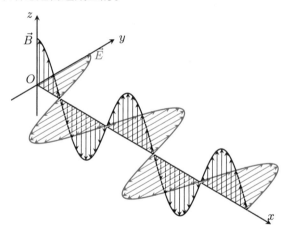

图 1　本节求解的平面电磁波示意图

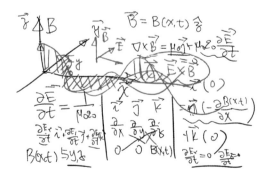

手稿
Manuscript

小结
Summary

在本节中，我们推导了电磁波动方程，得到了光速的表达式，同时也求解了平面电磁波的解，证明了平面电磁波是横波。当然了，我们在这里求解的平面电磁波只是平面电磁波的一个特殊情况，一般的平面电磁波的电场、磁场部分不一定只指向同一个方向，而是在传播过程中不断改变。无论如何，我们在本节得到的大部分结论都适用于一般的平面电磁波。

可以给磁场定义一个矢量势场？
——稳恒电磁场的标量势与矢量势[1]

摘要：在本节中，我们将介绍如何从电势的泊松方程出发推导出点电荷的电势表达式，并通过电势的叠加得到一般电荷分布的电势表达式。这个过程与我们在求解引力势时的方法相似。接着，我们将引入矢量势的概念来研究稳恒磁场，并利用矢量势满足的方程来推导出磁矢势的表达式，从而证明毕奥-萨伐尔定律。

在前几节中，我们从麦克斯韦方程组这个"中心广场"出发逐步介绍了各个方程，并讨论了如何求解稳恒电场和稳恒磁场。直到上一节，我们才真正解决了非稳恒情况下的电磁场问题，具体地是平面电磁波。我们发现随时间变化的电磁场能够向外传播，电场和磁场相互感应，导致感生电磁场的占比大于静电磁场。因此，借助库仑定律和毕奥-萨伐尔定律来求解电磁场的方法不再适用。如果我们要解决更复杂的时变电磁场问题，就必须回到麦克斯韦方程组。

然而，通过引入一些中间变量，我们能够大大降低求解麦克斯韦方程组的复杂度。为了使读者对这些新的中间变量不感到陌生，本节仍然从稳恒情况出发介绍，并在下一节中讨论一般情况下的相关内容。

一、稳恒情况下的电势

在前面介绍引力场时，我们引入了引力势的概念，即引力场等于引力势

---

1 整理自搜狐视频 App "张朝阳"账号/作品/物理课栏目中的第 82、83 期视频，由涂凯勋、李松执笔。

的负梯度。由于梯度的旋度等于零，因此旋度为零是势场存在的必要条件；如果我们仅考虑整个三维空间的情况，那么从数学上可以证明，矢量场旋度为零也是标量势场存在的充分条件。

根据麦克斯韦方程组，在稳恒情况下，电场的旋度为零，即

$$\vec{\nabla} \times \vec{E} = -\frac{\partial \vec{B}}{\partial t} = \vec{0}$$

可见，在稳恒情况下存在电场的标量势，我们称之为电势，常用符号 ϕ 表示，它满足

$$\vec{\nabla} \phi = -\vec{E}$$

考虑到 $\vec{\nabla} \cdot \vec{E} = \rho / \varepsilon_0$，其中 ρ 为电荷密度，因此有

$$\vec{\nabla}^2 \phi = -\frac{\rho}{\varepsilon_0}$$

这就是电势所满足的方程，它与引力势所满足的方程形式相同，同样被称为泊松方程。

在求解一般的电荷分布的电势之前，我们先考虑一个特殊但重要的情况，即点电荷的情况。电荷量为 q 的点电荷的电荷密度可以用狄拉克函数表示

$$\rho(\vec{r}) = q\delta(\vec{r})$$

因此点电荷情况下的泊松方程为

$$\vec{\nabla}^2 \phi = -\frac{q}{\varepsilon_0}\delta(\vec{r})$$

因为 $\delta(\vec{r})$ 只在 $\vec{r} = 0$ 处不为零，其他情况都为零，因此，如果我们先考虑除了原点之外的其他位置，那么上述泊松方程将变得非常简单：

$$\vec{\nabla}^2 \phi = 0$$

回忆我们以前处理问题的做法，利用系统具有的对称性可以大大简化问题的求解过程。在当前情况下，电荷是关于坐标原点呈球对称分布的，因此电势 ϕ 也应该是球对称函数。如果采用球坐标 (r, θ, φ)，那么电势将与 θ、φ 无关，所以电势可以表示为 $\phi(r)$ 的形式。利用球坐标下的拉普拉斯算子，我们得到此时的泊松方程为

$$\frac{1}{r^2}\frac{\mathrm{d}}{\mathrm{d}r}\left(r^2\frac{\mathrm{d}}{\mathrm{d}r}\phi\right) = 0$$

我们在求解球壳的引力势场时介绍过这个方程，按照当时的处理方法，如果定义一个新的函数 $\psi = r\phi$，那么 ψ 将满足

$$\frac{\mathrm{d}^2\psi}{\mathrm{d}r^2} = 0$$

通过简单的积分即可求解出这个方程的解为

$$\psi = a + br$$

式中，a 与 b 是积分常数。由此，我们可以得到电势的表达式为

$$\phi(r) = \frac{\psi(r)}{r} = b + \frac{a}{r}$$

注意到电势的定义可以相差一个常数，因此我们可以随意选择势能零点。一般来说，我们都会选择无穷远处为势能零点，这样可以得到常数项 $b = 0$，此时电势化简为

$$\phi = \frac{a}{r}$$

现在只剩下 a 的值需要进一步确定。到目前为止，我们计算的都是原点之外的电势，还没有考虑原点上的点电荷。在原点处的电荷密度为无穷大，而常规微分并不能处理这种情况，那么我们该如何处理呢？事实上，由于狄拉克函数只有在被积分时才有确切的意义，这提示我们可以考虑在原点邻域内进行积分来避免无穷大问题。为此，我们在原点选择一个半径为 R 的球体区域 V，其边界面是球面 S，方向向外。我们在 V 上对 $\vec{\nabla}^2\phi$ 进行体积分，由散度定理可得

$$\int_V \vec{\nabla}^2\phi \mathrm{d}V = \oint_S \vec{\nabla}\phi \cdot \mathrm{d}\vec{S}$$

将前面得到的电势表达式代入，我们得到

$$\int_V \vec{\nabla}^2\phi \mathrm{d}V = \oint_S -\frac{a}{R^2}\vec{e}_r \cdot \mathrm{d}\vec{S} = -4\pi R^2 \frac{a}{R^2} = -4\pi a$$

回到我们得到的关于点电荷的泊松方程，将其代入上式有

$$-4\pi a = \int_V \vec{\nabla}^2\phi \mathrm{d}V = -\frac{q}{\varepsilon_0}\int_V \delta(\vec{r})\mathrm{d}V = -\frac{q}{\varepsilon_0}$$

也就是说 $a = q/(4\pi\varepsilon_0)$，将其代入 $\phi = a/r$ 中，得到点电荷 q 产生的电势为

$$\phi = \frac{q}{4\pi\varepsilon_0}\frac{1}{r}$$

根据电势与电场的关系，我们直接计算梯度可求得点电荷对应的电场为

$$\vec{E} = -\vec{\nabla}\phi = \frac{q}{4\pi\varepsilon_0}\frac{1}{r^2}\vec{e}_r \tag{1}$$

这正是库仑定律的直接结果。

对于连续分布的电荷，我们只需要利用叠加原理对电荷密度进行积分即可，比如对于分布在区域 V 内的电荷密度 $\rho(\vec{r})$，它的电势为

$$\phi(\vec{r}) = \frac{1}{4\pi\varepsilon_0}\int_V \frac{\rho(\vec{r}')}{|\vec{r} - \vec{r}'|}\mathrm{d}V'$$

二、稳恒情况下的磁矢势

既然稳恒电场能引入势的概念，那么稳恒磁场呢？我们知道，在稳恒情况下磁感应强度的旋度为

$$\vec{\nabla}\times\vec{B} = \mu_0\vec{j}$$

可见，在电流密度不为零的情况下，不可能存在一个标量势使得 $\vec{B}$ 是它的负梯度。不过，由于 $\vec{\nabla}\cdot\vec{B} = 0$，再考虑到任意矢量场旋度的散度都为零，那么是否存在一个矢量场使得 $\vec{B}$ 等于它的旋度呢？幸运的是，数学上可以证明确实存在一个矢量场 $\vec{A}$，使得

$$\vec{B} = \vec{\nabla}\times\vec{A}$$

成立，其中的 $\vec{A}$ 被称为磁矢势，有时也被称为磁场的矢量势。

磁矢势的选取并不是唯一的。给定一个磁矢势，我们可以将其加上一个标量场 λ 的梯度 $\vec{\nabla}\lambda$ 来得到一个新的磁矢势，这样得到的矢量场与原磁矢势具有相同的旋度，因此它们可以表示同一个磁感应强度 $\vec{B}$ 的矢量势。反之，如果两个磁矢势对应同一个磁场，那么这两个磁矢势的差是一个旋度为零的矢量场，从而可以表示为一个标量场的梯度。因此，在稳恒的情况下，两个

磁矢势是等价的，当且仅当它们相差一个标量场的梯度。

对于磁矢势 $\vec{A}$，如果我们求解泊松方程

$$\vec{\nabla}^2 \lambda = -\vec{\nabla} \cdot \vec{A}$$

得到标量场 λ，那么新的磁矢势 $\vec{A}' = \vec{A} + \vec{\nabla}\lambda$ 将满足

$$\vec{\nabla} \cdot \vec{A}' = \vec{\nabla} \cdot \vec{A} + \vec{\nabla}^2 \lambda = \vec{\nabla} \cdot \vec{A} - \vec{\nabla} \cdot \vec{A} = 0$$

可见，总可以借助特殊的标量场 λ 将磁矢势变成散度为零的磁矢势。我们把磁矢势散度为零的要求称为库仑规范。在库仑规范下，磁感应强度的旋度可以由磁矢势表示为

$$\vec{\nabla} \times \vec{B} = \vec{\nabla} \times (\vec{\nabla} \times \vec{A}) = \vec{\nabla}(\vec{\nabla} \cdot \vec{A}) - \vec{\nabla}^2 \vec{A} = -\vec{\nabla}^2 \vec{A}$$

考虑到稳恒情况下 $\vec{\nabla} \times \vec{B} = \mu_0 \vec{j}$，我们得到

$$\vec{\nabla}^2 \vec{A} = -\mu_0 \vec{j}$$

这很像是泊松方程。为了更直接地展示它与泊松方程的联系，我们写成直角坐标的分量形式：

$$\vec{\nabla}^2 A_x = -\mu_0 j_x$$
$$\vec{\nabla}^2 A_y = -\mu_0 j_y$$
$$\vec{\nabla}^2 A_z = -\mu_0 j_z$$

可以看到，以上三个方程都是泊松方程。我们在前面介绍了电势泊松方程的解，或许我们可以借助其结果来得到磁矢势的解。电势的泊松方程为

$$\vec{\nabla}^2 \phi = -\frac{\rho}{\varepsilon_0}$$

只需将上式的 ε_0 换成 $1/\mu_0$，将 ρ 换成对应的电流密度分量，我们就能得到对应磁矢势分量的泊松方程。电势泊松方程的解可以表示为

$$\phi(\vec{r}) = \frac{1}{4\pi\varepsilon_0} \int_V \frac{\rho(\vec{r}')}{|\vec{r} - \vec{r}'|} \mathrm{d}V'$$

由此我们立即得到 A_x 的解：

$$A_x(\vec{r}) = \frac{1}{4\pi \dfrac{1}{\mu_0}} \int_V \frac{j_x(\vec{r}')}{|\vec{r}-\vec{r}'|} \mathrm{d}V' = \frac{\mu_0}{4\pi} \int_V \frac{j_x(\vec{r}')}{|\vec{r}-\vec{r}'|} \mathrm{d}V'$$

其他两个分量的解可以用类似的方法写出来。将三个分量的解合并在一起，我们会得到

$$\vec{A}(\vec{r}) = \frac{\mu_0}{4\pi} \int_V \frac{\vec{j}(\vec{r}')}{|\vec{r}-\vec{r}'|} \mathrm{d}V'$$

有了磁矢势 $\vec{A}$ 关于电流密度 $\vec{j}$ 的表达式，我们就可以求出磁感应强度 $\vec{B}$ 关于电流密度的表达式了。如果毕奥-萨法尔定律符合麦克斯韦方程组，则通过 $\vec{A}(\vec{r})$ 求出的磁感应强度必然是与毕奥-萨法尔定律相符的。为了验证这一点，我们对磁矢势求旋度，可得

$$\begin{aligned}
\vec{B}(\vec{r}) &= \vec{\nabla} \times \vec{A}(\vec{r}) \\
&= \frac{\mu_0}{4\pi} \int_V \left(\vec{\nabla} \times \frac{\vec{j}(\vec{r}')}{|\vec{r}-\vec{r}'|} \right) \mathrm{d}V' \qquad (2) \\
&= \frac{\mu_0}{4\pi} \int_V \left(\frac{1}{|\vec{r}-\vec{r}'|} \vec{\nabla} \times \vec{j}(\vec{r}') - \vec{j}(\vec{r}') \times \vec{\nabla} \frac{1}{|\vec{r}-\vec{r}'|} \right) \mathrm{d}V'
\end{aligned}$$

此处用到了矢量分析公式 $\vec{\nabla} \times (f\vec{a}) = f\vec{\nabla} \times \vec{a} + \vec{\nabla}f \times \vec{a}$。上式第二步是因为 $\vec{\nabla}$ 只作用在 $\vec{r}$ 上，而积分是对 $\vec{r}'$ 进行的，因此 $\vec{\nabla}$ 可以与积分运算交换顺序。基于同样的理由，$\vec{\nabla}$ 只作用在 $\vec{r}$ 上，而 $\vec{j}(\vec{r}')$ 只依赖于 $\vec{r}'$，因此有 $\vec{\nabla} \times \vec{j}(\vec{r}') = 0$，即上式最后一行大括号中电流密度的旋度项为零。

为了化简上式最后一行大括号中的第二项，我们先考虑点电荷电势与其电场的关系。位于 $\vec{r}'$ 处的点电荷 q 在 $\vec{r}$ 处产生的电势为

$$\phi(\vec{r}) = \frac{kq}{|\vec{r}-\vec{r}'|}$$

式中，$k = 1/(4\pi\varepsilon_0)$ 为静电常数。该点电荷在 $\vec{r}$ 处的电场可由库仑定律得到

$$\vec{E}(\vec{r}) = \frac{kq\vec{e}_{r-r'}}{|\vec{r}-\vec{r}'|^2}$$

式中，$\vec{e}_{r-r'}$ 是从 $\vec{r}'$ 指向 $\vec{r}$ 的单位矢量。又因为 $\vec{E} = -\vec{\nabla}\phi$，所以有

$$\frac{kq\vec{e}_{r-r'}}{|\vec{r}-\vec{r}'|^2} = -\vec{\nabla}\left(\frac{kq}{|\vec{r}-\vec{r}'|} \right)$$

在上式两边同除以一个常数 kq ，即可得到

$$\vec{\nabla} \frac{1}{|\vec{r} - \vec{r}'|} = -\frac{\vec{e}_{r-r'}}{|\vec{r} - \vec{r}'|^2}$$

当然，读者也可以通过直接求偏导数得到同样的结果，就如同我们得到式（1）的结果一样。

将上式代入式（2）最后一行大括号中的第二项（根据前文的分析，第一项为零），可以得到磁感应强度为

$$\vec{B}(\vec{r}) = \frac{\mu_0}{4\pi} \int_V \left[-\vec{j}(\vec{r}') \times \left(-\frac{\vec{e}_{r-r'}}{|\vec{r} - \vec{r}'|^2} \right) \right] dV' = \frac{\mu_0}{4\pi} \int_V \frac{\vec{j}(\vec{r}') \times \vec{e}_{r-r'}}{|\vec{r} - \vec{r}'|^2} dV'$$

这个结果正是毕奥-萨伐尔定律，这说明毕奥-萨伐尔定律确实是静态麦克斯韦方程组关于磁感应强度的解。

另一方面，通过引入"势"的概念，我们大大简化了稳恒情况麦克斯韦方程组的求解过程。如果直接求解麦克斯韦方程组，我们不仅要处理电场的三个分量，还要处理磁感应强度的旋度，并且要将 $\vec{\nabla} \times \vec{E} = 0$ 与 $\vec{\nabla} \cdot \vec{B} = 0$ 分别看作电场与磁场的约束条件，这无疑会加大求解方程的难度。如果引入了标量势与矢量势，那么 $\vec{\nabla} \times \vec{E} = 0$ 与 $\vec{\nabla} \cdot \vec{B} = 0$ 将会自动得到满足，同时也将三个分量的电场作为一个分量的电势来处理了，从而极大简化了求解过程。

小结
Summary

在本节中，我们介绍了电势和磁矢势，并通过求解泊松方程获得了稳恒情况下的表达式。然后，我们通过磁矢势关于电流密度的表达式成功推导出了磁感应强度关于电流密度的表达式，从而证明了毕奥-萨伐尔定律。这一定律之前只作为一个经验定律引入，而现在我们通过电势和磁矢势的分析得到了其数学表达式。电势和磁矢势的作用远不止于此，在后面的章节中，我们将看到它们在求解时变电磁场时起到的关键作用。

一般情况下的磁矢势是怎样的？
——电磁势的推迟势解[1]

摘要：在本节中，我们将介绍一般情况下标量势和矢量势的定义，这两个势统称为电磁势。我们主要着眼于寻找电场和磁场中的无旋和无散部分，只有这样才能定义它们的标量势或矢量势。一旦我们得到了电磁势的定义，我们将使用电磁势的方程等效地表示麦克斯韦方程组，并求解这些方程，以得到电磁势的解。在这个过程中，我们将深入理解电磁学中的"分层理念"，同时学习电磁势的规范条件，这表明电磁势比我们之前所遇到的势要更加复杂。

在上一节，我们介绍了电势和磁矢势在静态情况下的概念以及求解方法，并通过磁矢势的表达式证明了毕奥-萨伐尔定律。这表明引入势场的概念对于解决电磁学问题非常有帮助。那么，电势和磁矢势的概念能够推广到非稳态情况吗？答案是肯定的，让我们来好好探索一番吧！

一、电磁学中的分层理念

在讨论电磁势的一般定义之前，让我们先根据上一节的知识来介绍与电磁势相关的"分层理念"。电磁学量可以类比为三个层次，如图 1 所示，第一层是电势和磁矢势，它们是最基本的势量。第二层是电磁场，由第一层的量进行时空偏导得到，在稳恒的情况下，这些时空偏导主要是旋度和散度。

---

1 整理自搜狐视频 App "张朝阳"账号/作品/物理课栏目中的第 83 期视频，由涂凯勋、李松执笔。

第三层的物理量则是对第二层的量进行时空偏导得到的。第二层的电磁场是实际可观测量，而第三层的量则直接与电荷、电流等源联系在一起。

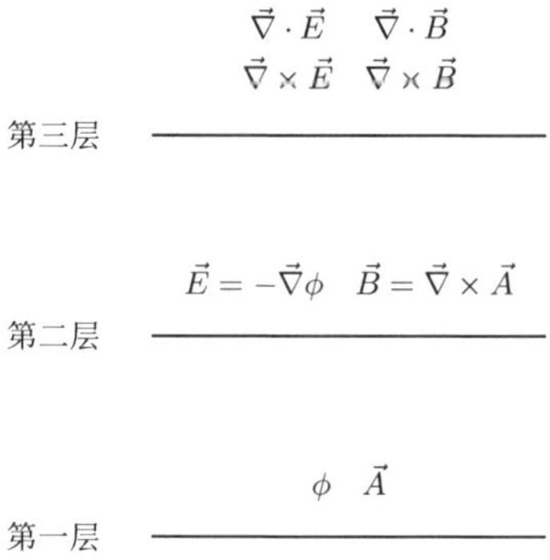

$$\vec{\nabla} \cdot \vec{E} \quad \vec{\nabla} \cdot \vec{B}$$
$$\vec{\nabla} \times \vec{E} \quad \vec{\nabla} \times \vec{B}$$

第三层 ————————————————

$$\vec{E} = -\vec{\nabla}\phi \quad \vec{B} = \vec{\nabla} \times \vec{A}$$

第二层 ————————————————

$$\phi \quad \vec{A}$$

第一层 ————————————————

图 1　电磁学中的分层理念

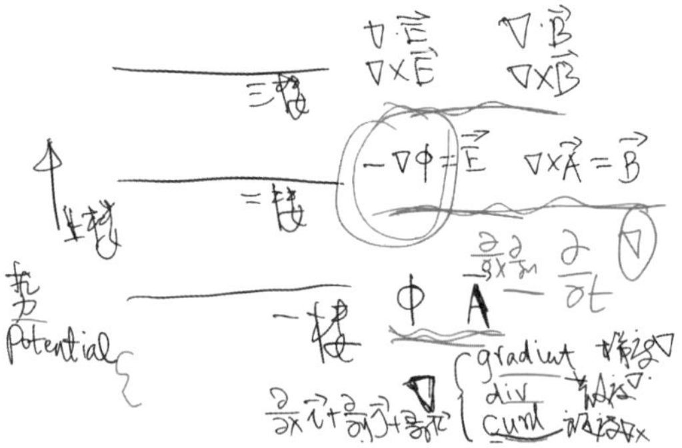

手稿
Manuscript

　　处于第一层的电磁势的分量数量少于第二层的电磁场分量数量，并且通过电磁势可以导出第二层和第三层的物理量。因此，借助第一层的物理量来描述电磁学是非常方便的。

　　虽然电磁场的麦克斯韦方程组是在第二层和第三层的层面上推导出来的，但是如果我们使用第一层的电磁势来重新表述麦克斯韦方程组，可以得到更加简捷、紧凑的方程。事实上，通过电磁势的表示，我们甚至可以直接看出电磁理论具有的洛伦兹协变性。

　　即使由电场和磁场表述的麦克斯韦方程组已经是完备的，但我们仍然有必要从另一个角度来审视电磁理论。电磁势为我们提供了一种新的视角，通过这个视角，我们能够深刻地体会电磁学的简洁和优美之处。

二、一般情况下的电磁势及其满足的方程

或许有人会提出这样的观点：既然我们已经求解了静态情况下的电场和磁场表达式，那么只需将静态解中的电荷密度和电流密度替换为时间依赖的电荷密度和电流密度，问题就解决了。然而，实际情况并非如此简单。在上一节处理稳恒问题时，我们没有考虑到"电生磁"和"磁生电"的效应。直接修改静态解中的电荷密度和电流密度相当于忽略了电磁互生的影响。为了完整地解决一般情况下的问题，我们需要回到电磁势的一般定义上。

首先，麦克斯韦方程组中关于磁场散度的方程，在动态和静态情况下都是 $\vec{\nabla} \cdot \vec{B} = 0$。因此，与上一节引入电磁势原因类似，在一般情况下，我们可以定义电磁势 $\vec{A}$，使得 $\vec{B} = \vec{\nabla} \times \vec{A}$。

但是在一般情况下，电场的旋度不再是零：

$$\vec{\nabla} \times \vec{E} = -\frac{\partial \vec{B}}{\partial t}$$

因此，我们不能再像静态情况那样给电场引入一个标量势。我们不妨将 $\vec{B} = \vec{\nabla} \times \vec{A}$ 代入上式看看会得到什么结果：

$$\vec{\nabla} \times \vec{E} = -\frac{\partial \vec{B}}{\partial t} = -\frac{\partial}{\partial t}\left(\vec{\nabla} \times \vec{A}\right)$$
$$\Rightarrow \quad \vec{\nabla} \times \left(\vec{E} + \frac{\partial \vec{A}}{\partial t}\right) = 0$$

这说明 $\vec{E} + \partial \vec{A} / \partial t$ 是一个无旋场。所以，虽然在时变情况下我们不能给电场引入电势，但是我们可以给 $\vec{E} + \partial \vec{A} / \partial t$ 引入势场 ϕ，它满足

$$\vec{E} + \frac{\partial \vec{A}}{\partial t} = \vec{\nabla}\phi$$

这个标量场 ϕ 可以被视为一般情况下的电势，在稳恒情况下取与时间无关的 $\vec{A}$，则 ϕ 正是稳恒情况下的电势。根据上式，电场 $\vec{E}$ 可以用标量势 ϕ 与磁矢势 $\vec{A}$ 表示为

$$\vec{E} = -\vec{\nabla}\phi - \frac{\partial \vec{A}}{\partial t}$$

至此，磁感应强度 $\vec{B}$ 与电场 $\vec{E}$ 都可以用电势 ϕ 与磁矢势 $\vec{A}$ 表示出来了，

这种表示使得它们自动满足原麦克斯韦方程组中关于磁场的散度与关于电场的旋度的两个方程。接下来，我们来看剩下的两个麦克斯韦方程如何用电磁势表示。

首先，我们来看麦克斯韦方程组中关于磁场旋度的方程：

$$\vec{\nabla} \times \vec{B} = \mu_0 \vec{j} + \mu_0 \varepsilon_0 \frac{\partial \vec{E}}{\partial t}$$

式中，等号左侧可以写为

$$\vec{\nabla} \times \vec{B} = \vec{\nabla} \times (\vec{\nabla} \times \vec{A})$$
$$= \vec{\nabla}(\vec{\nabla} \cdot \vec{A}) - \vec{\nabla}^2 \vec{A}$$

等号右侧可以直接代入电场关于电势、磁矢势的表达式，这样我们会得到

$$\vec{\nabla}(\vec{\nabla} \cdot \vec{A}) - \vec{\nabla}^2 \vec{A} = \mu_0 \vec{j} + \mu_0 \varepsilon_0 \left(-\frac{\partial}{\partial t} \vec{\nabla} \phi - \frac{\partial^2 \vec{A}}{\partial t^2} \right)$$

移项并整理上述方程，并将光速 $c = 1/\sqrt{\mu_0 \varepsilon_0}$ 代入，我们可以得到更加紧凑的形式：

$$\vec{\nabla}^2 \vec{A} - \frac{1}{c^2} \frac{\partial^2 \vec{A}}{\partial t^2} - \vec{\nabla} \left(\vec{\nabla} \cdot \vec{A} + \frac{1}{c^2} \frac{\partial \phi}{\partial t} \right) = -\mu_0 \vec{j} \qquad (1)$$

注意到最左侧的两项与我们熟悉的波动方程非常类似，时间与空间坐标都进行了两次求导，非常对称，并且不包含电势 ϕ。如果大括号中的项可以为零，那么整个方程将会变得非常简洁。事实上，在上一节中我们已经提到过，磁矢势之间可以通过添加一个标量场的梯度来引入任意性，这种任意性可以用来给磁矢势添加我们方便的条件，比如库仑规范。对于一般的电磁势，它们都不是唯一确定的。比如，对于任意一个标量场 ψ，那么有

$$\vec{A}' = \vec{A} + \vec{\nabla} \psi$$
$$\phi' = \phi - \frac{\partial \psi}{\partial t}$$

其中，$\vec{A}'$ 和 ϕ' 是新的电势和磁矢势，$\vec{A}$ 和 ϕ 是原始的电势和磁矢势。

所对应的电磁场与 $(\phi, \vec{A})$ 所对应的电磁场是一样的（只需要做简单的矢量运算即可验证此论断），上述变换被称为电磁势的规范变换。通过适当的

规范变换，我们总可以得到满足等式

$$\vec{\nabla} \cdot \vec{A} + \frac{1}{c^2} \frac{\partial \phi}{\partial t} = 0$$

的电磁势。这个约束条件被称为洛伦兹[1]规范。在洛伦兹规范下，式（1）可以被简化为

$$\vec{\nabla}^2 \vec{A} - \frac{1}{c^2} \frac{\partial^2 \vec{A}}{\partial t^2} = -\mu_0 \vec{j} \tag{2}$$

现在我们还剩下第一个麦克斯韦方程没有用上：

$$\vec{\nabla} \cdot \vec{E} = \frac{\rho}{\varepsilon_0}$$

我们将电场关于电磁势的表达式代入上式可以得到

$$-\vec{\nabla}^2 \phi - \frac{\partial}{\partial t} \vec{\nabla} \cdot \vec{A} = \frac{\rho}{\varepsilon_0}$$

借助洛伦兹规范，我们可以将上式中的 $\vec{\nabla} \cdot \vec{A}$ 用 $\partial \phi / \partial t$ 替换，最终会得到一个只含电势 ϕ 的方程：

$$\vec{\nabla}^2 \phi - \frac{1}{c^2} \frac{\partial^2 \phi}{\partial t^2} = -\frac{\rho}{\varepsilon_0} \tag{3}$$

至此，我们成功将麦克斯韦方程组用更简洁的形式表达了出来，式（2）与式（3）在洛伦兹规范下与原始的麦克斯韦方程组是等价的。注意，在洛伦兹规范下，电势与磁矢势不仅解耦，而且它们各自满足的方程形式非常类似，只有系数存在差异，这体现出了标量势与矢量势之间的高度对称性。由于电势和磁矢势之间的对称性，我们只需要求解其中一个方程，然后通过类比就能得到另一个方程的解。

三、求解一般电荷密度和电流密度的电磁势

由于电磁势满足的都是线性方程，因此叠加原理依然成立。我们可以先求解狄拉克型电荷分布下的电势，再通过叠加得到一般情况下的电势。所以，

---

1 Lorenz，丹麦物理学家，与洛伦兹力发现者、洛伦兹变换提出者 Lorentz 不是同一个人，后者是荷兰物理学家。

我们先考虑一个固定在原点 $\vec{r}=0$ 处的点电荷情况，但是与静态情况不同的是，此点电荷的电荷量会随时间变化，我们应该将其表示为 $q(t)$，于是此点电荷对应的电荷密度为

$$\rho(\vec{r},t) = q(t)\delta(\vec{r})$$

将其代入式（3），我们得到此电荷分布的电势满足的方程为

$$\vec{\nabla}^2\phi - \frac{1}{c^2}\frac{\partial^2\phi}{\partial t^2} = -\frac{1}{\varepsilon_0}q(t)\delta(\vec{r})$$

由于整个系统都是球对称的，因此我们可以将电势 ϕ 取为球对称的，即 ϕ 只依赖于球坐标中的 r，与其余两个角变量无关。在 $\vec{r}\neq 0$ 的区域，根据 δ 函数的定义可知，上式右边为零。我们用球坐标系来表述上述等式：

$$\frac{1}{r^2}\frac{\partial}{\partial r}\left(r^2\frac{\partial}{\partial r}\phi\right) - \frac{1}{c^2}\frac{\partial^2\phi}{\partial t^2} = 0$$

利用与求解静电势相同的方法，我们定义新的场 $\psi = r\phi$，可以将上述方程简化为波动方程的形式：

$$\frac{\partial^2\psi}{\partial r^2} = \frac{1}{c^2}\frac{\partial^2\psi}{\partial t^2}$$

我们知道，该波动方程一般性的解为

$$\psi = f(t-r/c) + g(t+r/c)$$

分析相位可以知道 $f(t-r/c)$ 代表从原点向外传播的解，与此对应的波被称为推迟波，$g(t+r/c)$ 代表从远处向原点传播的解，与此对应的波被称为超前波。我们只考虑由处在原点的电荷产生的向外传播的波，所以接下来只保留 $f(t-r/c)$ 项，而忽略 $g(t+r/c)$ 项。

由 $\phi = \psi/r$ 可以得到

$$\phi(r,t) = \frac{f(t-r/c)}{r}$$

目前，我们已经使用了 $\vec{r}\neq 0$ 区域上的所有信息，将 ϕ 推导到了上述形式。为了进一步确定函数 f 的具体形式，我们需要考虑 $\vec{r}=0$ 及其邻域上的信息。

当 r 趋于零时，r/c 也趋于零，因此 f 必然是一个足够光滑的函数。因此，当 r 趋于零时，有

$$\phi \approx \frac{f(t)}{r}$$

这与静态情况下遇到的形式是一样的。这启示我们可以使用之前求解静态点电荷电势的方法推导函数 f 的形式。为此，我们选取以原点为中心、半径为 R 的一个球面 S，球面的法向量指向外部，球面包裹的球形区域记为 V。通过对链式法则进行求导，我们有

$$\vec{\nabla} \frac{f(t-r/c)}{r} = \left(\frac{\partial}{\partial r} \frac{f(t-r/c)}{r} \right) \vec{\nabla} r = \left(\frac{\partial}{\partial r} \frac{f(t-r/c)}{r} \right) \vec{e}_r$$

其中，我们使用了等式 $\vec{\nabla} r = \vec{e}_r$，$\vec{e}_r$ 是 r 方向的单位矢量。借助上式以及散度定理，我们将 $\vec{\nabla}^2 \phi$ 在 V 上的体积分化为 S 上的面积分：

$$\begin{aligned} \int_V \vec{\nabla}^2 \phi \mathrm{d}V &= \oiint_S \vec{\nabla} \phi \cdot \mathrm{d}\vec{S} \\ &= \oiint_S \left(\vec{\nabla} \frac{f(t-r/c)}{r} \right) \cdot \mathrm{d}\vec{S} \\ &= \oiint_S \left(\frac{\partial}{\partial r} \frac{f(t-r/c)}{r} \right) \vec{e}_r \cdot \mathrm{d}\vec{S} \end{aligned}$$

注意到 $\vec{e}_r \cdot \mathrm{d}\vec{S} = \mathrm{d}S = r^2 \mathrm{d}\Omega$，其中的 $\mathrm{d}\Omega$ 是立体角元，它在整个球面上的积分等于 4π。于是我们得到

$$\begin{aligned} \int_V \vec{\nabla}^2 \phi \mathrm{d}V &= \int_S \mathrm{d}\Omega \times \left(r^2 \frac{\partial}{\partial r} \frac{f(t-r/c)}{r} \right)\Bigg|_{r=R} \\ &= 4\pi \times \left(-f(t-r/c) - \frac{r}{c} f'(t-r/c) \right)\Bigg|_{r=R} \quad (4) \\ &= -4\pi f(t-R/c) - \frac{4\pi}{c} R f'(t-R/c) \end{aligned}$$

另一方面，由于

$$\vec{\nabla}^2 \phi = \frac{1}{c^2} \frac{\partial^2 \phi}{\partial t^2} - \frac{1}{\varepsilon_0} q(t) \delta(\vec{r})$$

所以我们有

$$
\begin{aligned}
\int_V \vec{\nabla}^2 \phi \mathrm{d}V &= \frac{1}{c^2} \int_V \frac{\partial^2 \phi}{\partial t^2} \mathrm{d}V - \frac{1}{\varepsilon_0} q(t) \int_V \delta(\vec{r}) \mathrm{d}V \\
&= \frac{1}{c^2} \int_V \frac{1}{r} \left[\frac{\partial^2}{\partial t^2} f\left(t - \frac{r}{c} \right) \right] \mathrm{d}V - \frac{1}{\varepsilon_0} q(t)
\end{aligned}
\tag{5}
$$

注意，$f(t - r/c)$ 是波动方程的解，所以有

$$
\frac{\partial^2}{\partial t^2} f\left(t - \frac{r}{c} \right) = c^2 \frac{\partial^2}{\partial r^2} f\left(t - \frac{r}{c} \right)
$$

当然，这个等式也可以通过直接求偏导数来验证。将其代入式（5）最后一行的积分中可以得到

$$
\begin{aligned}
\frac{1}{c^2} \int_V \frac{1}{r} \left[\frac{\partial^2}{\partial t^2} f\left(t - \frac{r}{c} \right) \right] \mathrm{d}V &= \int_V \frac{1}{r} \left[\frac{\partial^2}{\partial r^2} f\left(t - \frac{r}{c} \right) \right] \mathrm{d}V \\
&= \int_0^R \frac{1}{r} \left[\frac{\partial^2}{\partial r^2} f\left(t - \frac{r}{c} \right) \right] \times 4\pi r^2 \mathrm{d}r \\
&= 4\pi \int_0^R r \frac{\partial^2}{\partial r^2} f\left(t - \frac{r}{c} \right) \mathrm{d}r
\end{aligned}
$$

读者们可能已经注意到上式可以通过分部积分来求了，不过我们将使用一种更直接的做法（本质上与分部积分的思想无异）。我们有

$$
r \frac{\partial^2}{\partial r^2} f\left(t - \frac{r}{c} \right) = \frac{\partial}{\partial r} \left[r \frac{\partial}{\partial r} f\left(t - \frac{r}{c} \right) \right] - \frac{\partial}{\partial r} f\left(t - \frac{r}{c} \right)
$$

上式等号右侧的两项都是某个函数对 r 的一次偏导数，因此很容易求出其对 r 的积分。将其代回前一式，可以得到

$$
\begin{aligned}
\frac{1}{c^2} \int_V \frac{1}{r} \left[\frac{\partial^2}{\partial t^2} f\left(t - \frac{r}{c} \right) \right] \mathrm{d}V &= 4\pi \left[r \frac{\partial}{\partial r} f\left(t - \frac{r}{c} \right) - f\left(t - \frac{r}{c} \right) \right] \Bigg|_{r=0}^{r=R} \\
&= 4\pi \left[-\frac{R}{c} f'\left(t - \frac{R}{c} \right) - f\left(t - \frac{R}{c} \right) + f(t) \right]
\end{aligned}
$$

将此结果代入式（5），我们就得到

$$\int_V \vec{\nabla}^2 \phi \, \mathrm{d}V = -4\pi \frac{R}{c} f'\left(t - \frac{R}{c}\right) - 4\pi f\left(t - \frac{R}{c}\right) + 4\pi f(t) - \frac{1}{\varepsilon_0} q(t)$$

于是，我们通过两个方面求出了 $\vec{\nabla}^2 \phi$ 在 V 上的积分，另一个值参见式（4），将这两个结果联立就得到

$$-4\pi f\left(t - \frac{R}{c}\right) - \frac{4\pi}{c} R f'\left(t - \frac{R}{c}\right) = -4\pi \frac{R}{c} f'\left(t - \frac{R}{c}\right) - 4\pi f\left(t - \frac{R}{c}\right) + 4\pi f(t) - \frac{q(t)}{\varepsilon_0}$$

消掉两边的共同项，我们解得

$$f(t) = \frac{1}{4\pi\varepsilon_0} q(t)$$

除了直接求出积分，我们还可以使用另一种方法求解 $f(t)$。我们记以原点为中心、半径为 R 的球为 $V(R)$，这样可以突出它对 R 的依赖。同样地，将 $V(R)$ 的边界记为 $S(R)$，其法向量指向外部。然后，我们对 ϕ 满足的方程两边同时在 $V(R)$ 上进行积分，可得

$$\int_{V(R)} \vec{\nabla}^2 \phi \, \mathrm{d}V - \frac{1}{c^2} \int_{V(R)} \frac{\partial^2 \phi}{\partial t^2} \mathrm{d}V = -\frac{q(t)}{\varepsilon_0} \int_{V(R)} \delta(\vec{r}) \mathrm{d}V = -\frac{q(t)}{\varepsilon_0} \qquad （6）$$

这时让 R 趋于零，有

$$\lim_{R \to 0} \int_{V(R)} \frac{\partial^2 \phi}{\partial t^2} \mathrm{d}V = \lim_{R \to 0} \int_0^R \frac{f''(t - r/c)}{r} 4\pi r^2 \mathrm{d}r = 0 \qquad （7）$$

又因为当 r 趋于零时，有

$$\frac{f(t - r/c)}{r} = \frac{f(t) + O(r)}{r} = \frac{f(t)}{r} + O(1)$$

所以

$$\begin{aligned}
\lim_{R \to 0} \int_{V(R)} \vec{\nabla}^2 \phi \, \mathrm{d}V &= \lim_{R \to 0} \oiint_{S(R)} \left[\vec{\nabla}\left(\frac{f(t)}{r}\right) + \vec{\nabla} O(1)\right] \cdot \mathrm{d}\vec{S} \\
&= -f(t) \lim_{R \to 0} \oiint_{S(R)} \frac{\vec{r} \cdot \mathrm{d}\vec{S}}{r^3} + \lim_{R \to 0} \oiint_{S(R)} \vec{O}(1) \cdot \mathrm{d}\vec{S} \qquad （8） \\
&= -f(t) \lim_{R \to 0} \int_{S(R)} \mathrm{d}\Omega \\
&= -4\pi f(t)
\end{aligned}$$

此处使用了矢量分析公式 $\vec{\nabla}(fg) = (\vec{\nabla}f)g + f\vec{\nabla}g$ 。将式（7）与式（8）的结果代入式（6），经过化简，我们立即得到

$$f(t) = \frac{1}{4\pi\varepsilon_0}q(t)$$

这与前一方法求出的结果一致。

至此，我们使用了两种方法求出了函数 f 的具体形式，将其代入我们前面求得的电势表达式，可以得到

$$\phi(r,t) = \frac{1}{4\pi\varepsilon_0}\frac{q(t-r/c)}{r}$$

这就是一个位于原点 $\vec{r}=0$ 处并以 $q(t)$ 改变电量的点电荷所产生的随时间变化的电势。如果电荷不在原点，而是在 $\vec{r}_2$ 处，那么通过平移坐标系就可以直接得到这个点电荷产生的电势为

$$\phi(\vec{r}_1,t) = \frac{1}{4\pi\varepsilon_0}\frac{q(t-r_{12}/c)}{r_{12}}$$

式中，r_{12} 是 $\vec{r}_1$ 到 $\vec{r}_2$ 的距离：

$$r_{12} = |\vec{r}_1 - \vec{r}_2|$$

由于电势满足的方程是线性方程，所以电势满足叠加原理。对于一个分布在区域 V 上的电荷分布 $\rho(\vec{r}_2,t)$，其上每一个电荷微元 $\rho(\vec{r}_2,t)\mathrm{d}V_2$ 相当于一个具有电荷 $q(t) = \rho(\vec{r}_2,t)\mathrm{d}V_2$ 的点电荷，将这些点电荷的电势求和后即可得到整个电荷分布所产生的电势：

$$\phi(\vec{r}_1,t) = \frac{1}{4\pi\varepsilon_0}\int_V \frac{\rho(\vec{r}_2,t-r_{12}/c)}{r_{12}}\mathrm{d}V_2$$

前面也提到，电势满足的方程与磁矢势分量满足的方程形式一样，可以通过类比电势的解得到磁矢势关于电流密度的表达式。我们先观察磁矢势第 i 分量满足的方程：

$$\vec{\nabla}^2 A_i - \frac{1}{c^2}\frac{\partial^2 A_i}{\partial t^2} = -\frac{j_i}{1/\mu_0}$$

对比标量势 ϕ 满足的方程可以发现，若将电势 ϕ 替换成磁矢势分量 A_i，将电荷密度 ρ 替换成电流密度第 i 分量 j_i，将真空介电常数 ε_0 替换成真空磁导率的倒数 $1/\mu_0$，那么电势满足的方程将会变成磁矢势分量 A_i 满足的方程。与此对应的是，将上述替换应用在电势的解上，即可得到磁矢势分量 A_i 的解：

$$A_i(\vec{r}_1,t) = \frac{\mu_0}{4\pi}\int\frac{j_i(\vec{r}_2,t-r_{12}/c)}{r_{12}}\mathrm{d}V_2$$

将磁矢势各个分量组合在一起，我们可以得到磁矢势解的向量形式为

$$\vec{A}(\vec{r}_1,t) = \frac{\mu_0}{4\pi}\int\frac{\vec{j}(\vec{r}_2,t-r_{12}/c)}{r_{12}}\mathrm{d}V_2$$

至此，我们在电磁势的层面（分层理念中的第一层）将麦克斯韦方程组解了出来，而对于电场和磁场（分层理念中的第二层）的求解，只需要将电磁势的表达式代入电磁场与电磁势的关系式中即可。

我们可以看到，动态情况下的解与静态情况下的解虽然有相似的形式，但是仍然存在重要区别。在只知道静态解的情况下猜测动态解的形式，最简单的想法是直接将静态解中的电荷密度、电流密度改为对时间 t 的依赖形式，这样会得到如下形式的电磁势解：

$$\phi'(\vec{r}_1,t) = \frac{1}{4\pi\varepsilon_0}\int_V\frac{\rho(\vec{r}_2,t)}{r_{12}}\mathrm{d}V_2$$

$$\vec{A}'(\vec{r}_1,t) = \frac{\mu_0}{4\pi}\int\frac{\vec{j}(\vec{r}_2,t)}{r_{12}}\mathrm{d}V_2$$

但是，仔细看我们在本节得出的电磁势的表达式，其中的电荷密度、电流密度中出现的却是对 $t-r/c$ 的依赖关系（我们将会在下一节详细介绍这个依赖关系的物理意义），只有当光速 c 取无穷大时，我们才会得到上式所展示的电磁势解。

小结
Summary

　　在本节中，我们介绍了电磁学中的分层理念，其中理论框架的第一层是电磁势，第二层是电场和磁感应强度，第三层是电场和磁感应强度的散度和旋度，它们与电荷密度和电流密度存在着定量关系。我们也介绍了一般情况下的电磁势的定义，并用电磁势表达了麦克斯韦方程组，推导出了电磁势满足的方程。最后，我们求解了一般电荷分布和电流分布下的电磁势，其形式与静态解非常相似，只是对时间的依赖性不同。然而，我们的求解过程并不完整，因为在得到电磁势满足的方程时使用了洛伦兹规范条件，那么求解完电磁势之后应该验证所求的解满足洛伦兹规范才算完整，我们把这一步验证过程留给读者们完成，在验证的过程中需要用到电荷守恒方程。

匀速运动点电荷的电磁势是怎样的？
——直接积分求解电磁势[1]

摘要：在本节中，我们将简要解释电磁势中对 $t-r/c$ 的依赖意味着什么，然后转向一个具体的物理模型——匀速运动的点电荷。我们将通过直接积分求解该点电荷的电磁势。由于麦克斯韦的电磁理论不满足经典力学的伽利略相对性原理，我们将验证所得电磁势满足四维矢量的洛伦兹变换，以此证明匀速运动的电磁势构成四维矢量，这也将在一定程度上表明麦克斯韦电磁理论满足的是狭义相对论的相对性原理。

在上一节中，我们花费了很大的力气来求解电磁势的一般解，并发现原来电荷密度和电流密度中对时间 t 的依赖，在电磁势解中变成了对 $t-r/c$ 的依赖，那么，这个依赖性有什么物理意义呢？另一方面，我们虽然求出了一般的电磁势解，但是在具体的问题中直接使用一般解会面临哪些计算方面的问题呢？下面让我们来一一解答吧。

一、推迟势解揭示超距电磁作用不存在

在之前的章节中已经讲解过，如果时间与空间是独立存在的，并且假设相对运动不改变垂直方向的尺度，那么速度就没有上限，也就是速度可以趋近于无穷大。牛顿的万有引力定律和库仑定律都假设相互作用的传播不需要时间，也就是相互作用的传递速度是无穷大。然而，19 世纪末到 20 世纪初的物理研究表明牛顿的绝对时空观是错误的，物体的速度不能无限增大，光

1 整理自搜狐视频 App "张朝阳" 账号/作品/物理课栏目中的第 84、85 期视频，由李松执笔。

速是物质与能量传播的速度上限。

那么，电磁势解如何反映电磁相互作用的传递速度是光速呢？回顾上一节的结果，在洛伦兹规范下，电磁势解为

$$\phi(\vec{r}_1,t) = \frac{1}{4\pi\varepsilon_0}\int_V \frac{\rho(\vec{r}_2,t-r_{12}/c)}{r_{12}}\mathrm{d}V_2$$

$$\vec{A}(\vec{r}_1,t) = \frac{\mu_0}{4\pi}\int \frac{\vec{j}(\vec{r}_2,t-r_{12}/c)}{r_{12}}\mathrm{d}V_2$$

式中，$r_{12}=|\vec{r}_1-\vec{r}_2|$ 是场点 $\vec{r}_1$ 与积分微元所在位置 $\vec{r}_2$ 之间的距离，参见图 1。

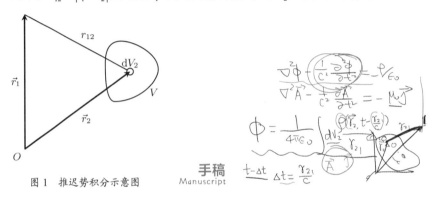

图 1　推迟势积分示意图

在进一步讨论之前，我们需要明确一点：电磁相互作用究竟是通过电磁场还是电磁势进行传递的？实际上，无论将其视为电磁场的传递还是电磁势的传递，结果都是等效的。只是因为变化的磁场会产生电场，而变化的电场又会产生磁场，因此如果我们通过传递电磁场来分析，就不可避免地要考虑电磁互生现象，从而增加问题的复杂度。而在洛伦兹规范下，标量势与矢量势之间没有耦合，因此标量势与电磁势的传播互不干扰。因此，我们将电磁相互作用的传递视为电磁势的传递，这样问题就会简化得多。

假设电磁相互作用的传递不需要时间，那么在 t 时刻处 $\vec{r}_2$ 的电荷微元 $\rho(\vec{r}_2,t)\mathrm{d}V_2$ 产生的电势将能瞬间传递到 $\vec{r}_1$，于是有

$$\mathrm{d}\phi(\vec{r}_1,t) = \frac{1}{4\pi\varepsilon_0}\frac{\rho(\vec{r}_2,t)}{r_{12}}\mathrm{d}V_2$$

对整个区域 V 进行积分就可以得到

$$\phi(\vec{r}_1,t) = \frac{1}{4\pi\varepsilon_0}\int_V \frac{\rho(\vec{r}_2,t)}{r_{12}}\mathrm{d}V_2$$

如果电磁相互作用的传递不需要时间，那么电磁势解可以通过将稳态解中的电荷密度和电流密度直接改为对时间依赖的电荷密度和电流密度来获得。

如果电磁相互作用的传递速度为光速，那么 t 时刻处在 $\vec{r}_2$ 的电荷微元 $\rho(\vec{r}_2,t)\mathrm{d}V_2$ 产生的电势要在 $t+r_{12}/c$ 时刻才能传递到 $\vec{r}_1$，换言之，t 时刻在 $\vec{r}_1$ 处的电势，有一部分是由 $t-r_{12}/c$ 时刻处在 $\vec{r}_2$ 的电荷微元 $\rho(\vec{r}_2,t-r_{12}/c)\mathrm{d}V_2$ 产生的：

$$\mathrm{d}\phi(\vec{r}_1,t)=\frac{1}{4\pi\varepsilon_0}\frac{\rho(\vec{r}_2,t-r_{12}/c)}{r_{12}}\mathrm{d}V_2$$

于是我们得到

$$\phi(\vec{r}_1,t)=\frac{1}{4\pi\varepsilon_0}\int_V\frac{\rho(\vec{r}_2,t-r_{12}/c)}{r_{12}}\mathrm{d}V_2$$

这正是我们在上一节求解出来的电磁势解。通过这个解释，我们可以得知电磁势解中的 $t-r/c$ 依赖表示电磁相互作用的传递速度是光速。而正因为 $t-r/c$ 依赖所表现出来的电磁势传播的推迟效应，上述电磁势解也被称为推迟势。

二、求解匀速运动点电荷的电磁势

我们已经得到电磁势的一般解了，原则上来说，我们能够求解任意电荷分布和电流分布的电磁势，并由此得到相应的电磁场。然而，在实际操作中，求解电磁势的积分可能面临一些问题。为了说明这一点，让我们以一个匀速运动的点电荷为例来求解其电磁势。

设电荷量为 q 的点电荷以速率 v 沿着 x 轴正方向运动，当 $t=0$ 时粒子刚好经过坐标原点，借助狄拉克 δ 函数，我们可以得到此时的电荷密度为

$$\rho(\vec{r}_2,t)=q\delta(y_2)\delta(z_2)\delta(x_2-vt)$$

这个模型是满足绕着 x 轴的旋转对称性的，因此我们只需要求出 xy 平面的电磁势，而其他位置的电磁势可以通过旋转得到。于是，我们考虑 xy 平面上的位矢 $\vec{r}_1$，它的第三分量 $z_1=0$，$\vec{r}_1$ 处的标量势为

$$\begin{aligned}\phi(\vec{r}_1,t)&=\frac{q}{4\pi\varepsilon_0}\int\mathrm{d}y_2\mathrm{d}z_2\mathrm{d}x_2\frac{\delta(y_2)\delta(z_2)\delta(x_2-v(t-r_{12}/c))}{r_{12}}\\&=\frac{q}{4\pi\varepsilon_0}\int\mathrm{d}x_2\frac{\delta(x_2-v(t-r_{12}/c))}{r_{12}}\end{aligned}\qquad(1)$$

在上式第二行我们已经将 y_2 与 z_2 的狄拉克函数积分掉，所以只剩对下对 x_2 的积分。由于 $z_1 = 0$ ，所以式（1）最后一行中的 r_{12} 为

$$R_{12} = \sqrt{(x_1 - x_2)^2 + y_1^2}$$

为了将最后的狄拉克函数积分掉，我们需要了解一下狄拉克函数的性质。我们知道，对于任意一个光滑函数 $f(x_2)$ ，狄拉克函数 $\delta(x_2 - k)$ 满足

$$\int_{-\infty}^{+\infty} \delta(x_2 - k) f(x_2) \mathrm{d}x_2 = f(k)$$

式中， k 是与 x_2 无关的常数。但是，因为 r_{12} 依赖于 x_2 ，所以我们在前面面临的关于 x_2 的狄拉克函数 $\delta(x_2 - v(t - r_{12}/c))$ 不是形如 $\delta(x_2 - k)$ 这种简单形式的，而是形如 $\delta(f(x_2))$ 的。不过幸运的是，这样的狄拉克函数可以转化成简单形式的狄拉克函数。我们考虑最简单的情况，假设 $f(x) = 0$ 的解存在且只存在一个，记这个解为 x_0 ，它满足 $f(x_0) = 0$ ，进一步假设 $f(x)$ 在 x_0 处的导数不等于零，那么有

$$\delta(f(x)) = \frac{1}{|f'(x_0)|} \delta(x - x_0) \qquad (2)$$

怎么理解这个结果呢？如果不追求严格性的话，我们可以这么理解：注意到狄拉克函数只在自变量为零时不等于零，因此 $\delta(f(x))$ 不等于零的位置只由 $f(x)$ 的零点 x_0 决定，我们在 x_0 的邻域内对 $f(x)$ 做一阶泰勒近似得到

$$f(x) \approx f'(x_0)(x - x_0)$$

那么我们有

$$\delta(f(x)) = \delta(f'(x_0)(x - x_0)) = \frac{1}{|f'(x_0)|} \delta(x - x_0)$$

其中，使用了狄拉克函数的性质： $\delta(\alpha(x - x_0)) = \delta(x - x_0)/|\alpha|$ ，这里的 α 是非零常数，此性质可以通过乘上任意光滑函数然后积分来验证。

有了式（2），我们就可以求出式（1）最后一行关于 x_2 的积分了。为此，设函数 $f(x_2)$ 为

$$f(x_2) = x_2 - v\left(t - \frac{1}{c}\sqrt{(x_1 - x_2)^2 + y_1^2}\right) = x_2 - vt + \beta r_{12}$$

式中，$\beta = v/c$，由于有质量粒子的速度不可能达到或者超过光速，所以 $\beta < 1$。

接下来的问题是，$f(x_2)$ 是否存在零点呢？存在几个零点呢？我们先来探讨第一个问题。固定 t、x_1 与 y_2 的值，那么容易知道当 x_2 的绝对值足够大时，$r_{12} \approx |x_2|$，此时有

$$f(x_2) \approx x_2 + \beta |x_2|$$

所以，当 $x_2 \gg 0$ 时，$f(x_2) > 0$；又因为 $\beta < 1$，所以，当 $x_2 \ll 0$ 时，有

$$f(x_2) \approx x_2 + \beta |x_2| = (1 - \beta) x_2 < 0$$

这就说明 $f(x_2)$ 的函数图像在负无穷一侧是处于 x_2 轴下方的，而在正无穷一侧是处于 x_2 轴上方的，又因为 $f(x_2)$ 的函数图像是连续的，所以它必然会和 x_2 轴存在交点，这些交点就是 $f(x_2)$ 的零点。

第二个问题是 $f(x_2)$ 存在多少个零点？我们用反证法来证明它只能存在一个零点。假设它有两个零点，分别是 x_{20} 与 x'_{20}，不失一般性地，我们假设 $x'_{20} > x_{20}$，根据 $f(x_{20}) = f(x'_{20}) = 0$，可以得到

$$x_{20} + \beta r_{12}(x_{20}) = x'_{20} + \beta r_{12}(x'_{20})$$

接着，我们参考图 2。

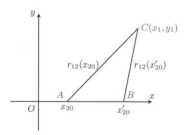

图 2 证明 $f(x_2)$ 只存在一个
零点所用示意图

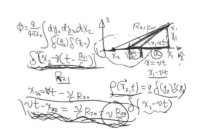

手稿
Manuscript

可以得到

$$|AB| = x'_{20} - x_{20} = \beta(r_{12}(x_{20}) - r_{12}(x'_{20})) = \beta(|AC| - |BC|) < |AC| - |BC| \quad (3)$$

又因为三角形的任意两边之和大于第三边 $|AB| + |BC| > |AC|$，移项得到

$$|AB| > |AC| - |BC|$$

这与式（3）相矛盾，所以 $f(x_2)$ 只有一个零点，我们将其记为 x_{20}。

接下来，若要使用式（2），我们还需要知道 $f(x_2)$ 在 x_{20} 处的导数值。首先有

$$f'(x_2) = 1 + \beta \frac{\partial r_{12}}{\partial x_2} \tag{4}$$

根据 r_{12} 的定义可得

$$r_{12}^2 = (x_1 - x_2)^2 + y_1^2$$

上式两边同时对 x_2 求导可得

$$2r_{12} \frac{\partial r_{12}}{\partial x_2} = -2(x_1 - x_2)$$

$$\frac{\partial r_{12}}{\partial x_2} = -\frac{1}{r_{12}}(x_1 - x_2)$$

将这个结果代回式（4），我们得到

$$f'(x_2) = 1 - \frac{\beta}{r_{12}}(x_1 - x_2)$$

为了简化接下来的记号，我们定义 R_{20} 为

$$R_{20} = r_{12}(x_{20}) = \sqrt{(x_1 - x_{20})^2 + y_1^2}$$

于是

$$f'(x_{20}) = 1 - \frac{\beta}{R_{20}}(x_1 - x_{20})$$

借助上式以及式（2）可以得到

$$\int \frac{\delta(x_2 - v(t - r_{12}/c))}{r_{12}} dx_2 = \int \frac{1}{|f'(x_{20})|} \frac{\delta(x_2 - x_{20})}{r_{12}} dx_2 = \frac{1}{\left|1 - \dfrac{\beta(x_1 - x_{20})}{R_{20}}\right|} \frac{1}{R_{20}} \tag{5}$$

根据 R_{20} 的定义，容易知道

$$R_{20} = \sqrt{(x_1 - x_{20})^2 + y_1^2} \geqslant |x_1 - x_{20}| \geqslant x_1 - x_{20}$$

考虑到 $\beta < 1$，所以 $R_{20} > \beta(x_1 - x_{20})$，稍作变形即可得知

$$1 - \frac{\beta(x_1 - x_{20})}{R_{20}} > 0$$

所以，式（5）第二个等号右边分母中的量的绝对值等于这个量自身，于是我们得到

$$\int \frac{\delta(x_2 - v(t - R_{21}/c))}{R_{21}} dx_2 = \frac{1}{1 - \dfrac{\beta(x_1 - x_{20})}{R_{20}}} \frac{1}{R_{20}} = \frac{1}{R_{20} - \beta(x_1 - x_{20})}$$

将这个积分结果代回式（1），可得标量势为

$$\phi(\vec{r}_1, t) = \frac{q}{4\pi\varepsilon_0} \frac{1}{R_{20} - \beta(x_1 - x_{20})}$$

这个结果已经不包含任何积分了，但是它还不是我们最终想要得到的结果，因为这个式子里含有未知的变量 x_{20} 与 R_{20}。标量势是关于空间坐标 $\vec{r}_1$ 与时间坐标 t 的函数，因此我们需要通过 $\vec{r}_1$ 的各个分量与时间 t 将 x_{20} 与 R_{20} 表示出来。

由于 $f(x_{20}) = 0$，我们有

$$x_{20} = v\left(t - \frac{r_{12}(x_{20})}{c}\right) = vt - \beta R_{20}$$

所以

$$x_1 - x_{20} = x_1 - (vt - \beta R_{20}) = (x_1 - vt) + \beta R_{20} = a + \beta R_{20}$$

式中，$a = x_1 - vt$。

另一方面，根据 R_{20} 的定义，借助上一个式子，我们有

$$R_{20}^2 = y_1^2 + (x_1 - x_{20})^2 = y_1^2 + (a + \beta R_{20})^2$$

将上式最右边的平方展开，移项可得

$$(1 - \beta^2)R_{20}^2 - 2a\beta R_{20} - (y_1^2 + a^2) = 0$$

这是关于 R_{20} 的一元二次方程，它的解为

$$R_{\pm} = \frac{1}{1-\beta^2}\left(a\beta \pm \sqrt{(1-\beta^2)y_1^2 + a^2}\right) = \frac{1}{1-\beta^2}\left(a\beta \pm \sqrt{\frac{y_1^2}{\gamma^2} + a^2}\right)$$

式中，$\gamma = 1/\sqrt{1-\beta^2}$。由于 $\beta < 1$，所以

$$\sqrt{\frac{y_1^2}{\gamma^2} + a^2} \geqslant a > a\beta$$

于是，$R_- < 0$，$R_+ > 0$。根据定义，R_{20} 应该大于零，所以应该舍去其中的负数解，这样就得到

$$R_{20} = R_+ = \frac{1}{1-\beta^2}\left(a\beta + \sqrt{\frac{y_1^2}{\gamma^2} + a^2}\right)$$

有了这个结果，以及前面得到的关系 $x_1 - x_{20} = a + \beta R_{20}$，标量势可以改写为

$$\phi = \frac{q}{4\pi\varepsilon_0}\frac{1}{R_{20} - \beta(x_1 - x_{20})} = \frac{q}{4\pi\varepsilon_0}\frac{1}{R_{20} - \beta(a + \beta R_{20})}$$

$$= \frac{q}{4\pi\varepsilon_0}\frac{1}{(1-\beta^2)R_{20} - \beta a} = \frac{q}{4\pi\varepsilon_0}\frac{1}{\sqrt{y_1^2/\gamma^2 + (x_1 - vt)^2}}$$

这就是我们得到的标量势的最终形式。

接下来，我们求这个粒子的磁矢势。容易得知它的电流密度为

$$\vec{j}(\vec{r}_2, t) = q\vec{v}\delta(y_2)\delta(z_2)\delta(x_2 - vt)$$

由于磁矢势的推迟势解与标量推迟势解的形式是类似的，并且电子只沿 x 轴正向运动，因此电流只有 x 分量，其他分量等于零，这样立即可知矢量势的非零分量只有 x 分量 A_x，它等于

$$A_x = \frac{\mu_0}{4\pi}\frac{qv}{\sqrt{y_1^2/\gamma^2 + (x_1 - vt)^2}}$$

三、验证匀速运动点电荷的电磁势满足四维矢量的洛伦兹变换

下面，我们来验证匀速运动点电荷的电磁势满足四维矢量的洛伦兹变换。为此，我们取两个参考系，一个是 S 系，在此系上带电粒子以速率 v 沿

着 x 轴正向前进，当 $t=0$ 时粒子刚好经过坐标原点；另一个参考系是 S' 系，它的各个坐标轴分别与 S 系的各轴平行，并且带电粒子静止于 S' 的坐标原点。

根据洛伦兹变换，我们有

$$
\begin{pmatrix} ct' \\ x' \\ y' \\ z' \end{pmatrix} = \begin{pmatrix} \gamma & -\gamma\dfrac{v}{c} & 0 & 0 \\ -\gamma\dfrac{v}{c} & \gamma & 0 & 0 \\ 0 & 0 & 1 & 0 \\ 0 & 0 & 0 & 1 \end{pmatrix} \begin{pmatrix} ct \\ x \\ y \\ z \end{pmatrix} = \begin{pmatrix} \gamma(ct - xv/c) \\ \gamma(x - vt) \\ y \\ z \end{pmatrix}
$$

它的逆变换则由矩阵

$$
\begin{pmatrix} \gamma & \gamma\dfrac{v}{c} & 0 & 0 \\ \gamma\dfrac{v}{c} & \gamma & 0 & 0 \\ 0 & 0 & 1 & 0 \\ 0 & 0 & 0 & 1 \end{pmatrix}
$$

来表示。

我们断言，电磁势如果按如下方式排列，那么它将是一个四维矢量：

$$
\begin{pmatrix} \dfrac{\phi}{c} \\ A_x \\ A_y \\ A_z \end{pmatrix}
$$

我们已经知道了 S 系上的电磁势表达式，还需要知道 S' 系上的电磁势。由于带电粒子静止在 S' 系上，只有静止的点电荷而没有电流，并且电荷不随参考系变换而改变，所以 S' 系上的电磁势为

$$
\begin{pmatrix} \dfrac{\phi'}{c} \\ A'_x \\ A'_y \\ A'_z \end{pmatrix} = \begin{pmatrix} \dfrac{q}{4\pi\varepsilon_0 c}\dfrac{1}{R'} \\ 0 \\ 0 \\ 0 \end{pmatrix}
$$

式中，R' 是 S' 系上场点到原点的距离。

如果电磁势确实构成四维矢量，那么它必然满足洛伦兹（逆）变换，于是 S 系上的电磁势应该等于

$$
\begin{pmatrix} \dfrac{\phi}{c} \\ A_x \\ A_y \\ A_z \end{pmatrix} = \begin{pmatrix} \gamma & \gamma\dfrac{v}{c} & 0 & 0 \\ \gamma\dfrac{v}{c} & \gamma & 0 & 0 \\ 0 & 0 & 1 & 0 \\ 0 & 0 & 0 & 1 \end{pmatrix} \begin{pmatrix} \dfrac{q}{4\pi\varepsilon_0 c}\dfrac{1}{R'} \\ 0 \\ 0 \\ 0 \end{pmatrix} = \begin{pmatrix} \dfrac{\gamma q}{4\pi\varepsilon_0 c}\dfrac{1}{R'} \\ \dfrac{\gamma q v}{4\pi\varepsilon_0 c^2}\dfrac{1}{R'} \\ 0 \\ 0 \end{pmatrix}
$$

可见，A_y 与 A_z 都等于零，这符合前面得到的结果。然后，如果只考虑 xy 平面上的电磁势，那么上式中的标量势为

$$
\phi = \frac{\gamma q}{4\pi\varepsilon_0} \frac{1}{\sqrt{(y_1')^2 + (x_1')^2}} = \frac{q}{4\pi\varepsilon_0} \frac{1}{\sqrt{y_1^2/\gamma^2 + (x_1 - vt)^2}}
$$

其中，已经代入了坐标分量的洛伦兹变换式。此结果与前面得到的标量势一致。类似地，借助关系 $c = 1/\sqrt{\varepsilon_0\mu_0}$，我们可以得到 A_x 为

$$
A_x = \frac{\gamma q v}{4\pi\varepsilon_0 c^2} \frac{1}{\sqrt{(y_1')^2 + (x_1')^2}} = \frac{\mu_0}{4\pi} \frac{q v}{\sqrt{y_1^2/\gamma^2 + (x_1 - vt)^2}}
$$

可见，A_x 也与前面求出的磁矢势 x 分量相同。由此可见，匀速运动点电荷的电磁势确实能够组成一个满足洛伦兹变换的四维矢量。

小结
Summary

在本节中，我们首先解释了电磁势中对 $t - r/c$ 的依赖表明电磁相互作用的传递速度是光速，电磁相互作用并不能做到完全的即时传递，而是需要一定时间的。然后，我们通过直接积分计算了匀速运动带电粒子的推迟势，并且验证了这个电磁势可以构成一个四维矢量，满足四维矢量的时空变换性质。在后面的内容中，我们将更一般地证明推迟势形式的电磁势构成四维矢量。

洛伦兹力来源于电场力的洛伦兹变换?
——匀速运动点电荷的电磁场及其应用[1]

摘要:在本节中,我们将借助上一节计算出来的匀速运动点电荷的电磁势来计算匀速运动点电荷的电磁场,并以此为例介绍电磁场所满足的洛伦兹变换。作为应用,我们将计算一根做匀速运动的无穷长均匀带电直线的电磁场。最后,我们介绍力的洛伦兹变换,并证明洛伦兹力本质上来源于电场力的洛伦兹变换,因此它是电场力的另一面。

经过上一节繁杂的运算,我们终于直接通过推迟势积分求出了匀速运动点电荷的电磁势。然而在实际应用中,电磁势更多地被作为中间变量存在[2],因此我们更希望得到的是点电荷的电磁场。下面就让我们从电磁势出发求出电磁场吧。

一、匀速运动点电荷的电磁场及其洛伦兹变换

假如电荷量为 q 的带电粒子沿着 x 轴正方向运动,速度大小为 v , $t = 0$ 的时候,带电粒子处于坐标原点。根据上一节的结果,如果只考虑 xy 平面上的电磁势,有

$$\phi(x,y,0,t) = \frac{q}{4\pi\varepsilon_0} \frac{1}{\sqrt{y^2/\gamma^2 + (x-vt)^2}}$$

$$\vec{A}(x,y,0,t) = \frac{v}{c^2}\phi(x,y,0,t)\vec{i}$$

---

1 整理自搜狐视频 App "张朝阳" 账号/作品/物理课栏目中的第 86 期视频,由李松执笔。
2 这里指的是低能电磁理论。在高能电磁理论中,电磁势反而是比电磁场更基本的量。

其中，$\vec{i}$ 是 x 轴单位基矢，γ 为

$$\gamma = \frac{1}{\sqrt{1 - (v/c)^2}}$$

为了后面讨论方便，我们设

$$L = \sqrt{y^2/\gamma^2 + (x - vt)^2}$$

这是一个很奇怪的量，它与空间距离的公式很像，但是又不完全一样。为了看出它的内涵，我们在上式两边同时乘上 γ，借助时空坐标的洛伦兹变换关系，可以得到

$$\gamma L = \sqrt{y^2 + \gamma^2 (x - vt)^2} = \sqrt{(y')^2 + (x')^2} = R'$$

其中，带撇号的量表示与带电粒子保持相对静止的参考系 S' 上的量，带电粒子处于 S' 系的坐标原点，S' 系的各个轴与 S 系的对应轴平行。我们在后文将沿用此处的撇号约定。由上式可知，γL 是 S' 系上对应位置到坐标原点的距离。

我们先演示怎么计算电场强度的 x 分量。因为 $\vec{E} = -\vec{\nabla}\phi - \partial\vec{A}/\partial t$，所以

$$E_x = \vec{i} \cdot \left(-\vec{\nabla}\phi - \frac{\partial\vec{A}}{\partial t} \right) = -\frac{\partial\phi}{\partial x} - \frac{\partial A_x}{\partial t} \qquad (1)$$

由于 A_x 是直接依赖于 $x - vt$ 的，因此有

$$\frac{\partial A_x}{\partial t} = v\frac{\partial A_x}{\partial(vt)} = -v\frac{\partial A_x}{\partial x}$$

再注意到，除相差一些系数外，A_x 与标量势 ϕ 形式一致，因此，借助它俩相差的常数，可以得到

$$\frac{\partial A_x}{\partial t} = -v\frac{\partial A_x}{\partial x} = -\beta^2\frac{\partial\phi}{\partial x}$$

将其代入式（1），可得

$$E_x = -\left(1 - \beta^2\right)\frac{\partial\phi}{\partial x} = \frac{q}{4\pi\varepsilon_0}\frac{\gamma(x - vt)}{\left(y^2 + \gamma^2(x - vt)^2\right)^{3/2}} = \frac{q}{4\pi\varepsilon_0}\frac{x'}{\left((y')^2 + (x')^2\right)^{3/2}} = E'_{x'}$$

可见，平行于点电荷运动方向的电场强度分量在 S 系与在 S' 系是一样的。

接下来我们计算电场强度、磁感应强度的其余分量。根据对称性容易知道，xy 平面上的电场强度的 z 分量为零，因此只需再求出 E_y 分量即可得到完整的电场信息。我们注意到 $A_y = 0$，有

$$
\begin{aligned}
E_y &= \vec{j} \cdot \left(-\vec{\nabla}\phi - \frac{\partial \vec{A}}{\partial t} \right) = -\frac{\partial \phi}{\partial y} - \frac{\partial A_y}{\partial t} = -\frac{\partial \phi}{\partial y} \\
&= -\frac{q}{4\pi\varepsilon_0} \left(-\frac{1}{L^2} \right) \frac{1}{L} \cdot \frac{y}{\gamma^2} = \frac{\gamma q y}{4\pi\varepsilon_0 (\gamma L)^3} = \frac{\gamma q y'}{4\pi\varepsilon_0 \left(R' \right)^3} = \gamma E'_{y'}
\end{aligned}
$$

对于磁感应强度，有

$$
\vec{B} = \vec{\nabla} \times \vec{A} = \begin{vmatrix} \vec{i} & \vec{j} & \vec{k} \\ \dfrac{\partial}{\partial x} & \dfrac{\partial}{\partial y} & \dfrac{\partial}{\partial z} \\ A_x(\vec{r},t) & 0 & 0 \end{vmatrix}
$$

根据对称性容易知道，在 xy 平面上，磁场是沿着 z 方向的，因此我们只需要求出磁感应强度的 z 分量即可，这样很容易就能得到

$$
B_z = -\frac{\partial A_x}{\partial y} = \frac{v}{c^2} \left(-\frac{\partial \phi}{\partial y} \right) = \frac{v}{c^2} E_y
$$

根据旋转对称性，我们可以将这个结果写成不限于 xy 平面上的矢量形式

$$
\vec{B} = \frac{\vec{v} \times \vec{E}_\perp}{c^2}
$$

其中，垂直符号 $\perp$ 表示对应矢量在垂直速度方向的投影。下面我们还会用到平行符号，表示对应矢量在平行速度方向上的投影矢量。关于平行符号与垂直符号的含义，参考图 1。请注意，上式不局限于 xy 平面，它在整个空间上都是成立的。

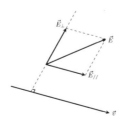

图 1　平行符号与垂直符号的含义

实际上，匀速运动点电荷的电磁场可以通过洛伦兹变换求得。电场强度与磁感应强度不单独构成四维矢量，而是能够组合成为一个反对称的二阶张量，反对称张量的变换规则比一般的四维矢量变换规则要复杂一些。如果不使用二阶张量的形式，仅仅使用电磁场分量，那么电磁感应强度的洛伦兹变换为

$$\vec{E}'_{/\!/} = \vec{E}_{/\!/}$$
$$\vec{B}'_{/\!/} = \vec{B}_{/\!/}$$
$$\vec{E}'_{\perp} = \gamma \left(\vec{E}_{\perp} + \vec{v} \times \vec{B} \right)$$
$$\vec{B}'_{\perp} = \gamma \left(\vec{B}_{\perp} - \frac{1}{c^2} \vec{v} \times \vec{E} \right)$$

这个变换公式是普遍成立的，不局限于匀速运动点电荷的模型，其中 $\vec{v}$ 是 S' 系相对于 S 系的运动速度。如果从 S' 系变换回 S 系，那么相应的电磁场变换就相当于把上式中带撇的量与不带撇的量互换，并将式子中的速度 $\vec{v}$ 变成 $-\vec{v}$，这是因为 S 系相对于 S' 系以速度 $-\vec{v}$ 运动。

我们回到匀速运动点电荷的模型上来，在 S' 系上，只存在点电荷的电场，不存在磁场，应用相应的电磁场变换关系，我们立即得到 S 系上的电磁场为

$$\vec{E}_{/\!/} = \vec{E}'_{/\!/}$$
$$\vec{B}_{/\!/} = \vec{B}'_{/\!/} = 0$$
$$\vec{E}_{\perp} = \gamma \left(\vec{E}'_{\perp} - \vec{v} \times \vec{B}' \right) = \gamma \vec{E}'_{\perp}$$
$$\vec{B}_{\perp} = \gamma \left(\vec{B}'_{\perp} + \frac{1}{c^2} \vec{v} \times \vec{E}' \right) = \frac{\gamma}{c^2} \vec{v} \times \vec{E}'_{\perp} = \frac{\vec{v} \times \vec{E}_{\perp}}{c^2}$$

这些结果与前面直接通过电磁势求得的结果一致。

二、求匀速运动直线电荷的电磁场

我们已经得到匀速运动点电荷的电磁场了，接下来我们借助所得结果来求出匀速运动的无穷长均匀带电直线的电磁场。

我们使用的模型是，无穷长均匀带电直线与 x 轴重合，并且沿着 x 轴正方向以速率 v 匀速前进。在这个参考系里，它的线电荷密度为 λ。我们记 $x_2 = x - vt$，那么有

$$L = \sqrt{y^2 / \gamma^2 + (x - vt)^2} = \sqrt{y^2 / \gamma^2 + x_2^2}$$

另一方面，电荷微元满足 $dq = \lambda dx = \lambda dx_2$。

在这个模型中，电荷微元 dq 沿着 x 轴正方向以速率 v 匀速前进。根据对称性容易知道，在 xy 平面的任意点上，电场强度的 x 分量由于无穷长均匀带电直线上各个电荷微元的电场强度叠加而等于零，只剩下电场强度的 y 分量不等于零。根据前面的结果，电荷微元 dq 在 xy 平面上的位置 $(0, y)$ 所产生的电场强度的 y 分量为

$$dE_y = \frac{dq}{4\pi\varepsilon_0} \frac{y}{L^3} \frac{1}{\gamma^2}$$

于是有

$$E_y = \int dE_y = \frac{1}{4\pi\varepsilon_0} \int_{-\infty}^{+\infty} \frac{y\lambda dx_2}{\gamma^2 \left(y^2 / \gamma^2 + x_2^2\right)^{3/2}} = \frac{1}{4\pi\varepsilon_0} \int_0^{+\infty} \frac{2y\lambda dx_2}{\gamma^2 \left(y^2 / \gamma^2 + x_2^2\right)^{3/2}}$$

$$= \frac{\lambda y}{4\pi\varepsilon_0 \gamma^2} \frac{2}{(y/\gamma)^2} \frac{x_2}{\sqrt{y^2 / \gamma^2 + x_2^2}} \bigg|_{x_2=0}^{x_2=+\infty} = \frac{\lambda}{2\pi\varepsilon_0 y}$$

这个结果也可以由高斯定理得到。比如，取一个中轴线与带电直线重合的圆柱形闭合曲面 Σ，其半径为 y、长度为 a，参考图 2。借助系统所具有的对称性，再根据高斯定理容易得到

$$\oiint_{\Sigma} \vec{E} \cdot d\vec{S} = a \cdot 2\pi y E_y = \frac{a\lambda}{\varepsilon_0}$$

从上式可以解得，$E_y = \lambda / (2\pi\varepsilon_0 y)$，此结果与上一个方法求出的 E_y 一致。

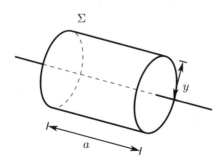

图 2　圆柱形高斯面

接下来我们求这个模型的磁场。根据匀速运动带电粒子的结果，可以知道

$$\mathrm{d}B_\phi = \frac{v}{c^2}\mathrm{d}E_y$$

其中，下标 ϕ 表示环绕带电直线的方向，环绕方向与速度 $\vec{v}$ 满足右手螺旋关系。如果使用以 x 轴为极轴的柱坐标 (r, ϕ, x)，则下标 ϕ 正好表示其中的 ϕ 方向分量。根据上式，有

$$B_\phi = \frac{v}{c^2}\int \mathrm{d}E_y = \frac{v}{c^2}E_y = v\mu_0\varepsilon_0 E_y = \frac{\mu_0}{2\pi}\frac{v\lambda}{y} = \frac{\mu_0}{2\pi}\frac{I}{y} \qquad (2)$$

其中，已经使用了电流 $I = \lambda v$ 这个关系。我们再次提醒读者，这个结果可以通过安培环路定理得到。

三、力的洛伦兹变换，洛伦兹力是电场力的另一面

前面我们已经介绍过洛伦兹力，我们知道，电荷量为 q 的带电粒子在电磁场中受到的力为

$$\vec{F} = \frac{\mathrm{d}\vec{p}}{\mathrm{d}t} = q\vec{E} + q\vec{v}\times\vec{B}$$

其中，$\vec{v}$ 是带电粒子的运动速度，$\vec{p}$ 是带电粒子的动量。上式中与磁场有关的那一项就是洛伦兹力，表示带电粒子在磁场中受到的力。

虽然洛伦兹力由磁场产生，但是洛伦兹力其实是另一个参考系下的电场力。如果电磁场及力都满足对应的洛伦兹变换，那么洛伦兹力可以由另一个参考系下的电场力导出。

为了更清楚地说明这一点，我们考虑一个无穷长直线电流的模型：设电中性的无穷长直导线中，带负电的粒子固定不动，带正电的粒子以速率 v 沿着 x 轴正方向运动。需要注意的是，现实生活中的大部分电流都是由带负电的电子做漂移运动导致的，这里假设电流来源于带正电的粒子的运动虽然不太符合现实情况，但这不影响我们对洛伦兹力的讨论。

由于导线是电中性的，正电荷线密度 λ_+ 与负电荷线密度 λ_- 必然满足

$$\lambda = \lambda_+ = -\lambda_-$$

这时候，整个空间只存在磁场，不存在电场。

假设一个电荷量为 q 的粒子处在 xy 平面上，到 x 轴的距离为 y，它朝着

平行于 x 轴的正方向运动，速度大小同样为 v。像前面一样，我们考虑两个参考系：S 系与 S' 系，其中导线静止于 S 系，带电粒子静止于 S' 系。这两个参考系的直角坐标轴互相平行，并且在 $t=0$ 时，两个参考系的直角坐标系重叠在一起。我们先来分析带电粒子在 S' 系上的受力情况。

由于洛伦兹收缩，以速度 v 运动的带电线元的电荷线密度是它静止时的电荷线密度的 γ 倍。在 S' 系上，正电荷都是静止的，于是 $\lambda_+ = \gamma\lambda'_+$，所以

$$\lambda'_+ = \frac{\lambda_+}{\gamma} = \frac{\lambda}{\gamma}$$

负电荷在 S 系是静止的，而在 S' 系上是朝着 x' 轴负方向以速度 v 运动的，因此

$$\lambda'_- = \gamma\lambda_- = -\gamma\lambda$$

于是，在 S' 系上观察到的导线总电荷线密度为

$$\lambda_{\text{total}} = \lambda'_+ + \lambda'_- = \frac{\lambda}{\gamma} - \gamma\lambda = \gamma\lambda\left(\frac{1}{\gamma^2} - 1\right) = -\lambda\gamma\left(\frac{v}{c}\right)^2$$

可见，虽然导线在 S 系上是电中性的，但是它在 S' 系上不是电中性的。这是一个相对论效应，来源于洛伦兹收缩。

在 S' 系上，除了能观测到导线上存在电荷，还可以观测到导线上存在电流，这是因为负电荷沿着 x' 轴负方向运动。因此，在 S' 系上，既能观测到电场，也能观测到磁场。在 S' 系上，带电粒子是静止的。假如我们现在还不知道磁场对带电粒子的作用力的形式，我们在此做一个合理的假设：静止带电粒子不受磁场的作用。于是在 S' 系上，带电粒子只受到电场力的作用。根据前面求出的无穷长均匀带电直线的电场，可知带电粒子受的电场力只沿 y 轴方向，满足

$$\vec{F}' = q\vec{E}'$$

其中，电场强度 $\vec{E}'$ 只有 y 分量不为零，E'_y 为

$$E'_y = -\frac{(v/c)^2 \lambda\gamma}{2\pi\varepsilon_0 y'} = -\frac{v^2\lambda\gamma}{2\pi\varepsilon_0 c^2 y'}$$

现在，我们已经知道 S' 系上带电粒子受的力了，而这个带电粒子在 S 系上不是静止的，并且 S 系上存在磁场，因此如果我们还不知道洛伦兹力的形

式，就没法直接求出带电粒子在 S 系上受的力。这时候我们就只能借助力的参考系变换关系了。为此，我们在这里给读者介绍一下四维力。假设粒子以速度 $\vec{u}$ 运动，粒子受到的三维力为 $\vec{F}$，粒子的固有时微元 $\mathrm{d}\tau = \mathrm{d}t / \gamma_u$ 是不随参考系变换而改变的，这里的 γ_u 为

$$\gamma_u = \frac{1}{\sqrt{1-(u/c)^2}}$$

在前面的章节里，我们介绍了四维动量 $(E/c, \vec{p})$，它是一个四维矢量。由于 $\mathrm{d}\tau$ 不随参考系变换而改变，因此

$$\frac{\mathrm{d}}{\mathrm{d}\tau}\begin{pmatrix} E/c \\ \vec{p} \end{pmatrix}$$

依然按照四维矢量的变换规则进行变换，于是它是一个四维矢量。仿照牛顿第二定律，我们定义此四维矢量为四维力。根据牛顿第二定律及微分形式的动能定理，有

$$\frac{\mathrm{d}\vec{p}}{\mathrm{d}t} = \vec{F}$$

$$\frac{\mathrm{d}E}{\mathrm{d}t} = \vec{F}\cdot\vec{u}$$

考虑到 $\mathrm{d}\tau = \mathrm{d}t / \gamma_u$，所以有

$$\frac{\mathrm{d}}{\mathrm{d}\tau}\begin{pmatrix} E/c \\ \vec{p} \end{pmatrix} = \gamma_u \frac{\mathrm{d}}{\mathrm{d}t}\begin{pmatrix} E/c \\ \vec{p} \end{pmatrix} = \begin{pmatrix} \dfrac{\gamma_u}{c}\vec{F}\cdot\vec{u} \\ \gamma_u\vec{F} \end{pmatrix}$$

这就是四维力与三维力 $\vec{F}$ 之间的关系。

在 S' 系上，带电粒子静止，因此 $\vec{u}' = 0$，此时 $\gamma_{u'} = 1$。根据前面得到的带电粒子在 S' 系的受力结果，相应的四维力可以写为

$$\begin{pmatrix} 0 \\ 0 \\ F_y' \\ 0 \end{pmatrix} = \begin{pmatrix} 0 \\ 0 \\ qE_y' \\ 0 \end{pmatrix}$$

另一方面，在 S 系上，带电粒子的速度为 $\vec{u} = \vec{v} = v\vec{i}$，所以 $\gamma_u = \gamma$。设带电粒子受到的力为 $\vec{F}$，借助洛伦兹变换，可以知道相应的四维力为

$$\begin{pmatrix} \gamma \dfrac{\vec{F} \cdot \vec{v}}{c} \\ \gamma F_x \\ \gamma F_y \\ \gamma F_z \end{pmatrix} = \begin{pmatrix} \gamma & \gamma \dfrac{v}{c} & 0 & 0 \\ \gamma \dfrac{v}{c} & \gamma & 0 & 0 \\ 0 & 0 & 1 & 0 \\ 0 & 0 & 0 & 1 \end{pmatrix} \begin{pmatrix} 0 \\ 0 \\ F'_y \\ 0 \end{pmatrix} = \begin{pmatrix} 0 \\ 0 \\ qE'_y \\ 0 \end{pmatrix}$$

可见，力 $\vec{F}$ 只在 y 轴方向存在不为零的分量，并且有

$$F_y = \frac{qE'_y}{\gamma} = -\frac{qv^2 \lambda}{2\pi\varepsilon_0 c^2 y'} = -qv \cdot \left(\frac{\mu_0}{2\pi} \frac{v\lambda}{y} \right) = -qvB_\phi$$

其中，已经使用了关系 $y' = y$，并且在最后一步代入了式（2）的结果。

分析磁场的方向与带电粒子的运动方向，容易得到 $-vB_\phi = (\vec{v} \times \vec{B}) \cdot \vec{j}$，并且 $\vec{v} \times \vec{B}$ 只在 y 轴方向存在不为零的分量，于是立即得到

$$\vec{F} = q\vec{v} \times \vec{B}$$

这正是带电粒子在磁场中受到的洛伦兹力公式，它仅仅来源于 S' 系上的电场力。由于我们总可以选取到与带电粒子相对静止的参考系，因此，一般的洛伦兹力都是另一个参考系中的电场力。

小结
Summary

　　在本节中，我们不仅求出了匀速运动点电荷的电磁场，还借助此结果求出了无穷长均匀带电直线的电场与无穷长直线电流的磁场，这些结果与使用高斯定理或者安培环路定理所得的结果一致，这在一定程度上印证了我们求出来的匀速运动点电荷的电磁场的准确性。然后，我们分析了两个参考系下带电粒子的受力情况，发现一个参考系下的洛伦兹力在另一个参考系下可能只是电场力。因此，只要我们假定静止电荷在电磁场中只受到形如 $q\vec{E}$ 的电场力，那么在一般情况下，电磁场对带电粒子的作用力形式也就固定下来了。从这个意义上来说，在狭义相对论的动力学框架下，只需要电场力公式，加上麦克斯韦方程组，整个电动力学就完备了，而洛伦兹力公式则成为一个推论。

振动点电荷会怎样辐射电磁波？

——用远场低速近似求振动点电荷的电磁势[1]

摘要：在本节中，我们将使用近似方法求解振动点电荷在远处的电磁势。振动点电荷的电磁势对时间的依赖比匀速运动点电荷的要复杂，精确求解会比较困难。在实际应用中，我们一般不需要精确的解，因此可以使用近似方法。我们在这里将采用远场低速近似，先近似求解出低速振动的点电荷在远处的电磁势，然后根据这个电磁势求出对应的电磁场的辐射部分。

在前几节，我们引入了电磁势 ϕ 与 $\vec{A}$，它们与电磁场的关系为

$$\vec{E} = -\vec{\nabla}\phi - \frac{\partial \vec{A}}{\partial t}$$

$$\vec{B} = \vec{\nabla} \times \vec{A}$$

在使用洛伦兹规范的情况下，可以得到电磁势满足的方程为

$$\vec{\nabla}^2 \phi - \frac{1}{c^2}\frac{\partial^2 \phi}{\partial t^2} = -\frac{\rho}{\varepsilon_0}$$

$$\vec{\nabla}^2 \vec{A} - \frac{1}{c^2}\frac{\partial^2 \vec{A}}{\partial t^2} = -\mu_0 \vec{j}$$

如果只考虑从电荷、电流发出的向无穷远处传播的波，那么可以得到电磁势的解为

---

1 整理自搜狐视频 App"张朝阳"账号/作品/物理课栏目中的第 89、90 期视频，由李松执笔。

$$\phi(\vec{r}_1, t) = \frac{1}{4\pi\varepsilon_0} \int dV_2 \frac{\rho(\vec{r}_2, t - r_{12}/c)}{r_{12}}$$

$$\vec{A}(\vec{r}_1, t) = \frac{\mu_0}{4\pi} \int dV_2 \frac{\vec{j}(\vec{r}_2, t - r_{12}/c)}{r_{12}}$$

这就是所谓的推迟势解，在电荷守恒的条件下，它是天然满足洛伦兹规范的。

一、考虑非相对论近似，远场展开求出电磁势

在《张朝阳的物理课》第一卷中，为了解释天空为什么是蓝色的，我们介绍了瑞利散射。因为当时还没有介绍电动力学，我们只能引用现成的结果：

$$\vec{E} = \frac{q}{4\pi\varepsilon_0} \left[\frac{\vec{e}_{r'}}{r'^2} + \frac{r'}{c} \frac{d}{dt} \left(\frac{\vec{e}_{r'}}{r'^2} \right) + \frac{1}{c^2} \frac{d^2}{dt^2} \vec{e}_{r'} \right]$$

这是做任意运动的带电粒子在空间中某一点所产生的电场强度公式，被称为 Heaviside-Feynman 公式[1]，其中的 r' 是考虑了推迟效应后带电粒子到目标位置的距离。当时我们直接使用了这个公式，最后得到了受迫振动的带电粒子的辐射功率与频率的关系。

现在我们有了电动力学的基础，就不用借助前述公式了。为此，我们再次回到介绍瑞利散射时用的模型上：原子核因为质量很大，受电磁波的影响较小；电子在入射电磁波的影响下受迫振动，然后辐射出新的电磁波，这就是瑞利散射。为简单起见，我们假设入射电磁波具有确定的偏振方向，换言之，我们可以假设入射电磁波的电场平行于 z 轴。进一步地，我们忽略电子在振动过程中受到的洛伦兹力。因此，在达到动态平衡之后，我们可以一般化地假设电荷为 q 的粒子在原点附近沿着 z 轴做小幅振动，其运动速度相对于光速来说很小。这时候，电荷密度可以写为

$$\rho(\vec{r}_2, t) = q\delta(x_2)\delta(y_2)\delta(z_2 - z_q(t))$$

根据推迟势解的形式，标量势为

---

1 费曼，莱顿，桑兹. 费曼物理学讲义：第 2 卷[M]. 新千年版. 郑永令，华宏鸣，吴子仪，等译. 上海：上海科学技术出版社，2020.

$$\phi(\vec{r}_1, t) = \frac{1}{4\pi\varepsilon_0} \int dx_2 dy_2 dz_2 \frac{q\delta(x_2)\delta(y_2)\delta(z_2 - z_q(t - r_{12}/c))}{r_{12}}$$

$$= \frac{1}{4\pi\varepsilon_0} \int dz_2 \frac{q\delta(z_2 - z_q(t - r_{12}/c))}{r_{12}}$$

其中，第二行已经积掉 x_2 与 y_2 的狄拉克函数，并且将 r_{12} 中的 x_2 与 y_2 都置为了零。

直接计算上式中的积分是比较麻烦的，不过如果我们只关心辐射，那么我们可以只计算距离原点很远的位置上的电磁势。由于积分中狄拉克函数的存在，只有在 z_q 邻域内的那部分 z_2 才能贡献非零的积分值，于是我们可以只考虑原点附近的 z_2。

参考图 1 所示的各个量的定义，有

$$r_{12} \approx r - z_2 \cos\theta$$

于是

$$t - \frac{r_{12}}{c} \approx \left(t - \frac{r}{c}\right) + \frac{z_2}{c}\cos\theta$$

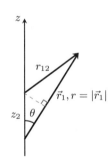

图 1　求远处的电磁势所用的示意图

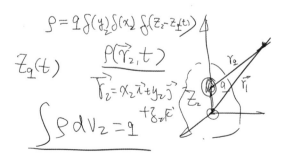

借助这个结果，在运动状态是缓慢变化的情况下，带电粒子的推迟位置可以近似为

$$z_q\left(t-\frac{r_{12}}{c}\right) \approx z_q\left[\left(t-\frac{r}{c}\right)+\frac{z_2}{c}\cos\theta\right]$$

$$\approx z_q\left(t-\frac{r}{c}\right)+\dot{z}_q\left(t-\frac{r}{c}\right)\cdot\frac{z_2}{c}\cos\theta$$

其中，z 上面一点表示对自变量的一阶导数。后文还会用到二阶导数，我们将会用两个点表示。将上式代入积分式中的狄拉克函数内，可以得到

$$\delta(z_2-z_q(t-r_{12}/c)) \approx \delta[z_2-z_q(t-r/c)-\dot{z}_q z_2\cos\theta/c]$$
$$=\delta[(1-\dot{z}_q\cos\theta/c)z_2-z_q(t-r/c)] \quad\quad (1)$$
$$=\frac{1}{1-\dot{z}_q\cos\theta/c}\delta\left[z_2-\frac{z_q(t-r/c)}{1-\dot{z}_q\cos\theta/c}\right]$$

注意，上式中的 $\dot{z}_q$ 只是 $\dot{z}_q(t-r/c)$ 的简写，$\cos\theta/c$ 表示的是 $\dfrac{\cos\theta}{c}$，请勿当成 $\cos(\theta/c)$。在式（1）最后一行的推导中，我们使用了狄拉克函数的性质：

$$\delta(\alpha(x-x_0))=\frac{1}{|\alpha|}\delta(x-x_0)$$

我们前面求解匀速运动点电荷的电磁势时介绍过这个性质。不过，在式（1）最后一行的推导中，我们还利用了粒子运动速度小于光速这个条件，从而有 $1-\dot{z}_q\cos\theta/c>0$，于是不用额外加上绝对值符号。将式（1）代入标量势的积分中，可得

$$\phi \approx \frac{q}{4\pi\varepsilon_0}\frac{1}{1-\dot{z}_q\cos\theta/c}\int \mathrm{d}z_2\frac{\delta\left[z_2-\dfrac{z_q(t-r/c)}{1-\dot{z}_q\cos\theta/c}\right]}{r-z_2\cos\theta}$$

$$=\frac{q}{4\pi\varepsilon_0}\frac{1}{1-\dot{z}_q\cos\theta/c}\frac{1}{r-\dfrac{z_q(t-r/c)}{1-\dot{z}_q\cos\theta/c}\cos\theta}$$

$$=\frac{q}{4\pi\varepsilon_0}\frac{1}{r-\dfrac{r}{c}\dot{z}_q(t-r/c)\cos\theta-z_q(t-r/c)\cos\theta}$$

在远场条件下，$z_q \ll r$，因此上式分母中第三项可以被忽略。进一步地，我们考虑到 $\dot{z}_q(t-r/c)$ 与粒子速度 $\vec{v}(t-r/c)$ 的关系，可以得到

$$\phi \approx \frac{q}{4\pi\varepsilon_0} \frac{1}{r - \dfrac{r}{c}\dot{z}_q(t-r/c)\cos\theta}$$

$$= \frac{q}{4\pi\varepsilon_0} \frac{1}{r - \vec{r}\cdot\vec{v}(t-r/c)/c}$$

另一方面，振动点电荷的电流密度可以写为

$$\vec{j} = \rho\dot{z}_q(t)\vec{k} = q\delta(x_2)\delta(y_2)\delta(z_2-z_q(t))\dot{z}_q(t)\vec{k}$$

经过与标量势类似的近似推导，可以得到远处的矢量势为

$$\vec{A} = \frac{\mu_0\vec{k}}{4\pi} \int \frac{q\delta[z_2-z_q(t-r_{12}/c)]}{r_{12}}\dot{z}_q(t-r_{12}/c)\mathrm{d}z_2 \approx \vec{k}\frac{\mu_0 q}{4\pi}\frac{\dot{z}_q(t-r/c)}{r-\vec{r}\cdot\vec{v}(t-r/c)/c}$$

二、从振动点电荷的磁矢势出发得到其电磁场（的辐射部分）

有了电磁势，就可以求解电磁场了。相对来说，求电磁场会比求电场简单一些。因为我们关心的是振动点电荷的电磁辐射，因此只需要求电场、磁场中随着 r 增大以 $1/r$ 的速度衰减的项，比 $1/r$ 的衰减速度还要高的项不会贡献电磁辐射。这是为什么呢？其实我们可以从能量守恒的角度来理解，在下一节，我们将会证明电磁场的能流密度正比于 EB。于是，如果 EB 的衰减速度高于 r^{-2}，那么电磁场在以原点为中心的球面上的能量通量将随着球面半径的增大而减小，这表明电磁场的能量并没有辐射出去，那这明显不是电磁辐射。

因为粒子运动速度远小于光速，因此推迟势分母中的 $(r-\vec{r}\cdot\vec{v}/c)$ 可以被近似为 r。矢量势的旋度等于磁感应强度，而旋度算子作用在 $1/r$ 上会得到一个以 $1/r^2$ 速度衰减的项，因此可以直接忽略。这样的话，我们只需要考虑旋度算子作用在矢量势分子上的项。用 $\vec{B}_{ra}$ 表示磁感应强度的辐射部分，根据这里的分析，有

$$\vec{B}_{\mathrm{ra}} \approx \frac{\mu_0 q}{4\pi} \vec{\nabla} \times \left(\dot{z}_q(t-r/c)\vec{k} \right) = \frac{\mu_0 q}{4\pi} \frac{1}{r} \begin{vmatrix} \vec{i} & \vec{j} & \vec{k} \\ \dfrac{\partial}{\partial x} & \dfrac{\partial}{\partial y} & \dfrac{\partial}{\partial z} \\ 0 & 0 & \dot{z}_q(t-r/c) \end{vmatrix}$$

$$= \frac{\mu_0 q}{4\pi} \frac{1}{r} \left(\vec{i} \frac{\partial \dot{z}_q(t-r/c)}{\partial y} - \vec{j} \frac{\dot{z}_q(t-r/c)}{\partial x} \right)$$

$$= \frac{\mu_0 q}{4\pi} \frac{1}{r} \left(\left(-\frac{1}{c}\ddot{z}_q \frac{\partial r}{\partial y} \right)\vec{i} - \left(-\frac{1}{c}\ddot{z}_q \frac{\partial r}{\partial x} \right)\vec{j} \right)$$

$$= \frac{\mu_0 q}{4\pi} \frac{1}{cr} \left(\left(-\ddot{z}_q \frac{y}{r} \right)\vec{i} - \left(-\ddot{z}_q \frac{x}{r} \right)\vec{j} \right)$$

借助直角坐标系基矢的叉乘关系 $\vec{i} = -\vec{k} \times \vec{j}$ 与 $\vec{j} = \vec{k} \times \vec{i}$，上式可以改写为

$$\vec{B}_{\mathrm{ra}} \approx \frac{\mu_0 q}{4\pi} \frac{1}{cr} \left(\left(-\ddot{z}_q \frac{y}{r} \right)\left(-\vec{k} \times \vec{j} \right) - \left(-\ddot{z}_q \frac{x}{r} \right)\left(\vec{k} \times \vec{i} \right) \right)$$

$$= \frac{\mu_0 q}{4\pi} \frac{1}{cr} \vec{k} \times \left(\ddot{z}_q \frac{y}{r}\vec{j} + \ddot{z}_q \frac{x}{r}\vec{i} \right)$$

$$= \frac{\mu_0 q}{4\pi} \frac{1}{cr} \vec{k} \times \left(\frac{x}{r}\vec{i} + \frac{y}{r}\vec{j} + \frac{z}{r}\vec{k} \right) \ddot{z}_q \left(t - \frac{r}{c} \right)$$

$$= \frac{\mu_0 q}{4\pi} \frac{1}{cr} \left(\vec{k} \times \frac{\vec{r}}{r} \right) \ddot{z}_q \left(t - \frac{r}{c} \right)$$

可见磁感应强度的辐射部分正比于推迟的带电粒子的加速度，并且与传播方向 $\vec{r}/r$ 垂直。

如果只关心磁感应强度的辐射部分的大小，可以得到

$$\left| \vec{B}_{\mathrm{ra}} \right| = \frac{q\mu_0}{4\pi c} \frac{1}{r} \sin\theta \cdot a(t-r/c)$$

其中，a 表示带电粒子的加速度。

计算完磁感应强度的辐射部分，我们接下来开始计算电场的辐射部分。根据电场与电磁势之间的关系，有

$$\vec{E} = -\vec{\nabla}\phi - \frac{\partial \vec{A}}{\partial t}$$

将其中的梯度算子用球坐标系 (r,θ,φ) 来表示，可得

$$\vec{\nabla} = \vec{e}_r \frac{\partial}{\partial r} + \frac{\vec{e}_\theta}{r}\frac{\partial}{\partial \theta} + \frac{\vec{e}_\phi}{r\sin\theta}\frac{\partial}{\partial \varphi}$$

由于整个系统是绕 z 轴旋转对称的，因此梯度算子中对角度 φ 求导的部分可以直接忽略。又因为与辐射有关的部分随 r 的增大以 $1/r$ 的速度减小，而梯度算子中对 θ 求编导的部分带有 $1/r$ 系数，再加上标量势本身就已经正比于 $1/r$ 了，因此梯度算子中对标量势求 θ 导数的部分必定以比 $1/r$ 高阶的速度减小，从而不属于辐射部分。那么，只需要考虑其中对 r 偏导的项即可。

因为

$$\phi \approx \frac{q}{4\pi\varepsilon_0}\frac{1}{r - r\dot{z}_q(t - r/c)\cos\theta/c}$$

可知，只有当 $\partial / \partial r$ 作用在 $(t - r/c)$ 上时，才能得到正比于 $1/r$ 的项：

$$\begin{aligned}
-\vec{e}_r\frac{\partial \phi}{\partial r}\bigg|_{1/r\text{项}} &= -\vec{e}_r\frac{q}{4\pi\varepsilon_0}\left(-\frac{1}{r'^2}\right)\left(-r\ddot{z}_q\frac{\cos\theta}{c}\right)\left(-\frac{1}{c}\right) \\
&\approx \frac{q}{4\pi\varepsilon_0 c^2}\frac{\cos\theta}{r}\ddot{z}_q\left(t - \frac{r}{c}\right)\vec{e}_r
\end{aligned} \quad (2)$$

其中，r' 表示的是

$$r' = r - r\dot{z}_q(t - r/c)\cos\theta/c$$

在式（2）推导的第二步中，我们做了低速近似，从而有 $r \approx r'$。

电场中的另一部分是矢量势对时间的偏导数，矢量势中有两部分对时间存在依赖关系：第一部分是分子上的粒子速度，第二部分是分母上的粒子速度。根据链式法则，矢量势对时间 t 的偏导数由两部分组成，第一部分是对分子上的粒子速度求时间导数，第二部分是对分母上的粒子速度求时间导数，这两部分都是正比于 $1/r$ 的，因此都属于辐射部分。不过，第二部分会出来一个 $\dot{z}_q/c$ 因子，因此在低速的情况下可以忽略这一项，所以有

$$-\frac{\partial \vec{A}}{\partial t}\bigg|_{\text{主要辐射项}} = -\vec{k}\frac{\mu_0 q}{4\pi}\frac{1}{r}\ddot{z}_q\left(t - \frac{r}{c}\right)$$

综合上式与式（2），可以得到

$$\vec{E}_{\text{ra}} = \frac{q}{4\pi\varepsilon_0 c^2} \frac{\cos\theta}{r} \ddot{z}_q\left(t - \frac{r}{c}\right)\vec{e}_r - \vec{k}\frac{\mu_0 q}{4\pi}\frac{1}{r}\ddot{z}_q\left(t - \frac{r}{c}\right)$$

$$\approx \frac{q}{4\pi\varepsilon_0 c^2}\frac{\ddot{z}_q(t - r/c)}{r}(\vec{e}_r\cos\theta - \vec{k})$$

$$= \frac{q}{4\pi\varepsilon_0 c^2}\frac{\ddot{z}_q(t - r/c)}{r}(\vec{e}_r\cos\theta - \vec{e}_r\cos\theta + \vec{e}_\theta\sin\theta)$$

$$= \frac{q}{4\pi\varepsilon_0 c^2}\frac{\ddot{z}_q(t - r/c)}{r}\vec{e}_\theta\sin\theta$$

电场辐射部分的大小为

$$\left|\vec{E}_{\text{ra}}\right| = \frac{q}{4\pi\varepsilon_0 c^2}\frac{\ddot{z}_q(t - r/c)}{r}\sin\theta$$

由这个结果可以知道，振动点电荷的电磁场辐射部分满足 $\left|\vec{E}_{\text{ra}}\right| = c\left|\vec{B}_{\text{ra}}\right|$。

小结
Summary

　　在本节中，我们近似求解了在原点处做低速小幅振动的点电荷在远离原点处的电磁势，然后通过所得电磁势得到了该点电荷的电磁场辐射部分，并且得到了关系 $\left|\vec{E}_{\text{ra}}\right| = c\left|\vec{B}_{\text{ra}}\right|$。在下一节，我们将会使用这些结果推导瑞利散射功率与频率的关系。需要注意的是，在求磁感应强度的辐射部分时，我们一开始就将分母中的 $(r - \vec{r}\cdot\vec{v}/c)$ 近似成了 r，而实际上这里的 $\vec{v}$ 的自变量是 $t - r/c$，它是依赖于 r 的，因此会被 ∇ 作用到，所得结果会对辐射部分产生贡献。不过，与求电场辐射部分的近似原因类似，这一个结果存在因子 $\dot{z}_q/c$，因此在低速近似下可以被忽略，所以我们一开始就将分母中的 $(r - \vec{r}\cdot\vec{v}/c)$ 近似成 r 是符合远场低速近似的。

瑞利散射功率为什么与频率的四次方成正比?

——电磁场的能流密度与振动点电荷的辐射功率[1]

摘要：在本节中，我们将根据上一节求出的低速小幅振动点电荷的电磁场辐射部分计算辐射功率。为此，我们需要先介绍电磁场的能量密度、能流密度等概念，并推导出电磁场的能量守恒方程。最后，我们将用前半节所介绍的知识及上一节所得的结果证明瑞利散射功率正比于频率的四次方。

在上一节中，我们求出了低速小幅振动点电荷的电磁场的辐射部分，这些电磁场应该怎么与瑞利散射功率联系在一起呢? 我们知道，散射功率的本质是单位时间内散射出去的能量，于是瑞利散射功率就应该等于简谐振动点电荷在单位时间内辐射出去的能量。那么，现在我们面临的主要问题是，怎么求辐射能量? 为此，我们先来介绍电磁场的能量特征。

一、分析带电物质的能量变化，得到电磁场的能量公式

我们知道，带电粒子在电磁场中的受力为

$$\vec{F} = q(\vec{E} + \vec{v} \times \vec{B})$$

其中，q 是带电粒子的电荷量，$\vec{v}$ 是带电粒子的运动速度。对于（单一）电荷分布，电磁力以力的体密度的形式给出：

$$\vec{f} = \frac{\mathrm{d}\vec{F}}{\mathrm{d}V} = \rho(\vec{E} + \vec{v} \times \vec{B})$$

---

1 整理自搜狐视频 App "张朝阳" 账号/作品/物理课栏目中的第 90 期视频，由李松执笔。

根据动能定理可知，单位体积物质的能量在单位时间上的增量为

$$\frac{\mathrm{d}u}{\mathrm{d}t} = \vec{f} \cdot \vec{v} = \rho(\vec{E} + \vec{v} \times \vec{B}) \cdot \vec{v} = \vec{E} \cdot (\rho \vec{v}) = \vec{E} \cdot \vec{j}$$

借助麦克斯韦方程组，有

$$\vec{j} = \frac{1}{\mu_0} \vec{\nabla} \times \vec{B} - \varepsilon_0 \frac{\partial \vec{E}}{\partial t}$$

所以

$$\frac{\mathrm{d}u}{\mathrm{d}t} = \vec{E} \cdot \left(\frac{1}{\mu_0} \vec{\nabla} \times \vec{B} - \varepsilon_0 \frac{\partial \vec{E}}{\partial t} \right) = \frac{1}{\mu_0} \vec{E} \cdot (\vec{\nabla} \times \vec{B}) - \varepsilon_0 \vec{E} \cdot \frac{\partial \vec{E}}{\partial t}$$

接着，我们利用矢量分析中的等式：

$$\vec{\nabla} \cdot (\vec{E} \times \vec{B}) = -\vec{E} \cdot (\vec{\nabla} \times \vec{B}) + \vec{B} \cdot (\vec{\nabla} \times \vec{E})$$

可以得到

$$
\begin{aligned}
\frac{\mathrm{d}u}{\mathrm{d}t} &= -\frac{1}{\mu_0} \vec{\nabla} \cdot (\vec{E} \times \vec{B}) + \frac{1}{\mu_0} \vec{B} \cdot (\vec{\nabla} \times \vec{E}) - \varepsilon_0 \vec{E} \cdot \frac{\partial \vec{E}}{\partial t} \\
&= -\frac{1}{\mu_0} \vec{\nabla} \cdot (\vec{E} \times \vec{B}) - \frac{1}{\mu_0} \vec{B} \cdot \frac{\partial \vec{B}}{\partial t} - \varepsilon_0 \vec{E} \cdot \frac{\partial \vec{E}}{\partial t} \\
&= -\vec{\nabla} \cdot \left(\frac{1}{\mu_0} \vec{E} \times \vec{B} \right) - \frac{\partial}{\partial t} \left(\frac{1}{2\mu_0} B^2 + \frac{\varepsilon_0}{2} E^2 \right)
\end{aligned}
$$

为了弄清楚这个结果的物理意义，我们考虑真空中的情况。此时，物质的能量密度 $u = 0$，于是得到

$$\vec{\nabla} \cdot \left(\frac{1}{\mu_0} \vec{E} \times \vec{B} \right) + \frac{\partial}{\partial t} \left(\frac{1}{2\mu_0} B^2 + \frac{\varepsilon_0}{2} E^2 \right) = 0 \tag{1}$$

我们定义 $\mathcal{E}$ 与 $\vec{S}$ 如下：

$$\mathcal{E} = \frac{\varepsilon_0}{2} E^2 + \frac{1}{2\mu_0} B^2$$

$$\vec{S} = \frac{1}{\mu_0} \vec{E} \times \vec{B}$$

然后将式（1）用 $\mathcal{E}$ 与 $\vec{S}$ 来表示，可得

$$\frac{\partial \mathcal{E}}{\partial t} + \vec{\nabla} \cdot \vec{S} = 0 \qquad (2)$$

这样形式的方程我们再熟悉不过了。比如对于电荷守恒方程，我们有

$$\frac{\partial \rho}{\partial t} + \vec{\nabla} \cdot \vec{j} = 0$$

对比电荷守恒方程可知，$\mathcal{E}$ 表示的是某个量的密度，而 $\vec{S}$ 代表的是这个量的流密度，同时这个量在真空下是守恒的。由于前面推导的是物质能量密度在单位时间内的改变量，而物质能量的改变由电磁场导致，这是因为电磁场与物质进行了能量交换，因此，前述"某个量"正是电磁场的能量，$\mathcal{E}$ 表示的是电磁场的能量密度，$\vec{S}$ 表示的是电磁场的能流密度，式（2）正是电磁场在真空中的能量守恒定律。

对于满足关系 $E = cB$ 的辐射场，它的能量密度为

$$\mathcal{E} = \frac{\varepsilon_0}{2} E^2 + \frac{1}{2\mu_0} B^2 = \varepsilon_0 E^2$$

这个结果适用于上一节求出的小幅低速运动带电粒子辐射场。进一步地，小幅低速运动带电粒子辐射场的能流密度为

$$\begin{aligned}\vec{S} &= \frac{1}{\mu_0} \vec{E}_{ra} \times \vec{B}_{ra} = \frac{1}{\mu_0} \frac{q}{4\pi\varepsilon_0 c^2} \frac{q}{4\pi\varepsilon_0 c^3} \frac{1}{r^2} \ddot{z}_q^2 \sin^2 \theta \vec{e}_r \\ &= \frac{q^2}{16\pi^2 \varepsilon_0 c^3} \frac{1}{r^2} a^2 \sin^2 \theta \vec{e}_r\end{aligned} \qquad (3)$$

式（3）中各个量的含义请参见上一节。

二、推导受迫振动的运动，计算瑞利散射功率

前面得到了沿 z 轴做小幅低速运动的带电粒子的辐射场能流密度公式，我们打算将其用到瑞利散射上面。为此，我们考虑一个简化模型：由于原子核质量很大，假设其不受电磁场影响，那么电子将会在入射电磁场的作用下运动。

一般来说，入射电磁波是很复杂的，不过总可以通过傅里叶分析将其分

解为简谐波的叠加。我们在这里的目的是求辐射功率，从前面的分析可知，辐射功率依赖于电磁场的二次方，另一方面，对电磁场求二次方后不同频率之间的交叉项可以通过做时间平均而消掉，因此我们可以只分析单一频率时的辐射功率。为了进一步简化模型，我们考虑到电子做的是低速运动，因此可以忽略磁场对其的影响，只考虑电场对电子的作用。

假设入射电磁波具有确定的偏振方向，我们取坐标轴使得入射电磁波的电场平行于 z 轴。入射电磁波的电场部分用复数表示法可以写为

$$\vec{E} = \vec{E}_0 \mathrm{e}^{\mathrm{i}\omega t}$$

其中，ω 是入射电磁波的角频率。

假设电子恢复平衡位置的劲度系数为 k，电子质量为 m，电荷量为 q（下面的推导也适用于 $q > 0$ 的一般情况），忽略一切阻尼，那么电子沿 z 轴的运动方程可以写为

$$\ddot{z}_q + \frac{k}{m} z_q = \frac{qE_0}{m} \mathrm{e}^{\mathrm{i}\omega t}$$

与上一节的符号约定一样，其中，$\ddot{z}_q$ 的上面两点表示对自变量的二阶导数。

根据《张朝阳的物理课》第一卷中对谐振子的经典运动分析可知，上式中的 k/m 可以写为电子固有频率 ω_0 的平方。进一步地，我们知道，电子的运动主要由角频率为 ω 与角频率为 ω_0 的两部分运动组成，但是由于输入能量的力是以角频率 ω 振动的，因此角频率为 ω_0 的运动必然会衰减，直到消失，最终只剩下角频率为 ω 的运动。于是，我们可以设

$$z_q = z_0 \mathrm{e}^{\mathrm{i}\omega t}$$

将其代入运动方程，得到

$$-\omega^2 z_0 + \omega_0^2 z_0 = \frac{qE_0}{m}$$

从中解出 z_0，可得

$$z_0 = \frac{qE_0}{m} \frac{1}{\omega_0^2 - \omega^2}$$

在前面的推导中，我们使用了简谐运动的复数表示法，其中只有实部或者虚部才表示真实的物理量。如果我们取虚部表示真实的物理量，那么电子的加速度为

$$a(t) = -z_0 \omega^2 \sin \omega t = \frac{q \dot{E}_0}{m} \frac{\omega^2 \sin \omega t}{\omega^2 - \omega_0^2}$$

将上式代入前面的式（3），可以知道，电子辐射功率的能流密度大小为

$$S(t) = \frac{q^2}{16 \pi^2 \varepsilon_0 c^3} \frac{1}{r^2} \sin^2 \theta \left(\frac{q E_0}{m} \frac{\omega^2 \sin \omega t'}{\omega^2 - \omega_0^2} \right)^2$$

其中，能流密度的方向为沿着径向指向无穷远，$t' = t - r/c$ 表示推迟时刻。任取一个足够大的、以原点为中心的球面，求 $S(t)$ 在其上的积分，可得辐射功率为

$$\begin{aligned}
P(t) &= \int S(t) r^2 \mathrm{d}\Omega \\
&= \frac{q^2}{16 \pi^2 \varepsilon_0 c^3} \left(\frac{q E_0}{m} \frac{\omega^2 \sin \omega t'}{\omega^2 - \omega_0^2} \right)^2 \underbrace{\int_0^\pi \sin^3 \theta \mathrm{d}\theta \int_0^{2\pi} \mathrm{d}\varphi}_{= 8\pi/3} \\
&= \frac{q^2}{6 \pi \varepsilon_0 c^3} \left(\frac{q E_0}{m} \right)^2 \left(\frac{\omega^2}{\omega^2 - \omega_0^2} \right)^2 \sin^2 \omega t'
\end{aligned}$$

由于 t' 与 t 成线性关系，因此时间 t 上的平均等于"时间" t' 上的平均。又因为

$$\langle \sin^2 \omega t' \rangle = \lim_{t' \to +\infty} \frac{1}{t'} \int_0^{t'} \sin^2 \omega \tau \mathrm{d}\tau = \frac{1}{2}$$

于是得到

$$\langle P \rangle = \frac{q^2}{12 \pi \varepsilon_0 c^3} \left(\frac{q E_0}{m} \right)^2 \frac{\omega^4}{(\omega^2 - \omega_0^2)^2}$$

对于空气分子，ω_0 一般是大于可见光频率的，有的分子 ω_0 远远大于可见光频率，那么对于 ω 取可见光频率时，有

$$\langle P \rangle = \frac{q^2}{12\pi\varepsilon_0 c^3}\left(\frac{qE_0}{m}\right)^2 \frac{\omega^4}{(\omega^2-\omega_0^2)^2}$$

$$\approx \frac{q^2}{12\pi\varepsilon_0 c^3}\left(\frac{qE_0}{m}\right)^2 \frac{\omega^4}{\omega_0^4}$$

这就是瑞利散射的结果，散射功率正比于频率的四次方。因此，蓝光比其他光更容易受到大气分子的散射，所以白天的天空看起来是蓝色的[1]。另一方面，傍晚的时候，太阳光斜着射入大气层，经过很长距离才到达人的眼睛，这时候太阳光的高频部分已经被散射掉大部分，只剩下低频部分，所以这时候的太阳看起来是金黄色甚至是红色的。

如果带电粒子受到的束缚很小，那么此时 ω_0 将远远小于 ω，有

$$\langle P \rangle = \frac{q^2}{12\pi\varepsilon_0 c^3}\left(\frac{qE_0}{m}\right)^2 \frac{\omega^4}{(\omega^2-\omega_0^2)^2}$$

$$\approx \frac{q^2}{12\pi\varepsilon_0 c^3}\left(\frac{qE_0}{m}\right)^2$$

可见辐射功率与频率无关，这对应的是光的汤姆逊散射。

小结
Summary

　　在本节中，我们介绍了电磁场的能量密度、能流密度，并证明了真空中的能量守恒定律。接着，使用相应的能流密度公式及受迫振动的相关结果，我们得到了受迫振动时电子的辐射功率，并通过取两种极端条件下的极限分别得到了瑞利散射的结果与汤姆逊散射的结果。我们在前一节及本节从电磁学角度出发证明了瑞利散射功率正比于频率的四次方，从而可以作为《张朝阳的物理课》第一卷中关于瑞利散射的补充。

1　为什么不是紫色的呢？一是因为眼睛对紫色光不敏感，二是因为太阳光谱中紫色光较蓝色光要少很多。

为什么电磁势构成四维矢量？
——电磁势构成四维矢量的一般性证明[1]

摘要：在本节中，我们先证明电荷密度、电流密度可以构成四维矢量，然后以此为基础，通过电磁势的推迟势解证明电磁势可以构成四维矢量。我们在这里的证明将是一般性证明，不限于特定的电荷分布或者电流分布。同时，在本节中，我们将首次使用指标形式而非矩阵形式的洛伦兹变换公式，不过这两者仅在形式上存在差异，本质上还是相同的。

在前面的内容中，我们得到了电磁势的推迟势解：

$$\phi(\vec{r}_1, t) = \frac{1}{4\pi\varepsilon_0} \int \mathrm{d}V_2 \frac{\rho(\vec{r}_2, t - R/c)}{R}$$

$$\vec{A}(\vec{r}_1, t) = \frac{\mu_0}{4\pi} \int \mathrm{d}V_2 \frac{\vec{j}(\vec{r}_2, t - R/c)}{R}$$

其中，$R = |\vec{r}_1 - \vec{r}_2|$。这组解满足的是洛伦兹规范下的电磁势方程，同时它们自身也满足洛伦兹规范。在之前的讨论中，我们多次提到"电磁势构成四维矢量"这个结论，并且在匀速运动点电荷的情况下验证了这个结论，不过我们一直没有给出一般性的证明。接下来，我们将从推迟势解出发，证明电磁势确实满足四维矢量的洛伦兹变换。

一、从四维时空坐标出发，说明四维流是四维矢量

为了证明电磁势可以构成四维矢量，我们先来说明电荷密度、电流密度

---

1 整理自搜狐视频 App "张朝阳"账号/作品/物理课栏目中的第 91 期视频，由李松执笔，涂凯勋对此证明方法有贡献。

可以构成四维矢量。

我们考虑最简单的情况，假设 S' 系相对于 S 系以速率 v 沿着 x 轴正方向运动，并且在 $t=0$ 时刻，S' 系的坐标架与 S 系的坐标架重合。这时候，四维时空坐标 $X=(ct,x,y,z)^{\mathrm{T}}$ 满足四维矢量的变换关系，因此可以看成是四维矢量。不过需要注意的是，一般情况下的四维时空坐标并不是四维矢量，因为有可能两个参考系的时空原点并不相同。但是，时空坐标之间的差，也就是时空间隔矢量，则是四维矢量。微元 $\mathrm{d}X$ 本质上是无穷小的时空间隔矢量，它是四维矢量。固有时的间隔 $\mathrm{d}\tau$ 表示的是粒子在静止系上的时间间隔，它是洛伦兹不变的，因此 $\mathrm{d}X/\mathrm{d}\tau$ 是四维矢量。

假设粒子在 S' 系上是静止的，由于时间延缓效应，在 S 系上有 $\mathrm{d}t=\gamma\mathrm{d}\tau$，其中，$\gamma$ 是

$$\gamma=\frac{1}{\sqrt{1-\beta^2}}=\frac{1}{\sqrt{1-(v/c)^2}}$$

因此[1]

$$\frac{\mathrm{d}X}{\mathrm{d}\tau}=\frac{\mathrm{d}X}{\mathrm{d}t/\gamma}=\gamma\frac{\mathrm{d}X}{\mathrm{d}t}=\begin{pmatrix}\gamma c\\\gamma\vec{v}\end{pmatrix}$$

可见，$\mathrm{d}X/\mathrm{d}\tau$ 正是粒子的四维速度 V。

接下来，我们将在四维速度是四维矢量的基础上说明电荷密度、电流密度可以构成四维矢量。

为简单起见，我们假设 S' 系是某部分电荷微元的静止系，这部分电荷微元在 S' 系的电荷密度记为 ρ_0，被称为固有电荷密度，是不随参考系变换而改变的。由于电荷在各个参考系上都是相同的，因此

$$\mathrm{d}Q=\rho\mathrm{d}x\mathrm{d}y\mathrm{d}z=\rho_0\mathrm{d}x'\mathrm{d}y'\mathrm{d}z'=\rho_0\gamma\mathrm{d}x\mathrm{d}y\mathrm{d}z$$

其中，使用了洛伦兹收缩导致的关系 $\mathrm{d}x'=\gamma\mathrm{d}x$。于是，得到

$$\rho=\gamma\rho_0 \tag{1}$$

我们将电荷密度、电流密度按如下方式组合成列向量形式：

---

[1] 如果四维速度的列向量形式或者行向量形式只给出了两个分量，除非另做说明，否则这意味着我们忽略了其中的 y、z 分量。

$$J = \begin{pmatrix} \rho c \\ \vec{j} \end{pmatrix}$$

其中，$\vec{j} = \rho \vec{v}$。上述列向量被称为四维流。借助式（1），四维流 J 可以写为

$$J = \begin{pmatrix} \rho c \\ \rho \vec{v} \end{pmatrix} = \begin{pmatrix} \gamma \rho_0 c \\ \gamma \rho_0 \vec{v} \end{pmatrix} = \rho_0 \begin{pmatrix} \gamma c \\ \gamma \vec{v} \end{pmatrix} = \rho_0 V$$

由此可见，四维流正好是固有电荷密度与这部分电荷微元的四维速度的乘积，而固有电荷密度是不随参考系变换而改变的，因此是洛伦兹不变的，四维速度是四维矢量，因此四维流也是四维矢量。

二、巧用积分换元，证明电磁势构成四维矢量

借助希腊字母指标，可以将四维流表示成

$$J = \left(J^{\nu} \right) = \begin{pmatrix} \rho c \\ j_x \\ j_y \\ j_z \end{pmatrix}$$

其中，指标 ν 的取值范围是 $\{0, 1, 2, 3\}$。

电磁势可以组合成

$$A = \left(A^{\nu} \right) = \begin{pmatrix} \phi / c \\ A_x \\ A_y \\ A_z \end{pmatrix}$$

接下来需要证明的是，A 是一个四维矢量。

在接下来的推导中，我们使用爱因斯坦求和约定：一上一下重复的指标表示对这个指标求和，求和范围从 0 到 3，此时不必再显式地写出求和符号。

由于四维流是四维矢量，因此它满足如下变换关系：

$$J(\vec{r}, t) = \Lambda^{-1} J'(\vec{r}', t')$$

其中，Λ 表示洛伦兹变换矩阵。注意等式两边的四维流的自变量是相应参考系上的时空坐标。证明 A 是一个四维矢量等价于证明 A 也满足与上式类似的关系：

$$A(\vec{r},t) = \Lambda^{-1} A'(\vec{r}',t')$$

在爱因斯坦求和约定之下，上面两个关系可以写成分量形式：

$$J^{\mu}(\vec{r},t) = (\Lambda^{-1})^{\mu}{}_{\nu} J'^{\nu}(\vec{r}',t')$$

$$A^{\mu}(\vec{r},t) = (\Lambda^{-1})^{\mu}{}_{\nu} A'^{\nu}(\vec{r}',t')$$

其中，第二个等式是接下来需要证明的。由于部分读者并不熟悉爱因斯坦求和约定，我们再次强调，一上一下重复的指标表示对这个指标求和，比如上式本质上代表的是

$$J^{\mu}(\vec{r},t) = \sum_{\nu=0}^{3} (\Lambda^{-1})^{\mu}{}_{\nu} J'^{\nu}(\vec{r}',t')$$

$$A^{\mu}(\vec{r},t) = \sum_{\nu=0}^{3} (\Lambda^{-1})^{\mu}{}_{\nu} A'^{\nu}(\vec{r}',t')$$

根据推迟势解，S' 系的标量势与矢量势可以统一写为

$$A'^{\nu}(x_1',y_1',z_1',t') = \frac{\mu_0}{4\pi} \int \frac{J'^{\nu}(x_2',y_2',z_2',t'-R'/c)}{R'} dV_2'$$

其中，积分在 S' 系整个空间上进行，R' 是 $\vec{r}_1'$ 到 $\vec{r}_2'$ 的空间距离。

我们引入新的积分变量 $\vec{\eta}'$，满足

$$x_2' = x_1' + \eta_x'$$
$$y_2' = y_1' + \eta_y'$$
$$z_2' = z_1' + \eta_z'$$

那么有

$$dV_2' = dx_2' dy_2' dz_2' = d\eta_x' d\eta_y' d\eta_z'$$

以及

$$R' = |\vec{r}_2' - \vec{r}_1'| = \sqrt{\eta_x'^2 + \eta_y'^2 + \eta_z'^2}$$

于是，在新的积分变量 $\vec{\eta}'$ 下，电磁势可以写为

$$A'^{\nu}(x_1',y_1',z_1',t') = \frac{\mu_0}{4\pi} \int \frac{J'^{\nu}(x_1'+\eta_x',y_1'+\eta_y',z_1'+\eta_z',t'-R'/c)}{R'} d\eta_x' d\eta_y' d\eta_z'$$

设 S 系上的时空坐标 $(ct, \vec{r_1})$ 对应 S' 系上的时空坐标 $(ct', \vec{r_1'})$，那么根据洛伦兹变换，有如下关系式成立：

$$t = \gamma\left(t' + \frac{v}{c^2}x_1'\right)$$
$$x_1 = \gamma(x_1' + vt')$$
$$y_1 = y_1'$$
$$z_1 = z_1'$$

根据四维流的洛伦兹变换规则，S 系上的四维流为

$$\boldsymbol{J}^\mu(x_d, y_d, z_d, t_d) = (\boldsymbol{\Lambda}^{-1})^\mu{}_\nu \boldsymbol{J}'^\nu(x_2', y_2', z_2', t_d')$$

其中，$t_d' = t' - R'/c$ 是 S' 系上的推迟时刻。r_d 与 t_d 是 S 系上的时空坐标，由 S' 系上的时空坐标 r_2' 与 t_d' 经过洛伦兹（逆）变换得来，因此有

$$t_d = \gamma\left(t_d' + \frac{v}{c^2}x_2'\right) = \gamma\left(t' - \frac{R'}{c}\right) + \gamma\frac{v}{c^2}(x_1' + \eta_x')$$
$$= \gamma\left(t' + \frac{v}{c^2}x_1'\right) - \frac{1}{c} \cdot \underbrace{\gamma(R' - \beta\eta_x')}_{\text{记为 }L} = t - \frac{L}{c}$$

以及

$$x_d = \gamma(x_2' + vt_d') = \gamma(x_1' + \eta_x') + \gamma v\left(t' - \frac{R'}{c}\right)$$
$$= \gamma(x_1' + vt') + \underbrace{\gamma(\eta_x' - \beta R')}_{\text{记为 }\alpha} = x_1 + \alpha$$

而 y 分量与 z 分量的变换则非常简单：

$$y_d = y_1' + \eta_y' = y_1 + \eta_y'$$
$$z_d = z_1' + \eta_z' = z_1 + \eta_z'$$

综合上述结果可知，四维流被洛伦兹变换为

$$(\boldsymbol{R}^{-1})^\mu{}_\nu \boldsymbol{J}'^\nu(\vec{r_2'}, t_d') = (\boldsymbol{\Lambda}^{-1})^\mu{}_\nu \boldsymbol{J}'^\nu(x_1' + \eta_x', y_1' + \eta_y', z_1' + \eta_z', t' - R'/c)$$
$$= \boldsymbol{J}^\mu(x_1 + \alpha, y_1 + \eta_y', z_1 + \eta_z', t - L/c)$$

对比四维流在 S' 系的形式

$$\boldsymbol{J}'^\nu(x_1' + \eta_x', y_1' + \eta_y', z_1' + \eta_z', t' - R'/c)$$

其中，R' 满足

$$R' = \sqrt{\eta_x'^2 + \eta_y'^2 + \eta_z'^2}$$

那么很容易就想到是否有下面的结果成立：

$$L \overset{?}{=} \sqrt{\alpha^2 + \eta_y'^2 + \eta_z'^2}$$

这可以通过直接计算来验证。首先，根据 α 的定义，有

$$\begin{aligned}
\alpha^2 + \eta_y'^2 + \eta_z'^2 &= \gamma^2(\eta_x' - \beta R')^2 + R'^2 - \eta_x'^2 \\
&= (\gamma^2 - 1)\eta_x'^2 - 2\gamma^2\beta\eta_x'R' + (\gamma^2\beta^2 + 1)R'^2
\end{aligned}$$

借助关系 $1 + \gamma^2\beta^2 = \gamma^2$，可以立即得到

$$\begin{aligned}
\alpha^2 + \eta_y'^2 + \eta_z'^2 &= \gamma^2\beta^2\eta_x'^2 - 2\gamma^2\beta\eta_x'R' + \gamma^2 R'^2 \\
&= \gamma^2(\beta^2\eta_x'^2 - 2\beta\eta_x'R' + R'^2) \\
&= \gamma^2(R' - \beta\eta_x')^2 = L^2
\end{aligned}$$

可见，L 确实满足等式

$$L = \sqrt{\alpha^2 + \eta_y'^2 + \eta_z'^2}$$

到目前为止，我们已经得到了很多块"拼图"，不过为了实现最终的证明过程，我们还需要最后一块"拼图"，那就是 $\mathrm{d}\eta_x'$ 与 $\mathrm{d}\alpha$ 之间的关系，其中在取微分的过程中，保持 η_y' 与 η_z' 为常数。为了求出它们的关系，我们先固定 η_y' 与 η_z'。由于 $\beta = v/c$ 是小于 1 的，可以证明，无论 η_y' 与 η_z' 取什么值，α 的范围都是从负无穷到正无穷。根据 α 的定义，有

$$\begin{aligned}
\mathrm{d}\alpha &= \gamma(\mathrm{d}\eta_x' - \beta\mathrm{d}R') \\
&= \gamma\left(\mathrm{d}\eta_x' - \beta\frac{\eta_x'}{R'}\mathrm{d}\eta_x'\right) \\
&= \frac{\gamma(R' - \beta\eta_x')}{R'}\mathrm{d}\eta_x' \\
&= \frac{L}{R'}\mathrm{d}\eta_x'
\end{aligned}$$

因此

$$\mathrm{d}\eta_x' = \frac{R'}{L}\mathrm{d}\alpha$$

至此，我们终于收集完所有"拼图"了。把这些"拼图"综合在一起，可以得到

$$
\begin{aligned}
(\Lambda^{-1})^\mu{}_\nu A'^\nu(\vec{r}_1',t') &= \frac{\mu_0}{4\pi}\int \frac{(\Lambda^{-1})^\mu{}_\nu J'^\nu(x_1'+\eta_x',y_1'+\eta_y',z_1'+\eta_z',t'-R'/c)}{R'}\mathrm{d}\eta_x'\mathrm{d}\eta_y'\mathrm{d}\eta_z' \\
&= \frac{\mu_0}{4\pi}\int \frac{J^\mu(x_1+\alpha,y_1+\eta_y',z_1+\eta_z',t-L/c)}{R'}\mathrm{d}\eta_x'\mathrm{d}\eta_y'\mathrm{d}\eta_z' \\
&= \frac{\mu_0}{4\pi}\int \frac{J^\mu(x_1+\alpha,y_1+\eta_y',z_1+\eta_z',t-L/c)}{R'}\frac{R'}{L}\mathrm{d}\alpha\mathrm{d}\eta_y'\mathrm{d}\eta_z' \\
&= \frac{\mu_0}{4\pi}\int \frac{J^\mu(x_1+\alpha,y_1+\eta_y',z_1+\eta_z',t-L/c)}{L}\mathrm{d}\alpha\mathrm{d}\eta_y'\mathrm{d}\eta_z' \\
&= \frac{\mu_0}{4\pi}\int \frac{J^\mu(x_1+\eta_x,y_1+\eta_y,z_1+\eta_z,t-R/c)}{R}\mathrm{d}\eta_x\mathrm{d}\eta_y\mathrm{d}\eta_z \\
&= A^\mu(x_1,y_1,z_1,t)
\end{aligned}
$$

其中，倒数第二步做了如下的积分换元：

$$
\eta_x = \alpha, \quad \eta_y = \eta_y', \quad \eta_z = \eta_z'
$$

最后结果表明，电磁势满足四维矢量的洛伦兹变换规则，所以它是一个四维矢量。

小结
Summary

在本节中，我们先通过四维速度与固有电荷密度说明了电荷密度、电流密度可以组合成为一个四维矢量，然后借助推迟势解，通过特殊的积分换元证明了推迟势形式的电磁势可以构成四维矢量。推迟势之所以能构成四维矢量，很大程度上是因为洛伦兹规范——因为洛伦兹规范条件是洛伦兹不变的。除了我们在这里使用的证明方法，还可以通过引入狄拉克函数，将电磁势的积分写成四维形式，那样就可以直接看出四维电磁势是一个四维矢量。

折射率的微观起源是怎样的？
——光在介质中的速度与光的折射[1]

摘要：在本节中，我们将介绍光速在不同透明介质中的差异导致了光线进入不同透明介质时会发生折射，并且推导得到折射定律。基于这个结果，解释折射率的起源就转化成了解释光速差异的起源，或者更准确的说法是，解释电磁波相速度差异的起源。我们将通过考虑介质中电子对电磁波的散射来回答这个问题，最终得到折射率的微观表达式。

我们知道，光线从空气斜射到玻璃上时，一部分光会被反射，另一部分光会进入玻璃内部，但是，进入玻璃内部的光线方向与入射光的方向不同，两者之间存在一个非零夹角，这就是光的折射现象。出现这种现象的本质原因是什么呢？

一、光速差异导致折射

不同透明介质中的光速 v 一般是不一样的，而且一般都小于真空中的光速，这时候就有 $v = c / n$，其中的 n 就被称为折射率，其数值一般是大于 1 的。正因为光速存在差异，才有了光在不同介质表面的折射。

可以证明，平面电磁波的等相位面是与电磁波的传播方向垂直的，因此我们可以通过分析折射波的等相位面得到折射波的传播方向，从而唯象地解释光的折射。

参考图 1，中间的竖直线表示介质表面，光从左下方向入射，θ_1 表示入

---

1 整理自搜狐视频 App "张朝阳" 账号/作品/物理课栏目中的第 92、93 期视频，由李松执笔。

射光的入射角，θ_2 表示折射光的折射角，$l = |BC|$。为了一目了然，我们接下来对其他符号的下标做类似的约定：下标 1 表示表面左侧介质的相关量，下标 2 表示表面右侧介质的相关量。

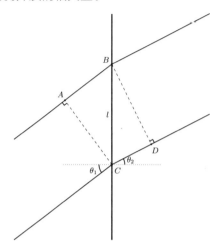

图 1　分析折射现象的示意图

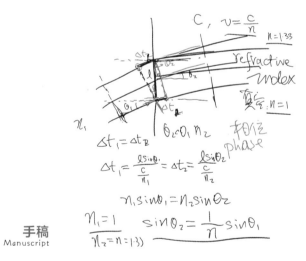

手稿
Manuscript

图 1 还标出了入射光与折射光的等相位面（线）AC 与 BD。设 Δt_1 是 A 点的电磁波传播到 B 点所花费的时间，Δt_2 是 C 点的电磁波传播到 D 点所花费的时间。容易知道，等相位线 AC 经过一段时间后会到达等相位线 BD 的位置，因此 $\Delta t_1 = \Delta t_2$。设两个介质的折射率分别为 n_1 和 n_2，那么有

$$\Delta t_1 = \frac{l \sin \theta_1}{c / n_1}$$

$$\Delta t_2 = \frac{l \sin \theta_2}{c / n_2}$$

这样立即得到

$$n_1 \sin \theta_1 = n_2 \sin \theta_2$$

这就是一般的折射定律。

对于从真空入射的情况，有 $n_1 = 1$、$n_2 = n$，上述折射定律则变为

$$\sin \theta_2 = \frac{1}{n} \sin \theta_1$$

折射率 n 一般是大于 1 的，因此有 $\theta_2 < \theta_1$。从这个结果可以得到很多有趣的结论，比如参考图 2，岸边的人看到的水底物体的位置比水底物体的真实位置要高，这是因为水底物体发出的光受到了水面的折射，从而影响了人们对物体位置的判断。同样，由于大气会折射太阳光，通过分析太阳光的光路可以知道，日出时刻，太阳的实际位置低于人们看到的太阳位置，甚至在刚日出的时候，太阳实际上还处于地平线之下。

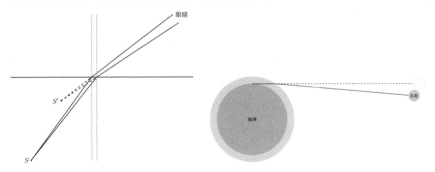

图 2　折射导致对物体位置的误判

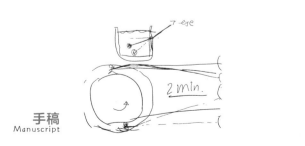

手稿
Manuscript

二、分析介质平面的辐射电场，做图近似求解积分结果

从上面的介绍可以知道，光的折射来源于光在不同透明介质中的速度差异，那为什么速度会不一样呢？产生速度差异的微观原因是什么？为了解决这个问题，我们将介质中的原子、分子看成一个个处于固定位置的粒子。入射光进入透明介质后，光波中的电磁场会使电子振动起来，电子会因此辐射电磁波，这就是电子对光的散射。折射光是由入射光与散射光叠加在一起形成的，因此接下来我们将分析电子的辐射光。

为简单起见，假设平面电磁波是垂直入射的，透明介质厚度为 Δz ，在这里我们仅考虑介质层很薄的情况，因此可以近似地将其当成介质平面来看待。建立直角坐标系使得 xy 平面为介质平面，电磁波入射方向为 z 轴正方向。同时，在介质平面上建立极坐标系 (r, ϕ) 。设介质中的电子数密度为 N ，电子电荷量为 q ，那么介质平面中电子对应的电荷面密度为 $\sigma = Nq\Delta z$ ，电荷微元可以写为 $dQ = \sigma dS = \sigma r dr d\phi$ 。进一步假设入射电磁波具有固定的偏振方向，它的电场分量平行于 x 轴，忽略磁场对电子的影响，那么原子、分子中的电子将只沿着 x 轴方向振动，它的运动方程为

$$x(t) = x_0 e^{i\omega t} + x'$$

其中， x' 表示电子初始位置的 x 分量，不同电子的 x' 是不一样的。从上式可以得到

$$\ddot{x}(t - R/c) = -\omega^2 x_0 e^{i\omega(t - R/c)}$$

其中， x 上面两点表示对自变量的二阶导数。

根据前几节的结果，单个振动电子在 z 轴某一点 $(0, 0, z)$ 上产生的电场的辐射部分为

$$\vec{E} = \frac{q}{4\pi\varepsilon_0 c^2} \frac{\ddot{x}(t - R/c)}{R} \sin\theta \vec{e}_\theta$$

其中， R 与 θ 的定义参见图 3， $\vec{e}_\theta$ 是以点 A 为原点、平行于 x 轴的正方向为极轴方向的球坐标的基矢之一。上式只是电子电场的辐射部分，至于电子电场的非辐射部分，则会被原子核中的异号电荷产生的电场抵消掉，因此我们

只需要考虑其中的辐射部分即可。

为了求出总的电场，我们需要对整个介质平面的电子进行积分。由于整个系统是绕 z 轴旋转对称的，因此我们使用极坐标 (r, ϕ) 进行积分会更方便。

参考图 3，A_1 与 A 关于 x 轴对称，A_3 与 A 关于 y 轴对称，A_2 与 A 关于原点对称。容易知道，这四个点上的电子在 $(0, 0, z)$ 产生的电场的 y、z 分量刚好互相抵消，只剩下 x 分量。因此，如果我们固定积分中的 r，先积一整个圆的话，那么总电场的 y、z 分量都互相抵消。于是，整个介质平面的辐射电场只有 x 分量非零。

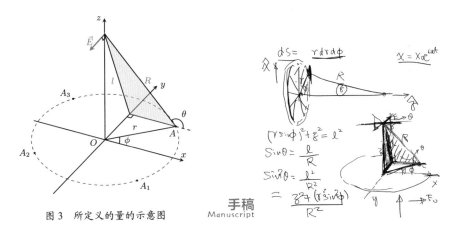

图 3 所定义的量的示意图

根据球坐标基矢的定义容易知道，基矢 $\vec{e}_\theta$ 在 x 轴的投影大小为 $\sin(\pi - \theta) = \sin\theta$，方向与 x 轴方向相反，因此有

$$\mathrm{d}E_d = -\frac{\mathrm{d}Q}{4\pi\varepsilon_0 c^2}\frac{\ddot{x}(t - R/c)}{R}\sin^2\theta$$

其中，已经用 E_d 表示电场的 x 分量。将 $\mathrm{d}Q = \sigma r\mathrm{d}r\mathrm{d}\phi$ 与加速度公式代入，并对整个平面进行积分，有

$$E_d = \int\frac{\sigma r\mathrm{d}r\mathrm{d}\phi}{4\pi\varepsilon_0 c^2}\frac{\omega^2}{R}\sin^2\theta x_0\mathrm{e}^{\mathrm{i}\omega(t - R/c)} \tag{1}$$

根据立体几何的知识，有

$$(r\sin\phi)^2 + z^2 = l^2$$

又因为 $\sin\theta = \sin(\pi-\theta) = l/R$ ，所以

$$\sin^2\theta = \frac{l^2}{R^2} = \frac{(r\sin\phi)^2 + z^2}{R^2}$$

将这个结果代入式（1），并将 ω/c 记为 k ，可以得到

$$E_d = \frac{\omega^2\sigma}{4\pi\varepsilon_0 c^2} x_0 \mathrm{e}^{i\omega t} \int_0^\infty r\mathrm{d}r \int_0^{2\pi} \mathrm{d}\phi \frac{1}{R} \mathrm{e}^{-ikR} \frac{(r\sin\phi)^2 + z^2}{R^2}$$

又因为 $R^2 = r^2 + z^2$ ，所以 $r\mathrm{d}r = R\mathrm{d}R$ ，将其代入上式，可得

$$\begin{aligned}
E_d &= \frac{\omega^2\sigma}{4\pi\varepsilon_0 c^2} x_0 \mathrm{e}^{i\omega t} \int_z^\infty R\mathrm{d}R \int_0^{2\pi} \mathrm{d}\phi \frac{1}{R} \mathrm{e}^{-ikR} \frac{(r\sin\phi)^2 + z^2}{R^2} \\
&= \frac{\omega^2\sigma}{4\pi\varepsilon_0 c^2} x_0 \mathrm{e}^{i\omega t} \int_z^\infty \mathrm{d}R \frac{1}{R^2} \mathrm{e}^{-ikR} \int_0^{2\pi} \left((r\sin\phi)^2 + z^2\right)\mathrm{d}\phi \\
&= \frac{\omega^2\sigma}{4\pi\varepsilon_0 c^2} x_0 \mathrm{e}^{i\omega t} \int_z^\infty \mathrm{d}R \frac{1}{R^2} \mathrm{e}^{-ikR} \left(\pi r^2 + 2\pi z^2\right) \\
&= \frac{\omega^2\sigma}{4\varepsilon_0 c^2} x_0 \mathrm{e}^{i\omega t} \int_z^\infty \mathrm{d}R \frac{r^2 + 2z^2}{R^2} \mathrm{e}^{-ikR} \\
&= \frac{\omega^2\sigma}{4\varepsilon_0 c^2} x_0 \mathrm{e}^{i\omega t} \int_z^\infty \mathrm{d}R \frac{(R^2-z^2) + 2z^2}{R^2} \mathrm{e}^{-ikR} \\
&= \frac{\omega^2\sigma}{4\varepsilon_0 c^2} x_0 \mathrm{e}^{i\omega t} \left(\int_z^\infty \mathrm{e}^{-ikR}\mathrm{d}R + z^2 \int_z^\infty \frac{\mathrm{e}^{-ikR}}{R^2}\mathrm{d}R \right)
\end{aligned} \qquad (2)$$

在最后的结果中，第一个积分是发散的，需要特殊处理；第二个积分具有良好的定义，但是直接求解存在困难，需要近似处理。

首先处理第一个积分，我们参考费曼物理学讲义中的处理方法。首先，这个积分可以改写为

$$\begin{aligned}
\int_z^\infty \mathrm{e}^{-ikR}\mathrm{d}R &= \frac{1}{k} \int_{\theta_0 = kz}^\infty \mathrm{e}^{-i\theta}\mathrm{d}\theta \\
&\approx \frac{1}{k} \sum_{n=0}^\infty \mathrm{e}^{-i(\theta_0 + n\Delta\theta)} \Delta\theta
\end{aligned} \qquad (3)$$

由于每个 $\mathrm{e}^{-i(\theta_0 + n\Delta\theta)}\Delta\theta$ 都是复平面上的一个长度为 $\Delta\theta$ 的矢量，矢量与 x 轴正方向的角度为 $(\theta_0 + n\Delta\theta)$ ，因此上式本质上是无穷个矢量的叠加。我们可以想象一个人从原点出发，他每一步的步伐长度为固定的 $\Delta\theta$ ，最开始一

步的方向为 θ_0 ，每走一步他就顺时针转动角度 $\Delta\theta$ 。参考图 4 中的黑色圆形折线可以知道，这个人的行走轨迹近似构成一个等边多边形。如果 $\Delta\theta$ 趋向于零，那么轨迹也会趋向于一个圆。

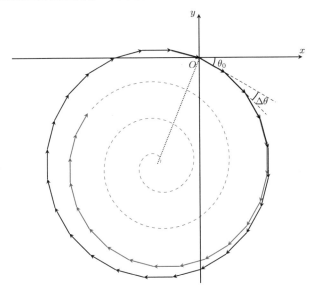

图 4　化积分为矢量叠加

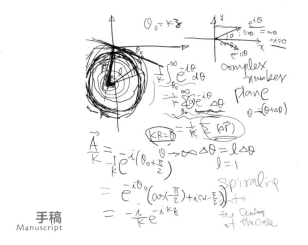

手稿
Manuscript

如果不考虑其他情况，那么整个积分中的"求和"就是不断绕着这个圆在转圈，因此这个积分是求不出具体值的。这个圆的半径是多大呢？参考图 5，这是轨迹等边多边形的一小部分。假设圆的半径是 a ，容易知道此多边形每条边对应的圆心角为 $\Delta\theta$，因此边长近似为 $a\Delta\theta$。又因为步伐长度为固定的 $\Delta\theta$，所以圆的半径 $a=1$。

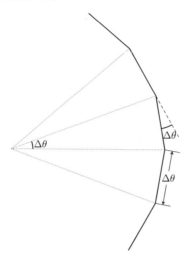

图 5　等边多边形中的一小部分

我们在这里的积分是对整个平面进行的，实际中不可能存在无穷大的介质平面，因此 R 的积分上限不会是正无穷大。从物理直观来说，入射光束的截面积不可能是无穷大，总是有限大小的。由于光的衍射，越远离光束中心，入射电磁波的电场越小，又因为电子的振幅正比于入射电磁波的电场，所以距离光束中心越远的电子贡献的辐射电场就越小。

为此，我们可以假设远处电子的辐射电场逐步趋向于零，从而使得当 R 变大时，用于叠加的矢量的长度是递减的。由于 $\Delta\theta$ 不变，这就导致叠加后的矢量螺旋式地逼近圆心，参考图 4 中的红色轨迹。因此，式（3）的值正好是圆心对应的矢量，这个矢量可以用复数表示为

$$e^{-i(\theta_0+\pi/2)} = -ie^{-i\theta_0}$$

于是得到

$$\int_z^\infty e^{-ikR}\mathrm{d}R = \frac{1}{k}\int_{\theta_0=kz}^\infty e^{-i\theta}\mathrm{d}\theta = -\frac{i}{k}e^{-i\theta_0} = -\frac{ic}{\omega}e^{-ikz}$$

对式（2）最后一行的第二个积分也可以使用类似方法进行近似。首先有

$$z^2 \int_z^\infty \frac{\mathrm{e}^{-\mathrm{i}kR}}{R^2}\mathrm{d}R = z^2 k \int_{\theta_0=kz}^\infty \frac{\mathrm{e}^{-\mathrm{i}\theta}}{\theta^2}\mathrm{d}\theta$$

$$\approx z^2 k \sum_{n=0}^\infty \frac{\mathrm{e}^{-\mathrm{i}(\theta_0+n\Delta\theta)}}{(\theta_0+n\Delta\theta)^2}\Delta\theta$$

$$= \frac{z^2 k}{\theta_0^2} \sum_{n=0}^\infty \frac{\theta_0^2 \Delta\theta}{(\theta_0+n\Delta\theta)^2}\mathrm{e}^{-\mathrm{i}(\theta_0+n\Delta\theta)}$$

上式最后一行的级数也是一系列矢量的叠加。而且，由于分母 $(\theta_0+n\Delta\theta)^2$ 的存在，叠加的矢量会螺旋地趋向于一个固定值。可以证明，当 θ_0 足够大时，这个级数的值约等于前面介绍的圆心所对应的值。因此

$$z^2 \int_z^\infty \frac{\mathrm{e}^{-\mathrm{i}kR}}{R^2}\mathrm{d}R = -\frac{z^2 k}{\theta_0^2}\mathrm{i}\mathrm{e}^{-\mathrm{i}\theta_0} = -\frac{\mathrm{i}c}{\omega}\mathrm{e}^{-\mathrm{i}kz}$$

综合这两个积分结果，可以得到

$$E_d = \frac{\omega^2 \sigma}{4\varepsilon_0 c^2} x_0 \mathrm{e}^{\mathrm{i}\omega t} \times 2 \times \left(-\frac{\mathrm{i}c}{\omega}\mathrm{e}^{-\mathrm{i}kz}\right)$$

$$= -\frac{\mathrm{i}\omega\sigma}{2\varepsilon_0 c} x_0 \mathrm{e}^{\mathrm{i}\omega(t-z/c)}$$

根据电子在电磁波作用下的受迫振动结果，有

$$x_0 = \frac{qE_\mathrm{m}}{m(\omega_0^2-\omega^2)}$$

其中，E_m 是入射电磁波的电场振幅。再考虑到电荷面密度为 $\sigma=Nq\Delta z$，那么 E_d 可以被改写为

$$E_d = -\mathrm{i}\frac{\omega Nq\Delta z}{2\varepsilon_0 c} \cdot \frac{qE_\mathrm{m}}{m(\omega_0^2-\omega^2)}\mathrm{e}^{\mathrm{i}\omega(t-z/c)}$$

$$= -\mathrm{i}\frac{Nq^2}{2\varepsilon_0 m} \cdot \frac{\omega\Delta z}{(\omega_0^2-\omega^2)c}E_\mathrm{m}\mathrm{e}^{\mathrm{i}\omega(t-z/c)}$$

三、分析薄介质导致的光速差异，推导得到折射率公式

求出介质平面中电子的辐射电场后，我们回来求折射率。如果设

$$\alpha = \frac{Nq^2}{2\varepsilon_0 m} \cdot \frac{\omega}{(\omega_0^2-\omega^2)c}$$

那么 E_d 可以表示为

$$E_d = -\mathrm{i}\alpha\Delta z \cdot E_m \mathrm{e}^{\mathrm{i}\omega(t-z/c)} = -\mathrm{i}\alpha E_0 \Delta z$$

其中，$E_0 = E_m \mathrm{e}^{\mathrm{i}(\omega t - kz)}$ 是入射电磁波在 $(0,0,z)$ 处产生的电场。

在介质后面的位置上，总电场为入射电磁波的电场与电子辐射电场的叠加，于是总电场可以写为

$$\begin{aligned}
E &= E_0 + E_d \\
&= E_0(1 - \mathrm{i}\alpha\Delta z) \\
&\approx E_0 \mathrm{e}^{-\mathrm{i}\alpha\Delta z} \\
&= E_m \mathrm{e}^{\mathrm{i}\omega t} \mathrm{e}^{-\mathrm{i}k(z-\Delta z)} \mathrm{e}^{-\mathrm{i}(k+\alpha)\Delta z}
\end{aligned}$$

其中，用到了 Δz 很小，使得 $\alpha\Delta z \ll 1$ 的条件。由上式可知，总电场的相位与入射电磁波的相位是不同的。由于介质厚度为 Δz，因此电磁波经过介质后在长为 $(z-\Delta z)$ 的路径上是不受介质影响的，电磁波的波数依然是 k，于是可以知道介质后面的路径贡献了相位 $\mathrm{e}^{-\mathrm{i}k(z-\Delta z)}$。另一方面，剩下的相位 $\mathrm{e}^{-\mathrm{i}(k+\alpha)\Delta z}$ 可以看作由光在介质中传播带来的，此时的波数为 $k+\alpha$。根据波数的定义，可以知道光在介质中的相速度为

$$v = \frac{\omega}{k+\alpha} = \frac{\omega/k}{1+\alpha/k} = \frac{c}{1+\alpha/k}$$

根据折射率 n 与介质中的光速 v 满足的关系 $v = c/n$，可知此介质的折射率为

$$n = 1 + \frac{\alpha}{k} = 1 + \frac{c}{\omega}\alpha$$

将 α 的表达式代入，可得

$$n = 1 + \frac{Nq^2}{2\varepsilon_0 m(\omega_0^2 - \omega^2)}$$

从这个结果可以发现，折射率其实与电磁波的频率相关，这种相关关系有时候被称作色散关系。正是因为折射率与频率相关，在入射角一致的情况下，不同颜色光的折射角会不一样，因此白光才能在经过三棱镜后被"分散"成各种颜色的光，这也是"色散"这一术语的由来。一般情况下，ω_0 大于可见光频率，因此大部分透明介质的折射率都是大于 1 的，而且频率越高的光，折射率也越大。

　　最后，我们强调一点，这里得到的折射率表达式并没有考虑介质产生的电磁场对介质的影响，因此它只适用于稀薄的气体。不过关于折射率与电磁波频率的依赖趋势，基于这个公式的讨论都是正确的。

小结
Summary

　　在本节中，我们先将光的折射与光在介质中的（相）速度联系了起来，证明了折射定律。然后，我们计算了一个足够薄的介质平面内的电子在垂直入射电磁波作用下的辐射电场，并借助叠加原理得到了透过介质薄层之后的总电场，通过分析其相位，最终得到了电磁波在介质中的相速度，并由此得到了折射率的微观表达式。我们发现，大部分透明介质的折射率都是大于 1 的，并且折射率会随着入射光频率的增大而增大，这就是三棱镜能分解白光的基本原理。

磁荷不存在，那磁矩是什么？
——磁矩及其在外磁场中所受的力矩[1]

摘要：在本节中，我们将介绍磁矩是什么，怎么计算它的值，它和角动量具有什么样的关系，以及恒定磁矩在外磁场中所受到的力矩有多大。这些问题的答案将有助于我们在接下来的内容中理解更多的磁学概念。为了回答这些问题，我们先从简单特殊的例子出发，然后将结论拓展到一般的模型上。

在前面的章节中，我们知道了磁感应强度 $\vec{B}$ 的散度是等于零的：$\vec{\nabla} \cdot \vec{B} = 0$，这意味着在麦克斯韦理论中，磁荷不存在。但是，磁铁是存在于现实生活中的，它具有两个磁极。由于磁荷不存在，磁铁的磁极不可能由磁荷构成。那么磁铁的磁性来自哪里呢？事实上，笼统地说，磁铁的磁性来自内部的"磁偶极子"的有序排列。我们知道，一正一负的等量点电荷靠得很近的时候可以被看成电偶极子；同样，磁偶极子也可以被看成靠得很近的异号等量磁荷。然而，磁荷是不存在的，因此磁偶极子不可能由磁荷构成，不过我们关心的只是外部的磁场，与磁偶极子外磁场相同的磁场分布可以通过电流来实现。每个电流分布都存在一个属性，这个属性描述了此电流分布在远处产生的磁场相当于多大的磁偶极子的磁场，这个属性就是磁矩。

一、磁矩的定义

既然磁矩是衡量电流分布在远处产生的磁场相当于多大的磁偶极子的

1　整理自搜狐视频 App "张朝阳"账号/作品/物理课栏目中的第 94 期视频，由涂凯勋、李松执笔。

磁场的，那么我们事先应该了解一下磁偶极子的磁场是怎样分布的，或者等价地，电偶极子的电场是怎样分布的。电偶极子的电场可以用靠得很近的两个异号等量点电荷的电场来近似，如图 1 所示。

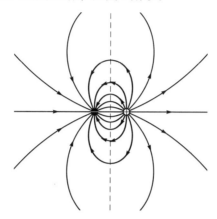

图 1　靠得很近的两个异号等量点电荷的电场线

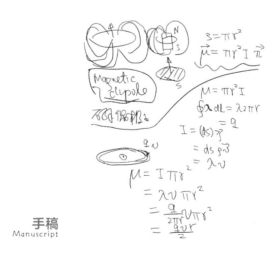

观察外部的电场线，它们是不是很像通电圆形导线环的磁感线？我们把通电圆形导线环的磁感线展示在图 2，以示对比。

可见，在远离电荷、电流源的位置，图 1 与图 2 的电场线与磁感线非常相似，于是其对应的场也非常相似。这启发我们可以用电流环来定义磁矩。事实上，的确如此，面积为 S、电流为 I 的圆形电流环，它的磁矩被定义为

$$\vec{\mu} = IS\vec{n}$$

其中，$\vec{n}$ 是电流环所在平面的单位法向量，其指向与电流方向满足右手螺旋关系，比如在图 2 中，$\vec{n}$ 的指向为从左至右。

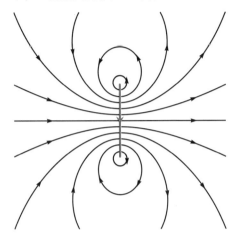

图 2　通电圆形导线环的磁感线

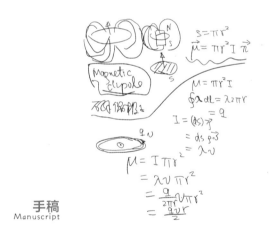

手稿
Manuscript

对于任意一个导线电流分布，我们该怎么求它的磁矩呢？设导线电流大小为 I，我们可以任选一个以导线为边界的曲面，然后将曲面划分成很多个面积微元，每个面积微元的边界通以大小为 I 的电流，电流方向的右手螺旋指向为曲面法向。把所有这些面积微元的电流叠加在一起，最终曲面内部的电流会互相抵消，只剩下曲面边界的电流。因此，所有这些面积微元的边界电流的总磁场等价于原来的导线电流的总磁场，于是，导线电流的磁矩等于所有这些面积微元的边界电流的磁矩之和。根据圆环的磁矩公式，单独一个

面积微元的边界电流的磁矩为 $IdS\vec{n} = Id\vec{S}$，所以总的磁矩为

$$\vec{\mu} = \int Id\vec{S}$$

在数学上可以证明，上述定义的磁矩只与导线的电流分布有关，而与所选的曲面无关。

二、磁矩与角动量的关系

前面介绍的磁矩都是由电流导致的，事实上，现实中还存在不是来源于电流的磁矩，比如电子的磁矩。不过即便如此，电子的磁矩也可以通过经典的方式来理解，只不过这样的理解方式具有很大的局限性。怎么从经典层面理解电子的磁矩呢？首先，我们知道电子具有自旋角动量，因此可以将其看成一个旋转的带电球体。旋转的电荷必然导致环形电流，从而给电子赋予了磁矩。后面我们会看到由这个理解方式计算得到的电子磁矩与实际情况是不相符的。

我们先来看做圆周运动的单个点电荷产生的磁矩与它的角动量具有什么关系。设这个点电荷的电荷量为 q，质量为 m，它正绕着坐标原点以速率 v 做半径为 r 的圆周运动。如果忽略电磁辐射，那么对于远处的磁场来说，做圆周运动的点电荷可以等价为一个环形电流。将电荷 q 平均分配到它的圆周轨道上，可得到等效电荷线密度为 $\lambda = q / (2\pi r)$，又因为点电荷的速度为 v，所以等效电流为

$$I = \lambda v = \frac{qv}{2\pi r}$$

根据圆形电流的磁偶极矩公式，这里的等效电流产生的磁矩为

$$\mu = IS = \frac{qv}{2\pi r} \cdot \pi r^2 = \frac{qvr}{2}$$

另一方面，带电粒子的角动量为

$$\vec{J} = \vec{r} \times m\vec{v} = rvm\vec{n}$$

这里的 $\vec{n}$ 是指向为前述等效电流的右手螺旋指向的单位向量。从磁矩与角动量的式子我们可以发现，这个带电粒子的轨道磁矩与轨道角动量满足关系

$$\vec{\mu} = \frac{q}{2m}\vec{J}$$

这个关系虽然是从点电荷的圆周运动得来的，但是却具有很广的普遍性。例如，对于电荷密度与质量密度成正比的物质，它运动时产生的磁矩与角动量也满足上述关系。当然，电荷密度一般来说不会正比于质量密度，在这样的情况下，磁矩与角动量的关系就会修正为如下更普遍的结果：

$$\vec{\mu} = g\frac{q}{2m}\vec{J}$$

其中，g 被称为朗德因子。这个结果不仅适用于经典带电物质的轨道角动量，还适用于量子力学中的量子化的角动量，包括自旋角动量。对于电子，其中的 g 比 2 偏大一点点。

三、磁矩在均匀外磁场中所受到的力矩

我们知道，电偶极子在匀强电场中会受到力矩作用，那么我们也能断言，由磁荷构成的磁偶极子在均匀磁场中也必然会受到力矩的作用。但是，我们没有真正意义上的由磁荷构成的磁偶极子，但我们在前文找到了能在磁场分布上代表磁偶极子的磁矩，它在均匀磁场中会受到怎样的作用呢？

在这里，我们只分析磁矩在均匀磁场中所受的力矩，磁矩在一般磁场中所受到的合力将留到下一节进行介绍。我们先从简单的特例开始分析，考虑一个电流为 I 的圆形电流环，以圆心为坐标原点、电流环所在平面为 xy 平面，建立三维直角坐标系，其中 z 轴正方向与电流方向满足右手螺旋定则。这样建立的坐标系还存在绕 z 轴的旋转不确定性，因此我们还可以进一步要求均匀的外磁场（磁感应强度为 $\vec{B}$ ）平行于 yz 平面，设 $\vec{B}$ 与 z 轴的夹角为 θ 。整个模型如图 3 所示。

因此，有

$$\vec{r} = r(\cos\phi\,\vec{i} + \sin\phi\,\vec{j})$$
$$\mathrm{d}\vec{r} = r(-\sin\phi\,\vec{i} + \cos\phi\,\vec{j})\mathrm{d}\phi$$
$$\vec{B} = B(\sin\theta\,\vec{j} + \cos\theta\,\vec{k})$$

其中，r 是电流环半径，$B = |\vec{B}|$ 是磁感应强度大小，$\vec{i}$、$\vec{j}$、$\vec{k}$ 分别是 x 方向、y 方向、z 方向的基矢。

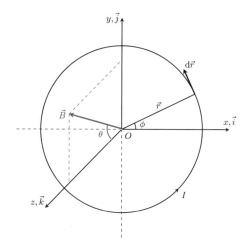

图 3　建立坐标系计算电流环在磁场中受到的力矩

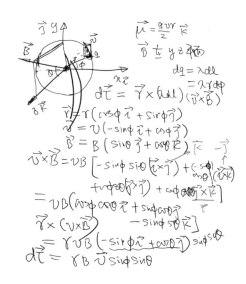

根据洛伦兹力公式，电流元 $I\mathrm{d}\vec{r}$ 受到的外力为

$$
\begin{aligned}
I\mathrm{d}\vec{r} \times \vec{B} &= Ir(-\sin\phi\vec{i} + \cos\phi\vec{j})\mathrm{d}\phi \times B(\sin\theta\vec{j} + \cos\theta\vec{k}) \\
&= IBr(-\sin\phi\sin\theta\vec{i}\times\vec{j} - \sin\phi\cos\theta\vec{i}\times\vec{k} + \cos\phi\cos\theta\vec{j}\times\vec{k})\mathrm{d}\phi \\
&= IBr(\cos\theta\cos\phi\vec{i} + \cos\theta\sin\phi\vec{j} - \sin\theta\sin\phi\vec{k})\mathrm{d}\phi \\
&= IB\cos\theta\cdot\left[r(\cos\phi\vec{i} + \sin\phi\vec{j})\right]\mathrm{d}\phi - IBr\sin\theta\sin\phi\vec{k}\mathrm{d}\phi \\
&= IB\cos\theta\vec{r}\mathrm{d}\phi - IBr\sin\theta\sin\phi\vec{k}\mathrm{d}\phi
\end{aligned}
$$

于是，电流微元 $I\mathrm{d}\vec{r}$ 受到的外力矩为

$$\mathrm{d}\vec{\tau} = \vec{r} \times (I\mathrm{d}\vec{r} \times \vec{B}) = \vec{r} \times \left(IB\cos\theta\vec{r}\mathrm{d}\phi - IBr\sin\theta\sin\phi\vec{k}\mathrm{d}\phi \right)$$

$$= -IBr\sin\theta\sin\phi(\vec{r} \times \vec{k})\mathrm{d}\phi = -IBr^2\sin\theta\sin\phi(\cos\phi\vec{i} + \sin\phi\vec{j}) \times \vec{k}\mathrm{d}\phi$$

$$= IBr^2\sin\theta(-\sin^2\phi\vec{i} + \sin\phi\cos\phi\vec{j})\mathrm{d}\phi$$

由这个结果，可得总外力矩为

$$\vec{\tau} = \int_L \mathrm{d}\tau = IBr^2\sin\theta\left(-\vec{i}\int_0^{2\pi}\sin^2\phi\mathrm{d}\phi + \vec{j}\int_0^{2\pi}\sin\phi\cos\phi\mathrm{d}\phi \right)$$

$$= -BI\pi r^2\sin\theta\vec{i}$$

注意到，其中的 $I\pi r^2 = IS$ 正是圆形电流环的磁矩大小，那么上述力矩公式能否与磁矩联系起来呢？答案是可以的，因为

$$-B\sin\theta\vec{i} = \vec{k} \times B(\sin\theta\vec{j} + \cos\theta\vec{k}) = \vec{k} \times \vec{B}$$

而此模型下的圆形电流环的磁矩为 $\vec{\mu} = I\pi r^2\vec{k}$，所以总的外力矩可以表示为

$$\vec{\tau} = \vec{\mu} \times \vec{B}$$

这个力矩结果非常简洁，我们必然会疑惑，它是普遍成立的吗？还是说它只在圆形电流环这种情况下才会有这么简洁的结果？事实上，上述结果在均匀磁场中是普遍成立的，严格的证明可以借助矢量分析来得到，感兴趣的读者可以尝试一下。

小结
Summary

在本节中，我们介绍了磁矩的概念，以及磁矩与角动量的联系。对于一般的带电体，如果它还具有角动量，那么它一般都会具有磁矩，这个磁矩的大小正比于角动量，比例系数与物质内部的性质有关。这个关系虽然是从经典力学中得到的，但是它的适用范围却能拓展到量子力学，甚至对于粒子自旋与内禀磁矩都适用，这是非常令人惊讶的。同时，我们也研究了磁矩在均匀磁场中所受的力矩，结果表明，力矩等于磁矩与外磁场的向量积。当然，这里研究的力矩其实是磁场作用在电流上的，只不过这个力矩能够通过磁矩简洁地表示出来。对于粒子的内禀磁矩，这里得到的力矩公式同样成立，从这个角度来看，磁场导致的力矩确实是作用在磁矩上的。

磁场对磁矩的力矩会产生什么效应？

——顺磁、抗磁原理及磁矩在磁场中的力与势能[1]

摘要：在本节中，我们将借助上一节得到的磁矩在均匀磁场中的力矩公式简单介绍一下顺磁原理，然后去求磁矩在非均匀磁场中受到的力及其具有的势能。与上一节类似，我们将以圆形线圈为模型进行分析，然后不加证明地推广到一般的磁矩上。

在上一节中，我们借助圆形线圈模型得到了磁矩在外磁场中受到的力矩公式：

$$\vec{\tau} = \vec{\mu} \times \vec{B}$$

这个力矩能带来什么样的物理效应呢？除了力矩，磁矩在磁场中能否受到非零的合力呢？我们接下来将会探讨这些问题。

一、磁矩进动及顺磁、抗磁原理

我们知道，磁矩 $\vec{\mu}$ 在磁场中受到的力矩为 $\vec{\tau} = \vec{\mu} \times \vec{B}$，这个力矩公式可以用来解释磁介质的一些特性。忽略原子核可能具有的磁矩，如果原子或分子的电子自旋刚好互相抵消，以及电子总的轨道角动量为零，根据上一节介绍的磁矩与角动量的关系可知，该原子或分子的总磁矩为零，于是它不会直接受到来自磁场的力矩。

但是，在外加磁场的过程中，磁场从零开始增大，若把电子轨道看成电

---

1 整理自搜狐视频 App "张朝阳" 账号/作品/物理课栏目中的第 95 期视频，由涂凯勋、李松执笔。

流环，那么电流环的磁通量会增大，由法拉第电磁感应定律可知，变化的磁场会感生出电动势，并产生感生电流，由楞次定律（或法拉第定律中感生电动势的方向）可知，感生电流的效应是减弱外磁场的。于是产生一个与外磁场相反的附加磁矩，从而呈现出抵抗外磁场的效果。我们一般称这种磁介质的特性为抗磁性。不过请注意，我们这里的分析是不完整且不严格的。后面几节我们会再次回到抗磁性的问题上。

如果原子或分子的电子自旋没有完全抵消，或者由于电子总的轨道角动量不为零，由磁矩与角动量的关系可知，该原子或分子具有磁矩。对于具有磁矩的原子或分子所组成的磁介质，为简单起见，我们假设这些原子或分子一开始处于完全静止的状态。根据力矩公式可知，外加磁场会使得这些原子或分子的磁矩沿着磁场方向转动（参考图 1），这样就会让原先杂乱无章的磁矩沿同一方向排列，从而使得磁介质具有沿着磁感应强度 $\vec{B}$ 的磁化，这种特性常被称为顺磁性。

更一般的分析表明，当磁矩受到外磁场施加的力矩时，它并不是简单地转向外磁场方向，而是会绕外磁场方向不断地转动，这个转动一般被称为拉莫尔进动，参考图 2。不过，即使存在拉莫尔进动，从统计的意义上来说，磁介质总的磁矩是沿着外磁场方向的，因此同样具有沿着磁感应强度 $\vec{B}$ 的磁化。

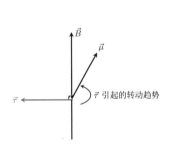

图 1 $\vec{\tau}$ 会使得 $\vec{\mu}$ 具有与 $\vec{B}$ 同方向的趋势

图 2 拉莫尔进动

另外，抗磁性与顺磁性不仅仅体现在诱导出来的磁化方向上。若考虑一个磁铁产生的外磁场，并将抗磁介质等效为一个小磁铁，那么根据磁铁之间的受力规律，可以知道抗磁介质会与磁铁相互排斥，这种相互排斥的性质就体现了抗磁性。基于同样的分析可以知道，顺磁介质会与磁铁相互吸引，这是顺磁性的另一个体现。

二、使用圆形电流环来计算均匀磁场中磁矩受到的力

与上一节推导均匀外磁场中磁矩所受力矩类似，我们在这里仍然以圆形电流环为模型进行推导，只不过我们在这里建立的坐标系如图 3 所示。

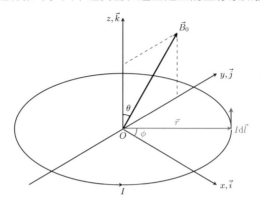

图 3　选取特殊的直角坐标系计算圆形线圈所受的力

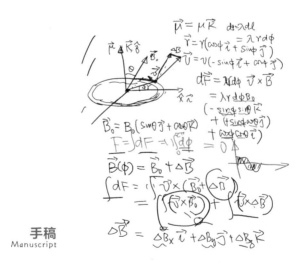

手稿
Manuscript

我们选取了一个特殊的直角坐标系，使得环形电流所在的平面为 xy 平面，坐标原点为圆形电流环的圆心，外磁场（磁感应强度 $\vec{B}_0$）平行于 yz 平面，它是均匀磁场，与 z 轴夹角是 θ。同时，我们在 xy 平面上建立极坐标系 (r, ϕ)，极轴为 x 轴的正半轴。

电流微元 $Id\vec{l}$ 及其位置 $\vec{r}$、磁感应强度 $\vec{B}_0$ 可以使用直角坐标基矢分别表示为

$$I\mathrm{d}\vec{l} = rI(-\sin\phi\vec{i} + \cos\phi\vec{j})\mathrm{d}\phi$$
$$\vec{r} = r(\cos\phi\vec{i} + \sin\phi\vec{j}) \tag{1}$$
$$\vec{B}_0 = B_0(\sin\theta\vec{j} + \cos\theta\vec{k})$$

其中，$\vec{i}$、$\vec{j}$、$\vec{k}$ 分别代表 x 轴、y 轴、z 轴方向的单位向量，它们之间的叉乘满足

$$\vec{i} \times \vec{j} = \vec{k}, \quad \vec{j} \times \vec{k} = \vec{i}, \quad \vec{k} \times \vec{i} = \vec{j}$$

式（1）中的 B_0 是磁感应强度的大小。如果 r 保持固定，那么 $\mathrm{d}\vec{r}$ 表示 $\vec{r}$ 关于角度 ϕ 的微分：

$$\mathrm{d}\vec{r} = r(-\sin\phi\vec{i} + \cos\phi\vec{j})\mathrm{d}\phi$$

根据式（1），可以注意到，$I\mathrm{d}\vec{l} = I\mathrm{d}\vec{r}$，这其实是因为 $\mathrm{d}\vec{l}$ 与 $\mathrm{d}\vec{r}$ 本质上是一样的。

根据安培力公式，可以知道电流微元 $I\mathrm{d}\vec{l}$ 受到的磁场的力为

$$\mathrm{d}\vec{F}_0 = I\mathrm{d}\vec{l} \times \vec{B}_0$$

将式（1）中的相应项代入上式，然后借助基矢之间的叉乘关系，可得

$$\mathrm{d}\vec{F}_0 = rIB_0\left[-\sin\phi\sin\theta\vec{k} + \sin\phi\cos\theta\vec{j} + \cos\phi\cos\theta\vec{i}\right]\mathrm{d}\phi$$

接着，我们对上式在整个电流环上进行积分，就能得到线圈受到的总的力为

$$\begin{aligned}
\vec{F}_0 &= \int \mathrm{d}\vec{F}_0 \\
&= rIB_0\int_0^{2\pi}\left[-\sin\phi\sin\theta\vec{k} + \sin\phi\cos\theta\vec{j} + \cos\phi\cos\theta\vec{i}\right]\mathrm{d}\phi \\
&= 0
\end{aligned}$$

这说明在均匀磁场中圆形线圈受到的合外力为零。这个结果对一般的磁矩也是成立的，在均匀磁场中，磁矩受到的总的力为零，只受到力矩的作用。

三、继续深入计算磁场中磁矩受到的力

前面对均匀磁场中的磁矩受力的计算只是一道"前菜"，接下来我们考虑外磁场是非均匀磁场的情况，这才是本节的重点内容。

我们沿用图 3 的坐标系，与前面不同的是，我们用 $\vec{B}_0$ 表示电流环中心位置的磁感应强度，此时外磁场的磁感应强度 $\vec{B}$ 可以分解为

$$\vec{B} = \vec{B}_0 + \Delta\vec{B}$$

于是，借助安培力公式，圆形电流环所受合力可以表示为

$$\vec{F} = \int \mathrm{d}\vec{F} = \int I\mathrm{d}\vec{l} \times (\vec{B}_0 + \Delta\vec{B}) = \int I\mathrm{d}\vec{l} \times \vec{B}_0 + \int I\mathrm{d}\vec{l} \times \Delta\vec{B}$$
$$= 0 + \int I\mathrm{d}\vec{l} \times \Delta\vec{B}$$

其中，在最后一个等号的推导中，我们使用了匀强磁场中圆形电流环合力为零的结论。

为了进一步的计算，我们将磁感应强度 $\Delta\vec{B}$ 用直角坐标的基矢展开为

$$\Delta\vec{B} = \Delta B_x\vec{i} + \Delta B_y\vec{j} + \Delta B_z\vec{k}$$

结合式（1）中的电流微元的表达式，可以得到

$$\begin{aligned}
\vec{F} &= \int I\mathrm{d}\vec{l} \times \Delta\vec{B} \\
&= \int_0^{2\pi} rI(-\sin\phi\vec{i} + \cos\phi\vec{j}) \times (\Delta B_x\vec{i} + \Delta B_y\vec{j} + \Delta B_z\vec{k})\mathrm{d}\phi \\
&= \int_0^{2\pi} rI\left[\Delta B_x\cos\phi(\vec{j}\times\vec{i}) - \Delta B_y\sin\phi(\vec{i}\times\vec{j})\right]\mathrm{d}\phi \\
&\quad + \int_0^{2\pi} rI\Delta B_z\left[-\sin\phi(\vec{i}\times\vec{k}) + \cos\phi(\vec{j}\times\vec{k})\right]\mathrm{d}\phi \\
&= -rI\vec{k}\int_0^{2\pi}\left(\Delta B_x\cos\phi + \Delta B_y\sin\phi\right)\mathrm{d}\phi \\
&\quad + rI\int_0^{2\pi}\Delta B_z\left(\sin\phi\vec{j} + \cos\phi\vec{i}\right)\mathrm{d}\phi
\end{aligned}\qquad(2)$$

接下来我们依次单独计算上式最后的两个积分。我们先来考虑第一个积分，它是关于 ΔB_x 与 ΔB_y 的积分。由于作为磁矩模型的电流环非常小，所以可以将电流环上的磁感应强度分量 B_x 在原点处进行泰勒展开，保留到一阶项，可以得到

$$\begin{aligned}
\Delta B_x &= B_x - B_x(\vec{r} = 0) \\
&= \frac{\partial B_x}{\partial x}\Delta x + \frac{\partial B_x}{\partial y}\Delta y \\
&= \frac{\partial B_x}{\partial x}r\cos\phi + \frac{\partial B_x}{\partial y}r\sin\phi
\end{aligned}$$

由于上式的泰勒展开式是在圆形电流环的中心进行的，所以其中的偏导数取的是它们在电流环中心的值。由于我们仅考虑圆形电流环上的磁感应强度，而圆形电流环处于 xy 平面上，其上各处的 z 坐标都为零，因此上述泰勒展开式不需要考虑对 z 的偏导数项。另外，上式第二个等号使用了式（1）中 $\vec{r}$ 的分量表达式。

基于同样的分析，我们可以得 ΔB_y 的一阶近似为

$$\Delta B_y = \frac{\partial B_y}{\partial x} r \cos\phi + \frac{\partial B_y}{\partial y} r \sin\phi$$

将 ΔB_x 与 ΔB_y 的表达式代入式（2）最后关于 ΔB_x 与 ΔB_y 的积分式中，可以得到

$$\int_0^{2\pi} (\Delta B_x \cos\phi + \Delta B_y \sin\phi) \mathrm{d}\phi$$
$$= \int_0^{2\pi} \left(\frac{\partial B_x}{\partial x} r \cos\phi + \frac{\partial B_x}{\partial y} r \sin\phi \right) \cos\phi \mathrm{d}\phi$$
$$+ \int_0^{2\pi} \left(\frac{\partial B_y}{\partial x} r \cos\phi + \frac{\partial B_y}{\partial y} r \sin\phi \right) \sin\phi \mathrm{d}\phi$$
$$= \int_0^{2\pi} \left(\frac{\partial B_x}{\partial x} r \cos^2\phi + \frac{\partial B_x}{\partial y} r \sin\phi \cos\phi \right) \mathrm{d}\phi$$
$$+ \int_0^{2\pi} \left(\frac{\partial B_y}{\partial x} r \cos\phi \sin\phi + \frac{\partial B_y}{\partial y} r \sin^2\phi \right) \mathrm{d}\phi$$
$$= r\pi \left(\frac{\partial B_x}{\partial x} + \frac{\partial B_y}{\partial y} \right)$$

考虑到磁感应强度的散度为零：

$$\vec{\nabla} \cdot \vec{B} = \frac{\partial B_x}{\partial x} + \frac{\partial B_y}{\partial y} + \frac{\partial B_z}{\partial z} = 0$$

所以有

$$\frac{\partial B_x}{\partial x} + \frac{\partial B_y}{\partial y} = -\frac{\partial B_z}{\partial z}$$

将这个结果应用到前面的积分结果中，可得

$$\int_0^{2\pi}(\Delta B_x\cos\phi+\Delta B_y\sin\phi)\mathrm{d}\phi=-r\pi\frac{\partial B_z}{\partial z} \tag{3}$$

计算完式（2）倒数第二个积分后，接下来计算该式中的最后一个积分，即关于 ΔB_z 的积分。与 ΔB_x、ΔB_y 一样，ΔB_z 可以一阶近似为

$$\Delta B_z=\frac{\partial B_z}{\partial x}r\cos\phi+\frac{\partial B_z}{\partial y}r\sin\phi$$

将此表达式代入我们要求解的积分式中，可得

$$\begin{aligned}
&\int_0^{2\pi}\Delta B_z\left(\sin\phi\,\vec{j}+\cos\phi\,\vec{i}\right)\mathrm{d}\phi\\
&=\int_0^{2\pi}\left(\frac{\partial B_z}{\partial x}r\cos\phi+\frac{\partial B_z}{\partial y}r\sin\phi\right)\left(\sin\phi\,\vec{j}+\cos\phi\,\vec{i}\right)\mathrm{d}\phi\\
&=\int_0^{2\pi}\left(\frac{\partial B_z}{\partial x}r\cos\phi\sin\phi+\frac{\partial B_z}{\partial y}r\sin^2\phi\right)\mathrm{d}\phi\,\vec{j} \qquad(4)\\
&\quad+\int_0^{2\pi}\left(\frac{\partial B_z}{\partial x}r\cos^2\phi+\frac{\partial B_z}{\partial y}r\sin\phi\cos\phi\right)\mathrm{d}\phi\,\vec{i}\\
&=r\pi\frac{\partial B_z}{\partial y}\vec{j}+r\pi\frac{\partial B_z}{\partial x}\vec{i}
\end{aligned}$$

至此，我们需要求解的两个积分式都已经得到结果了。将式（3）与式（4）代入式（2），可得

$$\begin{aligned}
\vec{F}&=rI\left(r\pi\frac{\partial B_z}{\partial z}\vec{k}+r\pi\frac{\partial B_z}{\partial y}\vec{j}+r\pi\frac{\partial B_z}{\partial x}\vec{i}\right)\\
&=rIr\pi\left(\frac{\partial B_z}{\partial x}\vec{i}+\frac{\partial B_z}{\partial y}\vec{j}+\frac{\partial B_z}{\partial z}\vec{k}\right)\\
&=\pi r^2 I\vec{\nabla}B_z
\end{aligned}$$

其中，最后一个等号使用了梯度的定义。

另一方面，根据磁矩的定义，圆形电流环的磁矩为

$$\vec{\mu}=IS\vec{k}=I\pi r^2\vec{k}$$

由此，立即可以知道，$\vec{\mu}\cdot\vec{B}=I\pi r^2 B_z$。于是，圆形电流环受到的力可以表示为

$$\vec{F}=\vec{\nabla}(\vec{\mu}\cdot\vec{B})$$

需要注意的是，在推导过程中，磁感应强度的泰勒展开式只保留了一阶项，所以对于有限大电流环，上式所表达的磁场合力 $\vec{F}$ 被忽略了高阶项，但是对于圆环磁矩，其对应的是在保持磁矩不变的情况下让圆环半径不断减小（同时不断增大电流以保持磁矩不变）的极限，因此可以忽略圆环半径的高阶项。上式虽然是在圆形电流环下得到的，但是对于一般的磁矩，它也是适用的。

如果进一步借助势能与力场的关系 $\vec{F} = -\vec{\nabla} U$，可以得到磁矩在外磁场中的势能公式：

$$U = -\vec{\mu} \cdot \vec{B}$$

根据顺磁性与抗磁性的特点可以知道，顺磁介质中的原子或分子的磁矩 $\vec{\mu}$ 与外磁场方向大致相同，在越接近磁铁磁极的位置上，磁感应强度越大。根据上述势能公式可知，越靠近磁铁的磁极，势能越小，所以顺磁介质受到的外磁场力是指向磁极的，磁介质与磁铁有相互吸引的力，这与我们在前文的讨论一致。而抗磁介质中的原子或分子的磁矩 $\vec{\mu}$ 与外磁场的方向大致相反，因此，越靠近磁极，其势能越大，所以抗磁介质与磁铁之间有相互排斥的力。

除此之外，在量子力学中，磁矩在外磁场中的势能公式也非常重要，能够揭示非常多的量子现象。

小结
Summary

在本节中，我们先介绍了顺磁介质与抗磁介质的性质，并定性地解释了顺磁与抗磁的原理。然后，我们借助圆形电流环，计算了磁矩在均匀磁场中的受力，发现磁矩在均匀磁场中受到的合力为零。进一步地，我们分析了圆形线圈在非均匀磁场中的受力，发现只有当 $\vec{\mu} \cdot \vec{B}$ 的梯度不为零时，磁矩的合外力才不为零。最后，我们从磁矩所受合力的公式出发，得到了磁矩在磁场中的势能表达式，并用此结果重新分析了顺磁介质、抗磁介质与磁铁之间的相互作用力的方向。

顺磁磁化强度怎么求？

——外磁场下的自旋能级与顺磁磁化强度[1]

摘要：在本节中，我们将使用上一节得到的磁矩在外磁场中的势能公式推导磁矩的能级，其间将会用到角动量有关的一些结论。然后根据所得能级写出其相应的玻尔兹曼分布。有了玻尔兹曼分布，我们就可以从统计上得到顺磁介质的磁化强度表达式了。

在上一节中，我们得到了磁矩在外磁场中的势能公式：

$$U = -\vec{\mu} \cdot \vec{B}$$

并用其简单地分析了顺磁介质、抗磁介质与磁铁之间的受力情况。在这里，我们将结合量子力学、热力学来探讨简单的顺磁介质模型在外磁场中的磁化情况。

一、求解外磁场下的电子自旋能级，写出玻尔兹曼分布

在《张朝阳的物理课》第一卷中，我们求解了空气密度随高度的分布，以及用统计方法求解了麦克斯韦速度分布率。在这些推导过程中，我们都直接或者间接地得到了理想气体的玻尔兹曼分布。在具有分立能级的量子力学体系中，热平衡的分布也是由玻尔兹曼分布决定的。根据玻尔兹曼分布，当系统处于温度为 T 的平衡态时，处在第 i 个能级的粒子数为

$$n_i \propto g_i \mathrm{e}^{-E_i/(kT)}$$

---

1 整理自搜狐视频 App"张朝阳"账号/作品/物理课栏目中的第 96 期视频，由涂凯勋、李松执笔。

其中，E_i 是第 i 能级的能量，g_i 是第 i 能级的简并度，k 是玻尔兹曼常数。严格来说，由于热涨落的存在，粒子数一般不会精确满足上述关系，但是从统计平均上来说是满足的，因此上述粒子数关系指的是统计平均下的关系。

　　既然玻尔兹曼分布公式依赖于能级，那么接下来我们分析一下外磁场中电子的能级情况。设电子具有总角动量 $\vec{J}$，那么根据前两节关于磁矩的分析可知，电子磁矩与角动量的关系满足

$$\vec{\mu} = -g\left(\frac{q_{\mathrm{e}}}{2m}\right)\vec{J}$$

其中，q_{e} 是电子电荷的绝对值，m 是电子质量，g 是朗德因子，上式中的负号来源于电子带负电。

　　设磁感应强度为 $\vec{B}$ 的均匀外磁场沿着 z 轴正方向，根据势能公式可以知道，电子在外磁场中的能量为

$$\phi = -\vec{\mu}\cdot\vec{B} = g\left(\frac{q_{\mathrm{e}}}{2m}\right)\vec{J}\cdot\vec{B} = g\left(\frac{q_{\mathrm{e}}B}{2m}\right)J_z \qquad (1)$$

其中，J_z 是电子总角动量 $\vec{J}$ 的 z 分量，B 是外磁场的磁感应强度的 z 分量。由于我们假设外磁场平行于 z 轴，因此忽略了磁感应强度的 z 分量的下标 z。

　　在经典力学中，J_z 的取值是连续的，势能 ϕ 和磁矩 $\vec{\mu}$ 的取值也是连续的。当 $\vec{\mu}$ 与 $\vec{B}$ 的方向越接近（即它们之间夹角越小），势能 ϕ 越小，这说明电子磁矩具有沿磁场方向排列的倾向，这个结果与我们在上一节分析得到的结论是一致的。

　　在《张朝阳的物理课》第一卷中，我们求解过角动量算符的本征值，知道轨道角动量 $\vec{L}$ 的 z 分量 L_z 的取值不是连续的，而是取如下分立的几个值：

$$-l\hbar, \quad (-l+1)\hbar, \quad \cdots, \quad (l-1)\hbar, \quad l\hbar$$

其中，l 是某个非负整数，此时总轨道角动量的平方的值为 $l(l+1)\hbar^2$。而对于包含自旋在内的角动量 $\vec{J}$，其 z 分量的取值也只能取到分立的几个值：

$$-j\hbar, \quad (-j+1)\hbar, \quad \cdots, \quad (j-1)\hbar, \quad j\hbar$$

不过其中的 j 不仅可以是非负整数，也可以是非负半整数，此时，$\vec{J}^2$ 取

值为 $j(j+1)\hbar^2$。

对于无轨道角动量的电子，总角动量由自旋角动量决定。这时，$j=1/2$，所以它的 J_z 只能取两个值：

$$J_z = \pm\frac{1}{2}\hbar$$

其中，正值对应着自旋朝 z 轴正方向的情况，负值对应着自旋朝 z 轴负方向的情况。对于自旋朝向其他方向的情况则不对应于角动量算符 z 分量的本征态，不影响我们接下来对能级的讨论。

回到式（1）可知，在外磁场中的电子势能只能取两个值：

$$\phi_\pm = \pm\frac{1}{2}g\left(\frac{q_e\hbar}{2m}\right)B$$

与前面类似，正值对应着自旋与外磁场同方向的情况，负值对应着自旋与外磁场反方向的情况。

为了后续讨论的方便，我们在这里引入一个常数：

$$\mu = \frac{1}{2}g\frac{q_e\hbar}{2m}$$

于是，当自旋朝 z 轴正方向时，电子磁矩朝 z 轴负方向，其 z 分量为 $\mu_z = -\mu$，电子在磁场中的势能为 $\phi_+ = \mu B$，我们称此能级为正能级；当自旋朝 z 轴负方向时，电子磁矩朝 z 轴正方向，其 z 分量为 $\mu_z = \mu$，电子在磁场中的势能为 $\phi_- = -\mu B$，我们称此能级为负能级。

根据玻尔兹曼分布，可以设磁介质中处在正能级上的电子数为

$$N_+ = a\mathrm{e}^{-\phi_+/(kT)} = a\mathrm{e}^{-\mu B/(kT)}$$

其中，a 是一个常数，具体值由总电子数决定。同时，磁介质中处在负能级上的电子数为

$$N_- = a\mathrm{e}^{-\phi_-/(kT)} = a\mathrm{e}^{\mu B/(kT)}$$

以上两个结果就是外磁场中无轨道角动量的电子在各能级上的玻尔兹曼分布。我们再次强调，上述电子数仅具有统计平均的意义，在热涨落下，各个能级上真实的电子数一般不精确等于其平均值。

二、推导顺磁磁化强度公式，线性展开并推广到一般情况

假设磁介质的磁化全部由电子提供，那么有了电子在各能级上的分布以及各能级对应的电子磁矩，我们就可以求解磁介质的磁化强度了。根据前面求出的电子的玻尔兹曼分布，可以知道电子磁矩的 z 分量的平均值为

$$\langle \mu_z \rangle = \frac{N_- \mu + N_+(-\mu)}{N_- + N_+} = \mu \frac{e^{\mu B/(kT)} - e^{-\mu B/(kT)}}{e^{\mu B/(kT)} + e^{-\mu B/(kT)}} = \mu \tanh\left(\frac{\mu B}{kT}\right)$$

至于磁矩的 x 和 y 分量的平均值，由对称性可知，它们都等于零。

磁化强度 $\vec{M}$ 定义为每单位体积中总的极化磁矩。所谓极化磁矩，可以简单理解为来源于物质内部而非宏观电流的磁矩。由上面的分析可以知道，在我们现在使用的模型中，磁化强度平行于 z 轴，因此可以只考虑磁化强度的 z 分量，并简记为 M。设单位体积内的电子数为 N，那么磁化率 M 为

$$M = N\langle \mu_z \rangle = N\mu \tanh\left(\frac{\mu B}{kT}\right)$$

当外磁场的磁感应强度大小 B 很大或者温度极低时，上式中的双曲正切函数自变量的绝对值会变得很大，根据双曲正切函数的性质（参考图 1）可知，此时的磁化率 M 趋向于一个固定的极限值 $N\mu$，相当于所有的电子自旋磁矩都朝向了 z 轴正方向（即外磁场的方向），同时介质磁化达到饱和。

当外磁场的磁感应强度大小 B 比较小或者温度很高时，热运动会使得磁矩倾向于无规则的排列状态，并抵消磁场对电子的转向作用。这时可以借助双曲正切函数在原点处的一阶泰勒展开式

$$\tanh x = \frac{e^x - e^{-x}}{e^x + e^{-x}} = \frac{(1 + x + \cdots) - (1 - x + \cdots)}{(1 + x + \cdots) + (1 - x + \cdots)} \approx x$$

将磁化强度近似写成

$$M = \frac{N\mu^2 B}{kT}$$

这表明在弱磁场或者高温的情况下，M 与外磁场的磁感应强度大小 B 成正比。

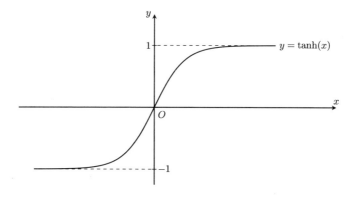

图 1　双曲正切函数的图像

上面的结果是假设总角动量 $\vec{J}$ 完全来自自旋角动量所推导出来的，为了得到更普遍的结果，我们将 μ^2 的表达式具体写出来：

$$\mu^2 = \left(\frac{1}{2}g\frac{q_e\hbar}{2m}\right)^2 = g^2\left(\frac{1}{2}\right)^2\left(\frac{q_e\hbar}{2m}\right)^2$$

进一步定义玻尔磁子为

$$\mu_B = \frac{q_e\hbar}{2m}$$

于是，可以将 μ^2 写成更加紧凑的形式：

$$\mu^2 = g^2 \left(\frac{1}{2}\right)^2 \mu_B^2$$

因为电子的朗德因子 $g \approx 2$，所以从上式可以看出，电子自旋磁矩几乎等于玻尔磁子。借助玻尔磁子，磁化强度可以表示为

$$M = \left(\frac{1}{2}\right)^2 \frac{g^2 N \mu_B^2 B}{kT}$$

在上式中，与电子自旋相关的量是其中的系数 g^2 与 $(1/2)^2$。上式中还出现了 μ_B^2，可见磁化强度应该依赖于磁矩的平方。由于磁矩与角动量成正比，因此磁矩的平方与角动量的平方有关。而在量子力学中，角动量平方的取值为 $j(j+1)\hbar^2$。这里电子自旋对应 $j = 1/2$，于是我们尝试将 $(1/2)^2$ 写成如下形式：

$$\left(\frac{1}{2}\right)^2 = \frac{1}{3}\left[\frac{1}{2}\left(\frac{1}{2}+1\right)\right] = \frac{j(j+1)}{3}$$

这样就得到磁化强度的另一个表达式：

$$M = Ng^2 \frac{j(j+1)}{3} \frac{\mu_B^2 B}{kT} \tag{2}$$

我们断言，即使角动量不限定于自旋角动量，上式也是成立的。此时，j 可以取任意非负整数或者非负半整数。要想一般性地证明这个结论，只需要在求 $\langle \mu_z \rangle$ 时就对其中的指数函数做线性展开，然后利用如下的数学恒等式：

$$\sum_{n=0}^{2j} (-j+n)^2 = \frac{1}{3} j(j+1)(2j+1)$$

即可，其中的 $(2j+1)$ 会被 $\langle \mu_z \rangle$ 的分母消掉，感兴趣的读者可以尝试一下。需要强调的是，上式只在 j 取非负整数或者非负半整数时成立。

从式（2）可以看出，温度越高，磁化强度越小。这是因为温度越高时，无规则热运动越剧烈，从而使得磁矩排列越混乱。此外，磁化强度还与粒子数密度、（弱）外磁场成正比，这些都符合我们在直观上对磁化强度的理解。

小结
Summary

　　在本节中，我们分析了磁矩在外磁场中的能级，知道了磁矩能量只能取分立的值。借助这些能级，我们使用玻尔兹曼分布得到了电子在各个能级下的平均数，从而求出了电子磁矩的平均值。进一步地，我们求出了磁化强度的表达式，并分析了它在两个极端情况下的表现。最后，我们将弱磁场下的磁化强度公式推广到了粒子角动量取一般值的情况。

磁场会对原子能级产生怎样的影响？

——半经典的抗磁性、钠双线结构与正常塞曼效应[1]

摘要：在本节中，我们先借助原子模型、法拉第电磁感应定律从半经典层面入手推导磁介质的抗磁性，然后转去讨论磁场对原子能级的影响。我们将从定性角度分析钠原子能级的精细结构——著名的钠黄光双线结构，它来自电子的自旋轨道耦合。最后，我们将从定量角度分析正常塞曼（Zeeman）效应，讨论在忽略电子自旋的情况下外磁场对原子能级的影响。

在前面两节，我们简单介绍了抗磁、顺磁的原理，并且借助电子自旋的双能级模型分析了顺磁磁化强度，得到了定量结果。可是到目前为止，我们对抗磁性的理解仍然停留在定性的介绍上。为此，我们在本节中将从半经典的角度分析抗磁性的成因。介绍完抗磁性，我们将介绍磁场对原子能级的部分影响。

一、假设电子轨道半径不变，利用法拉第电磁感应定律计算抗磁磁矩

在分析抗磁性之前，我们先来简单介绍一个定理：在经典物理（经典力学、麦克斯韦电磁理论及经典统计力学）的框架下，任何处于平衡态的物质的磁化强度都为零。这个定理被称为 Bohr-van Leeuwen 定理。它是如此之强，以至于完全否定了经典层面的顺磁现象、抗磁现象。这就是我们在上一节讨论顺磁磁化强度时必须使用量子力学的原因，这也是接下来两节讨论抗磁性时或多或少地使用量子力学及其结论的原因。

---

1 整理自搜狐视频 App "张朝阳" 账号/作品/物理课栏目中的第 97 期视频，由涂凯勋、李松执笔。

如果我们从经典角度看待原子，那么核外电子会在固定的轨道绕核做圆周运动。我们把绕核运动的电子等效成电流，并假设在初始时刻电流与外磁场都为零，然后在 $t=0$ 到 $t=T$ 这个时间段内将匀强磁场的磁感应强度 $\vec{B}(t)$ 从零增大到 $\vec{B}_0$，在磁场增大的过程中，磁场始终垂直于电子的轨道平面，并且电子的轨道半径大小不变。

仔细看上一段话，在这里，我们主要做了两个假设，第一个是初始时刻的电子轨道电流为零，第二个是在磁场增大的过程中，电子的轨道半径大小不变。关于第一个假设的合理性，是因为介质中的原子数量非常大，各个原子中的电子轨道平面是随机的，总的轨道磁矩为零，因此我们可以假设每个原子的初始轨道电流都为零。不过，如果我们不使用这个假设，那么在最后再做一次统计平均，所得到的结果与使用这个假设的结果是一样的。而第二个假设在经典力学层面是不成立的，因为磁场的加入会为电子提供额外的向心力或者离心力，这会改变电子的轨道半径。第二个假设的合理性来自量子力学，在后面我们会看到，磁场只改变了电子的能级，而不会影响其波函数，这相当于不会影响电子的轨道半径。

根据麦克斯韦方程组中关于电场强度旋度的方程（或法拉第电磁感应定律），变化的磁场会影响电场强度的旋度：

$$\vec{\nabla} \times \vec{E} = -\frac{\partial \vec{B}}{\partial t}$$

设电子轨道为 l，电子轨道所围平面圆形区域为 S，S 的方向与磁场同向，l 的方向与 S 的方向满足右手螺旋定则。借助斯托克斯公式，得到

$$\oint_l \vec{E} \cdot \mathrm{d}\vec{l} = \iint_S (\vec{\nabla} \times \vec{E}) \cdot \mathrm{d}\vec{S} = \iint_S \left(-\frac{\partial \vec{B}}{\partial t} \right) \cdot \mathrm{d}\vec{S} \tag{1}$$

由于静电场不会给电场强度的环路积分产生贡献，因此可以忽略静电场，只考虑感生电场。设环路上的平均感生电场的电场强度大小为 E，根据对称性，可以设感生电场是平行于电子轨道切向的，因此有

$$\oint_l \vec{E} \cdot \mathrm{d}\vec{l} = 2\pi r E \tag{2}$$

又因为电流环路是固定不动的，并且外磁场是垂直于 S 的匀强磁场，所

以可以将磁场变化率的面积分项写为

$$\iint_s \left(-\frac{\partial \vec{B}}{\partial t} \right) \cdot \mathrm{d}\vec{S} = -\frac{\mathrm{d}}{\mathrm{d}t} \iint_s \vec{B} \cdot \mathrm{d}\vec{S} = -\frac{\mathrm{d}}{\mathrm{d}t}(\pi r^2 B) = -\pi r^2 \frac{\mathrm{d}B}{\mathrm{d}t} \qquad (3)$$

将式（2）与式（3）的结果代入式（1）并从中解出 E，可得

$$E = -\frac{r}{2}\frac{\mathrm{d}B}{\mathrm{d}t}$$

设电子的电荷为 q，由电场力 $F = qE$ 可知，原本静止的电子（我们在前面假设了轨道电流为零，也就是说电子的初始速度为零）会在电场力的作用下运动起来。设经过时间 T 后，电子的速度大小为 v，那么由冲量定理可以计算出 T 时刻的电子动量为

$$mv = \int_0^T F\mathrm{d}t = \int_0^T qE\mathrm{d}t = -\frac{qr}{2}\int_0^T \frac{\mathrm{d}B}{\mathrm{d}t}\mathrm{d}t = -\frac{qr}{2}B$$

其中，m 是电子的质量。从上式可以得到，电子速度 v 为

$$v = -\frac{qrB}{2m}$$

对于以速度 v 做半径为 r 的圆周运动的电子，每转动一圈所用时间为 $2\pi r / v$。对于圆周上的任意一点，电子每转动一圈，这一点上流过的电荷量为 q。电流为单位时间内通过的电荷量，所以经过圆周上任一点的等效电流为 $I = q/(2\pi r/v) = qv/(2\pi r)$，此时电子的轨道磁矩为

$$\Delta\mu = IS = \frac{qv}{2\pi r}\pi r^2 = \frac{qvr}{2}$$

将前面求出的速度的表达式代入上式，可得

$$\Delta\mu = -\frac{qr}{2}\frac{qrB}{2m} = -\frac{q^2 r^2}{4m}B$$

其中，负号表示感生磁矩的方向与外磁场的方向相反，从而体现出抗磁性。同时也能看到 $\Delta\mu$ 正比于 q^2，因此它与电子的电荷正负性无关。

上式是在电子轨道平面垂直于外磁场的情况下得到的，对于一般情况，我们需要将电子轨道"投影"到与磁场垂直的平面。设磁场方向为 z 轴正方

向，那么 $r^2 = x^2 + y^2$，所以

$$\langle r^2 \rangle = \langle x^2 \rangle + \langle y^2 \rangle$$

又因为磁场的加入不影响电子处在能量本征态的波函数，所以依然有

$$\langle x^2 \rangle = \langle y^2 \rangle = \langle z^2 \rangle$$

对于三维空间下的电子到核的距离 R，有 $R^2 = x^2 + y^2 + z^2$，所以

$$\langle r^2 \rangle = \langle x^2 \rangle + \langle y^2 \rangle = 2\langle x^2 \rangle = \frac{2}{3}\langle R^2 \rangle$$

这样的话，平均抗磁磁矩可以表示为

$$\langle \Delta\mu \rangle = -\frac{q^2}{6m}\langle R^2 \rangle B$$

这就是半经典近似下的抗磁磁矩公式，在下一节我们会发现，它与量子力学的抗磁磁矩公式是一致的。

二、自旋轨道耦合导致钠黄光双线结构

在《张朝阳的物理课》第一卷中，我们利用泡利不相容原理、洪特规则等物理知识定性分析过钠（Na）原子的能级结构。钠原子有 11 个电子，第一壳层 1s 态占据两个电子，第二壳层 2s 态也占据两个电子，而 2p 态占据了 6 个电子，这 10 个电子将第一壳层与第二壳层完全填满，电子自旋两两配对，并且总的波函数具有球对称性，轨道角动量为零，所以第一、第二壳层电子的总角动量为零，于是钠原子的总角动量由最外层电子的状态决定。

最外层电子处在第三壳层，由于不同壳层的半径相差较大，所以第三壳层的电子感受到的原子核的正电荷被内层电子屏蔽了绝大部分，剩余电荷约等于一个质子的电荷，于是我们可以用氢原子模型来做近似讨论，将钠原子的最外层电子轨道近似为氢原子第三壳层的轨道，这样最外层电子的径向波函数具有如下形式：

$$\psi_r \propto r^l \mathrm{e}^{-Zr/(na_0)} \sum_{k=0}^{n-(l+1)} b_k r^k$$

其中，l 是轨道角动量量子数，a_0 是玻尔半径，n 是主量子数。在这里，$n = 3$，

b_k 是一些依赖于 l 与 n 的常数系数。

对于 3s 态，角动量 $l = 0$，对应的径向波函数形式为

$$\psi_s \propto e^{-Zr/(3a_0)}(b_0 + b_1 r + b_2 r^2)$$

这个函数有三个波峰，其中两个波峰深入到第一壳层与第二壳层内，参考图 1。

对于 3p 态，角动量 $l = 1$，对应的径向波函数形式为

$$\psi_p \propto r e^{-Zr/(3a_0)}(b_0 + b_1 r)$$

这个函数只有两个波峰，其中只有一个波峰深入到第一壳层与第二壳层内。

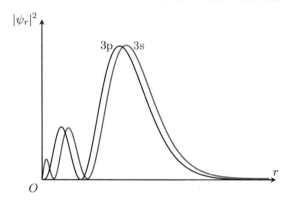

图 1　ψ_s 与 ψ_p 的图像

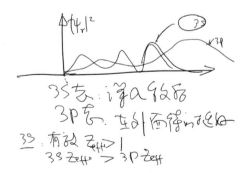

手稿
Manuscript

综上所述，相比于 3p 轨道，3s 轨道上的电子由于有更大的概率处在内层的未完全屏蔽区域，它所感受到的有效电荷要比 3p 轨道的电子感受到的有效电荷大，因此其对应的能级相对就更低。所以，原本在氢原子中简并的

3s 能级与 3p 能级在钠原子中变成不简并的了，3p 能级略微比 3s 能级高。于是，当最外层电子从较高的 3p 能级跃迁到 3s 能级时，钠原子会释放出光子。经过实验观测或理论计算，可以发现此光子对应黄光。

我们知道，不管是轨道角动量还是自旋角动量，都有其对应的磁矩。自旋磁矩与轨道磁矩看似相互独立，实际上它们之间存在着一种神奇的相互作用，接下来我们分析这种相互作用会怎么影响钠黄光。

钠原子最外层电子的 3s 态与 3p 态除了能级上的不同，它们的轨道角动量也不同。处在 3p 态的电子具有轨道角动量，从经典层面来看，这相当于它绕着原子核做圆周运动，如果以电子为参考系，那么相当于带正电的原子核绕着电子运动，而做圆周运动的原子核可以等效成一个电流环，从而会在电子处产生磁场。由磁矩在外磁场中的势能公式 $\phi = -\vec{\mu} \cdot \vec{B}$ 可知，自旋磁矩会与原子核产生的磁场进行相互作用，不同方向的自旋磁矩对应的能量不同。由上一节关于自旋磁矩在外磁场中的能级可知，此时的 3p 态能级会分裂成两个能级，对应于两个相反的电子自旋取向。至于 3s 态，由于轨道角动量 $l = 0$，所以不会产生类似 3p 态的自旋轨道耦合效应，换言之，3s 态的能级不会分裂。

由于 3p 态实际上对应两个不同的能级，3s 态仍然只对应一个能级，于是如果我们以更高的光谱分辨率观察 3p 态跃迁到 3s 态所释放出来的光谱线，会发现钠黄线里含有两个很接近的频率成分，这两个成分分别对应 3p 轨道上两个不同自旋取向的电子到 3s 轨道的跃迁。这就是钠原子光谱的双黄线结构的由来。不过因为自旋轨道耦合效应不大，3p 态的能级分裂很小，所以两条钠黄线非常接近，它们的波长分别为 589nm 和 589.6nm，只相差 0.6nm。

三、磁场下的正常塞曼效应

如果我们忽略电子自旋，把原子放在均匀磁场中，原子的能级会怎么改变呢？在《张朝阳的物理课》第一卷中，我们已经求解了如下含有中心力场的势 $U(r)$ 的量子力学问题：

$$\hat{H}_0 = \frac{\hat{p}^2}{2M} + U(r)$$

其中，M 为粒子质量，在下文将表示电子质量，以避免与磁量子数 m 混淆。在求解的过程中，我们选择了对易力学量完全集 $(\hat{H}_0, \hat{L}^2, \hat{L}_z)$，这三个算符两两对易，能量本征态可以选为这些算符的共同本征态：

$$\psi_{n_r lm} - R_{n_r l} Y_l^m$$

其中，l 代表角动量量子数，m 代表磁量子数，n_r 代表径向的量子数。上述态满足

$$\begin{aligned} \hat{H}_0 \psi_{n_r lm} &= E_{n_r l} \psi_{n_r lm} \\ \hat{L}_z \psi_{n_r lm} &= m\hbar \psi_{n_r lm} \end{aligned} \tag{4}$$

其中，$E_{n_r l}$ 是这个态对应的能级。

接下来我们考虑加入均匀外磁场后的原子能级。根据前几节关于磁矩的讨论可知，电子轨道角动量对应的磁矩为（此时朗德因子 $g = 1$）

$$\vec{\mu} = -\frac{q_e}{2M} \vec{L}$$

其中，q_e 是电子电荷绝对值，上式的负号来自电子所带负电。

设外磁场沿着 z 轴方向，根据磁矩在外磁场中的势能公式 $\phi = -\vec{\mu} \cdot \vec{B}$ 可知，包含磁矩与外磁场相互作用的哈密顿量为

$$\hat{H} = \hat{H}_0 + \frac{q_e B}{2M} \hat{L}_z$$

在下一节，我们将会更一般地推导出有磁场存在时的哈密顿量。我们会发现，上述哈密顿量依然是不完整的。

在 $\hat{H}$ 中多出来的磁场项正比于 $\hat{L}_z$，恰好是对易力学量完全集中的算符，所以前面介绍的 $\hat{H}_0$ 的本征态 $\psi_{n_r lm}$ 依然是 $\hat{H}$ 的本征态。将 $\hat{H}$ 作用在 $\psi_{n_r lm}$ 上，借助式（4）可得

$$\hat{H} \psi_{n_r lm} = \left(E_{n_r l} + \frac{q_e B}{2M} m\hbar \right) \psi_{n_r lm}$$

由此可得包含均匀外磁场相互作用的电子轨道能级为

$$E_{n_r lm} = E_{n_r l} + \frac{q_e B}{2M} m\hbar$$

可以发现，相比于没有外磁场的情况，有外磁场时的能级与磁量子数 m 有关，原本 $2l+1$ 重简并的能级分裂了。

同样以钠原子为例，最外层处于 3p 态的电子的轨道角动量 $l=1$，其能级将分裂成三个等间距的能级，分别对应 $m=-1,0,1$。3s 态的轨道角动量 $l=0$，所以没有分裂。于是，原本无外磁场情况下从 3p 态跃迁到 3s 态的光谱线（钠黄线），在外磁场情况下分裂成三条，外磁场的磁感应强度 B 越大，分裂间隔越大，这就是钠原子黄色光谱线在磁场中的正常塞曼效应，参考图 2。

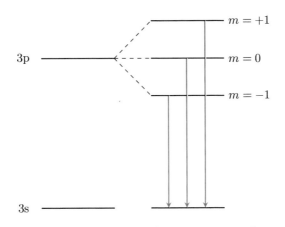

图 2　钠原子的最外层电子在强磁场下的能级分裂

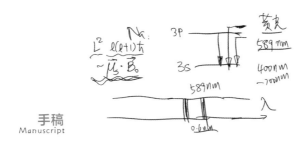

需要注意的是，我们在这里忽略了电子自旋，实际上电子自旋导致能级分裂的效应与轨道磁矩导致的效应量级相当，但是由于电子能级跃迁的选择定则，在强磁场下自旋导致的能级分裂不会反映到光谱上。

小结
Summary

在本节中，我们先从半经典模型出发，推导分析了抗磁性的起源，然后以钠黄光双线结构为例，定性分析了自旋轨道耦合的来源及影响，最后我们在忽略电子自旋的情况下分析了正常塞曼效应，从而知道了外磁场会让原子中轨道角动量不为零的态所对应的能级产生分裂。我们也以钠原子为例介绍了正常塞曼效应对钠原子黄色光谱线的影响。

量子力学中的抗磁性是怎样的？
——带电粒子在磁场中的哈密顿量[1]

摘要：本节将是本书电磁学的"终章"，也是电磁学与量子力学结合的高潮。我们将会更一般地推导出带电粒子在均匀磁场中的哈密顿量，然后分析其中的顺磁项与抗磁项。我们将会发现，顺磁项刚好是之前推导得到的磁矩在均匀磁场中的势能，而我们分析抗磁项得到的结果与上一节使用半经典方法得到的结果一致。

在上一节，我们借助量子力学讨论正常 Zeeman 效应时，电子与磁场的相互作用势能只是轨道磁矩与磁场的势能 $-\vec{\mu}_l \cdot \vec{B}$，相应的原子哈密顿量是在无磁场哈密顿量的基础上直接加上轨道磁矩与磁场的相互作用势能得到的。我们知道，由于电子轨道磁矩是由电子在空间中的运动产生的，并不是粒子本身的内禀磁矩，所以轨道磁矩并不是固定的，它会受到外磁场的影响。比如，我们在上一节利用法拉第电磁感应定律推导了变化的外磁场对电子运动的影响，发现逐步增大的磁场会使电子产生一个附加的抗磁矩。因此，由无磁场哈密顿量直接加上 $-\vec{\mu}_l \cdot \vec{B}$ 项所得的哈密顿量是不完整的。

如果我们从另一个角度看，磁矩由角动量产生，磁矩在外磁场中受到的力矩会使角动量绕着磁场方向发生进动（拉莫尔进动）。这个进动会改变原来的环形电流，相当于在原来的电流上再附加一个电流，而附加的电流会产生一个与外磁场相反的磁矩，这体现了抗磁性。法拉第电磁感应定律与拉莫

---

1 整理自搜狐视频 App "张朝阳"账号/作品/物理课栏目中的第 98 期视频，由涂凯勋、李松执笔。

尔进动对抗磁性的解释实际上是等价的，但是它们的出发点都是半经典物理，因此都具有一定的局限性。关于抗磁性的严格解释需要用到量子力学，接下来我们将介绍怎么得到带电粒子在均匀磁场中的完整哈密顿量，并分析其中的抗磁效应。

一、带电粒子在均匀磁场中的完整哈密顿量

设带电粒子的质量为 M，动量为 $\vec{p} = M\vec{v}$，那么在无外磁场的情况下粒子的动能是 $\vec{p}^2 / (2M)$，加上势能 $V(\vec{r})$ 后，就得到粒子的哈密顿量（总能量）：

$$H = \frac{\vec{p}^2}{2M} + V(\vec{r})$$

其中，动量 $\vec{p}$ 同时也是正则动量，对应量子力学中的动量算符 $\hat{\vec{P}}$。

对于存在外磁场的情况，由于外磁场对粒子的作用力垂直于速度方向，所以外磁场不会对粒子做功，粒子的总能量仍然是 $H = \vec{p}^2 / (2M) + V(\vec{r})$，但是这时的动量 $\vec{p} = M\vec{v}$ 不再是正则动量，不再对应量子力学中的动量算符 $\hat{\vec{P}}$。设外磁场对应的磁矢势为 $\vec{A}$，粒子的电荷为 q，那么粒子的正则动量为 $\vec{P} = \vec{p} + q\vec{A}$，即 $\vec{p} = \vec{P} - q\vec{A}$，所以哈密顿量在使用正则动量 $\vec{P}$ 的情况下可表示为[1]

$$H = \frac{1}{2M}(\vec{P} - q\vec{A})^2 + V(\vec{r})$$

按照量子力学正则量子化的程序，正则动量需要变成动量算符：

$$\vec{P} \to \hat{\vec{P}} = \frac{\hbar}{i}\vec{\nabla}$$

这样就得到了量子力学中包含电磁相互作用的哈密顿算符：

$$\hat{H} = \frac{1}{2\mu}(\hat{\vec{P}} - q\vec{A})^2 + V(\vec{r})$$

其中，$V(\vec{r})$ 可以包含电势，$\vec{A}$ 可以是一般磁场的磁矢势，不一定对应均

---

1 关于这一点的完整分析需要参考经典力学及量子力学的正则量子化，感兴趣的读者可参考 C. Cohen-Tannoudji, B. Diu, F. Laloe 著; 刘家漠、陈星奎 译. 量子力学 第 1 卷[M]. 北京：高等教育出版社，2014.07.

匀磁场。

接下来我们考虑外磁场为静态匀强磁场的情况，并将 z 轴正方向规定为 $\vec{B}$ 的方向，这样磁感应强度可用 z 方向基矢表示为 $\vec{B} = B\vec{k}$。进一步地，我们将问题限制在中心力场的情况下，并将势能中心取为坐标原点，于是势能可以被记为 $V(r)$。

取一个圆周 l，其半径记为 ρ，圆心在 z 轴上，并且圆周所在的平面垂直于 z 轴。记圆周所围的平面区域为 S，其方向取为 $\vec{k}$ 的方向，圆周 l 的方向取为与 S 满足右手螺旋关系的方向。于是，根据斯托克斯定理以及磁矢势与磁场的关系，有

$$\oint_l \vec{A} \cdot \mathrm{d}\vec{l} = \int_S (\vec{\nabla} \times \vec{A}) \cdot \mathrm{d}\vec{S} = \int_S \vec{B} \cdot \mathrm{d}\vec{S} = \pi\rho^2 B \tag{1}$$

我们之前介绍过，磁矢势不是由磁场唯一决定的，等价的两个磁矢势之间相差一个标量场的梯度，因此我们在决定磁矢势的具体形式上具有很大的自由度。根据目前系统的对称性，假设磁矢势的 z 分量为零，并且磁矢势的分布绕 z 轴旋转对称，磁矢势与我们前面取的圆周 l 处处相切，于是我们可以将磁矢势记为

$$\vec{A} = A_\phi(\rho)\vec{e}_\phi$$

其中，$\vec{e}_\phi$ 是圆周 l 上的单位切矢量。这样就有

$$\oint_l \vec{A} \cdot \mathrm{d}\vec{l} = 2\pi\rho A_\phi(\rho)$$

将其代入式（1）即可得到

$$A_\phi(\rho) = \frac{1}{2}B\rho$$

沿用惯例，设 $\vec{i}$ 为 x 轴的单位向量，$\vec{j}$ 为 y 轴的单位向量，以 z 轴为中心建立一个临时柱坐标系 (ρ, ϕ, z)，根据柱坐标与直角坐标之间的关系，可以将磁矢势改写为

$$\vec{A} = \frac{1}{2}B\rho\vec{e}_\phi = \frac{1}{2}B\rho(-\sin\phi\vec{i} + \cos\phi\vec{j}) = \frac{1}{2}B(-y\vec{i} + x\vec{j})$$

在得到这个磁矢势时我们使用了很多假设，不过可以直接验证此磁矢势

的旋度确实等于均匀磁场的磁感应强度 $\vec{B}$：

$$\vec{\nabla} \times \vec{A} = \frac{1}{2} B \begin{vmatrix} \vec{i} & \vec{j} & \vec{k} \\ \dfrac{\partial}{\partial x} & \dfrac{\partial}{\partial y} & \dfrac{\partial}{\partial z} \\ -y & x & 0 \end{vmatrix} = B\vec{k}$$

将磁矢势的表达式代入哈密顿算符中可以得到

$$\hat{H} = \frac{1}{2M}\left[(\hat{P}_x - qA_x)^2 + (\hat{P}_y - qA_y)^2 + \hat{P}_z^2 \right] + V(r)$$

$$= \frac{1}{2M}\left[\left(\hat{P}_x + \frac{1}{2}qyB\right)^2 + \left(\hat{P}_y - \frac{1}{2}qxB\right)^2 + \hat{P}_z^2 \right] + V(r)$$

需要注意的是，一般来说，$\hat{P}_x f(x,y,z) \neq f(x,y,z)\hat{P}_x$，所以在展开含有 $\hat{P}_x$ 与 $\hat{P}_y$ 的平方式时要特别小心，不能直接套用公式

$$(a+b)^2 = a^2 + b^2 + 2ab$$

不过幸运的是，由于 $\hat{P}_x$ 对 y 没有作用，因此 $(\hat{P}_x + qyB/2)^2$ 可以直接使用上式进行展开。同理，$(\hat{P}_y - qxB/2)^2$ 也可以使用上式直接展开。这样我们就得到

$$\hat{H} = \frac{1}{2M}\left(\hat{P}_x^2 + \hat{P}_y^2 + \hat{P}_z^2 \right) + V(r) + \frac{1}{2M}qB\left(y\hat{P}_x - x\hat{P}_y \right)$$

$$+ \frac{1}{8M}q^2B^2(x^2 + y^2)$$

$$= \hat{H}_0 + \frac{1}{2M}qB\left(y\hat{P}_x - x\hat{P}_y \right) + \frac{1}{8M}q^2B^2(x^2 + y^2)$$

从上述哈密顿量的形式来看，与外磁场无关的项正是无磁场时的带电粒子哈密顿量 $\hat{H}_0$。除此之外，哈密顿量还包含了正比于 B 的项以及正比于 B^2 的项。

我们先来分析一下正比于 B 的项。在《张朝阳的物理课》第一卷中，我们介绍过角动量算符为

$$\hat{\vec{L}} = \vec{r} \times \hat{\vec{P}}$$

它的 z 分量是

$$\hat{L}_z = x\hat{P}_y - y\hat{P}_x$$

我们可以看到，哈密顿量中正比于 B 的项包含了 $\hat{L}_z$，该项可以被写为

$$\frac{1}{2M}qB\left(y\hat{P}_x - x\hat{P}_y\right) = -\frac{qB}{2M}\hat{L}_z = -\frac{q}{2M}\vec{B}\cdot\hat{\vec{L}} \tag{2}$$

考虑到电子轨道磁矩与角动量的关系：

$$\vec{\mu}_l = \frac{q}{2M}\vec{L}$$

可知式（2）最右边的量代表的正是磁矩 $\vec{\mu}_l$ 在磁场中的势能 $\phi = -\vec{\mu}_l \cdot \vec{B}$，于是，哈密顿量中正比于 B 的项代表的是轨道磁矩在外磁场中的势能。

如果我们忽略掉正比于 B^2 的项，那么可以将哈密顿量写为

$$\hat{H}_1 = \hat{H}_0 - \frac{qB}{2M}\hat{L}_z$$

此时的哈密顿量 $\hat{H}_1$ 正是我们在上一节分析正常 Zeeman 效应时所采用的哈密顿量。根据上一节关于 $\hat{H}_1$ 的分析，可知 $\hat{H}_1$ 与 $\hat{H}_0$ 能取到共同的本征态 $\psi_{n_r lm}$，本征能量之间的关系为

$$E_{n_r lm} = E_{n_r l} - \frac{qB}{2M}m\hbar$$

其中，$E_{n_r l}$ 是 $\hat{H}_0$ 的本征能量，其他符号的含义请参见上一节。

如上一节所述，对于原子，外磁场的存在使得大部分原本简并的能级由于轨道磁矩与外磁场的相互作用而变得不简并了，分裂的能级所产生的光谱会导致 Zeeman 效应。另一方面，我们在几节之前做过类似计算，利用玻尔兹曼分布得到粒子在各个分裂能级上的分布，借助所得分布可以计算介质的磁化强度，我们会发现哈密顿量中与 B 成正比的项会导致顺磁效应。

二、分析与磁场平方成正比的项，得到抗磁作用

分析完哈密顿量中与 B 成正比的项，我们接下来分析与 B^2 成正比的那一项。当磁感应强度 $B < 1\text{T}$ 的时候，假如我们用玻尔半径的平方来估算 $x^2 + y^2$ 的量级，用 $\hbar$ 来估算 L_z 的量级，会发现与 B^2 成正比的项的值大约相当于与 B 成正比的项的十万分之一。这样的量级差异使得我们在绝大多数情

况下都可以直接忽略与 B^2 成正比的项,这就是我们在前几节所做的分析能够与实际情况符合得那么好的原因。

但是,当原子中的电子处于角动量量子数 $l=0$ 的态时,与 B^2 成正比的项将比与 B 成正比的项对电子的影响要大,这时就不能简单忽略这一项了。

为了进一步分析这一项对能级的影响,我们简单介绍一些用微扰论估算能级修正的知识。对于一个哈密顿算符 $\hat{H}_0$ 和它的非简并本征态 $|\psi_n\rangle$,相应能级为 E_{n0},假如一个新的哈密顿算符为

$$\hat{H} = \hat{H}_0 + \hat{H}'$$

如果 $\langle\psi_n|\hat{H}'|\psi_n\rangle \ll E_{n0}$,那么 $\hat{H}$ 的能级可以近似为

$$E_n = E_{n0} + \langle\psi_n|\hat{H}'|\psi_n\rangle$$

因此,$\langle\psi_n|\hat{H}'|\psi_n\rangle$ 可以作为能级修正量。对于简并能级,其能级修正的计算会比较复杂,简单起见,下面我们不做简并与非简并的区分。不过如果忽略电子自旋,对于需要考虑 B^2 项的修正的情况都是 $l=0$ 的情况,此时的能级一般是非简并的,因此我们接下来的讨论是合理的。

根据前面介绍的估算能级修正的知识,可知与 B^2 成正比的项所带来的能级修正为

$$\Delta E = \langle\psi_{n,lm}|\frac{1}{8M}q^2B^2(x^2+y^2)|\psi_{n,lm}\rangle = \frac{q^2B^2}{8M}\langle x^2+y^2\rangle$$

与前面分析的轨道磁矩相互作用能不同的是,此时的能量 ΔE 正比于 B^2,我们可以将其看作感生磁矩与磁场的相互作用能,于是我们可以明显看出感生磁矩与 B 有关。不过我们不能直接将 ΔE 除以 B 然后取相反数得到感生磁矩,这是为什么呢?在磁矩与 $\vec{B}$ 无关的情况中,能量与磁矩的关系式为 $U = -\vec{\mu}\cdot\vec{B}$,那么当 $\vec{B}$ 改变一个微小的量 $\mathrm{d}\vec{B}$ 时,能量的变化为

$$\mathrm{d}U = -\vec{\mu}\cdot\mathrm{d}\vec{B} \tag{3}$$

这个微分表达式,才是更加基本的关于磁矩相互作用能的公式,它甚至适用于磁矩会随外磁场改变而改变的情况。让除了磁感应强度以外的其他量保持固定,我们得到

$$d(\Delta E) = \frac{q^2}{4M}\langle x^2 + y^2 \rangle \vec{B} \cdot d\vec{B}$$

与式（3）对比可得感生磁矩为

$$\vec{\mu}_d = -\frac{q^2 \vec{B}}{4M}\langle x^2 + y^2 \rangle$$

上式中的负号说明感生磁矩的方向与外磁场方向相反，从而此感生磁矩呈现出来的是抗磁性，$\vec{\mu}_d$ 被称为抗磁磁矩。

对于具有球对称性的量子态（例如 s 态），我们有

$$\langle x^2 \rangle = \langle y^2 \rangle = \langle z^2 \rangle$$

于是

$$\langle x^2 + y^2 \rangle = \frac{2}{3}\langle r^2 \rangle$$

将其代入抗磁磁矩公式中可得

$$\mu_d = -\frac{q^2 B}{6M}\langle r^2 \rangle$$

令人惊奇的是，这个由量子力学得到的结果与我们在上一节用法拉第电磁感应定律求出的抗磁磁矩是一致的。

小结
Summary

　　在本节中，我们借助经典力学中带电粒子的正则动量定义与量子力学的正则量子化，得到了带电粒子在电磁场中的哈密顿量，并将其应用在均匀磁场的情况下得到了（氢）原子在均匀磁场中的哈密顿量。在哈密顿量中存在着与外磁场成正比的项，也存在着与外磁场平方成正比的项，经过分析，我们发现其中与外磁场成正比的项会导致顺磁效应，与外磁场平方成正比的项会导致抗磁效应，而抗磁磁矩公式与上一节使用半经典理论得到的结果一致。

第四部分

流 体 力 学

张朝阳手稿

圆柱管中牛顿流体速度场的含时解

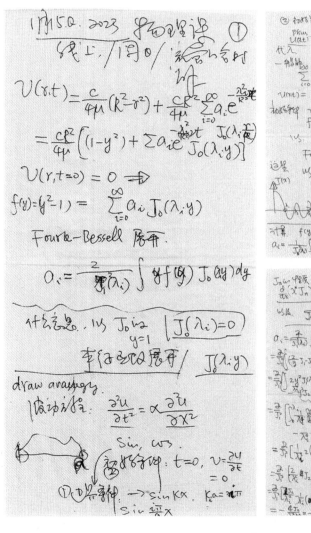

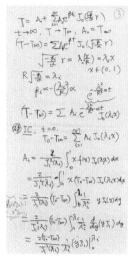

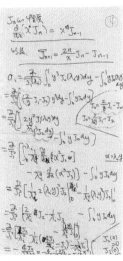

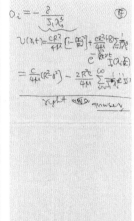

如何计算水中物体的浮力？
——介绍流体力学基本概念[1]

摘要：在本节中，我们将首先从静止的不可压缩理想流体出发，引出流体的压强概念，介绍并分析帕斯卡定律，然后通过受力平衡推导重力场下的静止流体的压强公式，并介绍阿基米德原理。接着研究稳恒流动状态下的流体性质，推导连续性方程及伯努利方程，并简要分析为什么在流速大的地方压强相对较小。

流体力学是一门研究流体运动规律和性质的学科，对于人类的生产生活和科学研究具有极其重要的意义。流体力学的研究可以帮助我们了解液体和气体的行为和特性，进而为我们提供更好的解决方案和优化设计，使我们更好地掌握和运用自然资源，提高生产效率，推动技术发展。无论是在水力发电站的设计和建设，石油和天然气输送管道的建设和维护，汽车、飞机和船舶的设计和制造，空气污染的控制，医学诊断和治疗，甚至踢足球，还是在气象学、海洋学和天文学等领域的研究中，流体力学的理论和应用都发挥着不可替代的作用。

人类对流体力学的研究很早就开始了，例如，公元前阿基米德就发现了阿基米德原理。但是流体力学的正式建立是在 17 世纪末到 18 世纪初。随着科学技术的不断进步和发展，流体力学的研究范围不断扩大，从最初的理论研究到如今的应用研究，使得我们对流体力学的认识也不断地深化和提高。接下来，我们将介绍流体的基本概念和性质，为之后更深入的讲解打下基础。

1 整理自搜狐视频 App "张朝阳" 账号/作品/物理课栏目中的第 106 期视频，由李松、涂凯勋执笔。

一、介绍帕斯卡定律，推导阿基米德原理

对于一般的流体，大众认知度最高的物理概念应该就是流体的压强了。简单地说，压强是单位面积上的受力：

$$p = \frac{F}{\Delta A} \tag{1}$$

其中，p 表示压强，F 是垂直作用在面积 ΔA 上的力。一般的流体具有黏性，会产生剪切力，在流体内部任取一个小截面，其上的力一般不垂直于这个截面。不过，在很多问题的分析中可以忽略黏性，忽略黏性的流体被称为理想流体。在理想流体中，压强是各向同性的，任意一个小截面受到的流体的作用力都垂直于这个截面。在本节中，我们考虑的都是理想流体。

由于是初次介绍流体力学，我们从最简单的情况入手：不可压缩静止流体。对于不可压缩静止流体，它的压强满足帕斯卡定律：对于封闭在固定体积内的不可压缩静止流体，其任意一点受到外力作用后压强增大了，那么这个压强增量会传递到流体各点处。为了进一步说明此定律，我们忽略了流体的重力，请看图 1 中的示意图。

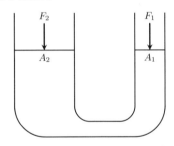

图 1　连通容器示意图

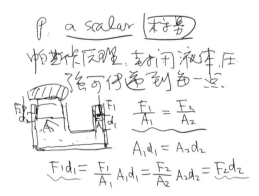

不可压缩静止流体被封闭在如图 1 所示的容器中。假如在截面 A_1 处对流体施加大小为 F_1 的力，那么这部分压强增量会传递到截面 A_2 处，并产生大小为 F_2 的力。因为这两个力对应的压强相等，所以由压强的定义式（1）可得

$$\frac{F_1}{A_1} = \frac{F_2}{A_2} \qquad (2)$$

可见，如果 $A_2 > A_1$，那么有 $F_2 > F_1$，因此可以通过不可压缩静止流体对力进行放大。这种情况有没有违反能量守恒定律呢？为了回答这个问题，我们分析两个力所做的功。首先，由于流体是不可压缩的，如果流体在图示两截面处分别移动了 d_1 和 d_2 距离，那么有

$$A_1 d_1 = A_2 d_2 \qquad (3)$$

根据式（2）与式（3）可知，力 F_1 做的功 $F_1 d_1$ 与力 F_2 做的功 $F_2 d_2$ 之间的关系为

$$F_1 d_1 = \frac{F_1}{A_1} A_1 d_1 = \frac{F_2}{A_2} A_2 d_2 = F_2 d_2$$

可见，两个力做的功是一样的，能量的传递并没有像力那样出现放大效应。

在流体静力学中，压强的分布可以通过受力平衡条件来得到。如图 2 所示，取流体中的一个竖直柱体部分，这个柱体的上、下底面分别处于高度为 h_2、h_1 的位置，压强分别为 p_2、p_1，这个柱体的横截面积为 A。由于流体处在静止状态，竖直柱体上下底的压力差应与柱体重力平衡，设流体密度为 ρ，重力加速度大小为 g，柱体质量为 m，那么有

$$A p_1 - A p_2 = mg = A(h_2 - h_1)\rho g$$

等式两边消去 A，移项可得

$$p_1 + \rho g h_1 = p_2 + \rho g h_2$$

如果取 z 轴正方向为竖直向上，那么上式可以总结为

$$p(z) + \rho g z = \text{const.}$$

这就是不可压缩静止流体在重力作用下其压强分布所满足的关系。

　　根据前面的分析，流体柱在竖直方向上受到的压力差等于流体柱的重力，如果将这个柱体换成别的形状的物体，就可以知道流体对这个物体竖直方向上的压力差等于这个物体排开的流体的重力。这个结果可以推广到任意形状物体的情况，并且可以严格证明其受到的压力在水平方向上的分量为零。综合起来就可以得到阿基米德原理：物体在不可压缩静止流体中受到的浮力等于这个物体排开的流体的重力。

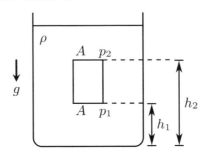

图 2　受力平衡条件下求解压强分布

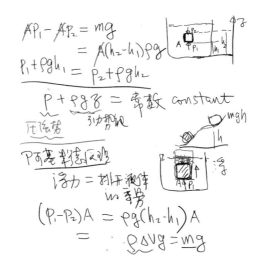

二、从电荷守恒定律到流体连续性方程，从能量守恒定律到伯努利方程

　　介绍完阿基米德原理之后，我们考虑稳恒流动的不可压缩流体的情况。所谓稳恒流动，是指流体物理量的分布不随时间变化。

若流体流动起来，那么很多在流体静力学中可以使用的方法在此情况下就不再适用了。不过，不管流体如何运动，它必须保持物质守恒与能量守恒（理想流体不会有能量耗散）。下面先来分析流体物质守恒的情况。

假设密度为 ρ 的不可压缩流体经过一个截面会改变的管道或河道，其入口处的截面积为 A_1，流体速度大小为 v_1，出口处的截面积为 A_2，流体速度大小为 v_2，由于质量不会变多也不会变少，因此有

$$A_1 v_1 \rho = A_2 v_2 \rho \quad \Rightarrow \quad A_1 v_1 = A_2 v_2$$

根据质量守恒其实可以得到更一般的结论。为此，我们先复习一下电磁学中的连续性方程：

$$\frac{\partial \rho}{\partial t} + \vec{\nabla} \cdot \vec{j} = 0$$

上式中，ρ 是电荷密度，$\vec{j} = \rho \vec{v}$ 是电流密度。上式的物理意义正是电荷守恒。类似地，对于密度为 ρ、速度分布为 $\vec{v}$ 的流体，可以定义它的物质流密度为 $\vec{j} = \rho \vec{v}$，那么质量守恒就可以表示为与上式一样的连续性方程。进一步地，因为流体是稳恒流动的，所以

$$\frac{\partial \rho}{\partial t} = 0$$

又因为此时考虑的流体是不可压缩的，ρ 必然处处相等，所以连续性方程可以写为

$$\vec{\nabla} \cdot (\rho \vec{v}) = \rho \vec{\nabla} \cdot \vec{v} = 0$$

也就是

$$\vec{\nabla} \cdot \vec{v} = 0$$

这就是处于稳恒流动情况下的不可压缩流体的速度场所要满足的方程。考虑流体区域内的任意一个体积 V 及其表面 S，使用散度定理可得

$$\oint_S \vec{v} \cdot \mathrm{d}\vec{S} = \int_V \vec{\nabla} \cdot \vec{v} \mathrm{d}V = 0$$

对于前面介绍的截面可变的管道，选取如图 3 所示的体积 V 和表面 S。

图 3 中已经标注了各处的法线方向。在侧面上，流体速度与法线方向垂

直，因此不会对 S 的面积分产生贡献，然后对剩下的两个截面计算其速度的
面积分，并使用上式的结果可得

$$-v_1A_1 + v_2A_2 = 0$$

这与前面通过质量守恒推导得到的结果一致。

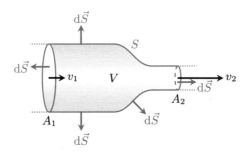

图 3　截面可变的管道

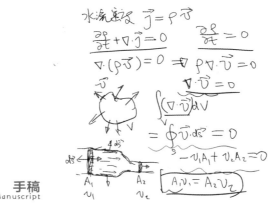

手稿
Manuscript

　　分析完连续性方程之后，我们分析流体是否能量守恒。在流体力学中，
一般不会直接计算整个流体部分的能量，而是分析单位体积内的能量。由于
单位体积的质量等于密度 ρ，因此通过重力势能 mgh 与动能公式 $\frac{1}{2}mv^2$ 可以
得到单位体积的重力势能 ρgh 与单位体积的动能 $\frac{1}{2}\rho v^2$。

　　有了重力势能与动能公式，目前还缺少流体压力对应的能量。为此，我
们任取 l 方向，并取一个圆盘形流体微元，如图 4 所示，圆盘法线方向与 l 方
向重合，厚度为 Δl，圆盘截面大小为 A，上下面的压力大小分别为 F_l、$F_{l+\Delta l}$，

那么圆盘受到的 l 方向的总压力大小为

$$F_{\mathrm{t}} = F_l + (-F_{l+\Delta l}) = Ap_l - Ap_{l+\Delta l} = -A(p_{l+\Delta l} - p_l) \approx -A\Delta_l \frac{\partial p}{\partial l} = -\Delta V \nabla_l(p)$$

其中，$\Delta V = A\Delta l$ 是圆盘形流体微元的体积，∇_l 表示沿 l 方向的导数。所以，l 方向上单位体积的力为

$$\frac{F_{\mathrm{t}}}{\Delta V} = -\nabla_l(p) \tag{4}$$

将此结果推广到其他方向上，即可得到单位体积的压力为

$$\vec{f} = -\vec{\nabla} p \tag{5}$$

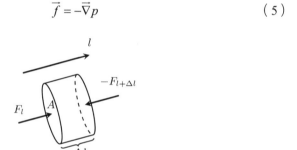

图 4　对任意方向上的一个圆盘形流体微元的受力分析

将此结果与势能公式做比较，可以知道压强 p 正好扮演着"压力体密度的势"这么一个角色，所以 p 对应着流体压力的"能量"。于是，根据能量守恒可知，跟踪一个体积为 ΔV 的流体微元，其重力势能 $\Delta V \rho gz$、压强势能 ΔVp 与动能 $\Delta V \frac{1}{2}\rho v^2$ 之和为常数，于是在流线（即流体微元的运动轨迹）上有

$$p + \frac{1}{2}\rho v^2 + \rho gz = \mathrm{const.}$$

此结果被称为伯努利方程。伯努利方程可以通过受力分析严格地推导出来，我们在这里是通过与势能比较，然后借助能量守恒条件得到的。需要特别注意的是，上式中的"const."指的是等式左边的量在流线上保持不变，但是不同流线对应的"const."可能是不一样的。

借助伯努利方程可以理解人们常说的"流速大压强小，流速小压强大"的具体含义：在水平流线上，z 恒为常数，那么在速度大的地方压强比较小，在速度小的地方压强比较大。

小结
Summary

在本节中，我们介绍了帕斯卡定律、阿基米德原理和伯努利方程。但关于阿基米德原理，我们只是基于柱体形状进行了简单推导，实际上该原理对任意形状都适用，下一节将对任意形状表面的压强进行计算分析。除了通过计算，阿基米德原理还可以通过简单的思想实验得到，我们在水中圈出任意形状的水，由于水是静止的，所以这个形状也是稳定的，既不会变形也不会上浮或下沉，说明这个形状的水受到的浮力等于其重力，所以相同形状的物体在水中受到的浮力等于其排开的水的重力。另外，本节是通过能量守恒定律推导伯努利方程的，下一节将从最基本的牛顿第二定律出发直接推导伯努利方程，并且将对力与势关系式（4）推广到式（5）的过程进行更细致的数学推导。

香蕉球的物理原理是什么?
——证明浮力定律与伯努利原理[1]

摘要:在本节中,我们利用微元分析法证明了任意形状物体的阿基米德浮力定律。紧接着,我们推导了标量场的微分公式,证明了压强实际上是与压力体密度相对应的势。通过应用矢量分析和牛顿第二定律,我们成功地导出了伯努利方程,并运用该方程解释了香蕉球的物理原理。

上一节所介绍的知识都是比较初步的,比如浮力定律,只是在柱形体等规则形状的情况下证明了它的成立,而没有给出一般性的证明。同样地,对于压力体密度公式和伯努利方程的推导也相对粗略。在本节中,我们将运用更多的数学技巧,对浮力定律和伯努利原理进行严格的证明,并讨论伯努利方程中常数项随空间的依赖情况。最后,我们将以香蕉球为例展示伯努利原理的应用。需要注意的是,在一般情况下,速度场不仅与空间有关,还与时间有关。因此,当求取速度的时间导数时,我们需要明确求导对象是某一固定位置上的速度还是随流体流动的微元的速度。后者不仅需要考虑速度场本身随时间的变化,还需要考虑由于空间变化引起的速度变化。

一、物体拆成柱状微元,压差求和得到浮力

根据上一节的结果,密度为 ρ 的不可压缩静止流体在重力场中的压强满足

$$p + \rho g z = c$$

式中, c 表示与位置、时间无关的常数; z 是直角坐标系的第三个坐标,坐标轴的正方向竖直向上。上式可以改写为 $p = -\rho g z + c$ 。

---

1 整理自搜狐视频 App "张朝阳" 账号/作品/物理课栏目中的第 107 期视频,由李松、涂凯勋执笔。

如图 1 所示，考查一个浸没在流体中的任意形状的物体（注：此处的推导经过适当修改也可用于不完全浸没的物体），取物体的一个柱形微元，其横截面大小为 dS_{xy}；下底面面积为 ds_1，单位法向量为 $\vec{n}_1$；上底面面积为 ds_2，单位法向量为 $\vec{n}_2$。用 $\vec{i}$、$\vec{j}$、$\vec{k}$ 分别表示 x、y、z 坐标轴正方向的单位向量，那么这个柱形微元受到的流体压力的 z 分量为

$$dF_z = p_1 ds_1(-\vec{n}_1)\cdot\vec{k} + p_2 ds_2(-\vec{n}_2)\cdot\vec{k} \tag{1}$$

式中，由于压力方向与表面法向量方向相反，所以 $\vec{n}_1$ 与 $\vec{n}_2$ 前有负号。由图 1 还能注意到

$$ds_1\vec{n}_1\cdot\vec{k} = -dS_{xy}$$
$$ds_2\vec{n}_2\cdot\vec{k} = dS_{xy}$$

将其代入式（1）可得

$$dF_z = p_1 dS_{xy} - p_2 dS_{xy} = (p_1 - p_2)dS_{xy}$$

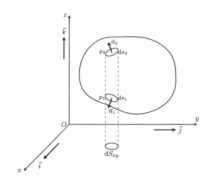

图 1　计算物体 z 分量的浮力

将所有柱形微元受到的压力求和，借助前面介绍的压强公式 $p = -\rho gz + c$ ，可得

$$F_z = \sum_{S_{xy}} \mathrm{d}F_z = \int (p_1 - p_2)\mathrm{d}S_{xy} = \int (-\rho gz_1 + \rho gz_2)\mathrm{d}S_{xy}$$
$$= pg\int \mathrm{d}S_{xy}\int_{z_1}^{z_2} \mathrm{d}z = pg\int \mathrm{d}V = \rho gV$$

可见，F_z 的方向是竖直向上的，大小等于这个物体排开的水的重力。但是，阿基米德定律还要求物体受到的浮力沿 x 轴与 y 轴方向的分量为零，因此还需要证明这个物体受到的流体压力在 x 轴、y 轴方向为零。不失一般性，只需证明 x 轴方向的分量为零即可。

如图 2 所示，与前面 z 分量的推导类似，只不过这次需要取平行于 x 轴方向的柱形微元，最后得到

$$\mathrm{d}F_x = -p_1 \mathrm{d}\vec{s}_1 \cdot \vec{i} - p_2 \mathrm{d}\vec{s}_2 \cdot \vec{i}$$
$$= (p_1 - p_2)\mathrm{d}S_{yz} = 0$$

最后的等号是因为同一水平面的压强相等，即 $p_1 - p_2 = 0$ 。至此，阿基米德浮力定律的证明就已经完整了。

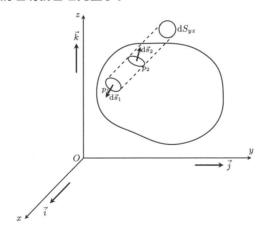

图 2　计算物体 x 分量的浮力

二、分析压力体密度，推导标量场微分式

在上一节中，我们借助特定指向的微元说明了压强的负梯度为压力的体

密度，因此，压强代表着压力密度的势。在本节中，针对此论断，我们将给出更详细的证明过程。

如图 3 所示，取一立方体微元，微元各边平行于各坐标轴。设微元沿 x 轴方向的横截面面积为 ΔA，微元占据的 x 轴方向的坐标范围为 $[x, x+\Delta x]$，那么微元受到的 x 轴方向的压力为

$$F_x = -p_{x+\Delta x}\Delta A + p_x\Delta A = -\Delta A(p_{x+\Delta x} - p_x) \approx -\Delta A \frac{\partial p}{\partial x}\Delta x = -\Delta V\frac{\partial p}{\partial x}$$

其中，$\Delta V = \Delta A \cdot \Delta x$ 是微元的体积。由此可知，压力体密度在 x 方向的分量为

$$f_x = \frac{F}{\Delta V} = -\frac{\partial p}{\partial x}$$

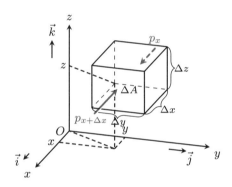

图 3　流体微元与其 x 方向的受力

基于同样的分析，可以得到其他两个方向的压力体密度，分别为

$$f_y = -\frac{\partial p}{\partial y}, \qquad f_z = -\frac{\partial p}{\partial z}$$

综合这些结果，即可得到压力体密度为

$$\vec{f} = -\left(\frac{\partial p}{\partial x}\vec{i} + \frac{\partial p}{\partial y}\vec{j} + \frac{\partial p}{\partial z}\vec{k}\right) = -\vec{\nabla}p$$

可见，压强确实是压力体密度所对应的势。这个结果实际上是阿基米德浮力定律的微分形式，这种联系类似于电磁学中的"电场的散度等于 ρ/ϵ_0"与高斯定理的联系。

接下来我们开始讨论标量场在无穷小间隔上的差。由于压强是一种特殊

的标量场，并且与当前章节的内容直接相关，因此我们直接使用压强进行分析。假设空间上两个无限接近的点之间的间隔为

$$\mathrm{d}\vec{r} = \mathrm{d}x\vec{i} + \mathrm{d}y\vec{j} + \mathrm{d}z\vec{k}$$

这两点的压强差为

$$\mathrm{d}p = p\left(\vec{r} + \mathrm{d}\vec{r}\right) - p\left(\vec{r}\right) = \frac{\partial p}{\partial x}\mathrm{d}x + \frac{\partial p}{\partial y}\mathrm{d}y + \frac{\partial p}{\partial z}\mathrm{d}z$$

$$= \left(\frac{\partial p}{\partial x}\vec{i} + \frac{\partial p}{\partial y}\vec{j} + \frac{\partial p}{\partial z}\vec{k}\right) \cdot \left(\mathrm{d}x\vec{i} + \mathrm{d}y\vec{j} + \mathrm{d}z\vec{k}\right) = \vec{\nabla}p \cdot \mathrm{d}\vec{r}$$

可见，标量场的微元可以用其梯度与空间间隔微元的点乘来表示。这个结果将在接下来对伯努利原理的证明中用到。

三、分析沿路径的能量变化，证明伯努利原理

在上一节中，我们根据压强是一种势的性质，借助能量守恒定律导出了伯努利原理：

$$\frac{1}{2}\rho v^2 + p + \rho gz = \text{常数}$$

但我们知道，机械能守恒可以从牛顿第二定律推导出来。为了进一步探索该定律在流体力学中的表现，本节我们将从基本的牛顿第二定律出发直接推导伯努利方程，并展示其中的常数在什么情况下不依赖于空间坐标。观察伯努利方程的形式，我们需要研究以下量：

$$\psi = \frac{1}{2}\rho v^2 + p + \rho gz$$

为了突出问题的核心，在接下来的推导中，我们忽略了其中的重力势能项 ρgz，不过，加上这一项时，下面的推导过程仍然成立。

假设某处的流体微元速度为

$$\vec{v} = \frac{\mathrm{d}\vec{r}}{\mathrm{d}t}$$

那么矢量 $\mathrm{d}\vec{r}$ 将是这个流体微元的前进方向。考虑在 $\mathrm{d}\vec{r}$ 间隔下的 ψ 变量，根据前面的分析，此改变量可以写成梯度与 $\mathrm{d}\vec{r}$ 的点乘：

$$\mathrm{d}\psi = \vec{\nabla}\psi \cdot \mathrm{d}\vec{r} = \left(\frac{1}{2}\rho\vec{\nabla}(\vec{v}\cdot\vec{v}) + \vec{\nabla}p \right) \cdot \mathrm{d}\vec{r} \tag{2}$$

根据矢量微积分的公式

$$\vec{\nabla}(\vec{f}\cdot\vec{g}) = (\vec{f}\cdot\vec{\nabla})\vec{g} + (\vec{g}\cdot\vec{\nabla})\vec{f} + \vec{f}\times(\vec{\nabla}\times\vec{g}) + \vec{g}\times(\vec{\nabla}\times\vec{f})$$

将其中的 $\vec{f}$ 与 $\vec{g}$ 都取为 $\vec{v}$，可以得到

$$\frac{1}{2}\vec{\nabla}(\vec{v}\cdot\vec{v}) = (\vec{v}\cdot\vec{\nabla})\vec{v} + \vec{v}\times(\vec{\nabla}\times\vec{v})$$

将此结果代入 $\mathrm{d}\psi$ 的式（2）中即有

$$\mathrm{d}\psi = \left(\rho(\vec{v}\cdot\vec{\nabla})\vec{v} + \rho\vec{v}\times(\vec{\nabla}\times\vec{v}) + \vec{\nabla}p \right) \cdot \mathrm{d}\vec{r} \tag{3}$$

另一方面，我们注意到速度 $\vec{v}$ 是一个矢量场，它是依赖于空间与时间的，因此流体微元的加速度为

$$\frac{\mathrm{d}\vec{v}}{\mathrm{d}t} = \frac{1}{\mathrm{d}t}\mathrm{d}\vec{v} = \frac{1}{\mathrm{d}t}\left(\frac{\partial\vec{v}}{\partial x}\mathrm{d}x + \frac{\partial\vec{v}}{\partial y}\mathrm{d}y + \frac{\partial\vec{v}}{\partial z}\mathrm{d}z + \frac{\partial\vec{v}}{\partial t}\mathrm{d}t \right) \tag{4}$$

因为

$$\frac{\mathrm{d}x}{\mathrm{d}t} = v_x, \quad \frac{\mathrm{d}y}{\mathrm{d}t} = v_y, \quad \frac{\mathrm{d}z}{\mathrm{d}t} = v_z$$

且流体稳恒流动，其速度分布不依赖于时间，有

$$\frac{\partial\vec{v}}{\partial t} = 0$$

所以，微元的加速度公式（4）可以进一步写为

$$\frac{\mathrm{d}\vec{v}}{\mathrm{d}t} = \left(v_x\frac{\partial\vec{v}}{\partial x} + v_y\frac{\partial\vec{v}}{\partial y} + v_z\frac{\partial\vec{v}}{\partial z} \right) = (\vec{v}\cdot\vec{\nabla})\vec{v}$$

因此，式（3）中右边大括号内的 $\rho(\vec{v}\cdot\vec{\nabla})\vec{v}$ 可以借助上式来替换，于是得到

$$\mathrm{d}\psi = \left(\rho\frac{\mathrm{d}\vec{v}}{\mathrm{d}t} + \rho\vec{v}\times(\vec{\nabla}\times\vec{v}) + \vec{\nabla}p \right) \cdot \mathrm{d}\vec{r} \tag{5}$$

忽略重力作用，根据牛顿第二定律，微元加速度与密度的乘积必须等于微元受到的压力体密度，也就是压强的负梯度：

$$\rho \frac{d\vec{v}}{dt} = -\vec{\nabla}p \quad \Rightarrow \quad \rho \frac{d\vec{v}}{dt} + \vec{\nabla}p = 0$$

因此式（5）又可以简化为

$$d\psi = \left(\rho\vec{v} \times \left(\vec{\nabla} \times \vec{v}\right)\right) \cdot d\vec{r}$$

虽然对于不可压缩流体，其速度的散度为零，但速度的旋度不一定为零，设速度的旋度为

$$\vec{\alpha} = \vec{\nabla} \times \vec{v}$$

由于矢量 $d\vec{r}$ 平行于速度 $\vec{v}$，故 $d\vec{r}$ 垂直于 $\vec{v} \times \vec{\alpha}$，从而 $d\vec{r}$ 与 $\vec{v} \times \vec{\alpha}$ 的点乘等于零。由此可得 $d\psi = 0$。这说明，沿着速度场前进时，ψ 的改变量等于零，换言之，ψ 在流线上保持为同一个常数。

这里的推导只证明了 ψ 沿流线保持恒定，但不同流线上的 ψ 可能是不一样的。然而，在一些特殊情况下，ψ 在整个空间上都等于同一个值。比如在水库上开一个小口，让水稳定地流下来，在这种情况下，由于水库里的水是静止的，其上的 ψ 处处相等。根据伯努利定理规定流线上的 ψ 保持恒定，因此流下去的水的 ψ 也是处处相等的。另一个例子是平流，即整个流体以固定的速度朝一个方向流动，此时速度的旋度 $\vec{\alpha} = 0$，因此 ψ 也是处处相等的。

证明了伯努利定理后，我们可以用它来分析足球比赛中香蕉球的成因。当足球运动员斜着踢球时，会给足球带来一定的角动量，使足球飞出去的同时绕自身旋转。在这种情况下，足球除了因重力而导致轨迹弯曲，还会因自转导致轨迹弯曲，这就是人们常说的"香蕉球"。

假设球是以平直的轨迹飞出去的，且球的角速度垂直于地面向上。忽略球的重力影响，我们选择一个与球一起平动的参考系，空气在这个参考系中会以相反的方向不断流动，如图 4 所示。由于球在自转，它会带动周围的空气一起旋转。需要指出的是，实际情况非常复杂，这里只做了简化分析。由于空气在球前方远处是平流的，所以 ψ 处处相等。根据伯努利原理，在球的两侧有

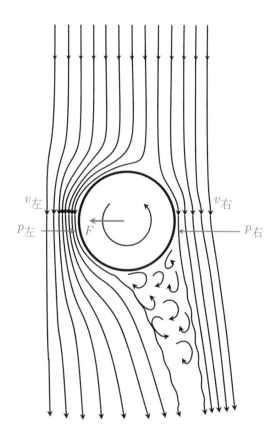

图 4　香蕉球的物理原理

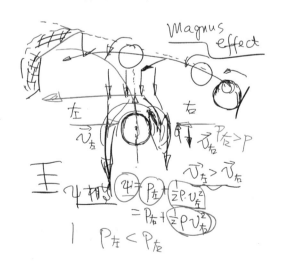

$$\psi = p_{左} + \frac{1}{2}\rho v_{左}^2 = p_{右} + \frac{1}{2}\rho v_{右}^2$$

由于球与空气之间存在摩擦力，球的自转会导致球两侧的空气流动速度不同，如图 4 所示。在逆时针旋转的情况下，球的左侧空气会被球的自转带动，使其速度增加，而球的右侧空气由于球的自转导致速度减小。因此，根据之前的表达式，我们可以得到

$$v_{左} > v_{右} \Rightarrow p_{左} < p_{右}$$

由于右边的压强高于左边的压强，球会受到一个从右向左的力，从而导致球向左拐弯，这就是香蕉球的成因。

小结
Summary

在本节中，我们对浮力定律和伯努利原理进行了严格证明，并使伯努利方程可以从流线扩展到整个空间，具有更广泛的应用价值。有人可能会问，速度是相对的，那么选择一个参考系使得原来的高速流变成低速流，是否会导致压强大小的矛盾？实际上，速度场的旋度为零以及我们在推导中使用的稳定条件已经对应用伯努利原理时所选择的参考系提出了一定的要求。例如，在分析香蕉球时，我们只能选择球所在的参考系，而不能选择地面参考系。另外，考虑一个直河模型，左半部分和右半部分具有不同的流速，虽然通过参考系变换可以将高速流变为低速流，但由于速度场的旋度不为零，伯努利原理只能应用于流线上，因此不会导致上述矛盾。

怎么推导纳维尔-斯托克斯方程?
——黏性与应力张量[1]

摘要: 在本节中, 我们首先利用牛顿第二定律推导无黏性流体的欧拉方程, 然后引入不可压缩黏性流体的纳维尔-斯托克斯方程, 接着介绍流体的剪切力, 将其推广到一般的应力张量上, 同时推导出与黏性相关的应力张量。根据这些推导, 我们得到力密度公式, 并最终推导出纳维尔-斯托克斯方程。

在前面的章节中, 我们讨论的都是理想流体, 并且只考虑了稳定流动的情况。然而, 现实生活中的流体往往不能近似为理想流体。例如, 在血管中, 血液之间以及血液与管壁之间存在着"摩擦力", 这种内部阻碍相对流动的性质就是黏性。黏性对于流体的流速分布、通量和稳定性等各个方面都有显著影响。因此, 研究黏性流体的运动规律非常重要。此外, 描述黏性流体运动规律的纳维尔-斯托克斯方程在数学上也具有重要地位, 它是"千禧年七大数学难题"之一。然而, 即使在经典力学中, 再复杂的运动也最终可以归结为牛顿定律。在本节中, 我们将展示如何从牛顿第二定律出发, 结合牛顿黏性定律, 推导出著名的纳维尔-斯托克斯方程。

一、流体的牛顿定律与欧拉方程

在之前的章节中, 已经给出了压强对体积为 ΔV 的流体微元的合力公式

---

[1] 整理自搜狐视频 App "张朝阳" 账号/作品/物理课栏目中的第 108、109 期视频, 由李松、涂凯勋执笔。

为 $\vec{F} = -\Delta V \vec{\nabla} p$，进一步考虑微元所受的重力 $\vec{G} = \rho \Delta V \vec{f}_g$，其中 $\vec{f}_g$ 的大小是该点的重力加速度 g，方向指向地心。根据牛顿第二定律，可以得到理想流体的"运动方程"：

$$\rho \frac{\mathrm{d}\vec{v}}{\mathrm{d}t} = -\vec{\nabla} p + \rho \vec{f}_g \tag{1}$$

其中，加速度表示的是流体微元在流体运动时的加速度。在上一节中，我们已经通过数学推导得到了等式左侧的加速度表达式。在这里，我们再次强调其物理意义。一般而言，流体的速度分布不仅取决于时间，还取决于空间位置。在流动过程中，流体微元的速度等于速度场在该微元所在位置处的值。因此，根据求导的链式法则，流体微元的加速度可以表示为

$$\begin{aligned}
\frac{\mathrm{d}\vec{v}}{\mathrm{d}t} &= \frac{\partial \vec{v}}{\partial x}\frac{\mathrm{d}x}{\mathrm{d}t} + \frac{\partial \vec{v}}{\partial y}\frac{\mathrm{d}y}{\mathrm{d}t} + \frac{\partial \vec{v}}{\partial z}\frac{\mathrm{d}z}{\mathrm{d}t} + \frac{\partial \vec{v}}{\partial t} \\
&= v_x \frac{\partial \vec{v}}{\partial x} + v_y \frac{\partial \vec{v}}{\partial y} + v_z \frac{\partial \vec{v}}{\partial z} + \frac{\partial \vec{v}}{\partial t} \\
&= \left(v_x \frac{\partial}{\partial x} + v_y \frac{\partial}{\partial y} + v_z \frac{\partial}{\partial z} \right) \vec{v} + \frac{\partial \vec{v}}{\partial t} \\
&= \left(\vec{v} \cdot \vec{\nabla} \right) \vec{v} + \frac{\partial \vec{v}}{\partial t}
\end{aligned} \tag{2}$$

最后一行的第一项可以理解为流体微元因位置变化而导致的速度变化所对应的加速度，第二项为流速场随时间改变而导致的加速度。将式（2）的结果代入式（1）可以得到

$$\rho \frac{\partial \vec{v}}{\partial t} + \rho \left(\vec{v} \cdot \vec{\nabla} \right) \vec{v} = -\vec{\nabla} p + \rho \vec{f}_g$$

这个描述理想流体运动的方程称为欧拉方程。

考虑如图 1 所示的一个沿径向逐渐变窄然后又逐渐恢复原来半径的管子，其中稳定流动着不可压缩的理想流体。由于流体的不可压缩性，在管子窄处，流体速度必然大于粗处的流体速度。根据伯努利原理，窄处的压强相对较小，而粗处的压强相对较大。因此，压强的负梯度指向管子细部，即从粗处指向细处。这意味着流体在进入细管时会加速，而在离开细管时会减速，这与"细管位置的流体速度相对较大"相吻合。另一方面，由于流体处于稳

定流动状态，速度场对时间的偏导数为零。然而，由于速度在不同位置上不同，根据加速度的公式，流体微元的加速度并不为零，这与前述的压强分析相符。

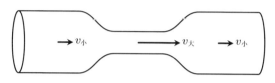

图 1　截面大小变化的圆管

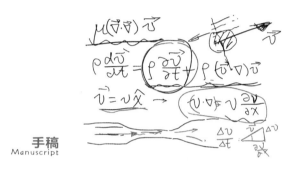

手稿
Manuscript

在介绍了欧拉方程和伯努利原理之后，接下来我们将开始介绍不可压缩黏性流体。对于这种流体，它在流动过程中会因内部摩擦而耗散能量。我们可以通过一个被称为黏滞系数的常数来描述这种流体的内部摩擦效应的强弱。在考虑了黏滞系数之后，欧拉方程将会变为

$$\rho \frac{\partial \vec{v}}{\partial t} + \rho \left(\vec{v} \cdot \vec{\nabla} \right) \vec{v} = -\vec{\nabla} p + \mu \vec{\nabla}^2 \vec{v} + \rho \vec{f}_g$$

这个方程被称为纳维尔-斯托克斯方程，即 Navier-Stokes equations，有时候简写为 N-S 方程。

二、分析应力张量，推广得到单位体积的受力

为了理解黏性效应，我们需要从最简单的剪切运动开始讲起。如图 2 所示，考虑一个只沿着 x 方向运动的流体，其速度 v 随着 y 坐标的增大而增大。从微观角度来看，由于分子扩散的影响，速度较高的流体微元的分子和速度较低的流体微元的分子会向外扩散。这导致速度较高的流体微元会接收来自速度较低区域的分子，从而降低了该微元的平均速度；同时，速度较低的流体微元则接收来自速度较高区域的分子，使得该微元的平均速度增加。这种

动量的传递在宏观上表现为黏性力。类似于压强，黏性力是作用在某个面上的力，因此我们可以定义一个类似于压强的量，即单位面积上的剪切力，被称为剪切应力。剪切应力的大小通常与速度场的变化率成正比：

$$f = \mu \frac{\partial v}{\partial y} \tag{3}$$

其中，比例系数 μ 称为流体的黏滞系数。式（3）称为牛顿黏性定律，满足上式关系的流体被称为牛顿流体。非牛顿流体的剪切应力与速度场的空间变化率不成正比关系。在图 2 中，如果选择一个 xz 平面，其法向指向 y 轴的正方向，那么黏性力 f 作用在该平面上，其方向指向 x 轴的正方向，它的意义就是 xz 平面上部的流体对 xz 平面下部流体施加的力的面密度。如果取 xz 平面的法向指向 y 轴的负方向，那么黏性力 f 的大小保持不变，但其方向会变为 x 轴的负方向。在这种情况下，f 的意义则变成了 xz 平面下部流体对 xz 平面上部流体施加的力的面密度。由此可见，剪切应力依赖于所选择的面以及面的取向，这一性质与由压强引起的压力类似。

这里提供一种理解牛顿黏性定律（3）的方式。如图 3 所示，考虑一个高度为 Δy 的矩形弹性体被扭曲成图中展示的平行四边形形状。其中，斜边的倾角大小为 $\Delta\theta$，矩形顶部水平偏移量为 Δx，在这种剪切形变下，会产生一个恢复力 f，类似于正向压缩的胡克定律，剪切胡克定律为（$\Delta\theta$ 是小量）

$$f \propto \Delta\theta = \frac{\Delta x}{\Delta y}$$

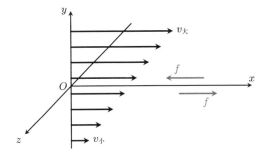

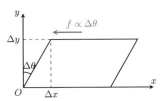

图 2　流速随 y 轴逐渐增大的
x 轴方向层流

图 3　矩形弹性物体的
剪切形变与恢复力

但是，流体与弹性体不同，流体在流动变形之后不会主动恢复形状，它的剪切应力来自其"持续形变"而非"单次形变"。下面举一个形象的例子来说明"持续形变"的含义。

如图 4 所示，考虑一个悬挂着的球，悬挂点以速度 v 向右移动，一辆很长的火车从球的旁边以速度 $v+\Delta v$ 经过，每个车窗都有人朝同一个方向拍打球，每次拍打都会传递一定的动量，因此球会在持续的拍打下发生一定的偏离。可以想象，当速度差 Δv 越大时，偏离就越大，这说明球受到的力越明显。而当速度差 $\Delta v = 0$ 时，小球将不会受到力的作用。

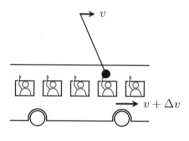

图 4　火车上的人们持续拍球

上面只是一个形象的例子，现在稍微进行一些定量分析。回顾如图 2 所示流体速度随着 y 轴逐渐增大的 x 轴方向的层流。由于该体系关于 z 轴对称，我们只考虑 x 轴与 y 轴。如图 5 所示，选择一个边长为 Δx、Δy 的矩形微元，分析该微元的运动和形变情况。

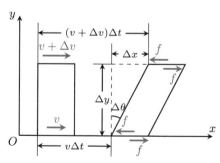

图 5　流体微元的运动与形变

图 5 中的微元顶面运动速度为 $v+\Delta v$，底面运动速度为 v，经过 Δt 时间后，底面的运动距离为 $v\Delta t$，而顶面的运动距离为 $(v+\Delta v)\Delta t$，顶面相对于底面多移动了 $\Delta x = \Delta v\Delta t$ 的距离。原本的矩形微元发生了剪切形变，变成了如

图 5 所示的平行四边形，斜边的倾角大小为 $\Delta\theta = \Delta x / \Delta y$，注意这里是流体而不是弹性体，不能直接应用弹性体的胡克定律，要像前面火车上的人拍打球一样分析问题。正是因为上层流体与下层流体之间存在速度差，才使得动量能够持续在不同层之间传递。图 4 中火车相对于球跑得越快，Δt 时间内它们之间的相对位移就越大。这意味着越多的人拍打到小球，也就传递了更多的动量。同样地，在图 5 中，上下层之间的速度差越大，Δt 内的相对位移 Δx 也就越大，传递的动量也就越多。同时，形变 $\Delta\theta$ 越大，所以相比于弹性体的胡克定律中力与形变 $\Delta\theta$ 成正比的关系，这里的"持续形变"的流体情况则是 Δt 时间内传递的动量与 $\Delta\theta$ 成正比：

$$\Delta(mv) = f \cdot \Delta t \propto \Delta\theta = \frac{\Delta x}{\Delta y} = \frac{\Delta v \Delta t}{\Delta y}$$

所以剪切应力为

$$f \propto \frac{\Delta v}{\Delta y} \approx \frac{\partial v}{\partial y}$$

这就是前面介绍的称为牛顿黏性定律（3）。

一般地，描述应力需要用到应力张量，它可以写为一个三阶方阵的形式：

$$\left(\sigma_{ij}\right) = \begin{pmatrix} \sigma_{11} & \sigma_{12} & \sigma_{13} \\ \sigma_{21} & \sigma_{22} & \sigma_{23} \\ \sigma_{31} & \sigma_{32} & \sigma_{33} \end{pmatrix}$$

在流体内部取一个法向为 x 正方向的面积微元，那么流体作用在这个面积微元上的应力为

$$\begin{pmatrix} \sigma_{11} \\ \sigma_{21} \\ \sigma_{31} \end{pmatrix}$$

这就是应力张量第一列的物理意义。应力张量的第二、第三列也具有类似的意义，只不过所对应的面积微元的法向分别为 y 轴正方向和 z 轴正方向。有时应力张量的下标不使用数字而使用坐标符号，比如 σ_{12} 可以写成 σ_{xy}。应力张量的物理意义与一个流体微元的受力可以看图 6。

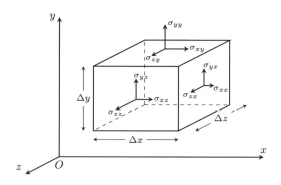

图 6　应力张量与微元的受力

对于静止的流体或者理想流体，它没有切应力，只有压强。压强是一种特殊的应力，方向与面积微元的法向相反，因此根据应力张量的物理意义可知，静止流体和理想流体的应力张量形式为

$$\left(\sigma_{ij}\right) = \begin{pmatrix} -p & 0 & 0 \\ 0 & -p & 0 \\ 0 & 0 & -p \end{pmatrix}$$

或者，可借助克罗内克符号表示为

$$\sigma_{ij} = -p\delta_{ij}$$

对于静止流体，取其中一个立方体体元，立方体各边都平行于坐标轴，边长分别为 Δx、Δy、Δz，立方体体元受到的来自周围流体的力的 x 分量为

$$F_x = \left[-p\left(x+\Delta x\right) - \left(-p\left(x\right)\right)\right]\Delta y\Delta z$$
$$= -\frac{\partial p}{\partial x}\Delta x\Delta y\Delta z$$

这个力对应的体密度为

$$f_x = \frac{F_x}{\Delta x\Delta y\Delta z} = -\frac{\partial p}{\partial x}$$

同理，可得其他方向的力的体密度为

$$f_y = -\frac{\partial p}{\partial y}, f_z = -\frac{\partial p}{\partial z}$$

这些结果的矢量形式为

$$\begin{pmatrix} f_x \\ f_y \\ f_z \end{pmatrix} = \begin{pmatrix} -\dfrac{\partial p}{\partial x} \\ -\dfrac{\partial p}{\partial y} \\ -\dfrac{\partial p}{\partial z} \end{pmatrix} = -\vec{\nabla} p$$

这个结果在之前的章节中已经被推导过，不过它还可以借助应力张量而变形为

$$f_i = \sum_{j=1}^{3} \frac{\partial}{\partial x_j} \sigma_{ij} \tag{4}$$

实际上，式（4）是普遍成立的，可以借助应力张量的物理意义，通过取如图 6 所示的立方体微元的方式来证明。

三、寻找应力张量与速度场的关系，推导纳维尔-斯托克斯定理

前面讲到，静止流体或理想流体的应力张量为

$$\left(\sigma_{ij} \right) = \begin{pmatrix} -p & 0 & 0 \\ 0 & -p & 0 \\ 0 & 0 & -p \end{pmatrix}$$

对于处于一般状态的流体，其应力张量的非对角元并不为零，不过总可以写成如下形式：

$$\left(\sigma_{ij} \right) = \begin{pmatrix} -p+\tau_{11} & \tau_{12} & \tau_{13} \\ \tau_{21} & -p+\tau_{22} & \tau_{23} \\ \tau_{31} & \tau_{32} & -p+\tau_{33} \end{pmatrix} \tag{5}$$

不过，由于此时流体不再是静止流体，我们只知道 $\sigma_{ii} = -p + \tau_{ii}$ 是以 i 方向为法向的面上的正应力，而其中 p 的具体定义仍是未知的。在考虑前面介绍牛顿黏性定律时所用的流体做纯剪切运动的情况下，即如图 2 所示，我们考虑一个只沿着 x 轴方向运动的流体，其速度 v 随着 y 轴坐标的增大而增大的层流情况。根据牛顿流体的性质以及应力张量各分量的意义，牛顿黏性定律（3）可以写成

$$\tau_{xy} = \mu \frac{\partial v_x}{\partial y}$$

考虑此流体的一个平行于各个坐标轴的立方体微元,如图 7 所示,边长分别为 Δx 、 Δy 、 Δz 。平行于 xz 平面的两个面所受到的剪切力刚好是相反的,因此这两个剪切力对此体元的力矩方向相同,两者之和得到的力矩为

$$M_{xy} = 2 \cdot \tau_{xy} \cdot \Delta x \Delta z \cdot \frac{\Delta y}{2} = \tau_{xy} \Delta x \Delta y \Delta z$$

根据上述两个面的剪切力的方向可知,此力矩指向 z 轴负方向。

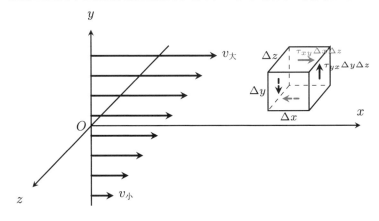

图 7 层流中的立方体微元所受的剪切力

由于应力 τ_{xy} 在该体元上近似保持为常数,因此上述力矩是立体微元边长的三阶无穷小量。而立体微元的转动惯量是微元边长的五阶无穷小量,因此在微元边长趋向于零的过程中,微元转动惯量将比力矩减小得更快。这意味着在足够小的微元中,该力矩会使微元迅速旋转,然而这是不可能的——除非有其他力矩可以与此力矩平衡。来自外部的力在整个微元中几乎不变,因此几乎不会对力矩产生贡献。根据力的方向,我们可以推断只有图 7 中所示的 $\Delta y \Delta z$ 面上的应力 y 分量可以平衡该力矩。根据之前力矩的计算方式,我们可以得到 $\Delta y \Delta z$ 面上的应力 y 分量 τ_{yx} 对应的力矩为

$$M_{yx} = 2 \cdot \tau_{yx} \cdot \Delta y \Delta z \cdot \frac{\Delta x}{2}$$
$$= \tau_{yx} \Delta x \Delta y \Delta z$$

上式对应的力矩方向为 z 轴正方向，与 τ_{xy} 产生的力矩方向相反。要想整个微元的力矩能够抵消，必然有 $M_{xy} = M_{yx}$，即

$$\tau_{yx} = \tau_{xy} = \mu \frac{\partial v_x}{\partial y}$$

可见，v_x 在 y 轴方向上的变化率也会对 τ_{yx} 有贡献。同样地，若 v_y 在 x 轴方向的变化率不为零，该变化率除了对 τ_{yx} 有贡献之外，还会对 τ_{xy} 有贡献。因此，在一般的速度场下，应有

$$\tau_{xy} = \mu \left(\frac{\partial v_x}{\partial y} + \frac{\partial v_y}{\partial x} \right)$$

扩展到对于 τ 的其他非对角分量（ $i \neq j$ ），有

$$\tau_{ij} = \mu \left(\frac{\partial v_i}{\partial x_j} + \frac{\partial v_j}{\partial x_i} \right) \tag{6}$$

需要注意的是，上述对 τ_{xy} 的分析方式不适用于 σ 的对角分量 $-p + \tau_{ii}$。不过，可以根据 σ 的非对角元 τ_{ij} 的形式，通过旋转变换来得到应力张量 σ 的对角元形式。当 σ 的非对角元 τ_{ij} 具有表达式（6）时，结合流体各向同性的要求（无论坐标系如何选取，应力的表达式是相同的），并注意到对角矩阵 (δ_{ij}) 与标量 $\vec{\nabla} \cdot \vec{v}$ 以及 $\mathrm{Tr}\sigma = \sum_i \sigma_{ii}$ 是旋转不变量，可知应力张量 σ 的应该具有如下形式：

$$\sigma_{ij} = \mu \left(\frac{\partial v_i}{\partial x_j} + \frac{\partial v_j}{\partial x_i} \right) + \left(a\vec{\nabla} \cdot \vec{v} + b\sum_i \sigma_{ii} + d \right) \delta_{ij} \tag{7}$$

式中，a、b 与 d 是常数。当流体静止时，流体的应力为 $\sigma_{ij} = \left(b\sum_i \sigma_{ii} + d \right) \delta_{ij}$，对该表达式等号两边同时求迹，得到 $\sum_i \sigma_{ii} = \left(b\sum_i \sigma_{ii} + d \right) \sum_i \delta_{ii} = 3 \left(b\sum_i \sigma_{ii} + d \right)$，由此求出两系数 $b = \frac{1}{3}$，$d = 0$。于是，（7）的对角元为

$$\sigma_{ii} = 2\mu \frac{\partial v_i}{\partial x_i} + a\vec{\nabla} \cdot \vec{v} + \frac{1}{3}\sum_i \sigma_{ii}$$

对它的对角元求和可得

$$\sum_i \sigma_{ii} = 2\mu\left(\frac{\partial v_x}{\partial x} + \frac{\partial v_y}{\partial y} + \frac{\partial v_z}{\partial z}\right) + 3a\vec{\nabla} \cdot \vec{v} + \sum_i \sigma_{ii}$$

注意到速度的散度公式 $\vec{\nabla} \cdot \vec{v} = \frac{\partial v_x}{\partial x} + \frac{\partial v_y}{\partial y} + \frac{\partial v_z}{\partial z}$ ，马上可以求得 $a = -\frac{2}{3}\mu$ ，

最终可得应力张量 σ 的完整表达式：

$$\sigma_{ij} = \mu\left(\frac{\partial v_i}{\partial x_j} + \frac{\partial v_j}{\partial x_i}\right) + \left(-\frac{2}{3}\mu\vec{\nabla} \cdot \vec{v} + \frac{1}{3}\sum_i \sigma_{ii}\right)\delta_{ij} \quad (8)$$

为了将式（8）中黏滞系数 μ 有关项与黏性无关项分离出来，可以令

$$\tau_{ij} = \mu\left(\frac{\partial v_i}{\partial x_j} + \frac{\partial v_j}{\partial x_i}\right) - \frac{2}{3}\mu\vec{\nabla} \cdot \vec{v}\delta_{ij} \quad , \qquad p = -\frac{1}{3}\sum_i \sigma_{ii} \quad (9)$$

那么式（8）可以写成与最开始引入的式（5）一模一样的形式：

$$\sigma_{ij} = -p\delta_{ij} + \tau_{ij} \quad (10)$$

由于 τ 与 σ 只相差了一个正比于单位矩阵的矩阵，所以 τ 也是满足旋转后表达式不变的张量。同时也知道了其中 p 的含义是平均法向应力 $p = -\frac{\sigma_{xx} + \sigma_{yy} + \sigma_{zz}}{3}$ ，可以看成一种平均压强，即将各个方向的压强平均之后的结果。在静止（或没有形变率）流体中，各个法向应力是大小相同的 $\sigma_{xx} = \sigma_{yy} = \sigma_{zz}$ ，这时 p 就回到了前几章节的原始定义，即压强是作用到单位面积上的压力。

我们接下来只考虑不可压缩流体的情况，这时有 $\vec{\nabla} \cdot \vec{v} = 0$ ，这样（9）中的 τ 的表达式可以化简成

$$\tau_{ij} = \mu\left(\frac{\partial v_i}{\partial x_j} + \frac{\partial v_j}{\partial x_i}\right) \quad (11)$$

可以发现 τ 的对角元不一定为零，速度场的不均匀性与黏性会给正应力 σ_{ii} 带来影响。比如，τ_{xx} 为

$$\tau_{xx} = \mu\left(\frac{\partial v_x}{\partial x} + \frac{\partial v_x}{\partial x}\right) = 2\mu\frac{\partial v_x}{\partial x}$$

可见，当 v_x 随着 x 坐标增大而增大时，作用在法向为 x 轴正方向的面积微元上的正应力大小 $|\sigma_{xx}| = |-p + \tau_{xx}|$ 比平均压强 p 要小。

有了这些结果，就可以推导（不可压缩流体的）纳维尔-斯托克斯方程了。当存在黏性力时，原始的欧拉方程需要添加由 τ 产生的效应。结合式（4）与式（10），单位体积流体受力的 x 分量为

$$
\begin{aligned}
f_x &= \sum_j\left(-\frac{\partial p}{\partial x_j}\delta_{1j}\right) + \sum_j\frac{\partial\tau_{1j}}{\partial x_j} \\
&= -\frac{\partial p}{\partial x} + \sum_j\frac{\partial\tau_{1j}}{\partial x_j}
\end{aligned}
\tag{12}
$$

根据式（11）以及流体不可压缩条件 $\vec{\nabla}\cdot\vec{v} = 0$ 可知，上式最后一项可写为

$$
\begin{aligned}
\sum_j\frac{\partial\tau_{1j}}{\partial x_j} &= \mu\left[\frac{\partial}{\partial x}\left(\frac{\partial v_x}{\partial x} + \frac{\partial v_x}{\partial x}\right) + \frac{\partial}{\partial y}\left(\frac{\partial v_x}{\partial y} + \frac{\partial v_y}{\partial x}\right) + \frac{\partial}{\partial z}\left(\frac{\partial v_x}{\partial z} + \frac{\partial v_z}{\partial x}\right)\right] \\
&= \mu\left(\frac{\partial^2 v_x}{\partial x^2} + \frac{\partial^2 v_x}{\partial y^2} + \frac{\partial^2 v_x}{\partial z^2}\right) + \mu\frac{\partial}{\partial x}\left(\frac{\partial v_x}{\partial x} + \frac{\partial v_y}{\partial y} + \frac{\partial v_z}{\partial z}\right) \\
&= \mu\vec{\nabla}^2 v_x + \mu\frac{\partial}{\partial x}\vec{\nabla}\cdot\vec{v} \\
&= \mu\vec{\nabla}^2 v_x
\end{aligned}
\tag{13}
$$

于是，将式（13）代回式（12）中可得单位体积流体受力的 x 轴分量为

$$f_x = -\frac{\partial p}{\partial x} + \sum_j\frac{\partial\tau_{1j}}{\partial x_j} = -\frac{\partial p}{\partial x} + \mu\vec{\nabla}^2 v_x$$

其他分量可以类似得到，最终有

$$\vec{f} = -\vec{\nabla}p + \mu\vec{\nabla}^2\vec{v}$$

将其代入流体微元的牛顿第二定律 $\rho\dfrac{\mathrm{d}\vec{v}}{\mathrm{d}t} = \vec{f} + \rho\vec{f}_g$ 中并利用式（2）可得

$$\rho\frac{\partial\vec{v}}{\partial t} + \rho\left(\vec{v}\cdot\vec{\nabla}\right)\vec{v} = -\vec{\nabla}p + \mu\vec{\nabla}^2\vec{v} + \rho\vec{f}_g$$

这就是前面介绍的纳维尔-斯托克斯方程，它相当于流体力学中的"牛顿第二定律"。

小结
Summary

在本节中，我们利用牛顿定律和牛顿黏性定律推导纳维尔-斯托克斯方程的过程中，引入了应力张量这一概念来描述流体的内力。需要特别注意的是，在之前的章节中，所考虑的是理想流体，其中微元只受到正应力的作用，并且正应力是各向同性的，因此只需要压强这一概念就可以描述流体的内力。然而，由于黏性的存在，现在流体微元除了受到正应力，还受到剪应力的作用，并且连正应力也不再是各向同性的。因此，我们需要引入应力张量这一更复杂的概念来描述内力。在纳维尔-斯托克斯方程中，压强表示的是一种平均压强，即微元上各个方向正应力的平均值。当流体静止或没有相对运动时，正应力是各向同性的，平均压强恢复到之前章节中所讨论的压强的概念。正如文章开头提到的，黏性流体在实际生活中广泛存在，纳维尔-斯托克斯方程具有巨大的应用价值。在接下来的章节中，我们将介绍如何求解纳维尔-斯托克斯方程，以获得黏性流体的速度分布。

如何推导泊肃叶定律？
——求解圆柱管中稳恒层流的纳维尔-斯托克斯方程[1]

摘要：通过假定圆柱管中流体做稳恒层流运动，我们可以化简纳维尔-斯托克斯方程，并进一步解得圆柱管中流体的流速的抛物线分布。根据流速与半径的关系，我们可以推导出泊肃叶定律，并介绍该定律的一些应用。

在上一节中，我们从基本的牛顿定律出发，结合牛顿黏性定律，导出了著名的纳维尔-斯托克斯方程。然而，纳维尔-斯托克斯方程是一个非线性偏微分方程，在数学上非常难以一般性地解析求解。在实际工业应用中，常常通过数值模拟得出速度场。只有在一些比较简单或对称性高的情况下，才能化简该方程并进行解析求解。本节课将介绍一种可解析求解方程的情况，虽然这种情况很简单，但却具有广泛的应用。

一、研究圆柱管中的黏性流体，化简纳维尔-斯托克斯方程

在之前的章节中，我们介绍了流体力学中的基本概念，并推导了纳维尔-斯托克斯方程：

$$\rho \frac{\partial \vec{v}}{\partial t} + \rho \left(\vec{v} \cdot \vec{\nabla} \right) \vec{v} = -\vec{\nabla} p + \mu \vec{\nabla}^2 \vec{v} + \rho \vec{f}_g \qquad (1)$$

式中，μ 是流体的黏滞系数，它描述了液体的内部摩擦属性。纳维尔-斯托

---

1 整理自搜狐视频 App "张朝阳" 账号/作品/物理课栏目中的第 111 期视频，由涂凯勋执笔。

克斯方程反映了不可压缩黏性流体流动的基本力学规律，但只有在某些简单特例下才能求得其精确解。下面将介绍一个具有高度对称性的例子，并求解该情况下的纳维尔-斯托克斯方程。

如图 1 所示，流体在一个半径为 R 的圆柱管中流动，以管中心轴为 z 轴，建立柱坐标系。雷诺数 $Re = \rho v d / \mu$ 是表征流体流动情况的无量纲数，其中 d 是圆柱管道的直径。按流体研究中的实践经验，一般来说，当雷诺数小于 2000 时，黏性力对流场的影响较大，流场中流速的扰动会因黏性力而衰减，流体流动稳定，形成稳恒层流；反之，当雷诺数较大时，流体流动较不稳定，容易形成湍流。

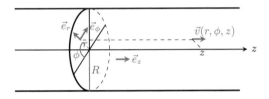

图 1   柱形管中的坐标系

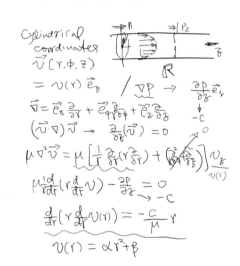

手稿
Manuscript

假设流体的雷诺数较小，流体处于稳恒流动的状态，并认为流体只有沿着 z 轴方向的速度，且具有绕 z 轴的旋转对称性。由于流体不可压缩，根据流量守恒可知，速度 $\vec{v}$ 与坐标 z 无关，柱坐标系中流体的速度场可以写成

$$\vec{v}(r,\phi,z) = v(r)\vec{e}_z \tag{2}$$

式中，$\vec{e}_z$ 是沿 z 轴正方向的单位向量。

由于流速与时间无关，在不考虑重力场的情况下，纳维尔-斯托克斯方程（1）可以写成如下稳恒形式：

$$\rho\left(\vec{v}\cdot\vec{\nabla}\right)\vec{v} = -\vec{\nabla}p + \mu\vec{\nabla}^2\vec{v} \tag{3}$$

先分析上述方程（3）中等号左侧的项。在如图 1 所示的柱坐标系中，三维导数算子可以表示为

$$\vec{\nabla} = \vec{e}_r\frac{\partial}{\partial r} + \vec{e}_\phi\frac{\partial}{r\partial\phi} + \vec{e}_z\frac{\partial}{\partial z} \tag{4}$$

由导数算子的柱坐标形式（4），结合速度场在柱坐标下的表达式（2），可以得到式（3）中等号左侧的项为零：

$$\left(\vec{v}\cdot\vec{\nabla}\right)\vec{v} = v(r)\frac{\partial}{\partial z}\vec{v} = v(r)\frac{\partial v(r)}{\partial z}\vec{e}_z = 0$$

于是，前述稳恒层流情况下的纳维尔-斯托克斯方程（3）可以继续化简成

$$\vec{\nabla}p = \mu\vec{\nabla}^2\vec{v} \tag{5}$$

为了再进一步化简方程，我们接着利用拉普拉斯算子在柱坐标系下的表达式（容易从式（4）得到该表达式），计算式（5）等号右侧的项：

$$\begin{aligned}\vec{\nabla}^2\vec{v} &= \frac{1}{r}\frac{\partial}{\partial r}\left(r\frac{\partial\vec{v}}{\partial r}\right) + \frac{1}{r^2}\frac{\partial^2\vec{v}}{\partial\phi^2} + \frac{\partial^2\vec{v}}{\partial z^2} \\ &= \frac{1}{r}\frac{\mathrm{d}}{\mathrm{d}r}\left(r\frac{\mathrm{d}}{\mathrm{d}r}v(r)\right)\vec{e}_z\end{aligned} \tag{6}$$

式中，最后一个等号利用了速度场与柱坐标 ϕ 和 z 无关的性质（2）。将式（6）代入化简后的纳维尔-斯托克斯方程（5）中，并利用柱坐标系中三维导数算符（4），可将纳维尔-斯托克斯方程进一步写成

$$\vec{e}_r\frac{\partial p}{\partial r} + \vec{e}_\phi\frac{\partial p}{r\partial\phi} + \vec{e}_z\frac{\partial p}{\partial z} = \mu\frac{1}{r}\frac{\mathrm{d}}{\mathrm{d}r}\left(r\frac{\mathrm{d}}{\mathrm{d}r}v(r)\right)\vec{e}_z \tag{7}$$

对比上式中等号两侧的 $\vec{e}_z$ 分量可得

$$\frac{\partial p}{\partial z} = \mu \frac{1}{r} \frac{\mathrm{d}}{\mathrm{d}r}\left(r \frac{\mathrm{d}}{\mathrm{d}r} v(r)\right) \tag{8}$$

注意上式等号右侧与坐标 z 无关，显然有 $\frac{\partial}{\partial z}\left(\frac{\partial p}{\partial z}\right) = 0$。另一方面，对比式（7）等号两边的 $\vec{e}_r$ 与 $\vec{e}_\phi$ 分量，可知 $\frac{\partial p}{\partial r} = 0$、$\frac{\partial p}{\partial \phi} = 0$，同时 $\frac{\partial p}{\partial z}$ 还具有如下性质：

$$\frac{\partial}{\partial r}\left(\frac{\partial p}{\partial z}\right) = \frac{\partial}{\partial z}\left(\frac{\partial p}{\partial r}\right) = 0 \quad , \qquad \frac{\partial}{\partial \phi}\left(\frac{\partial p}{\partial z}\right) = \frac{\partial}{\partial z}\left(\frac{\partial p}{\partial \phi}\right) = 0$$

结合 $\frac{\partial}{\partial z}\left(\frac{\partial p}{\partial z}\right) = 0$ 的这一性质，可知 $\frac{\partial p}{\partial z}$ 与 x、y、z 三个坐标都无关，它在整个圆柱管中是一个常数，于是令常数 $c = -\frac{\partial p}{\partial z}$，其中负号表示压强随着 z 轴减小。于是，式（8）可以写成

$$\frac{\mathrm{d}}{\mathrm{d}r}\left(r \frac{\mathrm{d}}{\mathrm{d}r} v(r)\right) = -\frac{c}{\mu} r \tag{9}$$

上式（9）为完全化简过后的纳维尔-斯托克斯方程，最终变成了一个非常简单的微分方程。

二、求解纳维尔-斯托克斯方程，推导泊肃叶定律

上述微分方程（9）可以直接积分得到方程的解。然而，通过对方程左右两侧关于 r 的幂次进行分析，以及考虑到圆柱管流量有限的事实，我们可以猜测方程的解具有如下简单的形式：

$$v(r) = \alpha r^2 + \beta \tag{10}$$

将该形式的解带回方程（9）中可求得参数 α 的值：

$$\frac{\mathrm{d}}{\mathrm{d}r}\left(r \frac{\mathrm{d}}{\mathrm{d}r} v(r)\right) = 4\alpha r = -\frac{c}{\mu} r$$

$$\Rightarrow \alpha = -\frac{c}{4\mu}$$

至于参数 β 的求解，则需要引入边界条件。这里假定不滑动边界条件，

即管壁 $r = R$ 处流体流速为零，那么可以解得参数 β 为

$$v(R) = \alpha R^2 + \beta = 0 \quad \Rightarrow \quad \beta = -\alpha R^2$$

于是，将 α 与 β 的值代入式（10）中，得到流体流速 v 与半径 r 呈抛物线形关系：

$$v(r) = \frac{c}{4\mu}\left(R^2 - r^2\right)$$

图 2 画出了这条抛物线形速度的分布，圆柱管的中间流速最快，越接近两边，流速越慢。

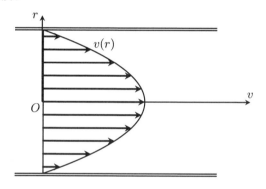

图 2　均匀圆柱管中黏性流体的速度分布

$$4\alpha r = -\frac{c}{\mu} r \Rightarrow \alpha = -\frac{c}{4\mu}$$

$$\upsilon(R) = (\alpha r^2 + \beta)_{r=R} = \alpha R^2 + \beta = 0$$

$$\beta = -\alpha R^2$$

$$\upsilon(r) = -\alpha(R^2 - r^2)$$

no slip boundary condition

parabolic

$$Q = \int \vec{J} \cdot d\vec{S}$$

$$= \int \rho \vec{v} \cdot d\vec{S} = \rho \int_0^R 2\pi r\, dr\, \upsilon$$

$$= \rho 2\pi \int r\, dr(-\alpha(R^2 - r^2))$$

$$= -\rho \frac{\pi}{\alpha} 2\left[R^2 \cdot \frac{1}{2}R^2 - \frac{1}{4}R^4\right] \qquad \alpha = -\frac{c}{4\mu}$$

$$= -\rho\alpha \frac{\pi}{2} R^4$$

$$\boxed{Q = \rho \frac{\pi}{8} \frac{c}{\mu} R^4} \qquad c = \left|\frac{\Delta P}{\Delta \ell}\right|$$

解得了流速场后，我们进一步计算单位时间内流过横截面的流体质量 Q：

$$Q = \int \vec{j} \cdot \mathrm{d}\vec{S} = \int_0^R \rho v 2\pi r \mathrm{d}r = \int_0^R \rho \frac{c}{4\mu}\left(R^2 - r^2\right) 2\pi r \mathrm{d}r$$

$$= 2\pi\rho \frac{c}{4\mu}\left(R^2 \frac{r^2}{2} - \frac{r^4}{4}\right)\Bigg|_0^R - 2\pi\rho \frac{c}{4\mu}\frac{R^4}{4} - \rho\frac{\pi R^4}{8\mu}c$$

式中，$\vec{j} = \rho\vec{v}$ 是质量流密度。对于不可压缩流体，人们通常用体积流量来描述流体流动情况，单位时间内流过截面的流体体积为其质量除以密度：

$$\frac{Q}{\rho} = \frac{\pi R^4}{8\mu}\left|\frac{\Delta p}{\Delta z}\right|$$

式中，已经将常数 c 写成一段距离 $|\Delta z|$ 两端的压强差 $|\Delta p|$ 与该段距离的比值 $\left|\dfrac{\Delta p}{\Delta z}\right|$ 的形式。上述公式描述了流量与流体压强和圆柱管参数之间的关系，这就是著名的泊肃叶定律。

泊肃叶定律揭示了黏性流体的特点。一般情况下，人们可能会直观地认为流体流量与圆柱管的截面积成正比，即与圆柱管半径的平方 R^2 成正比。然而，实际上黏性流体的速度关于半径并不是一个常数。在圆柱管中，中心的流速较大、边缘的流速较小，且圆柱管的半径越大，中心处的流速也就越大，这导致的最终结果是流量与 R^4 成正比。

作为一个应用案例，上述规律可用于研究血管中血液的流动。例如，对于患有动脉粥样硬化的病人，由于血管中沉积了脂肪或其他杂质，血管的有效半径减小。在压强不变的情况下，根据流量与 R^4 成正比，血流量对 R 非常敏感。例如，当 R 减小为 $R/2$ 时，血流量将急剧减小为原来的 $1/16$。血流量不足可能会对人体产生严重后果。而如果需要增加血流量，则需要增加血压，但这可能导致高血压等健康问题。

除此之外，泊肃叶定律还有很多其他应用，例如，在医学上，打吊针时为了使吊瓶中的液体更快地流入人体，可以提高吊瓶的高度，利用重力增加流体两侧的压强差，从而增加流量。正是由于泊肃叶定律在医学上的各种应用，这个重要的物理规律最早是由法国医生泊肃叶发现的。

小结
Summary

在本节中，我们分析了黏性流体在圆柱管中的稳恒流动，并求解了该情况下的纳维尔−斯托克斯方程，得到了速度分布并推导出了泊肃叶定律。值得一提的是，在圆柱管中的稳恒层流条件下，我们得出了压强的梯度在管中是常数的结论。这一结论与柱管的截面形状无关。在下一节中，我们将讨论三角形截面的管道，并发现仍然存在压强梯度是常数的结论。此外，压强的梯度不为零，正是流体黏性的体现。流体阻力本质上是由管壁对流体的摩擦力提供的，而压强的梯度抵消了这种阻力，使得流体能够流动。下一节中，我们将继续探索其他形状的柱管，研究压强梯度如何推动黏性流体的流动，并展示管道形状对速度分布和流量的影响。

三角管中黏性不可压缩流体的流量与什么有关？
——利用边界条件猜出纳维尔−斯托克斯方程的解[1]

摘要：在本节中，我们将对比泊肃叶定律和欧姆定律，以深入理解黏性阻力的物理本质。然后，我们将从圆柱管转向三角管，并假设流体处于稳恒层流状态，以证明压强沿流动方向的线性变化，并以此简化纳维尔−斯托克斯方程。最后，我们将推导出截面上边界所处直线的方程，并利用非滑动边界条件巧妙地猜测出纳维尔−斯托克斯方程的解，从而推导出流量公式。

在上一节中，我们解析了圆柱管中稳恒流动情况下的纳维尔−斯托克斯方程，并得到了速度分布以及推导出了泊肃叶定律，并介绍了其相关的实际应用。本节中，我们希望从更深入的物理理论层面探讨泊肃叶定律，并将其与欧姆定律进行对比，以获得有关压强和黏性阻力的更多物理直觉。此外，为了更好地理解纳维尔−斯托克斯方程，我们将继续求解一些简单情况下的方程，这次考虑的是三角管。三角管不像圆柱管那样具有任意角度的旋转对称性，速度分布也不仅仅与距离中心的距离有关。即使如此，我们将利用一种巧妙的边界条件解方程的方法，使得解方程的过程并不比圆柱管更复杂。

一、对比泊肃叶定律与欧姆定律，进一步理解黏性阻力

在之前的章节中，我们介绍了流体力学的基本概念，并从纳维尔−斯托克斯方程推导出了泊肃叶定律，得到稳恒层流的圆柱管中的体积流量的表

---

1 整理自搜狐视频 App "张朝阳" 账号/作品/物理课栏目中的第 112 期视频，由涂凯勋执笔。

达式：

$$\frac{Q}{\rho} = \frac{\pi R^4}{8\mu}\left|\frac{\Delta p}{\Delta z}\right|$$

我们可以看到，泊肃叶定律与欧姆定律非常相似，为了进行更好的对比，我们把 Δp 定义为圆柱管入口压强与出口压强之差，即入口压强减去出口压强。因此，Δp 大于零，而 Δz 是圆柱管的长度，也大于零，所以可以把上式的绝对值去掉，并将泊肃叶定律改写成如下形式：

$$\Delta p = \frac{Q}{\rho}\frac{8\mu}{\pi R^4}\Delta z$$

式中，体积流量 Q/ρ 是单位时间内通过截面的流体体积。在电学中，也存在类似的概念，即电流 I，它表示单位时间内通过截面的电荷量。流体的流动是由压强差 Δp 驱动的，而电荷的流动是由电势差（电压）V 驱动的。因此，我们可以进行如下物理概念的类比：

$$\frac{Q}{\rho} \to I, \qquad \Delta p \to V$$

进一步观察欧姆定律的形式：

$$V = I\widetilde{R}$$

式中，$\widetilde{R}$ 为电阻。对比泊肃叶定律，可得电阻 $\widetilde{R}$ 与泊肃叶公式中的量具有如下类比关系：

$$\frac{8\mu\Delta z}{\pi R^4} \to \widetilde{R}$$

电阻 $\widetilde{R}$ 表示导体对电荷流动的阻碍作用，这说明上式中 $\frac{8\mu\Delta z}{\pi R^4}$ 也可用来表征圆柱管对流体流动的阻碍作用。在电学中，导线的长度越长，对电流的阻碍就越大；类似地，圆柱管的长度越长，对流量的阻碍也越大。此外，导线的截面积越大，电流的阻碍作用就越小；类似地，圆柱管的截面积越大，它对流量的阻碍作用也越小。但需要注意的是，电阻与截面积成反比，而圆柱管的阻碍作用 $\frac{8\mu\Delta z}{\pi R^4}$ 与截面积的平方成反比，这是它们之间的一个重要区别。这也说明了圆柱管的阻碍对其半径 R 非常敏感。因此，对于患有动脉粥样硬化的患者，由于血管中沉积了脂肪或其他杂质，有效血管半径减小，血管对血流的阻碍将急剧增加，从而对身体健康造成严重危害。

二、研究三角管中的黏性流体，化简纳维尔-斯托克斯方程

在本节中，我们将利用纳维尔-斯托克斯方程来推导均匀三角管的流量公式。均匀三角管的特点是垂直于中心轴的截面恒为相同大小的等边三角形，即任意横截面都具有相同的形状与大小。

如图 1 所示，建立直角坐标系，三角管的内壁（内表面）由三个平面组成，xz 平面与其中一个平面重合，并令 z 轴与管中流体流速方向相反。与上一节推导泊肃叶定律类似。本节我们仍然从流体力学中最基础的纳维尔-斯托克斯方程出发

$$\rho \frac{\partial \vec{v}}{\partial t} + \rho \left(\vec{v} \cdot \vec{\nabla} \right) \vec{v} = -\vec{\nabla} p + \mu \vec{\nabla}^2 \vec{v} + \rho \vec{f}_g$$

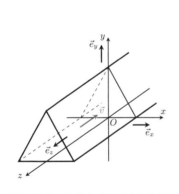

图 1 均匀三角管中建立的直角坐标系

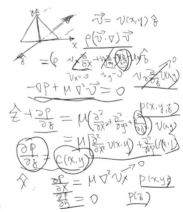

手稿
Manuscript

进一步假设流体的雷诺数较小，流体处于稳恒层流的状态，流体只具有沿 z 轴正方向的速度。由于流体是不可压缩的，根据流量守恒定律可知速度与坐标 z 无关。因此，在柱坐标系中，流体的速度场可以表示为

$$\vec{v} = v(x, y) \vec{e}_z \tag{1}$$

由于流速与时间无关，在不考虑重力场的情况下，纳维尔-斯托克斯方

程可以写成稳恒形式：

$$\rho\left(\vec{v}\cdot\vec{\nabla}\right)\vec{v} = -\vec{\nabla}p + \mu\vec{\nabla}^2\vec{v} \tag{2}$$

由导数算子的直角坐标形式，结合速度场在柱坐标系下的表达式（1），可以得到式（2）的最左侧项为

$$\left(\vec{v}\cdot\vec{\nabla}\right)\vec{v} = v\left(x,y\right)\frac{\partial}{\partial z}\vec{v} = v\left(x,y\right)\frac{\partial v\left(x,y\right)}{\partial z}\vec{e}_z = 0$$

于是，稳恒层流的纳维尔-斯托克斯方程（2）又可以进一步化简成

$$\vec{\nabla}p = \mu\vec{\nabla}^2\vec{v}$$

将上式用直角坐标以及直角坐标轴的单位矢量表示为

$$\frac{\partial}{\partial x}p\left(x,y,z\right)\vec{e}_x + \frac{\partial}{\partial y}p\left(x,y,z\right)\vec{e}_y + \frac{\partial}{\partial z}p\left(x,y,z\right)\vec{e}_z = \mu\left(\frac{\partial^2}{\partial x^2} + \frac{\partial^2}{\partial y^2}\right)v\left(x,y\right)\vec{e}_z \tag{3}$$

先来看上述等式的 z 分量：

$$\frac{\partial}{\partial z}p\left(x,y,z\right) = \mu\left(\frac{\partial^2}{\partial x^2} + \frac{\partial^2}{\partial y^2}\right)v\left(x,y\right) \tag{4}$$

注意到等式的右侧不含有坐标 z，这说明 $\frac{\partial p}{\partial z}$ 不随着坐标 z 变化，至多只与 x、y 有关。接下来进一步分析方程（3）的 x 分量与 y 分量，分别能得到 $\frac{\partial}{\partial x}p\left(x,y,z\right)=0$ 与 $\frac{\partial}{\partial y}p\left(x,y,z\right)=0$，由此进一步导出关于 $\frac{\partial p}{\partial z}$ 的如下性质：

$$\frac{\partial}{\partial x}\left(\frac{\partial p}{\partial z}\right) = \frac{\partial}{\partial z}\left(\frac{\partial p}{\partial x}\right) = 0 \quad , \qquad \frac{\partial}{\partial y}\left(\frac{\partial p}{\partial z}\right) = \frac{\partial}{\partial z}\left(\frac{\partial p}{\partial y}\right) = 0$$

这说明 $\frac{\partial p}{\partial z}$ 与 x 和 y 都无关，结合 $\frac{\partial p}{\partial z}$ 与 z 无关的性质，可知 $\frac{\partial p}{\partial z}$ 在整个三角管内为一个常数 c：

$$\frac{\partial}{\partial z}p\left(x,y,z\right) = c$$

将上式代入式（4），最终得到流速所满足的方程为

$$\left(\frac{\partial^2}{\partial x^2} + \frac{\partial^2}{\partial y^2}\right)v(x,y) = \frac{c}{\mu} \tag{5}$$

该方程是泊松方程，有传统的标准解法，但比较复杂。接下来介绍一种可以较为方便地推测出其解的方法。

三、写出边界所处的直线方程，巧妙组合得到流速方程的解

与泊肃叶定律相同，我们在这里也假设存在不滑动边界条件，即管壁处的流体速度为零。为了更加准确地利用边界条件，我们需要将边界的方程写出来。

如图 2 所示，管壁在 xy 平面表示为三条线段 l_1、l_2、l_3，设作为截面的等边三角形的高度为 h，那么在 y 轴上的三角形顶点的 xy 平面坐标为 $(0, h)$，进一步根据几何关系，可得边的长度为 $\frac{2h}{\sqrt{3}}$，在 x 轴上的两个三角形顶点坐标为 $(-\frac{h}{\sqrt{3}}, 0)$ 和 $(\frac{h}{\sqrt{3}}, 0)$。已知三角形三个顶点的坐标，可求得三条线段 l_1、l_2、l_3 所在的直线方程分别为

$$l_1 : y = 0$$
$$l_2 : y = h - \sqrt{3}x$$
$$l_3 : y = h + \sqrt{3}x$$

不滑动边界条件表明流速在 l_1、l_2、l_3 上都为零 $v(l_1) = v(l_2) = v(l_3) = 0$，即要求满足上述方程的点 (x, y) 作为流速场 $v(x, y)$ 的自变量时，都会使得 $v(x, y) = 0$。注意到 l_1 上的点，会使得式子 y 等于零，而 l_2 上的点，会使得 x 与 y 的组合式 $y - h + \sqrt{3}x$ 等于零。同样地，l_3 上的点会使得 x 与 y 的另一组合式 $y - h - \sqrt{3}x$ 等于零，那么上述三种 x 与 y 的组合式相乘得到的式子必然在 l_1、l_2、l_3 上同时为零，这正好满足不滑动边界条件的要求 $v(l_1) = v(l_2) = v(l_3) = 0$。所以，可以先猜测流速场的表达式为

$$\begin{aligned}v(x, y) &= \alpha y\left(y - h + \sqrt{3}x\right)\left(y - h - \sqrt{3}x\right)\\ &= \alpha y\left[\left(y - h\right)^2 - 3x^2\right]\end{aligned} \tag{6}$$

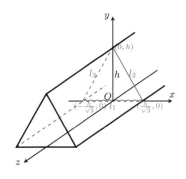

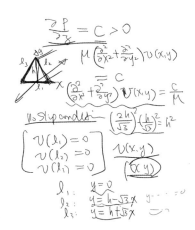

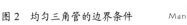

图 2　均匀三角管的边界条件

为了验证该表达式的正确性以及求得参数 α 的值，我们将其代入流速所满足的泊松方程（5）中得到

$$
\begin{aligned}
\frac{c}{\mu} &= \left(\frac{\partial^2}{\partial x^2}+\frac{\partial^2}{\partial y^2}\right)v(x,y)\\
&= \left(\frac{\partial^2}{\partial x^2}+\frac{\partial^2}{\partial y^2}\right)\left\{\alpha y\left[(y-h)^2-3x^2\right]\right\}\\
&= \alpha\left(\frac{\partial^2}{\partial x^2}+\frac{\partial^2}{\partial y^2}\right)\left[y^3-2y^2h+yh^2-3yx^2\right]\\
&= \alpha(6y-4h+0-6y)\\
&= -4\alpha h
\end{aligned}
$$

上式两侧都没有关于 x 与 y 的依赖，都是常数，说明前面猜测的流速表达式是正确的，进一步将上式移项并整理，得到参数 α 的值：

$$
\alpha = -\frac{c}{4h\mu}
$$

将参数 α 的值代入流速场的表达式（6）得到

$$
\vec{v} = -\frac{c}{4h\mu}y\left[(y-h)^2-3x^2\right]\vec{e}_z
$$

有了流速关于空间的分布，可以通过对三角管的截面进行积分得到体积流量：

$$\frac{Q}{\rho} = 2\int_0^{\frac{h}{\sqrt{3}}} \left[\int_0^{h-\sqrt{3}x} v(x,y)\,\mathrm{d}y \right]\mathrm{d}x = \frac{ch^4}{60\sqrt{3}\mu}$$

上述公式的积分细节，留作作业由读者解答。

小结
Summary

　　在本节中，我们求得了三角管中黏性流体的速度分布与流量公式。流量的大小与三角管的高度的四次方成正比，这类似于圆柱管中流量与半径的四次方成正比，都表明流量与截面积的平方成正比。三角管的流量还与压强梯度成正比，与黏滞系数成反比，这也符合泊肃叶定律。从整体上看，除了比例系数不同，三角管流量与圆柱管流量之间关于截面积、压强梯度以及黏滞系数的依赖关系是相同的。此外，我们还学到了一种新的求解方程的方法，有时可以根据边界条件猜测出方程解的形式，然后代入方程中确定其中的系数。

椭圆管中黏性不可压缩流体的流量与什么有关?
——对比不同截面形状的管的流量公式[1]

摘要:在本节中,我们将根据前几节的经验讨论泊肃叶流动的性质,并据此推导出椭圆管中流速所满足的方程。我们可以类比求解三角管流速的方法,利用不滑动边界条件和椭圆方程来猜测速度分布的形式。将这个猜测代入流速方程,就可以得到完整的流速度分布。最后,我们对流速在椭圆截面上进行积分,得到椭圆管中黏性不可压缩流体的流量公式,并对比不同截面形状的管道的流量公式。

在前几节中,我们利用纳维尔-斯托克斯方程导出了圆管和三角管的流量公式。然而,这些推导都是基于特定的流动条件进行的。现在,我们将介绍这种特定的流动方式,称为泊肃叶流动,它可以大大简化纳维尔-斯托克斯方程的求解。除此之外,我们将继续采用上一节求解三角管中纳维尔-斯托克斯方程的方法,来求解椭圆管中的纳维尔-斯托克斯方程,并再次展示通过边界条件猜测方程解的强大能力。一旦我们求得椭圆管的流量公式,结合之前的内容,我们就可以获得多种形状均匀管道的流量公式。通过比较它们的差异和联系,我们可以更深入地理解泊肃叶流动。

一、研究椭圆管中黏性流体,根据边界巧猜流速分布

如图 1 所示,在建立的直角坐标系中,z 轴被置于椭圆管的中心,xy 平面切出一个椭圆截面,其中 x 轴与椭圆的长轴重合,y 轴与椭圆的短轴重合。

1 整理自搜狐视频 App "张朝阳"账号/作品/物理课栏目中的第 113 期视频,由涂凯勋执笔。

正如前几节所讲述的，当流体的雷诺数较小时，流体可以处于稳定的层流状态。在这种情况下，流体的流速仅沿管道方向存在，并且流速在横截面上沿着 z 轴方向是恒定的。此外，流体在边界处的流速恒为零。一般将这种流动称为泊肃叶流动。在这里，我们同样假设椭圆管中的流体流动是泊肃叶流动，并且流体的流速方向是沿轴的正方向。

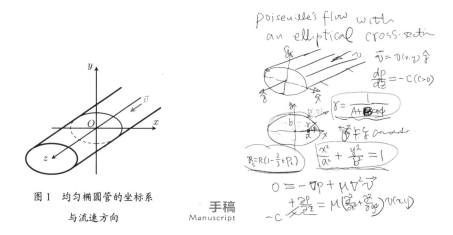

图 1　均匀椭圆管的坐标系
与流速方向

上一节已经证明，在泊肃叶流动中，压强 p 与 x 和 y 都无关，并且 $\dfrac{\partial p}{\partial z}$ 在整个三角管内为一个常数。然而，回顾证明过程，我们并没有利用到关于管道截面形状的任何特性。从而意味着这个结论与截面形状无关。对于现在的椭圆管 $\dfrac{\partial p}{\partial z}$ 也是一个常数，令

$$\frac{\partial}{\partial z} p(x, y, z) = -c$$

式中，由于流速沿着 z 轴方向，压强沿着 z 轴方向减小，因此在等号右侧引入负号，使得常数 $c > 0$ 。

那么根据上一节的推导，在不考虑重力场的情况下，泊肃叶流动的纳维尔-斯托克斯方程可以化为以下简单形式：

$$\left(\frac{\partial^2}{\partial x^2} + \frac{\partial^2}{\partial y^2} \right) v(x, y) = -\frac{c}{\mu} \tag{1}$$

该方程是泊松方程，而泊肃叶流动假设了不滑动边界条件，即管壁处的

流体流速为零。类似于上一节中根据三角管的边界条件猜测方程的解，本节也可以通过椭圆管壁上的流速为零这一边界条件来巧妙地猜测方程的解。

为了更加准确地利用边界条件，我们需要将边界的方程写出来

$$\frac{x^2}{a^2}+\frac{y^2}{b^2}=1$$

这是直角坐标系下的椭圆方程，a 是椭圆的半长轴，b 是椭圆的半短轴。同样地，类比三角管利用边界方程猜测流速的方法，我们可以发现，如下形式的流速分布在边界上的值为零，即满足不滑动边界条件：

$$v(x,y)=\beta\left(1-\frac{x^2}{a^2}-\frac{y^2}{b^2}\right) \tag{2}$$

为了验证该表达式的正确性并求得参数 β 的值，我们将其代入流速所满足的泊松方程（1）中得到

$$-\frac{c}{\mu}=\left(\frac{\partial^2}{\partial x^2}+\frac{\partial^2}{\partial y^2}\right)v(x,y)=\left(\frac{\partial^2}{\partial x^2}+\frac{\partial^2}{\partial y^2}\right)\left[\beta\left(1-\frac{x^2}{a^2}-\frac{y^2}{b^2}\right)\right]=-2\beta\left(\frac{1}{a^2}+\frac{1}{b^2}\right)$$

上式两边都不含 x 或 y，都是常数，说明前面猜测的流速表达式是正确的。进一步将上式移项并整理得到参数 β 的值：

$$\beta=\frac{c}{2\mu\left(\dfrac{1}{a^2}+\dfrac{1}{b^2}\right)} \tag{3}$$

将参数 β 的值代入流速场的表达式（2），得到完整的流速分布为

$$v(x,y)=\frac{c}{2\mu\left(\dfrac{1}{a^2}+\dfrac{1}{b^2}\right)}\left(1-\frac{x^2}{a^2}-\frac{y^2}{b^2}\right)$$

二、对流速关于椭圆截面积分，推导出椭圆管的流量公式

有了流速关于空间的分布，可以通过对椭圆管的截面的积分得到体积流量。根据流速分布（2）的形式，对椭圆管截面的积分得到体积流量的过程为

$$\frac{Q}{\rho} = 4\int_0^a \left[\int_0^{b\sqrt{1-\frac{x^2}{a^2}}} v(x,y)\,\mathrm{d}y \right]\mathrm{d}x = 4\int_0^a \left[\int_0^{b\sqrt{1-\frac{x^2}{a^2}}} \beta\left(1 - \frac{x^2}{a^2} - \frac{y^2}{b^2}\right)\mathrm{d}y \right]\mathrm{d}x$$

$$= 4\beta\int_0^a \left[\left(1 - \frac{x^2}{a^2}\right)y - \frac{y^3}{3b^2} \right]\Bigg|_{y=0}^{y=b\sqrt{1-\frac{x^2}{a^2}}} \mathrm{d}x = 4\beta\int_0^a \frac{2}{3}b\left(1 - \frac{x^2}{a^2}\right)^{\frac{3}{2}}\mathrm{d}x \qquad (4)$$

$$= \frac{8}{3}\beta\frac{b}{a^3}\int_0^a \left(a^2 - x^2\right)^{\frac{3}{2}}\mathrm{d}x$$

其中，如图 2 所示，第一行利用了椭圆的形状与流速分布在四个象限的对称性，只需要完成第一象限的积分并乘以 4，即可得到对完整椭圆的积分。另外，根据椭圆方程，第一象限的椭圆边界在固定 x 值时，y 值为 $y = b\sqrt{1 - \frac{x^2}{a^2}}$，所以关于 y 的积分上限是 $b\sqrt{1 - \frac{x^2}{a^2}}$。

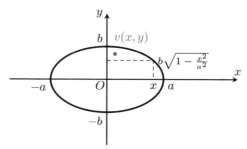

图 2　计算椭圆管流量的积分区域的分析

对于式（4）最后一行出现的积分，可以通过查询积分表得到结果，积分表中有如下公式：

$$\int_0^a \left(a^2 - x^2\right)^{n-\frac{1}{2}} \mathrm{d}x = a^{2n} \frac{(2n-1)!!}{(2n)!!} \frac{\pi}{2}$$

将 $n = 2$ 代入上述积分公式得到

$$\int_0^a \left(a^2 - x^2\right)^{\frac{3}{2}} \mathrm{d}x = a^4 \cdot \frac{3 \times 1}{4 \times 2} \cdot \frac{\pi}{2} = \frac{3\pi}{16} a^4 \qquad (5)$$

将积分公式（5）以及参数 β 的表达式（3）代入流量公式（4）中，可以求得完整的椭圆管的流量公式：

$$\frac{Q}{\rho} = \frac{8}{3} \beta \frac{b}{a^3} \int_0^a \left(a^2 - x^2\right)^{\frac{3}{2}} \mathrm{d}x = \frac{8}{3} \frac{c}{2\mu \left(\dfrac{1}{a^2} + \dfrac{1}{b^2}\right)} \frac{b}{a^3} \frac{3\pi}{16} a^4 = \frac{\pi c}{4\mu} \frac{a^3 b^3}{\left(a^2 + b^2\right)} \qquad (6)$$

该公式揭示了黏性流体在椭圆管中的流量与流体压强和管参数之间的关系。半径为 R 的圆是 $a = b = R$ 的特殊椭圆，所以由上述椭圆管的流量公式可以得到圆管的流量公式：

$$\frac{Q}{\rho} = \frac{\pi c}{4\mu} \frac{R^3 \cdot R^3}{\left(R^2 + R^2\right)} = \frac{\pi R^4}{8\mu} \left|\frac{\Delta p}{\Delta z}\right|$$

式中，已经将常数 c 具体写成一段距离 $|\Delta z|$ 两端的压强差 $|\Delta p|$ 与该段距离的比值 $|\Delta p / \Delta z|$ 的形式。这就是之前推导过的泊肃叶定理，说明这里通过边界条件巧妙猜出的解，与之前直接解泊松方程得到的结果是一致的。

根据椭圆的面积公式 $S = \pi a b$，可将椭圆管的流量公式（6）写成

$$\frac{Q}{\rho} = \frac{c}{4\pi\mu \left(\dfrac{a}{b} + \dfrac{b}{a}\right)} S^2 = \frac{1}{4\pi \left(\gamma + \dfrac{1}{\gamma}\right)} \frac{c}{\mu} S^2$$

式中，$\gamma = \dfrac{a}{b} \geqslant 1$，不同的 γ 代表不同的形状，γ 越大，则椭圆越扁，γ 越小，

则椭圆越圆。注意到，上式最前面的系数 $\dfrac{1}{4\pi\left(\gamma+\dfrac{1}{\gamma}\right)}$ 只与形状有关，不妨称

之为形状因子，它随着 γ 的增大而减小，$\gamma=1$ 时形状因子 $\dfrac{1}{4\pi\left(\gamma+\dfrac{1}{\gamma}\right)}=\dfrac{1}{8\pi}$ 取

得最大值，这说明在其他条件保持不变的情况下，越扁平的椭圆管的流量越小，而圆管的流量最大。这与我们的物理直觉相符。黏性流体在管道中的流动阻力主要来自管壁对流体的摩擦力。在相同横截面积下，流体与扁平椭圆管的接触面积非常大，因此受到的摩擦阻力也很大，导致流量较小。相反，流体与圆管的接触面积较小，受到的摩擦阻力较小，导致流量较大。

实际上，在具有相同横截面面积的所有形状中，圆形具有最小的周长，因此流体与管壁的接触面积最小。这似乎可以导出这样的推论：在所有均匀管道中，圆管具有最大的流量公式，或者更具体地说，圆管的流量公式的形状因子 $\dfrac{1}{8\pi}$ 是最大的。在这里，我们不会严格证明上述物理直觉的推论是正确的还是错误的，但我们可以用上一节计算得到的三角管流量公式进行初步验证。注意到，高为 h 的等边三角形的面积为 $S=\dfrac{h^2}{\sqrt{3}}$，那么三角管的流量公式可以写成

$$\frac{Q}{\rho}=\frac{ch^4}{60\sqrt{3}\mu}=\frac{1}{20\sqrt{3}}\frac{c}{\mu}S^2$$

由此可见三角管的形状因子为 $\dfrac{1}{20\sqrt{3}}$，而它确实比圆的形状因子 $\dfrac{1}{8\pi}$ 要小，满足上式物理直觉导出的推论。感兴趣的读者可以去严格证明该推论，或寻找推论的反例。

另一方面，如果我们不要求面积一定，而是要求管道的长度与所用材料一定，也就是要求截面周长一定，那么流量公式的面积 S 也会随形状而变化。然而，我们知道在具有相同周长的形状中，圆的面积最大。因此，如果上述推论是正确的，对于圆管来说，形状因子和截面面积 S 都比其他形状更大，即圆管仍然具有最大的流量。

小结
Summary

在圆管和三角管之后，我们利用纳维尔-斯托克斯方程推导出了椭圆管的速度分布和流量公式。在本节中，借鉴了前两节关于泊肃叶流动的研究经验，我们直接以泊肃叶流动情况下简化后的纳维尔-斯托克斯方程为出发点，求解了速度分布和流量公式。圆管、三角管和椭圆管中泊肃叶流动的黏性流体流量与截面面积的平方、压强梯度 c 成正比，与黏滞系数 μ 成反比，而不同的截面形状只改变了比例系数。至此，关于稳定流动情况的讨论结束了。下一节我们将进一步研究非稳态情况下的纳维尔-斯托克斯方程，求解黏性流体随时间演变的速度分布。

黏性流体流速如何随时间演化（上）？
——求解圆柱管中非稳恒纳维尔–斯托克斯方程[1]

摘要：本节研究了恒定截面的圆管中的流体，在恒定压差下从静止开始到流速稳定下来，流速场的演化过程。首先根据无穷长时间的渐进行为化简纳维尔–斯托克斯方程，利用分离变量法将方程的时间与空间分离，其中空间部分的微分方程化简为贝塞尔微分方程。之后采用微分方程的幂级数解法求解贝塞尔微分方程，推导出递推公式并得到 0 阶贝塞尔函数。进一步根据边界条件确定流速分布的形式，并引出傅里叶–贝塞尔级数。

在稳恒流动的情况下，纳维尔–斯托克斯方程中关于求时间偏导数的项为零。即便如此，当流管形状不规则的时候，方程中的 $\rho\left(\vec{v}\cdot\vec{\nabla}\right)\vec{v}$ 不为零，此时若黏滞系数项 $\mu\vec{\nabla}^2\vec{v}$ 也不为零，方程仍然很复杂。这里的形状规则是指流管的横截面形状大小、方位处处相同，即截面恒定的情况，不满足此条件则称为形状不规则。

所以在前文中，对于形状不规则的流管，我们要求黏滞系数为零，这样根据纳维尔–斯托克斯方程可以推导出伯努利原理。对于形状规则的流管，流体微元的运动可以做泊肃叶流动，这时 $\rho\left(\vec{v}\cdot\vec{\nabla}\right)\vec{v}$ 为零，这样就可以考虑黏滞系数不为零的情况，这时压强梯度与黏性力相抗衡，形成稳恒层流。但前

1　整理自搜狐视频 App "张朝阳"账号/作品/物理课栏目中的第 115 期视频，由涂凯勋执笔。

文讨论的都是流速场与时间无关的稳恒流动，这节将进军包含时速度场的情况，具体是研究恒定截面的圆管中的流体，在恒定压差下从静止开始到流速稳定下来，求出流速场的演化过程。

一、分析方程的渐进行为，分离变量得到贝塞尔微分方程

在前文中，我们介绍了流体力学中的基本概念，并推导了纳维尔-斯托克斯方程：

$$\rho\frac{\partial \vec{v}}{\partial t} + \rho\left(\vec{v}\cdot\vec{\nabla}\right)\vec{v} = -\vec{\nabla}p + \mu\vec{\nabla}^2\vec{v} + \rho\vec{f}_g \tag{1}$$

纳维尔-斯托克斯方程反映了不可压缩黏性流体流动的基本力学规律，它是一个非线性偏微分方程，一般情况下很难求解，尤其是求非稳恒情况下的解，需要设定一些具有高度对称性的情况。

如图1所示，与推导泊肃叶定律的情形类似，流体在一个半径为 R 的圆柱管中流动，以管中心轴为 z 轴，建立柱坐标系。假设流体只有沿着 z 轴方向的速度，且具有绕 z 轴的旋转对称性。那么由于流体不可压缩，由流量守恒可知速度与坐标 z 无关，柱坐标系中流体的速度场可以写成

$$\vec{v}\left(r,\phi,z,t\right) = v\left(r,t\right)\vec{e}_z \tag{2}$$

其中，$\vec{e}_z$ 是沿 z 轴正方向的单位向量。

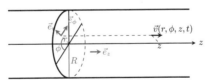

图1　均匀圆管中的柱坐标系与流速方向

由于流速与 z 无关，可得上述纳维尔-斯托克斯方程（1）的第二项为零：

$$\left(\vec{v}\cdot\vec{\nabla}\right)\vec{v} = v\left(r,t\right)\frac{\partial}{\partial z}\vec{v} = v\left(r,t\right)\frac{\partial v\left(r,t\right)}{\partial z}\vec{e}_z = 0$$

于是，在不考虑重力场的情况下，纳维尔-斯托克斯方程（1）可以简写成

$$\rho\frac{\partial \vec{v}}{\partial t} = -\vec{\nabla}p + \mu\vec{\nabla}^2\vec{v} \tag{3}$$

跟之前稳恒层流的分析类似，这里流速只有 z 分量，所以压强梯度也只有 z 分量，即压强沿着径向与角向都不会变化。另外由于流速与 z 无关，根据上述方程可知，压强梯度与 z 无关，结合压强沿着径向与角向都不变化的性质，容易推得，压强梯度的 z 分量是关于全空间的一个常数 $c(t)$。为了方便后续求解，这里要求该常数与时间 t 无关，于是压强梯度可写为

$$\vec{\nabla} p = -c\vec{e}_z \qquad (4)$$

由于流速沿 z 轴正方向，上式加了负号，使得 $c > 0$。由上式的 z 分量可得

$$c = -\frac{\partial p}{\partial z}$$

那么将式（2）与式（4）代入式（3）中，可得恒定压强差情况下的纳维尔-斯托克斯方程的 z 分量：

$$\rho \frac{\partial v(r,t)}{\partial t} = c + \mu \vec{\nabla}^2 v(r,t) \qquad (5)$$

为了求解上述方程，我们接下来分析含时流速分布在时间趋于无穷时的渐进行为。刚开始管内全空间的流速都为零，在恒定压强差的驱动下开始加速流动；但随着流速的增加，阻碍流体运动的黏性力也随之增加，直至与恒定压强梯度造成的驱动力相平衡。所以，随着时间的流逝，流速不会增大到无穷，而是趋于一个稳定值，即在时间趋于无穷时，有

$$\frac{\partial \vec{v}}{\partial t}(r,t=\infty) = 0$$

于是，在时间趋于无穷时，上述关于流速分布的含时方程（5），变成稳恒流动的不含时方程：

$$\mu \vec{\nabla}^2 v(r,t=\infty) = -c$$

在推导泊肃叶定律时，已经解过该方程并得到如图 2 所示的抛物线型的速度分布。设函数 $f(r)$ 为该稳恒状态的抛物线型速度分布：

$$f(r) = v(r,t=\infty) = \frac{c}{4\mu}\left(R^2 - r^2\right)$$

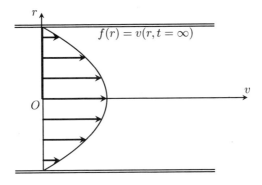

图 2　无穷长时间后达到稳定的抛物线型的速度分布

那么函数 $f(r)$ 满足稳恒层流方程：

$$c + \mu \vec{\nabla}^2 f(r) = 0 \tag{6}$$

分析完流速分布的渐进行为后，可以将含时流速分解成如下形式：

$$v(r,t) = f(r) + g(r,t) \tag{7}$$

其中，函数 $g(r,t)$ 具有渐进行为 $g(r,t=\infty)=0$。图 3 是流速变化的示意图，从图中还可以明显看出速度分布的初始条件与边界条件。

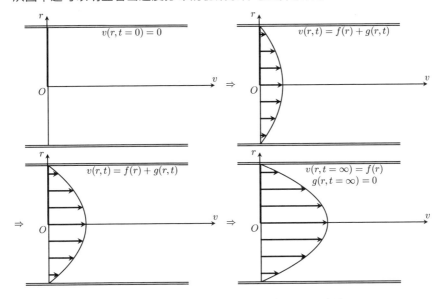

图 3　随时间演化的速度分布及其初始条件与边界条件

将式（7）代入方程（5）中，可以利用 $f(r)$ 所满足的方程（6）将方程（5）进一步化简为

$$\rho\frac{\partial g(r,t)}{\partial t} = c + \mu\vec{\nabla}^2\left[f(r) + g(r,t)\right] = c + \mu\vec{\nabla}^2 f(r) + \mu\vec{\nabla}^2 g(r,t) = \mu\vec{\nabla}^2 g(r,t)$$

为了后续书写的简洁，这里定义参数 $\beta = \dfrac{\mu}{\rho}$，那么上式可写成更加紧凑的形式：

$$\frac{\partial g(r,t)}{\partial t} = \beta\vec{\nabla}^2 g(r,t) \tag{8}$$

前文中也遇到过类似形式的方程，可以使用分离变量法来求解。具体是将函数 $g(r,t)$ 的时间与空间分开：

$$g(r,t) = h(t)K(r) \tag{9}$$

并代入方程（8）后，等号两边再同时除以 $g(r,t)$，得到

$$\frac{1}{h(t)}\frac{\mathrm{d}h(t)}{\mathrm{d}t} = \beta\frac{1}{K(r)}\vec{\nabla}^2 K(r) = \alpha \tag{10}$$

其中，第一个等号左边只含有变量 t，而右边只含有变量 r，这表明等号左右两边与变量 t 与 r 都无关，是一个常数，所以最后一个等号令该常数为参数 α。于是，根据式（10），可用参数 α 表示函数 $h(t)$ 满足的方程以及方程的解：

$$\frac{\mathrm{d}h(t)}{\mathrm{d}t} = \alpha h(t) \quad\Rightarrow\quad h(t) \propto \mathrm{e}^{\alpha t} \tag{11}$$

其中，因为函数 $g(r,t) = h(t)K(r)$ 具有渐进行为 $g(r,t=\infty) = 0$，所以 α 小于零，即 $-\alpha > 0$。

另一方面，根据式（10），用参数 α 表示函数 $K(r)$ 满足的方程则为

$$\vec{\nabla}^2 K(r) = \frac{\alpha}{\beta}K(r)$$

利用拉普拉斯算子在柱坐标系下的表达式，可将上述方程写成如下常微分方程：

$$\frac{1}{r}\frac{\mathrm{d}}{\mathrm{d}r}\left[r\frac{\mathrm{d}}{\mathrm{d}r}K(r)\right]-\frac{\alpha}{\beta}K(r)=0$$

整理其中关于 r 的导数，具体写成二阶线性齐次微分方程的形式：

$$r^2\frac{\mathrm{d}^2K(r)}{\mathrm{d}r^2}+r\frac{\mathrm{d}K(r)}{\mathrm{d}r}-\frac{\alpha}{\beta}r^2K(r)=0 \qquad (12)$$

为了将其中的无关系数吸收掉，并由于 $-\alpha>0$ ，可定义参数 x 为

$$x=\sqrt{\frac{-\alpha}{\beta}}r$$

那么方程（12）可进一步改写为更加简洁的形式：

$$x^2\frac{\mathrm{d}^2K(x)}{\mathrm{d}x^2}+x\frac{\mathrm{d}K(x)}{\mathrm{d}x}+x^2K(x)=0 \qquad (13)$$

需要说明的是，其中" $K(x)$ 关于 x "与" $K(r)$ 关于 r "并不是同一个函数。严格来讲， $K(x)$ 关于 x 的函数应该写成 $\tilde{K}(x)=K(r)=K(x\sqrt{\frac{-\beta}{\alpha}})$ ，只不过这里为了书写方便不用 $\tilde{K}(x)$ ，而仍然用 $K(x)$ 。

我们注意到，在数学物理方法中有非常著名并被研究透彻的 n 阶贝塞尔微分方程：

$$x^2\frac{\mathrm{d}^2\mathrm{J}_n(x)}{\mathrm{d}x^2}+x\frac{\mathrm{d}\mathrm{J}_n(x)}{\mathrm{d}x}+\left(x^2-n^2\right)\mathrm{J}_n(x)=0$$

将 $K(x)$ 所满足的方程（13）与 n 阶贝塞尔微分方程做对比，可以发现 $K(x)$ 所满足的方程正是 0 阶贝塞尔微分方程。

二、利用递推公式求得贝塞尔函数，根据边界条件确定流速分布

为了最终得到含时的流速分布，我们采用微分方程的幂级数解法，将方程（13）中的函数 $K(x)$ 展开为自变量 x 的幂级数：

$$K(x)=\sum_{k=0}^{\infty}a_kx^k \qquad (14)$$

将 $K(x)$ 的幂级数形式代入方程（13）中，交换求导与求和顺序后得到

$$\sum_{k=2}^{\infty}k(k-1)a_kx^k+\sum_{k=1}^{\infty}ka_kx^k+\sum_{k=0}^{\infty}a_kx^{k+2}=0$$

进一步将关于 x 相同幂次前的系数合并，得到

$$\sum_{k=0}^{\infty}\left[\left(k+2\right)^2 a_{k+2}+a_k\right]x^{k+2}+a_1 x=0$$

由于 x 可以取任意值，这要求任何幂次前的系数都为零：

$$\left(k+2\right)^2 a_{k+2}+a_k=0 \quad , \quad a_1=0$$

其中，逗号左边的等式表明 $K(x)$ 的展开系数的 $k+2$ 项与 k 项有递推关系：

$$a_{k+2}=-\frac{1}{\left(k+2\right)^2}a_k$$

又因为 $a_1=0$，根据递推关系可知 a_3 正比于 a_1，即 $a_3=0$；又因为 a_5 正比于 a_3，所以 $a_5=0$；同理可得展开系数 a_k 的所有奇数项都为零，只有偶数项可能不为零。若 a_k 不为零，那么递推关系可写成

$$\frac{a_{k+2}}{a_k}=-\frac{1}{\left(k+2\right)^2}$$

于是任意偶数项与 a_0 的关系为

$$a_{2k}=\frac{a_{2k}}{a_{2k-2}}\cdot\frac{a_{2k-2}}{a_{2k-4}}\cdots\frac{a_4}{a_2}\cdot\frac{a_2}{a_0}a_0=(-1)^k\frac{1}{\left(2k\right)^2}\cdot\frac{1}{\left(2k-2\right)^2}\cdots\frac{1}{4^2}\cdot\frac{1}{2^2}a_0$$

$$=(-1)^k\frac{1}{2^2 k^2}\cdot\frac{1}{2^2\left(k-1\right)^2}\cdots\frac{1}{2^2 2^2}\cdot\frac{1}{2^2 1^2}a_0=\frac{(-1)^k}{2^{2k}\left(k!\right)^2}a_0$$

将上述展开系数 $a_{2k}=\dfrac{(-1)^k}{2^{2k}\left(k!\right)^2}a_0$、$a_{2k+1}=0$，代回 $K(x)$ 的级数展开式（14）中，即可得到方程（13）的解：

$$K\left(x\right)=a_0\sum_{k=0}^{\infty}\frac{(-1)^k}{2^{2k}\left(k!\right)^2}x^{2k} \tag{15}$$

前面也提到过，方程（13）实际上是 0 阶贝塞尔微分方程，而数学家已充分研究过任意阶数的贝塞尔微分方程，0 阶贝塞尔微分方程的其中一个解，即 0 阶第一类贝塞尔函数为

$$\mathrm{J}_0(x) = \sum_{k=0}^{\infty} \frac{(-1)^k}{2^{2k}(k!)^2} x^{2k}$$

由于第二类与第三类贝塞尔函数都有特殊的专有名词叫法，为了书写方便，之后提到"贝塞尔函数"都默认为"第一类贝塞尔函数"。对比 $K(x)$ 的表达式（15）与 0 阶贝塞尔函数 $\mathrm{J}_0(x)$ 的表达式，可得 $K(x) = a_0 \mathrm{J}_0(x)$。注意到二阶线性齐次微分方程的解可以相差任意常数的倍数，若将 $K(x)$ 的幂级数中的第 0 项的系数 a_0 取为 1，那么用幂级数展开后结合递推公式得到的解正是 0 阶贝塞尔函数。而在一般情况下有

$$K(x) \propto \mathrm{J}_0(x)$$

进一步结合 x 与 r 的关系式 $x = \sqrt{\dfrac{-\alpha}{\beta}}\, r$ 以及 $h(t)$ 的表达式（11），由式（9）可得函数 $g(r,t)$ 正比于如下形式：

$$g(r,t) = h(t)K(x) \propto \mathrm{e}^{\alpha t}\mathrm{J}_0\left(\sqrt{\frac{-\alpha}{\beta}}\, r\right)$$

注意到上式中参数 α 的取值具有任意性，对于不同的 α，上式都是方程（8）的解，而方程（8）是线性齐次微分方程，所以这些解的叠加仍然是方程的解。用下标 i 来标记不同值的参数 α，那么更加一般的解可写为

$$g(r,t) = \sum_i A_i \mathrm{e}^{\alpha_i t}\mathrm{J}_0\left(\sqrt{\frac{-\alpha_i}{\beta}}\, r\right)$$

其中，A_i 是与变量 r 和 t 都无关的常数。将 $g(r,t)$ 的上述表达式代回流速的分解式（7）中，可得流速分布具有如下形式：

$$v(r,t) = f(r) + g(r,t) = \frac{c}{4\mu}(R^2 - r^2) + \sum_i A_i \mathrm{e}^{\alpha_i t}\mathrm{J}_0\left(\sqrt{\frac{-\alpha_i}{\beta}}\, r\right) \qquad (16)$$

为了进一步限定参数 α 的值，需要考虑不滑动边界条件，即流速在圆管内壁 $r = R$ 处恒为零：

$$v(r = R, t) = 0$$

在此边界条件的限制下，对于流速分布函数（16），其第一项 $f(r)$ 自动满足 $f(r=R)=0$；而在第二项中，由于 $g(r,t)$ 中对不同的 i 有着不同的含时 e 指数函数，这就要求对每一个 i，在 $r=R$ 处都满足 0 阶贝塞尔函数取值为零：

$$J_0\left(\sqrt{\frac{-\alpha_i}{\beta}}R\right)=0$$

设 λ_i 是 0 阶贝塞尔函数的第 i 个零点，即 $J_0\left(\lambda_i\right)=0$，那么根据上式显然有

$$\lambda_i=\sqrt{\frac{-\alpha_i}{\beta}}R$$

于是，参数 α 的下标 i 的含义明确了。同时注意到贝塞尔函数有无穷多个零点，如图 4 所示，于是可求得 α 的取值为

$$\alpha_i=-\frac{\lambda_i^2}{R^2}\beta\ ,\qquad i=1,2,3,4,\cdots$$

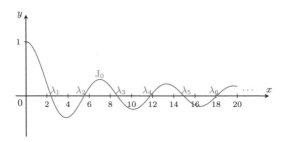

图 4　0 阶贝塞尔函数的零点

有了参数 α 的具体取值，流速分布可用贝塞尔函数的零点 λ_i 写成更加具体的形式：

$$v(r,t)=\frac{c}{4\mu}\left(R^2-r^2\right)+\sum_{i=1}^{\infty}A_i e^{-\frac{\lambda_i^2}{R^2}\beta t}J_0\left(\lambda_i\frac{r}{R}\right)$$

为了进一步将叠加参数 A_i 求出来，定义如下新变量，以方便后续计算与推导：

$$A_i=\frac{cR^2}{4\mu}a_i\ ,\qquad y=\frac{r}{R}$$

这样就可以将速度分布中无关紧要的系数 $\dfrac{cR^2}{4\mu}$ 提取出来，得到如下大括号中更加简洁的形式：

$$v(r,t)=\frac{cR^2}{4\mu}\left[\left(1-y^2\right)+\sum_{i=1}^{\infty}a_i\mathrm{e}^{-\frac{\lambda_i^2}{R^2}\beta t}\mathrm{J}_0\left(\lambda_i y\right)\right] \qquad (17)$$

除了不滑动边界条件，这里还有另一个关于时间的边界条件——方程的初始条件，即 $t=0$ 时刻流速处处为零：

$$v(r,t=0)=0$$

将新变量表示的流速分布（17）代入上述初始条件中得到

$$y^2-1=\sum_{i=1}^{\infty}a_i\mathrm{J}_0\left(\lambda_i y\right)$$

上式表明，叠加系数 a_i 是函数 y^2-1 用 0 阶贝塞尔函数 $\mathrm{J}_0\left(\lambda_i y\right)$ 展开后的各项系数，这种方式展开得到的级数称为傅里叶-贝塞尔级数。具体如何得到级数各项的展开系数 a_i，请见下节分解。

小结
Summary

　　在本节中，我们研究了均匀截面的圆管中的黏性流体，在恒定压差下从静止开始到流速稳定下来的情况。值得注意的是，即使是流速随时间变化的情况，只要是沿着管方向的层流，圆管中的压强梯度仍然是一个空间无关的常数。这里的常数是指管内每一点的压强梯度都具有相同的数值，但这个数值是可能随时间变化的，我们只能额外要求压强不随时间变化。这节基本上已经把非稳恒的情况下的纳维尔-斯托克斯方程的求解过程展示出来了，剩下的就是一些关于傅里叶-贝塞尔级数的数学内容，下节将继续介绍这些数学内容，并给出随时间演化的流速分布的最终表达式。

黏性流体流速如何随时间演化（下）？
——贝塞尔函数的性质与傅里叶-贝塞尔级数[1]

摘要：本节继续上一节关于圆管中的时间演化速度分布的求解，以两端固定的弦的波动方程为例，介绍傅里叶级数展开式与傅里叶-贝塞尔级数展开式之间的联系，最后通过贝塞尔函数的一些性质成功求出速度分布级数解的系数，给出圆管中初始时刻静止流体在恒定压力梯度下的时变速度分布。

上一节我们介绍并求解了一个流体力学模型：在一个半径为 R 的均匀圆管里装满黏滞系数为 μ 、密度为 ρ 的静止流体，从 $t=0$ 时刻开始给圆管中的流体加上恒定的压强差，该压强的梯度为平行于圆管轴线的常矢量，忽略重力的影响。在这个模型下，以圆管中心为轴建立柱坐标系，z 轴指向压强变小的方向，那么流体的流速将平行于 z 轴，并且流速分布绕中心轴旋转对称、沿 z 轴平移对称。上一节已基本上完成了该模型的纳维尔-斯托克斯方程的主要求解过程，最后由初始条件引出了傅里叶-贝塞尔级数，只要解得展开系数，就能给出随时间演化的速度分布最终表达式。

一、对比傅里叶级数展开式与傅里叶-贝塞尔级数展开式

上一节我们已经求得 $t \geqslant 0$ 时刻的速度分布为

$$v(r,t) = \frac{cR^2}{4\mu}\left[\left(1-y^2\right) + \sum_{i=1}^{\infty} a_i \mathrm{e}^{-\frac{\lambda_i^2}{R^2}\beta t} \mathrm{J}_0\left(\lambda_i y\right)\right] \tag{1}$$

1　整理自搜狐视频 App "张朝阳" 账号/作品/物理课栏目中的第 116 期视频，由李松、涂凯勋执笔。

其中，c 为压强梯度的模，具体可表示为 $c = -\dfrac{\partial p}{\partial z}$；另外，$y = \dfrac{r}{R}$、$\beta = \dfrac{\mu}{\rho}$。

除此之外，J_0 是第 0 阶（第一类）贝塞尔函数，λ_i 是 0 阶贝塞尔函数的第 i 个零点，即 $\mathrm{J}_0(\lambda_i) = 0$；而 a_i 是待求的系数。由于 $t = 0$ 时刻流体是静止的，因此 $v(r, t = 0) = 0$，将式（1）代入该初始条件 $v(r, t = 0) = 0$ 可得

$$\left(1 - y^2\right) + \sum_{i=1}^{\infty} a_i \mathrm{J}_0\left(\lambda_i y\right) = 0$$

定义 $f(y) = y^2 - 1$，那么上式等价于

$$f(y) = \sum_{i=1}^{\infty} a_i \mathrm{J}_0\left(\lambda_i y\right)$$

也就是说，$f(y)$ 被 0 阶贝塞尔函数展开了，a_i 是其展开系数。事实上，只要 $f(y)$ 满足适当的边界条件，$f(y)$ 就能被同一阶的贝塞尔函数展开，这样得到的级数被称为傅里叶-贝塞尔级数。

怎么理解傅里叶-贝塞尔级数展开式呢？我们以两端固定的琴弦为例进行类比，如图 1 所示。这个例子在《张朝阳的物理课》第一卷中详细介绍过，琴弦的波动方程为

$$\frac{\partial^2 u(x, t)}{\partial t^2} = \alpha \frac{\partial^2 u(x, t)}{\partial x^2} \tag{2}$$

如图 1 所示，琴弦一开始只是被拉着偏离平衡位置，然后在 $t = 0$ 时刻被松开，那么它的初始速度为 0，琴弦满足的初值条件为

$$u(x, t = 0) = f(x)$$
$$\left.\frac{\partial u}{\partial t}\right|_{t=0} = 0$$

由于琴弦的两端被固定，因此 $u(x, t)$ 还需要满足边界条件：$u(0, t) = u(a, t) = 0$，这里的 a 是琴弦两个固定端点之间的距离。

《张朝阳的物理课》第一卷中求解琴弦波动方程（2）时用的是与求解流体力学模型中的 $v(r, t)$ 类似的分离变量法，得到变量分离的解为

$$\cos(\omega_i t) \sin(k_i x) \tag{3}$$

其中，k_i 的取值可以根据边界条件得到

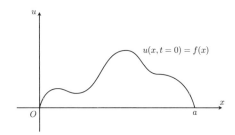

图 1 两端固定的琴弦的边界条件与初始时刻

$$\cos\left(\omega_i t\right)\sin\left(k_i a\right)=0 \quad \Rightarrow \quad k_i=\frac{i\pi}{a} \quad , \qquad i=1,2,3,4,\cdots$$

注意，上式中的符号 i 不代表虚数，而代表某个正整数。将上述变量分离的解（3）代入波动方程（2）可得

$$\omega_i^2=\alpha k_i^2$$

根据此关系，可以从 $k_i=\dfrac{i\pi}{a}$ 得到 ω_i 的取值。另一方面，由于方程（2）是线性的，$u(x,t)$ 的通解为各个变量分离的解（3）的线性叠加：

$$u\left(x,t\right)=\sum_{i=1}^{\infty} a_i\cos\left(\omega_i t\right)\sin\left(i\pi\frac{x}{a}\right)$$

当 $t=0$ 时，根据初始条件有

$$u\left(x,t=0\right)=f\left(x\right)=\sum_{i=1}^{\infty} a_i\sin\left(i\pi\frac{x}{a}\right)$$

因此，a_i 正是 $f(x)$ 的正弦展开系数。

关于式（3）值得一提的是，通过分离变量法求解一维波动方程，依赖 x 的一般解和依赖 t 的一般解都是正弦函数与余弦函数的线性组合；通过边界条件可以去掉依赖 x 的一般解中的余弦部分，只保留正弦部分，并且给出其中 k_i 的取值范围；而根据初始条件，琴弦在 $t = 0$ 时刻的速度为 0，因此可以去掉依赖 t 的一般解中的正弦部分，只保留余弦部分。于是，为了将琴弦运动生成级数的步骤与黏性流体运动生成级数的步骤进行对比，这里直接写成了式（3）的形式，想知道更详细的步骤可以参考《张朝阳的物理课》第一卷。

上述对 $u(x,t)$ 的求解思路与上节求解 $v(r,t)$ 是一样的，其中变量分离的两部分的对应关系为

$$\cos(\omega_i t) \rightarrow \mathrm{e}^{-\frac{\lambda_i^2}{R^2}\beta t}$$
$$\sin(k_i x) \rightarrow \mathrm{J}_0(\lambda_i y)$$

由此可见傅里叶-贝塞尔级数展开式与普通的傅里叶级数展开式之间的联系与相似性。

二、介绍贝塞尔函数的简单性质，求解圆管流场级数各项系数

介绍完琴弦波动方程与前文流管模型的求解过程的联系之后，接下来开始介绍怎么求解 s 速度分布级数解中的系数 a_i，目前已知的条件为

$$f(y) = y^2 - 1 = \sum_{i=1}^{\infty} a_i \mathrm{J}_0(\lambda_i y) \tag{4}$$

为了求出这里的系数 a_i，必须借助一些傅里叶-贝塞尔级数展开式以及贝塞尔函数的性质。首先，0 阶傅里叶-贝塞尔级数展开式的系数公式为

$$a_i = \frac{2}{\mathrm{J}_1^2(\lambda_i)} \int_0^1 y f(y) \mathrm{J}_0(\lambda_i y) \mathrm{d}y \tag{5}$$

其中，J_1 是第一阶贝塞尔函数。在上一节中介绍过各阶贝塞尔函数，第 0 阶贝塞尔函数满足的方程为

$$x^2 \frac{\mathrm{d}^2 \mathrm{J}}{\mathrm{d}x^2} + x \frac{\mathrm{d}\mathrm{J}}{\mathrm{d}x} + x^2 \mathrm{J} = 0$$

第 n 阶贝塞尔函数满足的方程为

$$x^2\frac{\mathrm{d}^2\mathrm{J}}{\mathrm{d}x^2}+x\frac{\mathrm{d}\mathrm{J}}{\mathrm{d}x}+\left(x^2-n^2\right)\mathrm{J}=0$$

它是一个二阶线性微分方程，有两个线性独立的解，不过 $x=0$ 是它的奇点，因此不是每个解都能在 $x=0$ 处展开成幂级数，而（第一类）贝塞尔函数正好在 $x=0$ 处可以展开成幂级数。当 n 取值为各个自然数时，就能得到各阶贝塞尔函数：

$$\begin{cases} n=0\rightarrow\mathrm{J}_0\left(x\right) \\ n=1\rightarrow\mathrm{J}_1\left(x\right) \\ n=2\rightarrow\mathrm{J}_2\left(x\right) \\ \quad\vdots\quad\rightarrow\quad\vdots \end{cases}$$

它们满足两个非常有用的性质：

$$\frac{\mathrm{d}}{\mathrm{d}x}\left(x^n\mathrm{J}_n\left(x\right)\right)=x^n\mathrm{J}_{n-1}\left(x\right) \tag{6}$$

$$\mathrm{J}_{n+1}\left(x\right)=\frac{2n}{x}\mathrm{J}_n\left(x\right)-\mathrm{J}_{n-1}\left(x\right) \tag{7}$$

有了这些性质，接下来就可以求解流速级数（4）中的系数 a_i 了。首先，根据 0 阶傅里叶-贝塞尔级数展开式的系数公式（5）以及 $f\left(y\right)=y^2-1$，有

$$\begin{aligned} a_i &= \frac{2}{\mathrm{J}_1^2\left(\lambda_i\right)}\int_0^1 y\left(y^2-1\right)\mathrm{J}_0\left(\lambda_i y\right)\mathrm{d}y \\ &= \frac{2}{\mathrm{J}_1^2\left(\lambda_i\right)}\left(\int_0^1 y^3\mathrm{J}_0\left(\lambda_i y\right)\mathrm{d}y-\int_0^1 y\mathrm{J}_0\left(\lambda_i y\right)\mathrm{d}y\right) \end{aligned} \tag{8}$$

如果知道被积函数的原函数，就很容易求出相应的积分值了。借助前面介绍的贝塞尔函数的第一个性质（6），可以很容易得到 $x^n\mathrm{J}_{n-1}(x)$ 的原函数，于是容易求出上式第二行等号右边第二个积分式，但此行的第一个积分式却是 $x^3\mathrm{J}_0(x)$ 形式的，无法直接得到它的原函数。这就需要借助前面介绍的贝塞尔函数的第二个性质（7），先将 $\mathrm{J}_0(x)$ 的阶"提升"上去，然后就可以使用贝塞尔函数的第一个性质得到原函数了。不过，有一点需要注意的是，在前面介绍的性质中，贝塞尔函数的自变量是 x，而上式积分号中的贝塞尔函数的自变量是 $\lambda_i y$，因此需要先对贝塞尔函数的性质（7）稍作修改：

$$\mathrm{J}_0\left(x\right) = \frac{2\mathrm{J}_1\left(x\right)}{x} - \mathrm{J}_2\left(x\right)$$

$$\Rightarrow \mathrm{J}_0\left(\lambda_i y\right) = \frac{2\mathrm{J}_1\left(\lambda_i y\right)}{\lambda_i y} - \mathrm{J}_2\left(\lambda_i y\right)$$

这样式（8）第二行的第一个积分式为

$$\int_0^1 y^3 \mathrm{J}_0\left(\lambda_i y\right)\mathrm{d}y$$

$$= \int_0^1 y^3\left(\frac{2\mathrm{J}_1\left(\lambda_i y\right)}{\lambda_i y} - \mathrm{J}_2\left(\lambda_i y\right)\right)\mathrm{d}y$$

$$= \frac{2}{\lambda_i}\int_0^1 y^2 \mathrm{J}_1\left(\lambda_i y\right)\mathrm{d}y - \int_0^1 y^3 \mathrm{J}_2\left(\lambda_i y\right)\mathrm{d}y \qquad (9)$$

$$= \frac{2}{\lambda_i^3}\int_0^1 \left(\lambda_i y\right)^2 \mathrm{J}_1\left(\lambda_i y\right)\mathrm{d}y - \frac{1}{\lambda_i^3}\int_0^1 \left(\lambda_i y\right)^3 \mathrm{J}_2\left(\lambda_i y\right)\mathrm{d}y$$

上式最后一行的两个被积函数都可以借助贝塞尔函数的第一个性质（6）直接求出其原函数，不过依然需要注意自变量的差异：

$$\frac{\mathrm{d}}{\mathrm{d}x}\left(x^n \mathrm{J}_n\left(x\right)\right) = x^n \mathrm{J}_{n-1}\left(x\right)$$

$$\Rightarrow \frac{\mathrm{d}}{\mathrm{d}\left(\lambda_i y\right)}\left(\left(\lambda_i y\right)^n \mathrm{J}_n\left(\lambda_i y\right)\right) = \left(\lambda_i y\right)^n \mathrm{J}_{n-1}\left(\lambda_i y\right)$$

因此可对式（9）进行更进一步的计算：

$$\int_0^1 y^3 \mathrm{J}_0\left(\lambda_i y\right)\mathrm{d}y$$

$$= \frac{2}{\lambda_i^3}\int_0^1 \frac{\mathrm{d}\left(\left(\lambda_i y\right)^2 \mathrm{J}_2\left(\lambda_i y\right)\right)}{\mathrm{d}\left(\lambda_i y\right)}\mathrm{d}y - \frac{1}{\lambda_i^3}\int_0^1 \frac{\mathrm{d}\left(\left(\lambda_i y\right)^3 \mathrm{J}_3\left(\lambda_i y\right)\right)}{\mathrm{d}\left(\lambda_i y\right)}\mathrm{d}y$$

$$= \frac{2}{\lambda_i^4}\left(\lambda_i y\right)^2 \mathrm{J}_2\left(\lambda_i y\right)\Bigg|_{y=0}^{y=1} - \frac{1}{\lambda_i^4}\left(\lambda_i y\right)^3 \mathrm{J}_3\left(\lambda_i y\right)\Bigg|_{y=0}^{y=1}$$

这里又需要用到贝塞尔函数的另一性质，它们在原点处取有限值，因此当 $n \geq 1$ 时，有

$$y^n \mathrm{J}_n\left(\lambda_i y\right)\Big|_{y=0} = 0$$

于是可得

$$\int_0^1 y^3 J_0\left(\lambda_i y\right) dy = \frac{2}{\lambda_i^2} J_2\left(\lambda_i\right) - \frac{1}{\lambda_i} J_3\left(\lambda_i\right)$$

$$= \frac{1}{\lambda_i}\left(\frac{4}{\lambda_i} J_2\left(\lambda_i\right) - J_3\left(\lambda_i\right)\right) - \frac{2}{\lambda_i^2} J_2\left(\lambda_i\right) \qquad (10)$$

$$= \frac{1}{\lambda_i} J_1\left(\lambda_i\right) - \frac{2}{\lambda_i^2} J_2\left(\lambda_i\right)$$

其中，第二行到第三行的过程中用到了性质（7）。

同样，利用上述计算式（8）第二行第一个积分式的方法，可以计算出式（8）第二行的第二个积分式：

$$\int_0^1 y J_0\left(\lambda_i y\right) dy = \frac{1}{\lambda_i}\int_0^1 \lambda_i y J_0\left(\lambda_i y\right) dy$$

$$= \frac{1}{\lambda_i}\int_0^1 \frac{d\left(\lambda_i y J_1\left(\lambda_i y\right)\right)}{d\left(\lambda_i y\right)} dy$$

$$\qquad (11)$$

$$= \frac{1}{\lambda_i^2} \lambda_i y J_1\left(\lambda_i y\right)\bigg|_{y=0}^{y=1}$$

$$= \frac{1}{\lambda_i} J_1\left(\lambda_i\right)$$

将两个积分式（10）与式（11）代入 a_i 的表达式（8）中，可以得到

$$a_i = \frac{2}{J_1^2\left(\lambda_i\right)}\left(\int_0^1 y^3 J_0\left(\lambda_i y\right) dy - \int_0^1 y J_0\left(\lambda_i y\right) dy\right)$$

$$= \frac{2}{J_1^2\left(\lambda_i\right)}\left[\left(\frac{1}{\lambda_i} J_1\left(\lambda_i\right) - \frac{2}{\lambda_i^2} J_2\left(\lambda_i\right)\right) - \frac{1}{\lambda_i} J_1\left(\lambda_i\right)\right]$$

$$= -\frac{4}{\lambda_i^2 J_1^2\left(\lambda_i\right)} J_2\left(\lambda_i\right) \qquad (12)$$

$$= -\frac{4}{\lambda_i^2 J_1^2\left(\lambda_i\right)}\left(\frac{2}{\lambda_i} J_1\left(\lambda_i\right) - J_0\left(\lambda_i\right)\right)$$

$$= -\frac{8}{J_1\left(\lambda_i\right)} \frac{1}{\lambda_i^3}$$

上式推导的最后一步用到了 λ_i 是 J_0 的零点这一条件，即 $J_0\left(\lambda_i\right) = 0$。将 a_i 的值（12）代回 $f(y)$ 的展开式（4）中可得

$$f(y) = y^2 - 1 = -\sum_{i=1}^{\infty} \frac{8}{J_1(\lambda_i)} \frac{1}{\lambda_i^3} J_0(\lambda_i y)$$

同样，将 a_i 的值（12）代回速度分布 $v(r,t)$ 的级数形式（1）中，并利用 $y = \dfrac{r}{R}$、$\beta = \dfrac{\mu}{\rho}$，可得速度分布的最终表达式为

$$v(r,t) = \frac{cR^2}{4\mu}\left(1 - \left(\frac{r}{R}\right)^2\right) - \frac{2cR^2}{\mu}\sum_{i=1}^{\infty} \frac{\mathrm{e}^{-\lambda_i^2 \frac{\mu}{R^2 \rho}t}}{J_1(\lambda_i)\lambda_i^3} J_0\left(\lambda_i \frac{r}{R}\right) \tag{13}$$

为恒定截面的圆管中的静止黏性流体加入恒定压差后，流体的随时间演化的速度分布就是式（13），令 $k(r,t) = -g(r,t)$，那么式（13）可写为 $v(r,t) = f(r) - k(r,t)$，其中 $k(r,t) = \dfrac{2cR^2}{\mu}\sum_{i=1}^{\infty} \dfrac{\mathrm{e}^{-\lambda_i^2 \frac{\mu}{R^2 \rho}t}}{J_1(\lambda_i)\lambda_i^3} J_0\left(\lambda_i \dfrac{r}{R}\right)$。如图 2 所示，在 $t = 0$ 时刻，$k(r,t = 0) = f(r)$，此时 $v(r,t = 0) = 0$，但函数 $k(r,t)$ 含有关于时间的 e 指数衰减，这使得随时间的流逝，$k(r,t)$ 越来越小，并趋于零，不含时间的 $f(r)$ 的影响越来越大，表现为黏性流体流速 $v(r,t)$ 越来越大，最终达到 $f(r)$ 所表示的稳定的流速分布 $v(r,t = \infty) = f(r)$，这时稳定的流量遵循泊肃叶定律。

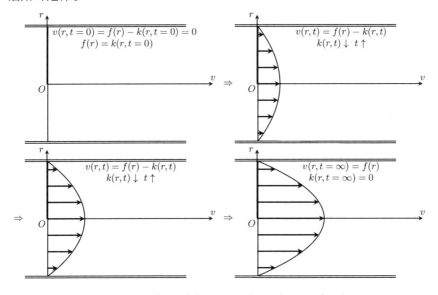

图 2 恒定压差下圆管中黏性流体随时间演化的速度分布

小结
Summary

　　在本节中，我们介绍了贝塞尔函数的性质与傅里叶-贝塞尔级数的数学内容，求出了级数展开式的系数，给出了恒定压差下圆管中黏性流体随时间演化的速度分布。对比之前对泊肃叶定律的推导过程，可以明显看出，求解非稳恒情况下的纳维尔-斯托克斯方程要比稳恒情况下复杂得多，不仅是解方程的过程需要更多数学技巧，最终流速分布的表达式也相对复杂，既有无穷求和，又有特殊函数。况且我们这里还特别选取了规则的形状且具有高度对称性的流动进行分析，流体的运动方程中并没有非线性项。这样一种简单的情况就有如此高的复杂度，足以窥见在一般情况下，同时含有非线性项与黏性项的纳维尔-斯托克斯方程的解析求解有多么困难，所以在工业实际应用中，经常使用计算机软件来模拟速度分布。

第五部分
热 传 导

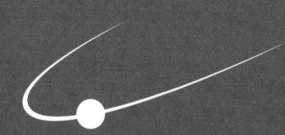

张朝阳手稿

高温球体放入冷水中温度场的含时解

$$q \quad \chi \frac{\partial T}{\partial r} = C(T - T_\infty) \quad ③$$

t 足很大 $T \to T_\infty$

$即 \varphi$ 也在半稳态恒定 T_∞

Bo. $T(t,r) = B_0 + \sum_K A_K \frac{\sin Kr}{r} e^{-kkt}$

$$KR = \frac{n\pi}{R} \quad n: integer$$

$$\Rightarrow T(t_\infty, R) = T_0$$
$$= B_0$$

$$T(0,r) = B_0 + \sum_K A_K \sin Kr$$

$$T_0 - B_0 = \sum_K A_K \sin Kr$$

IC② $t \to \infty$ 时 $\sum e^{-r} \to 0$

$$T_\infty = B_0$$

$$T = T_\infty + \sum A_K \frac{\sin Kr}{r} e^{-kkt}$$

IC① $t = 0$

$$f(x) = (T - T_0) = \sum_K A_K \frac{\sin Kr}{r} \quad k = \frac{n\pi}{R}$$

$(\frac{\sin Kr}{r})$

$$\int_0^R f(x) \frac{\sin Kr}{r} r^2 dr \quad ④$$

$$= (T_0 - T_\infty) \int_0^R r \sin Kr \, dr$$

$$= (T_0 - T_\infty) \int_0^R -\frac{\partial}{\partial K}(\cos Kr) \, dr$$

$$= (T_0 - T_\infty) \left[-\frac{\partial}{\partial K}(\frac{1}{K} \sin Kr) \right]_0^R$$

$$= (T_0 - T_\infty) \left(\frac{r}{K} + \frac{1}{K} \sin Kr \right)\Big|_0^R$$

$$- \frac{r}{K} \cos Kr \Big|_0^R$$

$$= (T_0 - T_\infty)(-\frac{R}{K} \cos KR)$$

$$= (T_0 - T_\infty) \frac{R}{K} (-1) \cos(\frac{n\pi}{R}R)$$

$$= (T_0 - T_\infty) \frac{R}{K}(-1)^{n+1}$$

$$\int_0^R \frac{\sin^2 Kr}{r^2} r^2 dr$$

$$= \frac{1}{2} \int_0^R (1 - \cos 2Kr) dr$$

$$= \frac{1}{2} R + 0$$

Thus $(T_0 - T_\infty) \frac{R}{K}(-1)^{n+1} = A_K \frac{1}{2} R$

$$A_K = 2(T_0 - T_\infty) \frac{(-1)^{n+1}}{K}$$

$$(T - T_\infty) = 2(T_0 - T_\infty) \sum_{n=1}^\infty \frac{(-1)^{n+1}}{KrY} \sin Kr \quad ⑤$$

$$K = \frac{n\pi}{R}$$

当 $r \to 0$

$$\frac{\sin Kr}{r} \to 1$$

$$\frac{T_c - T_\infty}{T_0 - T_\infty} = 2\sum_{n=1}^\infty (-1)^{n+1} e^{-\frac{n\pi^2}{R^2}t}$$

一般情形

$$K \frac{\partial T}{\partial r}\Big|_{r=R} = C(T - T_\infty)$$

$$\frac{CR}{P c_v} = \frac{CR}{K} = B_i$$

$$(B_i - 1) \frac{\sin}{r} + K_i R \cos K_i R = 0$$

$$T = T_\infty + \sum_{n=1}^\infty A_K \frac{\sin K_i r}{r} e^{-akt}$$

$t = 0$ 时

$$(T_0 - T_\infty) = \sum_{i=1}^\infty A_K \frac{\sin K_i r}{r}$$

下面证其正交

$$(\frac{\sin K_i r}{r} \cdots K_i : i = 1,2,3 \cdots)$$

同样，看它是否正交

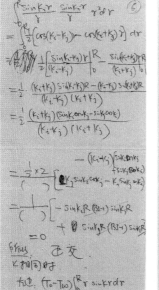

$$\int \frac{\sin K_i r}{r} \frac{\sin K_j r}{r} r^2 dr \quad ⑥$$

$$= \frac{1}{2} \int_0^R (\cos(K_i - K_j)r - \cos(K_i + K_j)r) dr$$

$$= \frac{1}{2} \left[\frac{\sin(K_i - K_j)r}{(K_i - K_j)} \Big|_0^R - \frac{\sin(K_i + K_j)R}{(K_i + K_j)}\Big|_0 \right]$$

$$= \frac{1}{2} \frac{(K_i + K_j)\sin(K_i - K_j)R - (K_i - K_j)\sin(K_i + K_j)R}{(K_i - K_j)(K_i + K_j)}$$

$$= \frac{1}{2} \frac{(K_i + K_j)(\sin K_i \cos K_j - \sin K_j \cos K_i)}{(K_i - K_j)(K_i + K_j)}$$

$$- (K_i - K_j)(\sin K_i \cos K_j + \sin K_j \cos K_i)$$

$$= \frac{1}{2} \times 2 \left[K_j \sin K_i \cos K_j - K_i \sin K_j \cos K_i \right]$$

$$= \frac{}{} \left[-\sin K_i R (B_i - 1)\sin K_j R \right]$$

$$+ \sin K_j R (B_i - 1)\sin K_i R$$

$$= 0$$

Thus 正交

K 不同时

故 t 时 $(T_0 - T_\infty)\int_0^R r \sin Kr \, dr$

$$= (T_0 - T_\infty) \frac{-\partial}{\partial K} \int_0^R \cos Kr \, dr \quad ⑦$$

$$= (T_0 - T_\infty) \left(\frac{-\partial}{\partial K}(\frac{1}{K}\sin Kr)\Big|_0^R \right)$$

$$= (T_0 - T_\infty) \left(\frac{1}{K^2} \sin Kr \Big|_0^R - \frac{1}{K} r \sin Kr \Big|_0^R \right)$$

$$= (T_0 - T_\infty) \left[\frac{1}{K^2} \sin KR - \frac{R \cos KR}{K} \right]$$

有 $A_K \int_0^R \sin^2 Kr \, dr$

$$= \frac{1}{2K}(1 - \cos 2Kr)$$

$$= \frac{1}{2} R - \frac{1}{4K} \sin 2KR$$

$$A_K = (T_0 - T_\infty) \frac{4}{K} \frac{\frac{\sin KR}{K} - R \cos KR}{2KR - \sin 2KR}$$

$$(T - T_\infty)$$

$$T = T_\infty + (T_0 - T_\infty)\sum \frac{4\sin Kr}{Kr} e^{-akt} \frac{\frac{\sin KR}{K} - R\cos KR}{(2KR - \sin 2KR)}$$

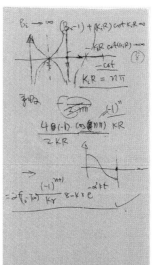

$$B_i \to \infty \quad (B_i - 1) + (K_i R)\cot K_i R = 0$$

$$-KR \cot(KR) = 0 \quad ⑧$$

$$-\cot$$

$$K_i R = n\pi$$

约去 2。

$$\frac{4(1 \cdot (1 - \cos(n\pi))}{2KR} KR \frac{(-1)^n}{}$$

$$\to 2(T_0 - T_\infty) \frac{(-1)^{n+1}}{Kr} \frac{\sin Kr}{} e^{-akt}$$

怎么定量分析热量的传导?
——傅里叶定律和热传导方程[1]

摘要:本节先横向介绍并对比波动方程、薛定谔方程、纳维尔-斯托克斯方程等偏微分方程,说明描述集体运动的方程一般都是偏微分方程,然后介绍关于热传导的傅里叶定律,紧接着推导一维的热传导方程,并通过矢量分析将一维热传导方程推广到三维情形。

《张朝阳的物理课》第一卷中介绍过热力学和一些统计力学,但当时讨论的是热平衡状态的物理内容,温度关于空间分布是均匀的。然而在实际生活中,非常多的情况下物体的温度处于非平衡状态。当我们接触物体时,我们会感受到它的温度,是由于热量从物体流向我们的身体(或从我们的身体流向物体)。当我们烧开水时,热量会从火源传递到水中,使水温升高。当我们使用保温杯时,保温杯可以防止热量从饮料中流失,使得饮料可以保持温度。热传导不仅在日常生活中处处可见,在许多工程应用中也起着重要作用。

其实,在《张朝阳的物理课》第一卷中,我们已经根据热力学第二定律知道了热量会从高温物体流向低温物体,但并没有给出定量描述这个热传导过程的具体方法。在本书接下来的内容中,我们将定量讨论这些非平衡状态,探究热传导的基本原理和数学模型。另外,值得一提的是,热传导方程还是一种非常常见的微分方程,例如在流体力学中求解均匀圆管中的时变流速场时就遇到过同类型方程,所以求解热传导方程本身也是具有重要意义的。

---

[1] 整理自搜狐视频 App "张朝阳" 账号/作品/物理课栏目中的第 120 期视频,由李松、涂凯勋执笔。

一、借助偏微分方程描述场的演化

《张朝阳的物理课》第一卷里讲解牛顿力学的时候，介绍过不少微分方程。当时处理的问题大都是单质点的动力学问题，研究的是质点位置随时间的变化。而随着课程的深入，我们介绍了越米越多的偏微分方程，从最初的关于弹性体的一维波动方程：

$$\frac{\partial^2 u}{\partial t^2} = \alpha \frac{\partial^2 u}{\partial x^2}$$

到电磁场的波动方程（之一）：

$$\frac{\partial^2 \vec{E}}{\partial t^2} = c^2 \vec{\nabla}^2 \vec{E}$$

前者能导出声速，后者建立了光速与磁导率、介电常数的关系，并在一定程度上说明了真空光速不变的原理。

除此之外，我们介绍过的薛定谔方程也是偏微分方程：

$$i\hbar \frac{\partial \psi}{\partial t} = -\frac{\hbar^2}{2m} \vec{\nabla}^2 \psi + V\left(\vec{r}, t\right)\psi$$

其中，ψ 是一个复值函数。而本书介绍过的流体力学基本方程——纳维尔-斯托克斯方程也是偏微分方程：

$$\rho \frac{\partial \vec{v}}{\partial t} + \rho\left(\vec{v} \cdot \vec{\nabla}\right)\vec{v} = -\vec{\nabla}p + \mu\vec{\nabla}^2\vec{v} + \rho\vec{f}_g$$

对于均匀管内忽略重力的、水平流动的不可压缩流体，纳维尔-斯托克斯方程可以简化为

$$\rho \frac{\partial \vec{v}}{\partial t} = -\vec{\nabla}p + \mu\vec{\nabla}^2\vec{v}$$

在之前的流体力学部分内容中，我们曾求解过圆管内的时变流速，其中速度场与圆管轴线平行，整个系统满足绕 z 轴的旋转对称，因此可以只考虑半径 r 与时间 t 这两个时空坐标，并将速度场简化为标量场来处理。将速度场分解成两部分：

$$v(r,t) = f(r) + g(r,t)$$

其中，$g(r,t)$ 满足的方程为

$$\frac{\partial g}{\partial t} = \frac{\mu}{\rho} \vec{\nabla}^2 g$$

这个形式的方程与前面的波动方程都是非常基本的二阶线性偏微分方程。

为什么一涉及场的演化就不可避免地要使用偏微分方程呢？因为场与质点不同，场不仅会随时间改变，而且在空间不同位置上的值一般都是不一样的，因此需要借助多变量函数才能描述场，这必然会导致偏微分方程的出现。

二、热流密度与温度场有关——微元法推导一维热传导方程

前面介绍的最后一个偏微分方程，其实在一个与流体力学联系不大的领域里经常会出现，那就是传热学。这里我们采用了唯象的方式来理解热的传导：热量在物质内部从高温区域向低温区域流动。在热传导问题里，需要研究的目标场是温度场，它是一个标量场。

这里先考虑一维的情形。如图 1 所示，一个横截面积为 A 的均匀长棍，长棍的方向取为 x 方向。长棍的温度分布只依赖于 x。如果温度分布 $T(x)$ 不是常数分布，那么热量必然会从高温处流向低温处。

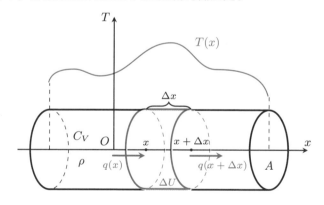

图 1　均匀长棍的热传导

取长棍的一个横截面，在单位时间内流过单位横截面的热量被称为热流密度 q，它与电流密度是类似的，只不过热量是一种能量形式，而非一种物质。热流密度的大小与温度分布随坐标的变化率有关，此关系由傅里叶定律描述为

$$q = -\kappa \frac{\partial T}{\partial x} \tag{1}$$

其中，κ 是热传导系数。借助傅里叶定律就可以推导温度场随时间的演化方程了。为此，如图 1 所示，考虑长棍上 x 至 $x + \Delta x$ 的微元，分析此微元两端的热流，可以知道在 Δt 时间内进入微元的净热量为

$$\Delta Q = -\big[q(x + \Delta x) - q(x) \big] A \Delta t \approx -A \Delta t \frac{\partial q}{\partial x} \Delta x \tag{2}$$

另一方面，根据热力学第一定律，微元内能 $\mathrm{d}U$ 的改变量满足

$$\mathrm{d}U = \text{đ}Q + \text{đ}W$$

忽略物质的形变，可知外界对微元做的功 $\text{đ}W$ 为零，因此 $\mathrm{d}U = \text{đ}Q$，换言之，微元的内能增量等于微元获得的热量。

因为物质没有发生形变，因此根据热力学知识（可参看《张朝阳的物理课》第一卷），内能的改变量与温度的改变量满足

$$\Delta U = \left(\frac{\partial U}{\partial T} \right)_V \Delta T = \big(\rho A \Delta x \big) C_V \Delta T$$

式中的 C_V 是定容比热容，即单位质量的物质温度升高 1K 所需的热量。那么，结合 $\mathrm{d}U = \text{đ}Q$ 与式（2）可进一步得到

$$\big(\rho A \Delta x \big) C_V \Delta T = -\big[q(x + \Delta x) - q(x) \big] A \Delta t$$

于是

$$\big(A \Delta x \big) \rho C_V \Delta T \approx -A \Delta x \Delta t \frac{\partial q}{\partial x}$$

两边消去公因子，移项，可以得到

$$\frac{\partial T}{\partial t} = \lim_{\Delta t \to 0} \frac{\Delta T}{\Delta t} = -\frac{1}{\rho C_V} \frac{\partial q}{\partial x}$$

最后，将傅里叶定律式（1）代入上式即可得到一维的热传导方程

$$\frac{\partial T}{\partial t} = \frac{\kappa}{\rho C_V} \frac{\partial^2 T}{\partial x^2}$$

它描述了均匀长棍上的温度随时间变化的规律。

三、热流密度正比于温度梯度——矢量分析推导三维热传导方程

推导完一维热传导方程之后，接下来分析热传导的三维情形。

如图 2 所示，任取空间中的一个面积微元，面积大小为 dA，它的单位法矢量为 $\vec{n}$，此面积微元附近的点到面积微元的距离记为 Δl，该点温度与面积微元上的温度差为 ΔT。根据一维傅里叶定律（1），可知单位时间流过此面积微元的热量 $\left.\dfrac{dQ_S}{dt}\right|_{\vec{n}}$ 满足

$$\left.\frac{dQ_S}{dt}\right|_{\vec{n}}\bigg/dA = -\kappa\frac{\Delta T}{\Delta l} \tag{3}$$

如图 2 所示，设 Δl 在各个坐标轴上的投影分别是 Δx、Δy、Δz，借助微元分析法可以知道 $\dfrac{\Delta T}{\Delta l}$ 可以写为

$$
\begin{aligned}
\frac{\Delta T}{\Delta l} &= \frac{1}{\Delta l}\left(\frac{\partial T}{\partial x}\Delta x + \frac{\partial T}{\partial y}\Delta y + \frac{\partial T}{\partial z}\Delta z\right) \\
&= \frac{1}{\Delta l}\left(\frac{\partial T}{\partial x}\vec{i} + \frac{\partial T}{\partial y}\vec{j} + \frac{\partial T}{\partial z}\vec{k}\right)\cdot\left(\vec{i}\Delta x + \vec{j}\Delta y + \vec{k}\Delta z\right) \\
&= \vec{\nabla}T\cdot\left(\frac{\Delta x}{\Delta l}\vec{i} + \frac{\Delta y}{\Delta l}\vec{j} + \frac{\Delta z}{\Delta l}\vec{k}\right) = \vec{n}\cdot\vec{\nabla}T
\end{aligned}
$$

那么，将上式代入式（3）中可得

$$\left.\frac{dQ_S}{dt}\right|_{\vec{n}} = -\kappa\left(\vec{\nabla}T\right)\cdot\vec{n}\,dA \tag{4}$$

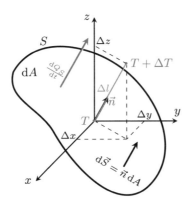

图 2 流过某一面积微元的热量

定义热流密度矢量 $\vec{q}$ 为

$$\vec{q} = -\kappa \vec{\nabla} T \tag{5}$$

又因为有向面积微元可记为 $\mathrm{d}\vec{S} = \vec{n}\mathrm{d}A$，那么，根据式（4）及式（5），单位时间流过面积微元 $\mathrm{d}\vec{S}$ 的热量 $\left.\dfrac{\mathrm{d}Q_S}{\mathrm{d}t}\right|_{\vec{n}}$ 可以写为

$$\left.\frac{\mathrm{d}Q_S}{\mathrm{d}t}\right|_{\vec{n}} = \vec{q} \cdot \mathrm{d}\vec{S} \tag{6}$$

从这些结果的形式来看，热流密度与电流密度是很类似的。上面的式（5）正是傅里叶定律的三维形式，描述热量流动的方向和大小。

正如前面用一维傅里叶定律推导出一维热传导方程一样，接下来我们用三维傅里叶定律推导出三维热传导方程。如图 3 所示，选取一个有界区域 V，其边界为闭合曲面 S，将曲面 S 分割成无穷多面积微元 $\mathrm{d}\vec{S}_i = \vec{n}_i \mathrm{d}A_i$，下标 i 标记不同的面积微元，而 $\vec{n}_i$ 为曲面 S 在第 i 个面积微元处的单位法向量，那么由式（6）可知，单位时间流过第 i 个面积微元 $\mathrm{d}\vec{S}_i$ 的热量为 $\left.\dfrac{\mathrm{d}Q_i}{\mathrm{d}t}\right|_{\vec{n}} = \vec{q}_i \cdot \mathrm{d}\vec{S}_i$，于是单位时间流出区域 V 的热量等于

$$\frac{\Delta Q}{\Delta t} = \sum_i \left.\frac{\mathrm{d}Q_i}{\mathrm{d}t}\right|_{\vec{n}} = \sum_i \vec{q}_i \cdot \mathrm{d}\vec{S}_i = \oint_S \vec{q} \cdot \mathrm{d}\vec{S} = \int_V \mathrm{d}V \vec{\nabla} \cdot \vec{q}$$

其中，由于面积微元无穷小，第三个等号后面将求和换成了积分号。另外，最后一个等号后面用到了高斯散度定理。如果区域 V 是一个无穷小区域，体积为 ΔV，那么有 $\int_V \mathrm{d}V \vec{\nabla} \cdot \vec{q} = \Delta V (\vec{\nabla} \cdot \vec{q})$，于是上式可进一步写为

$$\frac{\Delta Q}{\Delta t} = \Delta V (\vec{\nabla} \cdot \vec{q}) \tag{7}$$

类似于一维情形的分析，此处的无穷小区域的内能变化可以由定容比热容 C_V 及温度的变化量 ΔT 来表示。更具体来说，在 Δt 时间内该无穷小区域温度上升了 ΔT，那么由热力学知识可知内能增加了 $\Delta T C_V (\rho \Delta V)$，也可以说内能减少（流出）了 $\Delta U = -\Delta T C_V (\rho \Delta V)$。根据单位时间的热量流出式（7），以及不做功时的能量守恒 $\Delta U = \Delta Q$，可得

$$-\Delta T C_V (\rho \Delta V) = (\Delta V \Delta t) \vec{\nabla} \cdot \vec{q}$$

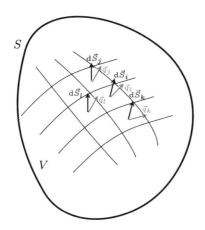

图 3　计算单位时间流出某区域的热量

先消去等号两边的体积 ΔV 后，利用三维傅里叶定律（5），可将上式的热流密度 $\vec{q}$ 写成温度梯度的形式：

$$-\rho C_V \Delta T = \vec{\nabla}\cdot\left(-\kappa\vec{\nabla}T\right)\Delta t = \left(-\kappa\vec{\nabla}^2 T\right)\Delta t$$

等式两端同时除以 Δt 并取极限，即可得到三维情形的热传导方程：

$$\frac{\partial T}{\partial t} = \lim_{\Delta t \to 0}\frac{\Delta T}{\Delta t} = \frac{\kappa}{\rho C_V}\vec{\nabla}^2 T$$

小结
Summary

在本节中，我们利用傅里叶定律导出了热传导方程。正如牛顿黏性定律导出纳维尔-斯托克斯方程中的黏性项一样，从物理上讲，这里最关键、最基本的是傅里叶定律，傅里叶定律以一种极其简单的形式体现出了热量从高温处流向低温处这一重要思想。实际上，继续深挖下去，可以通过更加微观层面的非平衡统计力学将傅里叶定律推导出来，同时也会发现，傅里叶定律并不是对所有物质都成立的，但对于大多数情况是非常好的近似。现在，既然有了热传导方程，就能定量描述非平衡状态了，下面几节我们会将热传导方程应用到各种不同的模型上。

两端接触冰水的细杆的温度如何变化？
——一维热传导方程的求解[1]

摘要：本节通过分离变量法及傅里叶级数，求解两端保持 0℃ 的细杆的温度分布会如何随时间变化，最后利用傅里叶变换求解初始时刻为 δ 函数的温度分布的时间演化，将不同位置的 δ 函数的时间演化适当叠加后，可以得到特定初始条件下的无穷长的细杆的温度分布。

上一节从傅里叶定律导出了热传导方程，但还未应用热传导方程解决问题，本节将展示热传导方程的一维应用，介绍一些数学上解方程的技巧。另外，细杆两端保持 0℃ 是解热传导方程的边界条件，这种直接给出温度分布在边界上的数值的限制条件称为狄利克雷边界条件，也可称为第一类边界条件，是一种相对简单与容易理解的边界条件，之后我们还会讲解其他类型的边界条件。

一、一维温度分布如何求？分离变量法帮大忙

现在，我们已经知道傅里叶定律及热传导方程的导出过程，热传导方程如下：

$$\frac{\partial T}{\partial t} = \frac{\kappa}{\rho C_V} \vec{\nabla}^2 T$$

其中，κ 是傅里叶定律中的热传导系数，ρ 是物质密度，C_V 是定容比热容。

---

1 整理自搜狐视频 App "张朝阳" 账号/作品/物理课栏目中的第 122、123 期视频，由李松、涂凯勋执笔。

需要说明的是，这里假设在所研究的温度附近，物质的比热随温度近似不变，约为某个常数。为了计算方便，设

$$\alpha = \frac{\kappa}{\rho C_V}$$

这样热传导方程就可以简写为

$$\frac{\partial T}{\partial t} = \alpha \vec{\nabla}^2 T$$

本节我们开始介绍如何求解热传导方程。

先从最简单的情况开始，如图 1 所示，现有一根长度为 a 的细杆，它的两端浸泡在冰水中，换言之，它的两端保持 $0\,^\circ\mathrm{C}$。忽略细杆的横截面，把问题简化成一维问题，并以细杆的一端为原点建立 x 轴，细杆的另一端位于 x 轴坐标值为 a 的位置上。假设细杆在初始时刻的温度分布为 $f(x)$，在热传导的情况下，细杆在 t 时刻的温度分布 $T(t,x)$ 是怎样的呢？这就需要在初始条件、边界条件的约束下求解一维热传导方程了。此时的热传导方程为

$$\frac{\partial T}{\partial t} = \alpha \frac{\partial^2 T}{\partial x^2} \tag{1}$$

需要注意的是，这里虽然使用了 T 表示温度，但是它不是绝对温度，而应该是摄氏温度。原则上不管 T 是摄氏温度还是绝对温度，都满足热传导方程，只是这里为了方便接下来的求解，要求它是摄氏温度罢了。

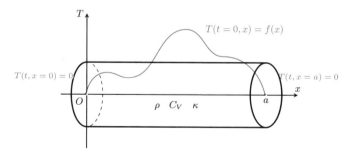

图 1　两端浸泡在冰水中的细杆

接下来使用分离变量法来求解方程（1）。设变量分离的解为 $g(t)h(x)$，把这个形式的解代入热传导方程（1）中可得

$$h(x)\frac{\mathrm{d}g(t)}{\mathrm{d}t} = \alpha g(t)\frac{\mathrm{d}^2 h(x)}{\mathrm{d}x^2}$$

忽略 $g(t)h(x)$ 的零点，上式两端同时除以 $g(t)h(x)$，可以得到

$$\frac{1}{g(t)}\frac{\mathrm{d}g(t)}{\mathrm{d}t} = \frac{\alpha}{h(x)}\frac{\mathrm{d}^2 h(x)}{\mathrm{d}x^2}$$

可以看到，上式左边只与时间 t 有关，上式右边只与位置 x 有关，所以等式两边必然等于同一个与时空坐标系无关的量，将其设为 λ。于是关于 $g(t)$ 可以得到

$$\frac{1}{g(t)}\frac{\mathrm{d}g(t)}{\mathrm{d}t} = \lambda \quad \Rightarrow \quad g(t) \propto \mathrm{e}^{\lambda t}$$

而对于 $h(x)$，它满足

$$\alpha\frac{\mathrm{d}^2 h(x)}{\mathrm{d}x^2} = \lambda h(x)$$

这个方程之前已经求解过很多次，它的通解是 $\sin(kx)$ 与 $\cos(kx)$ 的线性组合。不过，由于温度分布在 $x = 0$ 处保持 $0{}^{\circ}\!\mathrm{C}$，因此应该去掉通解中的 $\cos(kx)$ 部分。进一步地，由于 $x = a$ 处温度也是 $0{}^{\circ}\!\mathrm{C}$，即要求 $\sin(ka) = 0$，所以 ka 必须是 π 的正整数倍（负整数倍中的符号可以被移出正弦函数外），所以可以设 $k = \dfrac{n\pi}{a}$。于是，综上所述，变量分离形式的解为

$$\mathrm{e}^{\lambda t}\sin\left(\frac{n\pi}{a}x\right), \qquad n = 1, 2, 3, 4, \cdots$$

将其代入热传导方程（1）中可得 $\lambda = -k^2\alpha$，所以更精确的变量分离形式解为

$$\mathrm{e}^{-\alpha\left(\frac{n\pi}{a}\right)^2 t}\sin\left(\frac{n\pi}{a}x\right)$$

值得注意的是，热传导方程给出了 $\lambda = -k^2\alpha < 0$，这说明，细杆两端保持 $0{}^{\circ}\!\mathrm{C}$ 时，无论初始温度分布如何，细杆温度都应该逐渐趋向于零值分布，这也是符合物理直觉的结果。

在数学上可以严格证明，满足边界条件的解都可以展开成前面得到的变量分离解的级数形式。因此，细杆的温度分布具有如下级数形式：

$$T\left(t,x\right)=\sum_{n=1}^{\infty}c_{n}e^{-\alpha\left(\frac{n\pi}{a}\right)^{2}t}\sin\left(\frac{n\pi}{a}x\right) \tag{2}$$

考虑问题的初始条件 $T(t=0,x)=f(x)$，有

$$f\left(x\right)=\sum_{n=1}^{\infty}c_{n}\sin\left(\frac{n\pi}{a}x\right) \tag{3}$$

这正是 $f(x)$ 的正弦展开，只要把展开系数求出来，温度分布的级数解就求出来了。

为了求出展开系数 c_{n} 的表达式，在式（3）两端同时乘上 $\sin\left(\frac{m\pi}{a}x\right)$，然后从 0 到 a 进行积分：

$$\int_{0}^{a}f\left(x\right)\sin\left(\frac{m\pi}{a}x\right)dx=\sum_{n=0}^{\infty}c_{n}\int_{0}^{a}\sin\left(\frac{n\pi}{a}x\right)\sin\left(\frac{m\pi}{a}x\right)dx \tag{4}$$

等式右边是一系列的三角积分，需要使用一些三角恒等式。为此，我们先介绍两个基础的余弦公式：

$$\cos\left(\left(m+n\right)\frac{\pi}{a}x\right)=\cos\left(\frac{m\pi}{a}x\right)\cos\left(\frac{n\pi}{a}x\right)-\sin\left(\frac{m\pi}{a}x\right)\sin\left(\frac{n\pi}{a}x\right)$$

$$\cos\left(\left(m-n\right)\frac{\pi}{a}x\right)=\cos\left(\frac{m\pi}{a}x\right)\cos\left(\frac{n\pi}{a}x\right)+\sin\left(\frac{m\pi}{a}x\right)\sin\left(\frac{n\pi}{a}x\right)$$

用上面第二式减去第一式即可得到

$$\sin\left(\frac{m\pi}{a}x\right)\sin\left(\frac{n\pi}{a}x\right)=\frac{1}{2}\left[\cos\left(\left(m-n\right)\frac{\pi}{a}x\right)-\cos\left(\left(m+n\right)\frac{\pi}{a}x\right)\right]$$

将上式进行积分进一步得到

$$\int_{0}^{a}\sin\left(\frac{n\pi}{a}x\right)\sin\left(\frac{m\pi}{a}x\right)dx$$
$$=\frac{1}{2}\left[\int_{0}^{a}\cos\left(\left(m-n\right)\frac{\pi}{a}x\right)dx-\int_{0}^{a}\cos\left(\left(m+n\right)\frac{\pi}{a}x\right)dx\right] \tag{5}$$

对于正整数 m 和 n，如果 $m-n$ 不等于 0，那么有

$$\int_0^a \cos\left((m \pm n)\frac{\pi}{a}x\right)dx \propto \sin\left((m \pm n)\frac{\pi}{a}x\right)\Big|_0^a = 0 \qquad (6)$$

而当 $m = n$ 时，有如下结果：

$$\int_0^a \cos\left((m-n)\frac{\pi}{a}x\right)dx = \int_0^a dx = a \qquad (7)$$

综合式（5）（6）（7）这些积分结果就可以得到

$$\int_0^a \sin\left(\frac{n\pi}{a}x\right)\sin\left(\frac{m\pi}{a}x\right)dx = \frac{a}{2}\delta_{mn}, \qquad m,n = 1,2,3,4,\cdots$$

上面这个积分式正是式（4）等号右边的积分，于是式（4）又可以写成

$$\int_0^a f(x)\sin\left(\frac{m\pi}{a}x\right)dx = \sum_{n=1}^{\infty}\frac{1}{2}a\delta_{mn}c_n = \frac{a}{2}c_m$$

这样就可以通过 $f(x)$ 与正弦函数的积分来表示展开系数了：

$$c_n = \frac{2}{a}\int_0^a f(x)\sin\left(\frac{n\pi}{a}x\right)dx$$

将这个系数 c_n 代入前面得到的级数解（2），就可以得到细杆的温度分布了。

二、从有限细杆到无限细杆——从傅里叶级数到傅里叶变换

介绍完一维细杆温度分布的求解方法之后，可以将有限长的细杆往两端延伸到无穷远处，成为无限细杆，这样前面的问题就变成了求解整个 x 轴上的温度分布的问题。

正如式（2）与式（3）所示（其中由于边界条件略去了余弦函数），在有限细杆的情况下，温度分布可以由特定 k 值的正弦、余弦叠加得到，其中的 k 由杆长决定。在无限细杆的情况下，k 的限制条件不复存在了，因此需要任意 k 值的正弦、余弦函数，同时这也意味着 k 的取值变得连续，这个时候原本的级数求和变成了积分。进一步地，通过欧拉公式可以在 $\sin(kx)$、$\cos(kx)$ 和 e^{ikx}、e^{-ikx} 之间转换，因此可以采用 e^{ikx} 作为叠加的函数。为了更加定量与准确地展示上述说法，我们接下来求出用三角函数展开的系数与 e^{ikx} 展开的系数之间的关系。

首先，根据前述的分离变量法并按照正弦函数、余弦函数展开的式子如下：

$$T(t,x) = \int_{-\infty}^{\infty} e^{-\alpha k^2 t} \left(A_k \cos(kx) + B_k \sin(kx) \right) dk$$

接着，从欧拉公式出发

$$e^{ikx} = \cos(kx) + i\sin(kx)$$

$$e^{-ikx} = \cos(kx) - i\sin(kx)$$

可以反解出

$$\cos(kx) = \frac{1}{2} \left(e^{ikx} + e^{-ikx} \right)$$

$$\sin(kx) = \frac{1}{2i} \left(e^{ikx} - e^{-ikx} \right)$$

那么三角函数形式的解的一般形式就可以写为

$$\begin{aligned}
T(t,x) &= \int_{-\infty}^{\infty} e^{-\alpha k^2 t} \left(A_k \cos(kx) + B_k \sin(kx) \right) dk \\
&= \int_{-\infty}^{\infty} e^{-\alpha k^2 t} \left(\frac{A_k}{2} \left(e^{ikx} + e^{-ikx} \right) + \frac{B_k}{2i} \left(e^{ikx} - e^{-ikx} \right) \right) dk \quad (8) \\
&= \int_{-\infty}^{\infty} e^{-\alpha k^2 t} \left(\frac{A_k - iB_k}{2} e^{ikx} + \frac{A_k + iB_k}{2} e^{-ikx} \right) dk
\end{aligned}$$

分析式（8）中含有 e^{-ikx} 的积分，用 $y = -k$ 做变量替换，则可以写为

$$\int_{-\infty}^{\infty} e^{-\alpha k^2 t} \frac{A_k + iB_k}{2} e^{-ikx} dk = -\int_{\infty}^{-\infty} e^{-\alpha y^2 t} \frac{A_{-y} + iB_{-y}}{2} e^{iyx} dy$$

代入原本的式（8），合并同类项可得（注意，积分变量 y 可以写为任意字母而不改变积分的结果）

$$T(t,x) = \int_{-\infty}^{\infty} e^{-\alpha k^2 t} \left(\frac{A_k - iB_k}{2} + \frac{A_{-k} + iB_{-k}}{2} \right) e^{ikx} dk \quad (9)$$

令系数

$$c_k = \frac{1}{2}(A_k + A_{-k}) - \frac{i}{2}(B_k - B_{-k})$$

注意，一般 c_k 不再是实数。这时，式（9）化成如下形式：

$$T(t,x) = \int_{-\infty}^{\infty} c_k e^{-\alpha k^2 t} e^{ikx} dk \quad (10)$$

这正是按照 e^{ikx} 展开的式子，展开系数为 c_k。所以，之后为了方便计算，我们可以不用正弦函数、余弦函数来展开，而转用 e^{ikx} 来展开，展开式为（10）。

同样，假设初始时刻的温度分布为 $f(x)$，即 $T(t=0,x)=f(x)$。借助 δ 函数（也称为狄拉克函数），$f(x)$ 可以表示为

$$f(x) = \int_{-\infty}^{\infty} f(y)\delta(x-y)\mathrm{d}y \qquad (11)$$

因此，初始温度分布可以看成无穷多个特定强度的 δ 函数型分布的叠加，其中每个 δ 函数型分布可以理解为在特定点处温度无穷大、在其他位置温度为零的理想分布。由于热传导方程是线性方程，而在目前的情况下不需要考虑边界条件，因此可以先考虑 δ 函数型初始条件的温度分布 $T_\delta(t,x)$，再叠加到一起得到一般的温度分布 $T(t,x)$。

由展开式（10）可知，$T_\delta(t,x)$ 可以写成如下形式：

$$T_\delta(t,x) = \int_{-\infty}^{\infty} c_k e^{-\alpha k^2 t} e^{ikx}\mathrm{d}k \qquad (12)$$

考虑 $t=0$ 时刻有 $T_\delta(t=0,x)=f(x)$，那么上式的展开系数满足

$$\delta(x) = \int_{-\infty}^{\infty} c_k e^{ikx}\mathrm{d}k$$

另一方面，δ 函数的傅里叶积分为 $\delta(x) = \dfrac{1}{2\pi}\displaystyle\int_{-\infty}^{\infty} e^{ikx}\mathrm{d}k$，与上式对比可得

$$c_k = \frac{1}{2\pi}$$

将其代入式（12）可得 $T_\delta(t,x)$ 的傅里叶积分：

$$T_\delta(t,x) = \int_{-\infty}^{\infty} \frac{1}{2\pi} e^{-\alpha k^2 t} e^{ikx}\mathrm{d}k \qquad (13)$$

在具体完成这个积分之前，我们先分析 $T_\delta(t,x)$ 在无穷远处的趋势。从上式的积分可知，$T(t,x)$ 是无穷多个 e^{ikx} 的叠加，其中主要的叠加部分为 $k=0$ 附近的那部分。当 x 很大时，e^{ikx} 在特定的 k 范围内将会震荡得很激烈，其中的正负部分在经过积分后差不多完全抵消了，因此，可以猜测 t 时刻的温度分布在远处温度仍然很低。

分析完温度分布的渐近行为之后，通过查积分表可以得到与式（13）中的积分相关的积分公式：

$$\frac{1}{\sqrt{2\pi}}\int_{-\infty}^{\infty}e^{-\alpha k^2 t}e^{ikx}dk = \frac{1}{\sqrt{2\alpha t}}e^{-\frac{x^2}{4\alpha t}}$$

借助此积分公式可以完成式（13）中的积分，并得到初始时刻为 δ 函数的温度分布的时间演化：

$$T_\delta(t,x) = \frac{1}{\sqrt{2\pi}}\cdot\frac{1}{\sqrt{2\pi}}\int_{-\infty}^{\infty}e^{-\alpha k^2 t}e^{ikx}dk = \frac{1}{\sqrt{2\pi}}\cdot\frac{1}{\sqrt{2\alpha t}}e^{-\frac{x^2}{4\alpha t}} = \frac{1}{\sqrt{4\pi\alpha t}}e^{-\frac{x^2}{4\alpha t}}$$

此式同时也是初始温度为 $\delta(x)$ 时的热传导方程的解。如图 2 所示，画出了 δ 函数随时间演化的示意图，当 $x = \pm 2\sqrt{\alpha t}$ 时 $T_\delta(t,x)$ 取到波峰值的 $\frac{1}{e}\approx 0.37$ 倍，可以看出函数 $T_\delta(t,x)$ 底下的面积大部分集中在 $x = -2\sqrt{\alpha t}$ 到 $x = 2\sqrt{\alpha t}$ 之间，于是可以形象地称 $T_\delta(t,x)$ 是宽度为 $4\sqrt{\alpha t}$ 的波包，其实可以将 δ 函数看成宽度 $4\sqrt{\alpha t}$ 趋于零的波包。随着时间的推移，波包的宽度 $4\sqrt{\alpha t}$ 逐渐增加，波包越来越胖同时也越来越矮，这也表明原本高度集中在原点的热量扩散开来。

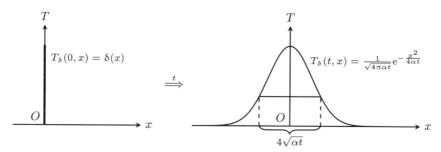

图 2 初始温度为 δ 函数的温度分布的时间演化

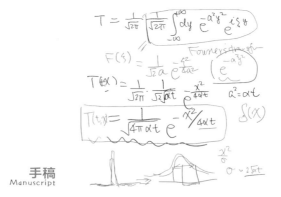

现在回过头来看一下我们求解 $T_\delta(t,x)$ 的动机。式（11）表明 $f(x)$ 可以看成一系列不同位置的 δ 函数的叠加，叠加"系数"等于 $f(y)\mathrm{d}y$。由于整个系统沿着 x 轴具有平移对称性，初始条件 $\delta(x-y)$ 对应温度分布 $T_\delta(t,x-y)$，又注意到热传导方程是线性的，所以将解 $T_\delta(t,x-y)$ 乘上"系数" $f(y)\mathrm{d}y$，然后叠加在一起即可得到初始条件为 $f(x)$ 的一般解：

$$T(t,x) = \int_{-\infty}^{\infty} f(y) T_\delta(t,x-y)\mathrm{d}y$$

$$= \frac{1}{\sqrt{4\pi\alpha t}} \int_{-\infty}^{\infty} f(y) \mathrm{e}^{-\frac{(x-y)^2}{4\alpha t}} \mathrm{d}y$$

还可以将其代回热传导方程以验证它确实是热传导方程的解。

小结
Summary

在本节中，我们求解了有限长度固定边界及无限长度细杆的一维热传导方程，除了传统的分离变量法，这里还将 δ 函数作为"源"去构建特定边界条件的解，这种思想跟格林函数方法是相同的。但需要注意的是，这里 δ 函数作为"源"的概念与之前电动力学中所介绍的"源"并不是完全相同的，在电动力学里电荷作为的"源"是指"外源"，这才是传统格林函数方法所用的"源"，对应到热传导里，"外源"相当于一个给系统供热的热源，对应的格林函数 $G(x,t;x',t')$ 的方程为 $\left(\dfrac{\partial}{\partial t} - \alpha\dfrac{\partial^2}{\partial^2 x}\right)G(x,t;x',t') = \delta(x-x')\delta(t-t')$，并且此时初始条件为 $G(x,t=0;x',t')=0$，实际上通过对传统的格林函数 $G(x,t;x',t')$ 进行叠加，也能够求得初始条件为 $f(x)$ 的随时间演化的温度分布，这称为格林函数方法。本节使用的"源"是边界上的"源"，不是传统格林函数方法所用的"外源"，并且 T_δ 的初始条件与 G 的初始条件也不同，但"将 δ 函数相关的解的叠加得到一般解"的核心思想与传统格林函数方法无异，所以本书之后也将这种利用边界"源"的叠加方法简称为格林函数方法。

绝热细杆的温度如何变化？

——熵增原理与半无限长情况的求解[1]

　　摘要：本节讨论有限长度的细杆两端绝热情况下的边界条件，并解得其温度分布，接着研究端点绝热的半无限长的细杆的情况，结合绝热边界条件的特点与系统的对称性，将半无限长情况扩展成等效的无限长情况，通过上节关于无限长情况的热传导的解，给出半无限长情况下的解。

　　上一节关于边界条件的讨论局限于恒温边界条件的情况，正如热力学中除了有等温过程还有绝热过程一样，热传导方程的边界条件也有物体不与外界交换热量的绝热边界条件，与第一类边界条件不同，这属于诺伊曼边界条件，也可称为第二类边界条件。有限长与无限长的情况都已经讨论过后，介于这两种情况之间，还有一种半无限长的特殊情况。实际上，半无限长细杆本身虽然是无限长的，但我们能看到它的端点，这时对应到解方程的情况就出现了方程的边界条件，而在上节讨论的无限长情况是没有边界条件的。那对于这种无限长杆且有一个边界条件的情况，我们又该如何处理？这节我们就来讨论当这个边界条件是绝热边界条件的时候，如何将这个边界条件用无限长情况的初始条件来替代，从而将问题化成上节已经求解过的无限长情况。

一、描述绝热边界条件，求解细杆的温场分布

　　上节我们分析并求解了部分一维热传导模型，所分析的方程为

---

1 整理自搜狐视频 App "张朝阳" 账号/作品/物理课栏目中的第 123 期视频，由李松、涂凯勋执笔。

$$\frac{\partial T}{\partial t} = \alpha \frac{\partial^2 T}{\partial x^2}$$

其中，$\alpha = \dfrac{\kappa}{\rho C_V}$，$\kappa$是傅里叶定律中的系数，$\rho$是物质密度，$C_V$是单位质量物质的定容比热。

在上节中，所分析的其中一个模型是两个端点保持为零摄氏度的细杆，其初始条件和边界条件为

$$\begin{cases} T(t=0,x) = f(x) \\ T(t,x=0) = 0 \\ T(t,x=a) = 0 \end{cases}$$

其中，$f(x)$是初始温度分布，a是细杆的长度。使用分离变量法，并根据其边界条件可以得到此问题的解，如图 1 所示。

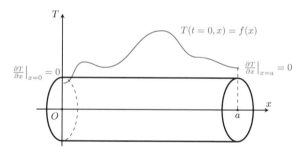

图 1　两端绝热的有限长细杆

仍然是同样的细杆以及坐标系，但这节我们将边界条件由恒温改为了绝热。绝热的物理意义是，不存在热量从细杆两端流进或者流出。换言之，热流 q 在细杆的两端为零，根据傅里叶定律 $q = -\kappa \dfrac{\partial T}{\partial x}$，这意味着

$$\left. \frac{\partial T(t,x)}{\partial x} \right|_{x=0,a} = 0$$

这种给出温度分布在边界处的导数的边界条件被称为诺伊曼边界条件，又称第二类边界条件。

根据上节的内容已知，在使用分离变量法进行求解时，解的空间部分由 $\sin(kx)$、$\cos(kx)$ 线性组合而成。由于绝热边界条件要求 $T(t,x)$ 对 x 的偏导数

在边界 $x=0$ 上等于 0 ，而对于 $\sin(kx)$ 有 $\left.\dfrac{\partial}{\partial x}\sin(kx)\right|_{x=0}=k$ ，因此只能选择 $\cos(kx)$ 作为解的空间部分。基于与上节类似的分析，可以知道绝热边界条件下的变量分离解为

$$\mathrm{e}^{-\alpha\left(\frac{n\pi}{a}\right)^2 t}\cos\left(\frac{n\pi}{a}x\right)\ ,\qquad n=0,1,2,3,\cdots$$

与上节类似，由变量分离的解可以叠加得到一般的解：

$$T(t,x)=\sum_{n=0}^{\infty}c_n\mathrm{e}^{-\alpha\left(\frac{n\pi}{\alpha}\right)^2 t}\cos\left(\frac{n\pi}{\alpha}x\right)\tag{1}$$

考虑初始条件 $T(t=0,x)=f(x)$ 后可得

$$f(x)=\sum_{n=0}^{\infty}c_n\cos\left(\frac{n\pi}{\alpha}x\right)$$

上式两边同时乘上 $\cos\left(\dfrac{m\pi}{\alpha}x\right)$ ，然后从 0 到 a 对 x 进行积分，可得

$$\int_0^a f(x)\cos\left(\frac{m\pi}{a}x\right)\mathrm{d}x=\sum_{n=0}^{\infty}c_n\int_0^a\cos\left(\frac{n\pi}{a}x\right)\cos\left(\frac{m\pi}{a}x\right)\mathrm{d}x\tag{2}$$

另一方面，借助"积化和差"的三角恒等式容易证明

$$\int_0^a\cos\left(\frac{n\pi}{a}x\right)\cos\left(\frac{m\pi}{a}x\right)\mathrm{d}x=\frac{a}{2}\delta_{mn}\ ,\quad n\geqslant 1$$

$$\int_0^a\cos\left(\frac{n\pi}{a}x\right)\cos\left(\frac{m\pi}{a}x\right)\mathrm{d}x=a\delta_{m0}\ ,\quad n=0$$

将余弦函数的这些积分性质代入式（2）中，得到

$$\int_0^a f(x)\cos\left(\frac{m\pi}{a}x\right)\mathrm{d}x=c_0 a\delta_{0m}+\sum_{n=1}^{\infty}c_n\cdot\frac{a}{2}\delta_{mn}$$

分 $m\geqslant 1$ 和 $m=0$ 两种情况来化简上式，可以得到

$$\int_0^a f(x)\cos\left(\frac{m\pi}{a}x\right)\mathrm{d}x=\frac{a}{2}c_m\ ,\quad m\geqslant 1$$

$$\int_0^a f(x)\cos\left(\frac{m\pi}{a}x\right)\mathrm{d}x=ac_0\ ,\quad m=0$$

总结起来，叠加系数 c_n 的表达式为

$$c_n = \begin{cases} \dfrac{2}{a}\displaystyle\int_0^a f(x)\cos\left(\dfrac{n\pi}{a}x\right)\mathrm{d}x & , \quad n\geqslant 1 \\[3mm] \dfrac{1}{a}\displaystyle\int_0^a f(x)\mathrm{d}x & , \quad n=0 \end{cases}$$

将 c_n 的值代入式（1），这样就能完全解出两端绝热的细杆的温度分布。根据式（1），当 t 趋于无穷大时，有

$$\lim_{t\to+\infty} T(t,x) = c_0$$

而由 c_n 的表达式可知 c_0 刚好是初始温度分布在细杆上的平均值，这表明热量确实没有外流，而且最终细杆趋于热平衡态。这遵循了热力学第二定律，温度场趋于一个常数分布，说明热量从高温区流向低温区，高温区的温度下降，而低温区的温度上升，温度场随时间的变化确实是沿着熵增的方向，最终达到"热寂"的状态的。

在推导热传导方程时使用了热力学第一定律和傅里叶定律。热力学第一定律与热力学第二定律是互相独立的，因此不会是热力学第一定律"导致"了热方程的解符合热力学第二定律。另一方面，傅里叶定律描述的正是热量自发地从高温处流向低温处，因此是傅里叶定律"导致"了热方程的解符合热力学第二定律。

二、结合对称性巧妙安排初始条件，求解半无限长细杆的温度分布

上节以及本节的第一小节，我们考虑了有限长细杆的情况，而上节也考虑了有限长细杆的两边都无限延伸至无穷远成为无限长细杆的情况，接下来我们考虑上述两种情况的结合，即只有一边延伸至无穷远处而另一边仍保持有限长（可以称之为半无限长）的情况。假设半无限长细杆的端点为坐标原点，细杆覆盖整个 x 正半轴。考虑细杆端点绝热的情况，温度场的边界条件为

$$\left.\frac{\partial T}{\partial x}\right|_{x=0} = 0$$

设初始温度分布为 $f(x)$。由于端点绝热，$f(x)$ 必定满足

$$\frac{\mathrm{d}f(x)}{\mathrm{d}x}\bigg|_{x=0}=0 \qquad (3)$$

这说明 $f(x)$ 在 $x=0$ 处的切线是水平的。

上节介绍了无限长情况的温度分布的求解方法，怎么将此方法应用到半无限长的情况上呢？如图 2 所示，我们可以在 x 负半轴对称地"放置"一模一样的热分布，这样的话即使忽略掉绝热边界条件，由于坐标原点两边的热分布一致，那么从原点右边流向原点左边的热量必定等于从原点左边流向原点右边的热量，净效果就是没有任何热量以任何方向流过原点，因此等效于原点处的绝热条件。或者用更定量的说法，在 x 负半轴对称地"放置"一模一样的热分布后，整个系统初始时刻的温度关于原点是对称的，而方程本身也是对称的，那么温度分布也始终保持原点是对称的特性。$T(t,x)$ 关于 x 是偶函数，即 $T(t,x)=T(t,-x)$，那么将此等式关于 x 求导得到 $\frac{\partial T}{\partial x}(t,x)=-\frac{\partial T}{\partial x}(t,-x)$，令 $x=0$ 即可得到 $\frac{\partial T}{\partial x}\bigg|_{x=0}=0$（注意，这里默认了 $\frac{\partial T}{\partial x}\bigg|_{x=0}$ 的存在，下面会说明这点）。这说明在 x 负半轴对称地"放置"一模一样的热分布后，自然就满足了原先半无限长情况的绝热条件了。

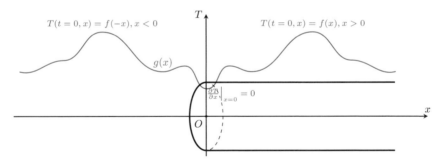

图 2　半无限长细杆及其初始条件的处理

基于上述思路，我们考虑无限长细杆的如下初始条件：

$$g(x)=\begin{cases} f(x), & x\geqslant 0 \\ f(-x), & x<0 \end{cases}$$

式（3）使得 $g(x)$ 在 $x=0$ 处的左导数等于右导数等于零，并且 $g(x)$ 在 $x=0$ 处是连续的，这说明 $g(x)$ 在 $x=0$ 处是可导的，且导数为 $g'(0)=0$。除

此之外，热传导方程还要求 $f(x)$ 在 $x>0$ 区域二阶可导，所以 $g(x)$ 在 $x>0$ 与 $x<0$ 区域都二阶可导，那么显然 $g(x)$ 的一阶导数 $g'(x)$ 在 $x>0$ 与 $x<0$ 区域都是连续的，前面也说了 $g(x)$ 在 $x=0$ 处的左导数等于右导数等于 $g'(0)=0$，这进一步表明 $g'(x)$ 在整个区域都是连续的。又因为 $g(x)$ 是偶函数，所以 $g(x)$ 在 $x=0$ 处的二阶左导数等于二阶右导数，结合一阶导数 $g'(x)$ 在 $x=0$ 处的连续性，可知 $g(x)$ 在 $x=0$ 处二阶可导。综上，我们新定义的函数 $g(x)$ 是二阶可导的（这也说明前面所说的 $\left.\dfrac{\partial T}{\partial x}\right|_{x=0}$ 是存在的）。

这里还需要指出，在极限的意义下，实际上热传导方程的初始条件 $f(x)$ 也可以扩展到二阶不可导的情况，甚至 $f(x)$ 不连续的情况，虽然这种情况下 $t=0$ 时刻热传导方程失效（因为热传导方程有对温度分布进行二次求导的项），但我们可以用二阶可导的初始条件去逼近二阶不可导的 $f(x)$，在这个取极限的过程中，上述二阶可导初始条件的解也将趋近于某个极限，该极限即可定义为初始条件 $f(x)$ 的解。

上节给出了初始条件为 $f(x)$ 的无限细杆的热传导方程的解的公式：

$$T(t,x)=\frac{1}{\sqrt{4\pi\alpha t}}\int_{-\infty}^{\infty}f(y)\mathrm{e}^{-\frac{(x-y)^2}{4\alpha t}}\,\mathrm{d}y$$

借助此公式可以得到初始条件为 $g(x)$ 的温度分布：

$$
\begin{aligned}
T(t,x)&=\frac{1}{\sqrt{4\pi\alpha t}}\int_{-\infty}^{\infty}g(y)\mathrm{e}^{-\frac{(x-y)^2}{4\alpha t}}\,\mathrm{d}y\\
&=\frac{1}{\sqrt{4\pi\alpha t}}\left(\int_{0}^{\infty}f(y)\mathrm{e}^{-\frac{(x-y)^2}{4\alpha t}}\,\mathrm{d}y+\int_{-\infty}^{0}f(-y)\mathrm{e}^{-\frac{(x-y)^2}{4\alpha t}}\,\mathrm{d}y\right)\\
&=\frac{1}{\sqrt{4\pi\alpha t}}\left(\int_{0}^{\infty}f(y)\mathrm{e}^{-\frac{(x-y)^2}{4\alpha t}}\,\mathrm{d}y+\int_{\infty}^{0}f(z)\mathrm{e}^{-\frac{(x+z)^2}{4\alpha t}}\,\mathrm{d}(-z)\right)\quad(4)\\
&=\frac{1}{\sqrt{4\pi\alpha t}}\left(\int_{0}^{\infty}f(y)\mathrm{e}^{-\frac{(x-y)^2}{4\alpha t}}\,\mathrm{d}y+\int_{0}^{\infty}f(z)\mathrm{e}^{-\frac{(x+z)^2}{4\alpha t}}\,\mathrm{d}z\right)\\
&=\frac{1}{\sqrt{4\pi\alpha t}}\int_{0}^{\infty}f(y)\left(\mathrm{e}^{-\frac{(x-y)^2}{4\alpha t}}+\mathrm{e}^{-\frac{(x+y)^2}{4\alpha t}}\right)\mathrm{d}y
\end{aligned}
$$

其中，涉及的代换变量用字母 z 表示。上式中的 $T(t,x)$ 取 $x \geq 0$ 的部分即半无限长绝热边界情况下的解。

作为对式（4）的一个检验，考虑初始条件为 $f(x)=c$ 的常数温度分布，将其代入式（4）可得

$$T(t,x) = \frac{c}{\sqrt{4\pi\alpha t}}\left(\int_0^\infty e^{-\frac{(x-y)^2}{4\alpha t}}\,dy + \int_0^\infty e^{-\frac{(x+y)^2}{4\alpha t}}\,dy\right) \tag{5}$$

为了求出式（5）中的积分值，这里为式中的两个积分都画了示意图（如图 3 所示）。

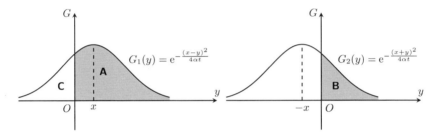

图 3　式（5）中两个积分的示意图

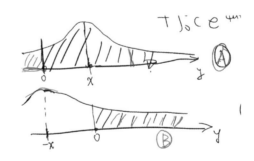

手稿
Manuscript

第一个积分式的被积函数 $G_1(y) = e^{-\frac{(x-y)^2}{4\alpha t}}$ 是一个中心位置处在 x 的高斯分布，积分范围从 0 到正无穷，于是积分值对应图 3 中的 A 区域的面积；第二个积分式的被积函数 $G_2(y) = e^{-\frac{(x+y)^2}{4\alpha t}}$ 是一个中心位置处在 $-x$ 的高斯分布，积分范围从 0 到正无穷，于是积分值对应图 3 中的 B 区域的面积。

两个高斯分布 $G_1(y)$ 与 $G_2(y)$ 除了中心位置不一样，其他方面都是完全一致的，并且两者关于 $y=0$ 轴（即 G 轴）对称，因此，图中 B 区域的面积

正好等于 $G_1(y)$ 的负无穷到 0 的积分，即 C 区域的面积，又因为式（5）中的积分值为 A 区域面积与 B 区域面积之和，所以式（5）中的积分值为 A 区域面积与 C 区域面积之和，即 $G_1(y)$ 的负无穷到正无穷的积分，于是式（5）可以写成

$$
\begin{aligned}
T(t,x) &= \frac{c}{\sqrt{4\pi\alpha t}} \int_{-\infty}^{\infty} e^{-\frac{(x-y)^2}{4\alpha t}} \, \mathrm{d}y \\
&= \frac{c}{\sqrt{4\pi\alpha t}} \int_{-\infty}^{\infty} e^{-\frac{y^2}{4\alpha t}} \mathrm{d}y \\
&= \frac{c}{\sqrt{4\pi\alpha t}} \cdot \sqrt{\frac{\pi}{1/(4\alpha t)}} = c
\end{aligned}
\tag{6}
$$

其中，使用了高斯积分公式（$a > 0$）：

$$
\int_{-\infty}^{\infty} e^{-\alpha x^2} \, \mathrm{d}x = \sqrt{\frac{\pi}{a}}
$$

式（6）表明温度分布一直保持为常数 c，这从绝热边界条件可以预料到，因此前面给出的绝热边界半无限细杆的解是可信的。

小结
Summary

　　在这一节里，我们不仅讨论了有限长绝热细杆的情况，还讨论了半无限长绝热细杆的情况。有限长绝热细杆的情况与上节有限长恒温细杆的情况，解法是一致的，都是先分离变量后，用边界条件确定变量分离的解，用初始条件确定级数展开系数。然而这里关于半无限长情况的求解，就不再像上节无限长情况用格林函数方法求解那样，而是将半无限长情况嵌入特定的初始条件的无限长情况，这种特定的无限长初始条件恰好能始终使温度分布满足半无限长的边界条件，这样只需要求解出这种特定初始条件的无限长情况，就能得到半无限长情况的温度分布。从某种程度上讲，这也算是对上节无限长情况的解的一个重要应用。

水流中的球体温度怎么随时间演化？
——更一般的边界条件与三维热传导方程[1]

摘要：本节考虑这样一个模型，一个已经达到热平衡状态的均匀球体，突然被放入快速流动的水中，球体的初始温度与水不同，求解球体随时间演化的温度分布。本节仍然使用分离变量法求解热传导方程，分别根据第一类与第三类边界条件求出级数展开的函数，利用初始条件与展开函数的正交性，得到级数展开的系数，从而给出球体的温度分布。

前几节讲解了一维热传导的各种模型，求解了不同边界条件下的热传导方程，这些边界条件包括狄利克雷边界条件与诺伊曼边界条件。狄利克雷边界条件给出温度分布在边界上的数值 $T\big|_{边界}=C$，又称第一类边界条件；诺伊曼边界条件给出温度分布在边界外法线 $\vec{n}$ 的方向导数 $\vec{n}\cdot\vec{\nabla}T\big|_{边界}=C$，又称第二类边界条件，注意当 $C=0$ 时可得到绝热边界条件。这节开始学习三维热传导模型，并引入第三类边界条件，它给出温度分布在边界上的数值和外法线的方向导数的线性组合，这是更加一般的边界条件，具体可表示为 $AT\big|_{边界}+B\vec{n}\cdot\vec{\nabla}T\big|_{边界}=C$，当 $B=0$ 时第三类边界条件化为第一类边界条件，而当 $A=0$ 时第三类边界条件则化为第二类边界条件。接下来会讲解第三类边界条件的参数 A、B、C 的物理意义，以及从物理层面上解释第一类边界条件和第二类边界条件为何是第三类边界条件的极端情况。另外，在求解三维热传导方程的过程中，我们会发现三维热传导和一维热传导的区别与联

---

1 整理自搜狐视频 App "张朝阳" 账号/作品/物理课栏目中的第 124、125 期视频，由王利邦、涂凯勋执笔。

系，进而对求解方程的一般思路与技巧有更深刻的认识。

一、恒温水流中均匀球体的热传导方程

我们先前已经利用傅里叶定律推导出三维情况下的热传导方程：

$$\frac{\partial T}{\partial t} = \alpha \vec{\nabla}^2 T \qquad (1)$$

其中，$\alpha = \dfrac{\kappa}{\rho C_V}$，而 κ 是傅里叶定律中的系数，ρ 是物质密度，C_V 是单位质量物质的定容比热。

对于一个均匀球体而言，若边界条件与初始条件都是球对称的，那么温度分布也始终保持球对称，于是在以球心为原点的球坐标系中，温度分布可写为 $T(t,r)$。

如图 1 所示（由于整个系统具有球对称性，因此这里只画出其中过原点的一个截面），球体浸没在不停地流动的温度均匀且恒定（T_∞）的水里面，周围的水温度稍有升高就流走了，而新来的水与无穷远的温度 T_∞ 一致，所以球体周围的水几乎一直保持为温度 T_∞。

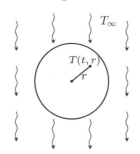

图 1　在流动的恒温水里的球体

接下来使用分离变量法来求解热传导方程，即式（1）。为此，我们先求解形式为 $g(t)h(r)$ 的解，把这个形式的解代入式（1）可得

$$h(r)\frac{\mathrm{d}g(t)}{\mathrm{d}t} = \alpha g(t)\vec{\nabla}^2 h(r)$$

忽略 $g(t)h(r)$ 的零点，上式两端同时除以 $g(t)h(r)$，可以得到

$$\frac{1}{g(t)}\frac{\mathrm{d}g(t)}{\mathrm{d}t} = \frac{\alpha}{h(r)}\vec{\nabla}^2 h(r)$$

上式左边只与时间 t 有关，上式右边只与位置 r 有关，所以等式两边必然等于同一个与时空坐标 t、r 无关的量，将其设为 λ。那么关于 $g(t)$ 可以得到

$$\frac{1}{g(t)}\frac{\mathrm{d}g(t)}{\mathrm{d}t} = \lambda \quad \Rightarrow \quad g(t) \propto \mathrm{e}^{\lambda t} \tag{2}$$

而对于 $h(r)$，满足

$$\vec{\nabla}^2 h(r) = \frac{\lambda}{\alpha} h(r)$$

利用拉普拉斯算子的球坐标表达式，可知 $\vec{\nabla}^2 h(r) = \dfrac{1}{r^2}\dfrac{\partial}{\partial r}\left(r^2 \dfrac{\partial}{\partial r}h(r)\right)$，于是上式可进一步写为

$$\frac{1}{r^2}\frac{\partial}{\partial r}\left(r^2 \frac{\partial}{\partial r}h(r)\right) = \frac{\lambda}{\alpha} h(r) \tag{3}$$

使用比耐公式做变换（即通过换元的方法化简方程，也可用于中心力场的公式推导），令函数 $u(r) = rh(r)$，可以将式（3）化简成

$$\frac{\mathrm{d}^2 u}{\mathrm{d}r^2} = \frac{\lambda}{\alpha} u(r) \tag{4}$$

后面会说明式（4）中的 λ 不能取小于零的值，即必须满足 $\lambda \geqslant 0$。这个方程在以前已经求解过很多次，它的通解是 $\sin(kr)$ 与 $\cos(kr)$ 的线性组合 $A_k \sin(kr) + B_k \cos(kr)$，其中 k 满足 $k^2 = -\dfrac{\lambda}{\alpha}$。不过需要注意，当 $k = 0$ 时，除了前面提到的解 $A_k \sin(kr) + B_k \cos(kr) = B_0$，$C_0 r$ 也是方程的解。由关系式 $u(r) = rh(r)$ 以及式（2）的结果，可得关于式（1）的变量分离形式的解 $g(t)h(r)$ 为

$$\mathrm{e}^{-\alpha k^2 t}\left[A_k \frac{\sin(kr)}{r} + B_k \frac{\cos(kr)}{r}\right]\ ,\qquad k \neq 0$$

$$C_0 + B_0 \frac{1}{r}\ ,\qquad k = 0$$

由于这里考虑的是有限体积,所以 k 的取值是分立的(后面会进行证明),用下标 i 标记不同的 k , 由于式(1)的线性性, 可以通过叠加上述不同 k 的解 $g(t)h(r)$ 得到式(1)的一般解:

$$T(t,r) = C_0 + \sum_i e^{-\alpha k_i^2 t} \left[A_i \frac{\sin(k_i r)}{r} + B_i \frac{\cos(k_i r)}{r} \right] \tag{5}$$

接下来,需要使用边界条件与初始条件求出 k_i 的值以及叠加系数 C_0 、A_i 与 B_i 。

首先观察 $r = 0$ 处的温度分布的情况。从式(5)能直接看出,若 B_i 不为零,那么温度在 $r = 0$ 处达到无穷大,这种奇异性其实已经暗示了 $B_i = 0$ 。我们还可以从更加贴近物理的角度来分析,由于温度分布是球对称的,那么热流密度这个矢量也是球对称的,若 $r = 0$ 处的热流密度不为零,那么就会与这个对称性矛盾,所以 $r = 0$ 处的热流密度 $\vec{q}\,|_{r=0} = 0$ 。进一步,由傅里叶定律 $\vec{q} = -\kappa \vec{\nabla} T$ 以及球坐标系下的三维导数表达式

$$\vec{\nabla} = \vec{e}_r \frac{\partial}{\partial r} + \vec{e}_\theta \frac{1}{r} \frac{\partial}{\partial \theta} + \vec{e}_\phi \frac{1}{r \sin\theta} \frac{\partial}{\partial \phi}$$

可得 $r = 0$ 处有

$$\left. \frac{\partial T}{\partial r} \right|_{r=0} = 0 \tag{6}$$

将温度分布 T 的具体表达式,即式(5),代入 $r = 0$ 处的边界条件表达式,即式(6),可得

$$\sum_i e^{-\alpha k_i^2 t} \left[A_i \left(\frac{k_i \cos(k_i r)}{r} - \frac{\sin(k_i r)}{r^2} \right) + B_i \left(-\frac{k_i \sin(k_i r)}{r} - \frac{\cos(k_i r)}{r^2} \right) \right]\Bigg|_{r=0} = 0$$

$$\Rightarrow \sum_i e^{-\alpha k_i^2 t} \left[A_i \frac{k_i}{r} \left(\cos(k_i r) - \frac{\sin(k_i r)}{k_i r} \right) - B_i \left(k_i^2 \frac{\sin(k_i r)}{k_i r} + \frac{\cos(k_i r)}{r^2} \right) \right]\Bigg|_{r=0} = 0$$

$$\Rightarrow \sum_i e^{-\alpha k_i^2 t} B_i \left(k_i^2 + \frac{1}{r^2} \right)\Bigg|_{r=0} = 0$$

$$\Rightarrow B_i = 0$$

其中，倒数第二行用到了 $\cos(x)$ 的泰勒展开式 $\cos(x) = 1 - \dfrac{1}{2}x^2 + \cdots$ 以及 $\dfrac{\sin(x)}{x}$ 的泰勒展开式 $\dfrac{\sin(x)}{x} = 1 - \dfrac{1}{6}x^2 + \cdots$。于是式（5）化简成了如下形式：

$$T\left(t,r\right) = C_0 + \sum_i \mathrm{e}^{-\alpha k_i^2 t} A_i \frac{\sin\left(k_i r\right)}{r} \tag{7}$$

回过头来看式（4）中的 λ 的正负性，若 $\lambda > 0$，那么式（4）的通解是 e^{kr} 与 e^{-kr} 的线性组合 $D_k \mathrm{e}^{kr} + H_k \mathrm{e}^{-kr}$，其中 k 满足 $k^2 = \dfrac{\lambda}{\alpha}$，显然这些解叠加起来构成的温度分布不满足边界条件——式（6），这就说明了为什么前面只讨论 $\lambda \leqslant 0$ 的情况。

实际上，从物理层面上看 $r = 0$ 是球心，是球体的内部，在直角坐标系中 $r = 0$ 的点显然不是边界，而上面所讨论的 $r = 0$ 的边界条件，实际上是由球坐标系（结合球对称条件）引起的边界条件。

下面讨论球体的真正边界，即 $r = R$ 处与水接触的边界。

二、球体边界温度与水温相等的情况

上节讲解两端浸泡在冰水中的细杆温度分布时，提到细杆的边界始终与冰水保持一致，这样细杆的边界条件就是细杆两个端点的温度始终保持为零度。在这节，均匀的球体也浸没在不停流动的温度为 T_∞ 的水里面，我们不妨参照之前研究细杆那样，假定球体的边界温度与水的温度 T_∞ 始终保持一致，即使用第一类边界条件，于是有

$$T\left(t, r = R\right) = T_\infty$$

结合温度分布的表达式——式（7）可得

$$C_0 + \sum_i \mathrm{e}^{-\alpha k_i^2 t} A_i \frac{\sin\left(k_i R\right)}{R} = T_\infty \tag{8}$$

由于式（8）的叠加系数 A_i 前存在时间依赖项 $\mathrm{e}^{-\alpha k_i^2 t}$，对于不同的下标 i 有不同的时间依赖关系，所以对于 A_i 不为零的值，必须满足 $\dfrac{\sin\left(k_i R\right)}{R} = 0$，即 $\sin\left(k_i R\right) = 0$，于是有 $k_i = \dfrac{i\pi}{R}$，其中 $i = 1, 2, 3, \cdots$ 是正整数。不过按照之前的

书写习惯，我们用 n 来代替式中的 i，这样也能防止将 i 错认为虚数单位。所以第一类边界条件给出了分立的 k 为

$$k_n = \frac{n\pi}{R} \quad , \qquad n = 1, 2, 3, \cdots$$

将 k_n 的值代入式（8），还可以得到

$$C_0 = T_\infty$$

综上所述，在这里假定的第一类边界条件下，式（7）所示的温度分布表达式可以更加具体地写成

$$T(t, r) = T_\infty + \sum_{n=1}^{\infty} e^{-\alpha\left(\frac{n\pi}{R}\right)^2 t} A_n \frac{\sin\left(\frac{n\pi}{R} r\right)}{r} \tag{9}$$

讨论完边界条件之后，接下来讨论初始条件，并由此确定叠加系数 A_n。这里选择最简单的初始条件，即 $t = 0$ 时整个球体都具有相同温度 T_0：

$$T(t = 0, r) = T_0 \tag{10}$$

这种情况可以理解为把一个已经事先达到热平衡（温度为 T_0）的球体，突然放到流动的温度为 T_∞ 的水里面。结合最新的温度分布表达式——式（9）与初始条件——式（10），可以得到叠加系数 A_n 满足的公式为

$$T_0 - T_\infty = \sum_n A_n \frac{\sin\left(\frac{n\pi}{R} r\right)}{r} \tag{11}$$

为了求出其中的叠加系数 A_n，我们来研究 A_n 后面的函数 $\dfrac{\sin\left(\frac{n\pi}{R} r\right)}{r}$ 的性质。前面求解两端浸泡在冰水中长度为 a 的细杆的温度时，使用了如下公式来求 $\sin\left(\dfrac{n\pi}{a} x\right)$ 前的叠加系数：

$$\int_0^a \sin\left(\frac{n\pi}{a} x\right) \sin\left(\frac{m\pi}{a} x\right) \mathrm{d}x = \frac{a}{2} \delta_{mn} \quad , \qquad m, n = 1, 2, 3, 4, \cdots \tag{12}$$

而式（11）中用来叠加的函数 $\dfrac{\sin\left(\dfrac{n\pi}{R}r\right)}{r}$ 的分子与之前用来叠加的函数

$\sin\left(\dfrac{n\pi}{a}x\right)$ 是一样的，只是分母中多了一个自变量 r。我们可以将式（12）中

的被积函数除以自变量后再乘以自变量，将其改写为如下形式：

$$\int_0^R \frac{\sin\left(\dfrac{n\pi}{R}r\right)}{r}\frac{\sin\left(\dfrac{m\pi}{R}r\right)}{r}r^2\mathrm{d}r = \frac{R}{2}\delta_{mn} \quad , \qquad m,n = 1,2,3,4,\cdots \quad （13）$$

式（13）比式（12）多出的 r^2 还可以理解为三维与一维的不同。在三维的积

分中，积分元 $\mathrm{d}V = r^2\sin\theta\mathrm{d}\theta\mathrm{d}\varphi\mathrm{d}r$ 本来就包含了 r^2。于是，在式（11）两端

同时乘以 $\dfrac{\sin\left(\dfrac{m\pi}{R}r\right)}{r}r^2$，然后从 0 到 R 进行积分，并利用式（13），可得

$$\left(T_0 - T_\infty\right)\int_0^R \frac{\sin\left(\dfrac{m\pi}{R}r\right)}{r}r^2\mathrm{d}r = \sum_n A_n \int_0^R \frac{\sin\left(\dfrac{n\pi}{R}r\right)}{r}\frac{\sin\left(\dfrac{m\pi}{R}r\right)}{r}r^2\mathrm{d}r$$

$$= \frac{R}{2}\sum_n A_n\delta_{mn} = \frac{R}{2}A_m$$

通过简单的分部积分法，容易计算出上式最左边的积分为

$\int_0^R \dfrac{\sin\left(\dfrac{m\pi}{R}r\right)}{r}r^2\mathrm{d}r = \dfrac{R^2}{m\pi}(-1)^{m+1}$，由此可以求出叠加系数：

$$A_m = \left(T_0 - T_\infty\right)\frac{2R}{m\pi}(-1)^{m+1}$$

将上式代入式（9）可得温度分布的最终表达式：

$$T\left(t,r\right) = T_\infty + \left(T_0 - T_\infty\right)\sum_{n=1}^{\infty} \mathrm{e}^{-\alpha\left(\frac{n\pi}{R}\right)^2 t}\frac{(-1)^{n+1}}{r}\frac{2R}{n\pi}\sin\left(\frac{n\pi}{R}r\right) \qquad （14）$$

设初始球体温度 T_0 大于水的温度 T_∞，若只考察球心（$r=0$）的温度 T_c，

可以得到

$$\frac{T_c - T_\infty}{T_0 - T_\infty} = 2\sum_{n=1}^{\infty} \mathrm{e}^{-\alpha\left(\frac{n\pi}{R}\right)^2 t}(-1)^{n+1} \qquad （15）$$

可以看出，球心温度随时间 t 的增长而衰减， $\alpha = \dfrac{\kappa}{\rho C_V}$ 越大衰减越快。这是符合物理规律的，因为 κ 越大，说明导热越容易，温度下降越快，而 ρC_V 代表单位体积的热容量，热容量越大，在流失相同热量的情况下温度变化越小，所以 ρC_V 越大，温度下降越慢。除此之外，式（15）还表明，球体的半径 R 越大，温度下降越慢。这是非常好理解的，球心距离低温边界越远，自然越不容易受影响。

三、球体边界温度不等于水温的情况

实际上，前面所讨论的边界条件其实是更一般的第三类边界条件的理想极限。对于更一般的情况，两个物体的边界温度不一定相同，尤其是这种球体外的水还在流动的情况。水温稍有升高，水就流走了，取而代之的是新流过来的低温水，这使得球体边界与水更难达到热平衡。那么具有温度差的边界条件表达式如何写？傅里叶定律 $\vec{q} = -\kappa \vec{\nabla} T$ 告诉我们热流密度与温度梯度成正比，而温度梯度与固定间隔的温度差成正比，也就是说在固定间距的情况下热流密度与温度差成正比。在边界处也有类似的结论，即流过边界的热流密度与边界两边的温度差成正比，具体用公式写出来就是

$$q = C\left(T\big|_{r=R} - T_\infty \right) \tag{16}$$

其中， q 是从球体里流出边界的热流密度， T 是球体的温度，比例系数 C 是传热系数。

另一方面，由傅里叶定律 $\vec{q} = -\kappa \vec{\nabla} T$ 以及球坐标系下的三维导数表达式 $\vec{\nabla} = \vec{e}_r \dfrac{\partial}{\partial r} + \vec{e}_\theta \dfrac{1}{r} \dfrac{\partial}{\partial \theta} + \vec{e}_\phi \dfrac{1}{r \sin\theta} \dfrac{\partial}{\partial \phi}$ ，可得边界处有 $q = -\kappa \dfrac{\partial T}{\partial r}\bigg|_{r=R}$ ，那么结合式（16）即可得到边界两边有温度差时的边界条件：

$$-\rho C_V \alpha \dfrac{\partial T}{\partial r}\bigg|_{r=R} = C\left(T\big|_{r=R} - T_\infty \right) \tag{17}$$

其中，已经用到了参数之间的关系式 $\alpha = \dfrac{\kappa}{\rho C_V}$ 。式（17）就是前面提到的第三类边界条件的具体形式，它是温度分布在边界上的数值和外法线的方向导数的线性组合。而当传热系数 C 为零时，式（17）表现为绝热边界条件（第

二类边界条件）。这从传热系数的物理意义上看也是显然的，传热系数为零说明不管温差如何都不会有热量流过边界，即物体与外界无法交换热量。

将温度分布的一般表达式——式（7）代入边界条件——式（17），可得

$$
\begin{aligned}
-\rho C_V \alpha \sum_i A_i \left(\frac{k_i \cos(k_i R)}{R} - \frac{\sin(k_i R)}{R^2} \right) e^{-\alpha k_i^2 t} \\
= \left[C(C_0 - T_\infty) + C \sum_i A_i \frac{\sin(k_i R)}{R} e^{-\alpha k_i^2 t} \right]
\end{aligned}
\tag{18}
$$

注意其中的时间依赖项 $e^{-\alpha k_i^2 t}$ 与 i 有关，对于不同的 i，时间依赖的关系不一样。为了让式（18）对于所有时间都成立，要求等号两边 $e^{-\alpha k_i^2 t}$ 前的系数相等，即

$$
-\rho C_V \alpha A_i \left(\frac{k_i \cos(k_i R)}{R} - \frac{\sin(k_i R)}{R^2} \right) = C A_i \frac{\sin(k_i R)}{R}
\tag{19}
$$

将式（19）代入式（18），可以得到

$$
C_0 = T_\infty
$$

只有 A_i 不为零的项才会出现在式（7）的级数中，所以式（19）两边同除以 A_i 并移项整理后可得

$$
(Bi - 1)\sin(k_i R) + k_i R \cos(k_i R) = 0
\tag{20}
$$

其中，已定义 $Bi = \dfrac{CR}{\rho C_V \alpha}$，$Bi$ 即毕渥准则数（Biot number，简称毕渥数），它是表征系统传热学特征的一个重要的无量纲数。由于参数之间存在关系式 $\alpha = \dfrac{\kappa}{\rho C_V}$，于是毕渥数还可以写为 $Bi = \dfrac{CR}{\kappa}$。所以，当 Bi 小于 1 的时候意味着球体内的导热速度相对于边界的导热速度更快，热量更容易在球体内部传递，而球与外界交换热量则相对困难；在 Bi 小于或等于 0.1 的时候内部温差会在 5%以内，这时一般可认为球体温度近似均匀，大多数的金属球体都有类似性质。对于一些高分子材料，可能会存在 Bi 远大于 1 的情况，这意味着球体内的导热速度相对于边界的导热速度更慢，球体与外界交换热量相对于球体内部传递热量更加容易，这导致球体内的温度变化并不统一，从而形成

明显的温度梯度。对于 Bi 趋于无穷大的极端情况，则回到了前面所讨论的第一类边界条件，从式（20）也可以看出，当 Bi 趋于无穷大时，表达式会变成前面提到的边界条件 $\sin(k_i R) = 0$。

　　式（20）给出了 k_i 的定义。显然，k_i 为函数 $f(x) = (Bi-1)\sin(Rx) + Rx\cos(Rx)$ 的零点，下标 i 用来标记不同的零点。值得注意的是，虽然 $k_i = 0$ 也满足式（20），但此时的温度分布表达式，即式（7）中的 $\dfrac{\sin(k_i r)}{r} = 0$，这说明 $k_i = 0$ 对温度分布表达式中的级数没有贡献。另外，由于 $f(x)$ 是奇函数，若 k_i 是 $f(x)$ 的零点，那么 $-k_i$ 也是零点，又因为

$$e^{-\alpha(-k_i)^2 t}\frac{\sin(-k_i r)}{r} = -e^{-\alpha k_i^2 t}\frac{\sin(k_i r)}{r}$$

即 $-k_i$ 对应的展开函数与 k_i 相同，所以可以只取 k_i 大于零的情况，于是将 k_i 定义为 $f(x)$ 大于零的零点。为了更形象地看出 k_i 的值，可以将式（20）改写成

$$-k_i R\cot(k_i R) = Bi - 1$$

　　上式表明，$k_i R$ 可以看成直角坐标系中的曲线 $y = -x\cot(x)$ 与直线 $y = Bi-1$ 的交点的横坐标。图 2 为相关示意图。

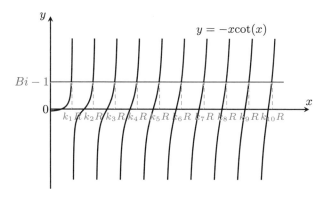

图 2　$k_i R$ 为曲线 $y = -x\cot(x)$ 与直线 $y = Bi-1$ 的交点的横坐标

　　但曲线 $y = -x\cot(x)$ 并不是经常出现的典型曲线，如果觉得难画可以将式（20）进一步改写成如下形式：

$$-\cot(k_i R) = \frac{Bi - 1}{k_i R}$$

于是，$k_i R$ 又可以看成直角坐标系中的曲线 $y = -\cot(x)$ 与曲线 $y = \dfrac{Bi-1}{x}$ 的交点的横坐标。图 3 为这种情况的示意图。

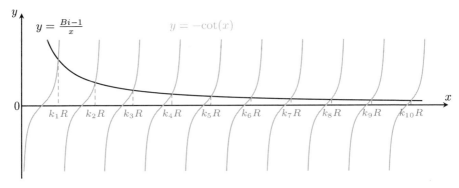

图 3　$k_i R$ 是曲线 $y = -\cot(x)$ 与曲线 $y = \dfrac{Bi-1}{x}$ 的交点的横坐标

综上所述，满足热传导方程的一般温度分布表达式，即式（7），在第三类边界条件——式（17）的约束下，可以进一步写成

$$\begin{cases} T(t,r) = T_\infty + \sum_{i=1}^{\infty} \mathrm{e}^{-\alpha k_i^2 t} A_i \dfrac{\sin(k_i r)}{r} \\ k_i \text{是} f(x) = (Bi-1)\sin(Rx) + Rx\cos(Rx) \text{大于零的第} i \text{个零点} \end{cases} \quad (21)$$

讨论完边界条件之后，接下来讨论初始条件，并由此确定式（21）中的叠加系数 A_i。这里仍然选择与前面一样的初始条件，即 $t = 0$ 时整个球体都具有相同温度 T_0：

$$T(t=0, r) = T_0 \quad (22)$$

将式（21）代入初始条件表达式，即式（22），可以得到叠加系数 A_i 满足的公式：

$$\sum_i \mathrm{e}^{-\alpha k_i^2 t} A_i \dfrac{\sin(k_i r)}{r} = T_0 - T_\infty \quad (23)$$

有了前面的经验，我们自然会希望展开函数 $\dfrac{\sin(k_i r)}{r}$ 满足正交关系，即当 $i \neq j$ 时有 $\int_0^R \dfrac{\sin(k_i r)}{r} \dfrac{\sin(k_j r)}{r} r^2 \mathrm{d}r = 0$，这样就能像前面那样求出系数 A_i

了。于是，在式（23）两端同时乘以 $\dfrac{\sin(k_j r)}{r}r^2$，然后从 0 到 R 进行积分，可得

$$\sum_i A_i \int_0^R \frac{\sin(k_i r)}{r}\frac{\sin(k_j r)}{r}r^2 \mathrm{d}r = (T_0 - T_\infty)\int_0^R \frac{\sin(k_j r)}{r}r^2\mathrm{d}r \qquad (24)$$

式（24）的等号右边的积分容易计算：

$$\int_0^R \frac{\sin(k_j r)}{r}r^2\mathrm{d}r = \int_0^R \sin(k_j r)r\mathrm{d}r = -\frac{\mathrm{d}}{\mathrm{d}k_j}\int_0^R \cos(k_j r)\mathrm{d}r$$

$$= -\frac{\mathrm{d}}{\mathrm{d}k_j}\left(\frac{\sin(k_j R)}{k_j}\right) = \frac{\sin(k_j R)}{k_j^2} - \frac{R}{k_j}\cos(k_j R) \qquad (25)$$

而式（24）的等号左边的积分则相对复杂一点儿，先计算 $i \neq j$ 的情况：

$$\int_0^R \frac{\sin(k_i r)}{r}\frac{\sin(k_j r)}{r}r^2\mathrm{d}r$$

$$= \int_0^R \sin(k_i r)\sin(k_j r)\mathrm{d}r$$

$$= \frac{\sin\left[(k_i - k_j)R\right]}{2(k_i - k_j)} - \frac{\sin\left[(k_i + k_j)R\right]}{2(k_i + k_j)}$$

$$= \frac{(k_i + k_j)\sin\left[(k_i - k_j)R\right] - (k_i - k_j)\sin\left[(k_i + k_j)R\right]}{2(k_i - k_j)(k_i + k_j)} \qquad (26)$$

$$= \frac{(k_i + k_j)\left[\sin(k_i R)\cos(k_j R) - \cos(k_i R)\sin(k_j R)\right]}{2(k_i - k_j)(k_i + k_j)}$$

$$\quad - \frac{(k_i - k_j)\left[\sin(k_i R)\cos(k_j R) + \cos(k_i R)\sin(k_j R)\right]}{2(k_i - k_j)(k_i + k_j)}$$

$$= \frac{k_j \cos(k_j R)\sin(k_i R) - k_i \cos(k_i R)\sin(k_j R)}{(k_i - k_j)(k_i + k_j)}$$

根据 k_i 所满足的式（20）可得 $k_i \cos(k_i R) = -\dfrac{(Bi-1)\sin(k_i R)}{R}$，可将式（26）中的余弦函数化成正弦函数，那么式（26）可以进一步写成

$$\int_0^R \frac{\sin(k_i r)}{r} \frac{\sin(k_j r)}{r} r^2 dr$$

$$= \frac{-\dfrac{(Bi-1)\sin(k_j R)}{R}\sin(k_i R) + \dfrac{(Bi-1)\sin(k_i R)}{R}\sin(k_j R)}{(k_i - k_j)(k_i + k_j)}$$

$$= 0$$

这说明展开函数 $\dfrac{\sin(k_i r)}{r}$ 确实满足正交关系。利用上式就可以将式（24）

中的 $i \neq j$ 项消去，只留下 $i = j$ 项：

$$A_j \int_0^R \frac{\sin(k_j r)}{r} \frac{\sin(k_j r)}{r} r^2 dr = (T_0 - T_\infty) \int_0^R \frac{\sin(k_j r)}{r} r^2 dr \qquad (27)$$

式（27）的等号右边的积分已经计算过了——参考式（25），只需要计算等
号左边的积分：

$$\begin{aligned}
\int_0^R \frac{\sin(k_j r)}{r} \frac{\sin(k_j r)}{r} r^2 dr &= \int_0^R \sin^2(k_j r) dr \\
&= \int_0^R \frac{1}{2}\left[1 - \cos(2k_j r)\right] dr \qquad (28) \\
&= \frac{R}{2} - \frac{\sin(2k_j R)}{4k_j}
\end{aligned}$$

于是，联立式（28）、式（27）与式（25），并根据书写习惯将其中的
下标 j 换成下标 i，可以得到叠加系数 A_i 的最终表达式：

$$\begin{aligned}
A_i &= \frac{(T_0 - T_\infty) \displaystyle\int_0^R \frac{\sin(k_i r)}{r} r^2 dr}{\displaystyle\int_0^R \frac{\sin(k_i r)}{r} \frac{\sin(k_i r)}{r} r^2 dr} = (T_0 - T_\infty) \frac{\dfrac{\sin(k_i R)}{k_i^2} - \dfrac{R}{k_i}\cos(k_i R)}{\dfrac{R}{2} - \dfrac{\sin(2k_i R)}{4k_i}} \qquad (29) \\
&= (T_0 - T_\infty) \frac{4\left[\sin(k_i R) - k_i R\cos(k_i R)\right]}{2k_i^2 R - k_i \sin(2k_i R)}
\end{aligned}$$

最后，将式（29）代入式（21），可得到所求的温度分布表达式，即初
始时刻温度为 T_0 的球体突然被放入温度为 T_∞ 的水流中，在第三类边界条件下
随时间演化的温度分布为

$$T(t,r) = T_\infty + (T_0 - T_\infty) \sum_{i=1}^{\infty} \frac{4[\sin(k_i R) - k_i R \cos(k_i R)]}{2k_i R - \sin(2k_i R)} \frac{\sin(k_i r)}{k_i r} e^{-\alpha k_i^2 t} \quad (30)$$

其中，k_i 是函数 $f(x) = (Bi-1)\sin(Rx) + Rx\cos(Rx)$ 的大于零的第 i 个零点，即 $k_i > 0$ 满足等式 $(Bi-1)\sin(k_i R) + k_i R\cos(k_i R) = 0$。当 Bi 趋于无穷大的时候，k_i 会趋于 $\dfrac{i\pi}{R}$，那么式（30）将趋于前面所讨论的第一类边界条件下的温度分布——参考式（14）。显然，不管是前面讨论的第一类边界条件，还是这里讨论的第三类边界条件，球体的温度最终都会趋于外界热源的温度，达到平衡态。这与《张朝阳的物理课》第一卷所讲解过的热力学知识是吻合的。

小结
Summary

在本节中，我们讨论了初始时刻温度为 T_0 的球体突然被放入温度为 T_∞ 的水流中的情况，分析了热传导方程与边界条件，最终求解出了随时间演化的温度分布。值得注意的是，前几节假定了物体边界的温度与外界恒定热源的温度始终保持一致，这种第一类边界条件其实是 $Bi = \dfrac{CR}{\kappa}$ 趋于无穷大时的理想情况。此时，相对于在物体内传递，热量更容易在物体与热源之间传递。一旦边界两边出现温度差，热量就会快速地从高温一边传递给低温一边，而由于热量在物体内难以传递，物体边界附近区域的内能不能及时恢复原状，因而该区域与边界交换的热量将使它的温度极大地趋于热源的温度。在极限情况下，物体边界温度等于外界热源温度，这正是前面所提到的第一类边界条件。另一方面，当传热系数等于零时，第三类边界条件则化为第二类边界条件（绝热边界条件）。

水流中的柱体温度怎么随时间演化？
——柱坐标系下的热传导方程与傅里叶-贝塞尔级数[1]

摘要：本节考虑这样一个模型，一个已经达到热平衡状态的均匀柱体，突然被放入快速流动的水中，柱体的初始温度与水不同，求解柱体随时间演化的温度分布。首先建立柱坐标系，利用分离变量法将方程的时间与空间分离，其中空间部分的微分方程化为 0 阶贝塞尔微分方程。之后根据边界条件求出展开函数，而初始条件则引出了傅里叶-贝塞尔级数，通过贝塞尔函数的一些性质求出温度分布级数解的系数。

从物理层面上看，本节处理的问题与上一节相比，除了物体的形状从球体变成了柱体，其他方面都是一样的。而从数学层面上看，本节的数学推导非常接近流体力学那一部分中求解圆柱管非稳恒纳维尔-斯托克斯方程时用到的数学推导。若读者对数学推导细节感兴趣，可以去阅读相关章节，那里讲解的数学内容更为详细，而这里则着重展示物理层面上的求解思路。

一、柱体热传导方程化为贝塞尔微分方程

与上节求解球体模型一样，本节也先从如下的三维热传导方程出发：

$$\frac{\partial T}{\partial t} = \alpha \vec{\nabla}^2 T \tag{1}$$

其中，$\alpha = \dfrac{\kappa}{\rho C_V}$，而 κ 是傅里叶定律中的系数，ρ 是物质密度，C_V 是单位

---

1 整理自搜狐视频 App "张朝阳" 账号/作品/物理课栏目中的第 126 期视频，由王利邦、涂凯勋执笔。

质量物质的定容比热。

如图 1 所示，半径为 R 的均匀柱体浸没在不停地流动的温度均匀且恒定（ T_∞ ）的水里面，周围的水温度稍有变化就流走了，而新来的水与无穷远的温度 T_∞ 一致，所以柱体周围的水几乎一直保持为温度 T_∞ 。以管中心轴为 z 轴，建立柱坐标系，那么整个系统具有关于 z 轴的旋转与平移对称性，若初始条件也是关于 z 轴旋转与平移对称，那么温度分布也始终保持关于 z 轴旋转与平移对称，于是温度分布与柱坐标 ϕ 、 z 无关，可写为 $T\left(t, r\right)$ 。

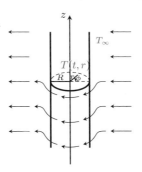

图 1　均匀柱体浸没在水流中

接下来使用分离变量法来求解热传导方程——参考式（1）。为此，我们先求解形式为 $g(t)h(r)$ 的解，把这个形式的解代入式（1）中可得

$$h\left(r\right)\frac{\mathrm{d}g\left(t\right)}{\mathrm{d}t} = \alpha g\left(t\right)\vec{\nabla}^2 h\left(r\right)$$

忽略 $g(t)h(r)$ 的零点，上式两端同时除以 $g(t)h(r)$ ，可以得到

$$\frac{1}{g\left(t\right)}\frac{\mathrm{d}g\left(t\right)}{\mathrm{d}t} = \frac{\alpha}{h\left(r\right)}\vec{\nabla}^2 h\left(r\right)$$

可以看到，上式左边只与时间 t 有关，上式右边只与位置 r 有关，所以等式两边必然等于同一个与时空坐标 t 、 r 无关的量，将其设为 β 。那么关于 $g(t)$ 可以得到

$$\frac{1}{g(t)}\frac{\mathrm{d}g(t)}{\mathrm{d}t} = \beta \quad \Rightarrow \quad g(t) \propto \mathrm{e}^{\beta t} \tag{2}$$

而对于 $h(r)$ ，满足

$$\vec{\nabla}^2 h(r) = \frac{\beta}{\alpha} h(r)$$

利用拉普拉斯算子的柱坐标表达式，可知 $\vec{\nabla}^2 h(r) = \dfrac{1}{r}\dfrac{\mathrm{d}}{\mathrm{d}r}\left[r\dfrac{\mathrm{d}}{\mathrm{d}r}h(r)\right]$，于是上式可进一步写为

$$\frac{1}{r}\frac{\mathrm{d}}{\mathrm{d}r}\left[r\frac{\mathrm{d}}{\mathrm{d}r}h(r)\right] = \frac{\beta}{\alpha}h(r) \tag{3}$$

整理其中关于 r 的导数，具体写成二阶线性齐次微分方程的形式：

$$r^2\frac{\mathrm{d}^2 h(r)}{\mathrm{d}r^2} + r\frac{\mathrm{d}h(r)}{\mathrm{d}r} - \frac{\beta}{\alpha}r^2 h(r) = 0 \tag{4}$$

后面会说明式（4）中的 β 不能取大于零的值，即必须满足 $\beta \leqslant 0$，接下来只讨论 $\beta < 0$ 与 $\beta = 0$ 的情况。

首先讨论 $\beta < 0$ 的情况。为了将式（4）中的无关系数吸收掉，并且由于 $-\beta > 0$，可定义参数 x：

$$x = \sqrt{\frac{-\beta}{\alpha}}\, r$$

那么式（4）可进一步改写为更加简洁的形式：

$$x^2\frac{\mathrm{d}^2 h(x)}{\mathrm{d}x^2} + x\frac{\mathrm{d}h(x)}{\mathrm{d}x} + x^2 h(x) = 0 \tag{5}$$

需要说明的是，其中 $h(x)$ 关于 x 与 $h(r)$ 关于 r 并不是同一个函数。严格来讲，$h(x)$ 关于 x 的函数应该写成 $\tilde{h}(x) = h(r) = h\left(x\sqrt{\dfrac{\alpha}{-\beta}}\right)$，只不过这里为了书写方便不用 $\tilde{h}(x)$，仍然用 $h(x)$。

在流体力学那一部分中，我们曾经求解过圆柱管中非稳恒纳维尔-斯托克斯方程，曾得到与式（5）一模一样的方程，该方程实际上是 0 阶贝塞尔微分方程，且我们已经用级数解法求解出了方程的一个解为

$$h(x) \propto \mathrm{J}_0(x) = \sum_{k=0}^{\infty}\frac{(-1)^k}{2^{2k}(k!)^2}x^{2k} \tag{6}$$

　　其实，式（5）是更一般的 n 阶贝塞尔微分方程在 $n=0$ 时的情况。n 阶贝塞尔微分方程为

$$x^2 \frac{\mathrm{d}^2 \mathrm{J}_n(x)}{\mathrm{d}x^2} + x \frac{\mathrm{d}\mathrm{J}_n(x)}{\mathrm{d}x} + \left(x^2 - n^2\right)\mathrm{J}_n(x) = 0$$

n 阶贝塞尔微分方程的其中一个解被称为第一类贝塞尔函数（下文简称贝塞尔函数），当 n 取各个自然数时，可得到各阶贝塞尔函数：

$$\begin{cases} n=0 \rightarrow \mathrm{J}_0(x) \\ n=1 \rightarrow \mathrm{J}_1(x) \\ n=2 \rightarrow \mathrm{J}_2(x) \\ \vdots \quad \rightarrow \quad \vdots \end{cases}$$

它们满足如下非常有用的性质：

$$\frac{\mathrm{d}}{\mathrm{d}x}\left(x^n \mathrm{J}_n(x)\right) = x^n \mathrm{J}_{n-1}(x) \quad , \qquad J_{-n}(x) = J_n(x) \tag{7}$$

　　值得一提的是，n 阶贝塞尔微分方程的另一个线性无关的解在 $x=0$ 处发散，并且它不满足后面要讨论的 $r=0$ 处的边界条件，所以这里忽略它。

　　根据式（2）与式（6），可得热传导方程——式（1）的变量分离的特解 $g(t)h(r)$ 存在如下正比关系：

$$g(t)h(r) \propto \mathrm{e}^{\beta t} \mathrm{J}_0\left(\sqrt{\frac{-\beta}{\alpha}}\, r\right) \tag{8}$$

其中用到了 x 与 r 的关系式：

$$x = \sqrt{\frac{-\beta}{\alpha}}\, r$$

　　上面讨论完 $\beta > 0$ 的情况，接下来讨论 $\beta = 0$ 的情况。当 $\beta = 0$ 时，式（4）变成

$$r \frac{\mathrm{d}^2 h(r)}{\mathrm{d}r^2} + \frac{\mathrm{d}h(r)}{\mathrm{d}r} = 0$$

上式可以化为 $\dfrac{\mathrm{d}}{\mathrm{d}r}\left[r\dfrac{\mathrm{d}}{\mathrm{d}r}h(r)\right]=0$，或直接在式（3）中令 $\beta=0$，可得同样的

结果。由此可直接通过积分解得方程的解：

$$h(r) = A_0 + B_0 \ln(r) \qquad (9)$$

综合上述结果，我们可以写下式（1）的一般解形式。注意，式（8）中的参数 β 的取值具有任意性，对于不同的 β，都是式（1）的解，而式（1）是线性齐次微分方程，所以这些解的叠加仍然是方程的解。用下标 i 来标记不同的参数 β，综合式（2）、式（8）与式（9），可知更加一般的解为

$$T(t,r) = A_0 + B_0 \ln(r) + \sum_i A_i \mathrm{e}^{\beta_i t} \mathrm{J}_0 \left(\sqrt{\frac{-\beta_i}{\alpha}} r \right) \qquad (10)$$

接下来，需要使用边界条件与初始条件求出 β_i 的值以及叠加系数 A_0、A_i 与 B_0。

二、热传导系数极大情况下的边界条件

首先观察 $r=0$ 处的温度分布。从式（10）能直接看出，若 B_0 不为零，那么温度在 $r=0$ 处到达无穷大，这其实已经暗示了 $B_0 = 0$。从更加贴近物理的角度分析，由于温度分布是关于 z 轴旋转对称的，那么热流密度这个矢量也是关于 z 轴旋转对称的，若 $r=0$ 处的热流密度不为零，那么就会与这个对称性矛盾，所以 $r=0$ 处的热流密度 $\vec{q}\big|_{r=0} = 0$。根据傅里叶定律 $\vec{q} = -\kappa \vec{\nabla} T$，以及柱坐标系下的三维导数表达式 $\vec{\nabla} = \vec{e}_r \frac{\partial}{\partial r} + \vec{e}_\phi \frac{\partial}{r \partial \phi} + \vec{e}_z \frac{\partial}{\partial z}$，可得 $r=0$ 处有

$$\left. \frac{\partial T}{\partial r} \right|_{r=0} = 0 \qquad (11)$$

将温度分布的表达式，即式（10）代入 $r=0$ 处的边界条件表达式，即式（11），可得

$$B_0 \frac{1}{r}\bigg|_{r=0} + \sum_i A_i \mathrm{e}^{\beta_i t} \frac{\mathrm{d}}{\mathrm{d}r} \mathrm{J}_0 \left(\sqrt{\frac{-\beta_i}{\alpha}} r \right) \bigg|_{r=0} = 0$$

由贝塞尔函数的性质——参考式（7），可将上式进一步写成

$$B_0 \frac{1}{r}\bigg|_{r=0} + \sum_i A_i \mathrm{e}^{\beta_i t} \sqrt{\frac{-\beta_i}{\alpha}} \mathrm{J}_1(0) = 0$$

又因为 $J_1(0) = 0$ ，所以上式显然有 $B_0 = 0$ ，而对 A_i 没有限制，所以式（10）可以进一步化简成如下形式：

$$T(t, r) = A_0 + \sum_i A_i \mathrm{e}^{\beta_i t} J_0\left(\sqrt{\frac{-\beta_i}{\alpha}} r\right) \tag{12}$$

讨论完 $r = 0$ 处的边界条件，接下来讨论 $r = R$ 的边界条件。

与上节介绍的球体第三类边界条件一样，流过边界的热流密度与边界两边的温度差成正比，具体用公式写出来就是

$$q = C\left(T\big|_{r=R} - T_\infty\right) \tag{13}$$

其中，q 是从柱体里流出边界的热流密度，T 是柱体的温度，比例系数 C 是传热系数。

另一方面，根据傅里叶定律 $\vec{q} = -\kappa \vec{\nabla} T$ ，以及柱坐标系下的三维导数表达式 $\vec{\nabla} = \vec{e}_r \dfrac{\partial}{\partial r} + \vec{e}_\phi \dfrac{\partial}{r \partial \phi} + \vec{e}_z \dfrac{\partial}{\partial z}$ ，可得边界处有 $q = -\kappa \dfrac{\partial T}{\partial r}\bigg|_{r=R}$ ，那么结合式（13）可得到柱体的第三类边界条件：

$$-\frac{\partial T}{\partial r}\bigg|_{r=R} = \frac{C}{\kappa}\left(T\big|_{r=R} - T_\infty\right) \tag{14}$$

上节分析球体模型的时候，我们求解了 $Bi = \dfrac{C R_{球}}{\kappa}$ 趋于无穷大的情况，这节只求解类似的情况，即 $\dfrac{C}{\kappa}$ 趋于无穷大的情况。此时，式（14）中的 $T\big|_{r=R} - T_\infty$ 若不为零，则 $\dfrac{\partial T}{\partial r}\bigg|_{r=R}$ 会趋于无穷大，若保持柱体的基本属性 ρ 、C_V 、κ 有限，即 $\dfrac{C}{\kappa}$ 趋于无穷大的情况是由传热系数 C 趋于无穷大引起的，那么单位面积一小段时间 Δt 内流出柱体的热量 $q \Delta t = -\kappa \dfrac{\partial T}{\partial r}\bigg|_{r=R} \Delta t$ 将是无穷大的，由于 ρ 、C_V 有限，那么柱体温度将无限下降，这显然是不合理的。更严谨的数学方法是将式（12）代入式（14）后取 $\dfrac{C}{\kappa}$ 趋于无穷大的极限，类似上节 Bi 趋于无穷大的分析方法。所以 $T\big|_{r=R} - T_\infty$ 只能为零，即 $T\big|_{r=R} = T_\infty$ ，这就回到

了第一类边界条件。也可以从更加贴近物理的角度来解释，当 $\dfrac{C}{\kappa}$ 趋于无穷大的时候，相对于在柱体内传递，热量更容易在柱体与热源之间传递。一旦边界两边出现温度差，热量就会快速地从高温一边传递给低温一边，而物体边界附近区域的内能不能及时恢复原状，于是它的温度 $T\big|_{r=R}$ 会极大地趋于热源的温度 T_∞，所以第三类边界条件——参考式（14）可化简成如下第 类边界条件：

$$T\big|_{r=R} = T_\infty \qquad\qquad (15)$$

将式（12）代入式（15），得到

$$A_0 + \sum_i A_i \mathrm{e}^{\beta_i t} \mathrm{J}_0\left(\sqrt{\frac{-\beta_i}{\alpha}}R\right) = T_\infty$$

不同的 i 项有不同的时间依赖关系，为了满足上述等式，我们要求

$$A_0 = T_\infty \quad , \qquad A_i \mathrm{J}_0\left(\sqrt{\frac{-\beta_i}{\alpha}}R\right) = 0$$

若 A_i 为零，那么对应的 i 项将不会出现在式（12）中，所以上式又可进一步写为

$$\mathrm{J}_0\left(\sqrt{\frac{-\beta_i}{\alpha}}R\right) = 0$$

设 λ_i 是 0 阶贝塞尔函数的第 i 个零点，即 $\mathrm{J}_0(\lambda_i) = 0$（图 2 给出了零点分布的示意图），那么为了满足上式，令 β 满足

$$\lambda_i = \sqrt{\frac{-\beta_i}{\alpha}}R$$

于是，参数 β 的下标 i 的含义明确了。因为贝塞尔函数有无穷多个零点，所以可求得 β 的取值为

$$\beta_i = -\frac{\lambda_i^2}{R^2}\alpha \quad , \qquad i = 1,2,3,4,\cdots$$

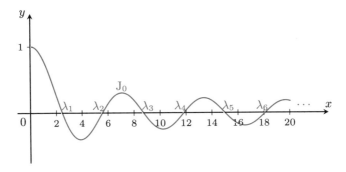

图 2　0 阶贝塞尔函数的零点

有了参数 β 的具体取值以及 $A_0 = T_\infty$，温度分布表达式，即式（12）可写成更加具体的形式：

$$T\left(t,r\right) = T_\infty + \sum_{i=1}^{\infty} A_i \mathrm{e}^{-\frac{\lambda_i^2}{R^2}\alpha t} \mathrm{J}_0\left(\lambda_i \frac{r}{R}\right) \qquad (16)$$

上面讨论的都是式（4）中 $\beta \leqslant 0$ 的情况。当 $\beta > 0$ 时，式（4）并不能得到传统的贝塞尔微分方程——式（5），而是得到

$$x^2 \frac{\mathrm{d}^2 h\left(x\right)}{\mathrm{d}x^2} + x \frac{\mathrm{d}h\left(x\right)}{\mathrm{d}x} - x^2 h\left(x\right) = 0$$

其中，$x = \sqrt{\dfrac{\beta}{\alpha}}\,r$。上述方程的解不再是贝塞尔函数，而是第一类与第二类虚宗量贝塞尔函数。第二类虚宗量贝塞尔函数在 $r = 0$ 处发散，且不满足 $r = 0$ 处的边界条件 $\left.\dfrac{\partial T}{\partial r}\right|_{r=0} = 0$。然而，第一类虚宗量贝塞尔函数在 $x > 0$ 时没有零点，所以不能满足 $r = R$ 处的边界条件 $\left.T\right|_{r=R} = T_\infty$。于是，正如前面所说的，参数 β 只能取小于或等于零的值。

三、根据初始条件求解叠加系数

通过对边界条件的分析，我们得到了满足边界条件的温度分布表达式，为了后面书写方便，令 $x = \dfrac{r}{R} \in [0,1]$，将式（16）写成

$$T\left(t,r\right) = T_\infty + \sum_{i=0}^{\infty} A_i \mathrm{e}^{-\frac{\lambda_i^2}{R^2}\alpha t} \mathrm{J}_0\left(\lambda_i x\right) \qquad (17)$$

　　讨论完边界条件之后，接下来讨论初始条件，并由此确定叠加系数 A_i。这里选择最简单的初始条件，即 $t=0$ 时整个柱体都具有相同温度 T_0：

$$T(t=0, r) = T_0 \qquad (18)$$

　　这种情况可以理解为把一个已经事先达到热平衡（温度为 T_0）的非常长的香肠，突然放到流动的温度为 T_∞ 的水里。将最新的温度分布表达式——式（17）代入初始条件表达式——式（18），可以得到叠加系数 A_i 满足的公式：

$$\sum_{i=1}^{\infty} A_i \mathrm{J}_0(\lambda_i x) = T_0 - T_\infty \qquad (19)$$

　　我们在流体力学那一部分中求解圆柱管中非稳恒纳维尔-斯托克斯方程时，就遇到过傅里叶-贝塞尔级数，该级数的一般表达式为

$$f(x) = \sum_{i=1}^{\infty} a_i \mathrm{J}_0(\lambda_i x) \qquad (20)$$

　　将式（19）与式（20）进行对比，可知叠加系数 A_i 是常函数 $f(x) = T_0 - T_\infty$ 用 0 阶贝塞尔函数 $\mathrm{J}_0(\lambda_i x)$ 展开后的各项系数。另一方面，已知傅里叶-贝塞尔级数的展开系数 a_i 的求解公式为

$$a_i = \frac{2}{J_1^2(\lambda_i)} \int_0^1 x f(x) \mathrm{J}_0(\lambda_i x)\,\mathrm{d}x \qquad (21)$$

　　式（21）其实用到了贝塞尔函数的正交性，即对于 $i \neq j$ 的情况有 $\int_0^1 x \mathrm{J}_0(\lambda_i x) \mathrm{J}_0(\lambda_j x)\,\mathrm{d}x = 0$。令式（21）中的 $f(x) = T_0 - T_\infty$，即可得到式（19）中的系数 A_i 的表达式：

$$A_i = \frac{2}{J_1^2(\lambda_i)} \int_0^1 x(T_0 - T_\infty) \mathrm{J}_0(\lambda_i x)\,\mathrm{d}x = \frac{2(T_0 - T_\infty)}{J_1^2(\lambda_i)} \frac{1}{\lambda_i^2} \int_0^{\lambda_i} y \mathrm{J}_0(y)\,\mathrm{d}y \qquad (22)$$

其中，第二个等号处已进行了积分变量代换 $y = \lambda_i x$。为了将式（22）的积分计算出来，还需要用到贝塞尔函数的性质——参考式（7），根据该性质可将被积函数写成

$$y \mathrm{J}_0(y) = \frac{\mathrm{d}}{\mathrm{d}y}\left(y \mathrm{J}_1(y)\right)$$

于是，可将式（22）的积分计算出来，得到系数 A_i 的值为

$$
\begin{aligned}
A_i &= \frac{2(T_0 - T_\infty)}{J_1^2(\lambda_i)} \frac{1}{\lambda_i^2} \int_0^{\lambda_i} y J_0(y) \mathrm{d}y \\
&= \frac{2(T_0 - T_\infty)}{J_1^2(\lambda_i)} \frac{1}{\lambda_i^2} \int_0^{\lambda_i} \frac{\mathrm{d}}{\mathrm{d}y}(y J_1(y)) \mathrm{d}y \\
&= \frac{2(T_0 - T_\infty)}{J_1^2(\lambda_i)} \frac{1}{\lambda_i^2} \left[\lambda_i J_1(\lambda_i) - 0 \cdot J_1(0) \right] \\
&= \frac{2(T_0 - T_\infty)}{\lambda_i J_1(\lambda_i)}
\end{aligned}
\tag{23}
$$

其中，最后一个等号处用到了 $J_1(0) = 0$。将系数 A_i 的值，即式（23）代入温度分布表达式，即式（16）：

$$
T(t,r) = T_\infty + (T_0 - T_\infty) \sum_{i=1}^{\infty} \frac{2}{\lambda_i J_1(\lambda_i)} \mathrm{e}^{-\frac{\lambda_i^2}{R^2}\alpha t} J_0\left(\lambda_i \frac{r}{R}\right)
\tag{24}
$$

现在可知，一个已经达到热平衡状态、温度为 T_0 的均匀柱体，突然被放入温度为 T_∞ 的水流中，柱体随时间演化的温度分布如式（24）所示，而且柱体的温度最终会趋于水的温度 T_∞，重新达到热平衡状态。

小结
Summary

本节讨论了初始时刻温度为 T_0 的柱体突然被放入温度为 T_∞ 的水流中的情况，分析了柱坐标系下的热传导方程与边界条件，并利用贝塞尔微分方程与贝塞尔函数相关的数学知识，求解出了随时间演化的温度分布。不管是球体还是柱体，物体最终的温度都会趋于外界热源的温度。不过由于贝塞尔微分方程与贝塞尔函数的复杂性，这里没有像对球体一样求解第三类边界条件，而是使用第一类边界条件，可以简单认为这是传热系数趋于无穷大的情况。从数学层面上看这与流体力学中的不滑动边界条件是类似的，以至于这里完全可以类比流体力学的情况进行数学推导。这也说明了表面上看似不同的物理问题，也可能有非常相似的内在数学结构。

如何定量描述气体向金属内部的扩散？
——菲克定律与扩散方程[1]

　　摘要：本节介绍菲克定律的物理含义，并利用菲克定律与物质守恒方程推导扩散方程。随后讨论扩散方程与热传导方程的相似性，类比一维无限长情况下的热传导方程的解，写出扩散方程的解。最后研究边界上气体粒子数密度恒定的半无限长一维模型，通过奇延拓的方式，求解气体扩散时的粒子数密度分布。

　　根据基础的热力学知识，我们知道孤立系统都会朝着平衡态演化，最终温度、粒子数密度、压强等物理量会达到稳定状态，并在系统中处处均匀。这表明热量会自发地从高温区域流向低温区域，使得高温区域的温度下降、低温区域的温度上升，导致系统趋于热平衡。粒子数密度也是如此，粒子的净流动也是从密度高的区域流向密度低的区域，这样高密度区域的密度会降低，而低密度区域的密度会升高，使得系统趋于热平衡。物质从高密度区域向低密度区域转移的过程被称为扩散。

　　扩散是自然界中普遍存在的现象。例如，花香在空气中飘散，两块金属压在一起一段时间后会相互渗透，肺里的氧气进入血液，许多动物通过散发气味寻找配偶，等等。除此之外，扩散在许多科学和工程中也起到关键作用，所以定量描述扩散过程具有重要且广泛的意义。前面讲解过热传导相关的知识，可以极大地帮助我们理解扩散方程的推导过程及其含义，更重要的是，方便我们快捷得到扩散方程的解。

1　整理自搜狐视频 App "张朝阳" 账号/作品/物理课栏目中的第 127 期视频，由王利邦、涂凯勋执笔。

一、通过菲克定律与粒子数守恒方程导出扩散方程

傅里叶定律 $\vec{q} = -\kappa\vec{\nabla}T$ 告诉我们，热流密度与温度梯度成正比，而温度梯度与固定间隔的温度差成正比，也就是说，在固定间距的情况下，热流密度与温度差成正比，温度差越大，单位时间内从高温区域流向低温区域的热量就越多。同样地，物质也会从高浓度区域流向低浓度区域，并且物质流密度与粒子数密度满足与傅里叶定律类似的规律。如果用粒子数密度 n 来表示物质浓度，那么物质流密度公式为

$$\vec{q}_n = -D\vec{\nabla}n \tag{1}$$

其中，D 为扩散系数，物质流密度 $\vec{q}_n$ 的方向是物质净流动方向，其大小是单位时间内流过以它为法向的单位截面的净粒子数。式（1）被称为菲克定律。之前，我们用能量守恒定律导出了热传导方程，而从数学角度看，菲克定律与傅里叶定律有相同的结构，这暗示着我们也可以通过粒子数守恒方程导出与热传导方程具有相同数学结构的扩散方程。在推导热传导方程的那一节中，我们采用矢量分析与微元法来分析能量守恒的结果，而在本节中我们直接采用与电磁学中的电荷守恒方程类似的写法来写出粒子数守恒方程。设单位体积内的电荷量（即电荷密度）为 ρ，电流密度为 $\vec{j}$，那么电荷守恒方程为

$$\frac{\partial\rho}{\partial t} + \nabla\cdot\vec{j} = 0 \tag{2}$$

我们只需将电荷量这个概念换成粒子数，将电荷守恒转化为粒子数守恒，而电荷密度 ρ 对应粒子数密度 n，电流密度 $\vec{j}$ 对应物质流密度 $\vec{q}_n$，于是，根据电荷守恒方程，即式（2），我们能写出粒子数守恒方程：

$$\frac{\partial n}{\partial t} + \nabla\cdot\vec{q}_n = 0 \tag{3}$$

将式（1）代入式（3），即可得到物质的扩散方程：

$$\frac{\partial n}{\partial t} = D\vec{\nabla}^2 n \tag{4}$$

可以看到，式（4）与热传导方程 $\dfrac{\partial T}{\partial t}=\alpha\vec{\nabla}^2 T$ 具有一模一样的数学结构。具体来说，只需将温度分布 T 替换成粒子数密度分布 n，以及将参数 $\alpha=\dfrac{\kappa}{\rho C_V}$ 替换成扩散系数 D，那么热传导方程 $\dfrac{\partial T}{\partial t}=\alpha\vec{\nabla}^2 T$ 即可化为扩散方程。从数学角度看，这不过是符号替换罢了。于是，对于热传导方程的解，也可以做同样的符号替换，得到扩散方程的解。

前几节中，我们得到了初始条件为 $T(t=0,x)=k(x)$ 的无限长细杆的热传导方程的解为

$$T(t,x)=\frac{1}{\sqrt{4\pi\alpha t}}\int_{-\infty}^{\infty}k(y)\mathrm{e}^{-\frac{(x-y)^2}{4\alpha t}}\,\mathrm{d}y$$

那么只需对上式进行符号替换 $T\to n$、$\alpha\to D$，就可以直接写出初始条件为 $n(t=0,x)=k(x)$ 的一维无限长扩散方程的解：

$$n(t,x)=\frac{1}{\sqrt{4\pi D t}}\int_{-\infty}^{\infty}k(y)\mathrm{e}^{-\frac{(x-y)^2}{4D t}}\,\mathrm{d}y \tag{5}$$

二、使用奇延拓的方法求解一维单向扩散方程的解

接下来考虑这样一个一维模型，在 $x\leqslant 0$ 区域，粒子数密度始终保持恒定为 n_0，而在 $x>0$ 区域，初始时刻粒子数密度为零，求解 $x>0$ 区域随时间演化的粒子数密度，即定量描述边界的气体是如何单向扩散开来的。浓度稳定的气体与金属接触，气体原子或分子无化学反应地在金属内部扩散的过程就符合上述模型。

这个一维单向扩散模型与我们之前研究过的半无限长细杆的温度分布的情况类似，只不过当时的边界条件是第二类边界条件（绝热边界条件），给定了分布函数在边界的导数的数值，而本节研究的一维单向扩散模型的边界条件是第一类边界条件，直接给定分布函数在边界的数值，而不是对边界上的导数进行要求。但我们仍然可以借鉴求解半无限长细杆的温度分布的底层思路，即结合边界条件的特点与系统的对称性，将半无限长情况延拓成等效的无限长情况，通过无限长情况的方程的解，给出半无限长情况的解。

首先，我们不直接求解粒子数密度分布 $n(t,x)$，而是求解粒子数密度分布与边界密度之差 $\tilde{n}(t,x) = n(t,x) - n_0$，不难验证函数 $\tilde{n}(t,x)$ 也满足扩散方程——式（4）。根据 $\tilde{n}(t,x)$ 的定义，可知其边界条件为

$$\tilde{n}(t, x=0) = 0 \tag{6}$$

而 $\tilde{n}(t,x)$ 的初始条件为

$$\tilde{n}(t=0,x) = f(x) = \begin{cases} 0 & , \quad x=0 \\ -n_0 & , \quad x>0 \end{cases} \tag{7}$$

现在我们希望在保持式（6）成立的同时，将半无限长情况延拓成无限长情况。若无限长情况的函数 $\tilde{n}(t,x)$ 始终关于空间坐标 x 是奇函数，那么有 $\tilde{n}(t,-x) = -\tilde{n}(t,x)$，令 $x=0$ 可得 $\tilde{n}(t,0) = -\tilde{n}(t,0) \Rightarrow \tilde{n}(t,0) = 0$，于是能满足边界条件——式（6）。另外，根据系统与扩散方程的对称性，若无限长情况的初始条件 $\tilde{n}(0,x) = k(x)$ 是奇函数，即满足 $k(-x) = -k(x)$，那么后续任何时刻粒子数密度也都是奇函数。下面具体展开分析。扩散方程具有如下对称性：若 $\tilde{n}(t,x)$ 是扩散方程的解，那么 $-\tilde{n}(t,-x)$ 也是扩散方程的解，可将其代入式（4）验证，即扩散方程在 $\tilde{n}(t,x) \to -\tilde{n}(t,-x)$ 这样的变换中保持不变。注意，函数 $-\tilde{n}(t,-x)$ 的初始条件是 $-\tilde{n}(0,-x) = -k(-x) = k(x)$，这表明 $-\tilde{n}(t,-x)$ 与 $\tilde{n}(t,x)$ 既是同一个方程的解又具有相同的初始条件，说明这两个解是方程的同一个解，有 $\tilde{n}(t,x) = -\tilde{n}(t,-x)$，这就证明 $\tilde{n}(t,x)$ 在任何时刻 t 关于空间坐标 x 都是奇函数。所以，我们只需将初始条件——式（7）扩展成整个空间的奇函数，那么边界条件——式（6）自然就能被满足了。这种方法被称为奇延拓，奇延拓后的初始条件为

$$\tilde{n}(t=0,x) = k(x) = \begin{cases} n_0 & , \quad x<0 \\ 0 & , \quad x=0 \\ -n_0 & , \quad x>0 \end{cases} \tag{8}$$

图 1 为奇延拓后的初始条件示意图，未来的演化 $\tilde{n}(t,x)$ 始终是奇函数，必过原点，即 $\tilde{n}(t,x)$ 满足最初的边界条件——式（6）。

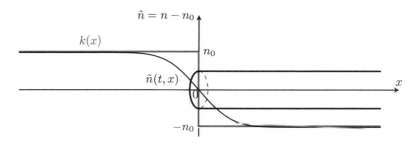

图 1　奇延拓后的初始条件

将式（8）代入式（5），即可得到奇延拓后的粒子数密度：

$$
\begin{aligned}
\tilde{n}(t,x) &= \frac{1}{\sqrt{4\pi Dt}}\int_{-\infty}^{0} n_0 \mathrm{e}^{-\frac{(x-y)^2}{4Dt}}\mathrm{d}y - \frac{1}{\sqrt{4\pi Dt}}\int_{0}^{\infty} n_0 \mathrm{e}^{-\frac{(x-y)^2}{4Dt}}\mathrm{d}y \\
&= \frac{1}{\sqrt{4\pi Dt}}\int_{-\infty}^{-x} n_0 \mathrm{e}^{-\frac{z^2}{4Dt}}\mathrm{d}z - \frac{1}{\sqrt{4\pi Dt}}\int_{-x}^{\infty} n_0 \mathrm{e}^{-\frac{z^2}{4Dt}}\mathrm{d}z \\
&= -\frac{1}{\sqrt{4\pi Dt}}\int_{\infty}^{x} n_0 \mathrm{e}^{-\frac{z^2}{4Dt}}\mathrm{d}z - \frac{1}{\sqrt{4\pi Dt}}\int_{-x}^{\infty} n_0 \mathrm{e}^{-\frac{z^2}{4Dt}}\mathrm{d}z \\
&= \frac{1}{\sqrt{4\pi Dt}}\int_{x}^{\infty} n_0 \mathrm{e}^{-\frac{z^2}{4Dt}}\mathrm{d}z - \frac{1}{\sqrt{4\pi Dt}}\int_{-x}^{\infty} n_0 \mathrm{e}^{-\frac{z^2}{4Dt}}\mathrm{d}z \\
&= -n_0 \frac{1}{\sqrt{4\pi Dt}}\int_{-x}^{x} \mathrm{e}^{-\frac{z^2}{4Dt}}\mathrm{d}z \\
&= -n_0 \frac{2}{\sqrt{4\pi Dt}}\int_{0}^{x} \mathrm{e}^{-\frac{z^2}{4Dt}}\mathrm{d}z
\end{aligned}
\tag{9}
$$

其中，第二个等号处使用了积分变量代换 $z = y - x$，第三个等号与第四个等号处只对等号左边的积分进行了变换，最后一个等号处利用了被积函数的对称性。

这里引入两个特殊函数，其中一个是误差函数（也叫高斯误差函数），其定义为

$$
\mathrm{erf}(x) = \frac{2}{\sqrt{\pi}}\int_{0}^{x} \mathrm{e}^{-s^2}\mathrm{d}s
\tag{10}
$$

误差函数在统计学和偏微分方程中都有比较多的应用。和误差函数经常一起出现的是互补误差函数，其定义为

$$
\mathrm{erfc}(x) = \frac{2}{\sqrt{\pi}}\int_{x}^{\infty} \mathrm{e}^{-s^2}\mathrm{d}s
$$

误差函数与互补误差函数具有相加为 1 的性质（如图 2 所示），即

$$\operatorname{erf}(x) + \operatorname{erfc}(x) = 1 \qquad (11)$$

对式（9）进行变量代换 $s = \dfrac{z}{\sqrt{4Dt}}$，并结合误差函数的定义——式（10），可将式（9）的结果用误差函数表示出来：

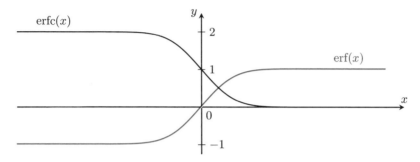

图 2　误差函数与互补误差函数的函数图像

$$\tilde{n}(t,x) = -n_0 \frac{2}{\sqrt{4\pi Dt}} \int_0^x e^{-\frac{z^2}{4Dt}} \mathrm{d}z = -n_0 \frac{2}{\sqrt{\pi}} \int_0^{\frac{x}{2\sqrt{Dt}}} e^{-s^2} \mathrm{d}s = -n_0 \cdot \operatorname{erf}\left(\frac{x}{2\sqrt{Dt}}\right)$$

由于在 $x \geqslant 0$ 区域，$\tilde{n}(t,x)$ 的定义为 $\tilde{n}(t,x) = n(t,x) - n_0$，因此由上式可得粒子数密度分布为

$$n(t,x) = n_0 \left[1 - \operatorname{erf}\left(\frac{x}{2\sqrt{Dt}}\right) \right], \qquad x \geqslant 0$$

进一步利用误差函数与互补误差函数的关系，即式（11），可得

$$n(t,x) = n_0 \cdot \operatorname{erfc}\left(\frac{x}{2\sqrt{Dt}}\right), \qquad x \geqslant 0 \qquad (12)$$

在 $x = 0$ 处，粒子数密度始终保持恒定为 n_0；而在 $x > 0$ 区域，初始时刻粒子数密度为零，粒子数密度随时间演化的表达式正是式（12）。在 $t = 0$ 时刻，互补误差函数的自变量 $\dfrac{x}{2\sqrt{Dt}}$ 在 $x > 0$ 区域为无穷大，从图 2 可以看出，这时粒子数密度 $n(t,x)$ 为零，与要求的初始条件相符；当时间 t 逐渐增大时，互补误差函数的自变量 $\dfrac{x}{2\sqrt{Dt}}$ 逐渐变小并最终趋于零，从图 2 可以看出，粒

子数密度 $n(t,x)$ 会逐渐增大并最终趋于边界的粒子数密度 n_0，且密度分布与坐标 x 无关，这也是热力学平衡态的一个表现。

小结
Summary

本节介绍了菲克定律与扩散方程，并求解了半无限长的一维模型，边界条件是粒子数密度保持恒定的第一类边界条件，初始条件是除边界外的粒子数密度为零，然后使用奇延拓的方法巧妙地求出了随时间演化的粒子数密度。同样地，根据热传导方程与扩散方程的数学结构的一致性，只需对式（12）进行符号替换 $n \to T$、$D \to \alpha$，即可得到一端接触稳恒热源的无限长细杆随时间演化的温度分布。而我们曾经求解过一端绝热的无限长细杆的情况，这样，半无限长情况的第一类边界条件与第二类边界条件下的温度分布我们都知道了。计算表明，不管是上述哪种边界条件，半无限长系统最终都会趋于平衡态。